普通高等教育“十一五”国家级规划教材 计算机系列教材

陈英 王贵珍 李侃 计卫星 陈朔鹰 编著

编译原理

清华大学出版社

北京

内 容 简 介

本书系统全面地介绍经典、广泛应用的高级程序设计语言编译程序的构造原理、实现技术、方法和工具。本书包含了现代编译程序设计的基础理论和技术，并在语义分析、代码优化，面向对象语言的编译及高级优化技术等方面反映了20世纪90年代后的一些重要研究成果，特别兼顾近年来编译原理及技术的发展和发生的一些重要变化，专辟"编译技术高级专题"予以介绍。本书的组织注重提炼精华、循序渐进、深入浅出，每章开头提炼了该章涉及的主要内容、要点和关键概念，全书精编、精选了近300道各种类型的习题和思考题，还提供了编译程序实现的具体实例，能够辅助读者更好地学习和掌握编译原理。

本书可以作为计算机学科类专业及相关专业本科和研究生编译原理的教科书，也可以作为软件技术人员的参考用书。

图书在版编目(CIP)数据

编译原理/陈英等编著.—北京：清华大学出版社，2009.4（2025.1重印）
（计算机系列教材）
ISBN 978-7-302-19744-7

Ⅰ.编…　Ⅱ.陈…　Ⅲ.编译程序－程序设计　Ⅳ.TP314

中国版本图书馆CIP数据核字(2009)第039084号

责任编辑：谢　琛　薛　阳
责任校对：焦丽丽
责任印制：宋　林

出版发行：清华大学出版社
网　　址：https://www.tup.com.cn，https://www.wqxuetang.com
地　　址：北京清华大学学研大厦A座　　**邮　　编**：100084
社 总 机：010-83470000　　**邮　　购**：010-62786544
投稿与读者服务：010-62776969，c-service@tup.tsinghua.edu.cn
质 量 反 馈：010-62772015，zhiliang@tup.tsinghua.edu.cn
印 装 者：三河市龙大印装有限公司
经　　销：全国新华书店
开　　本：185mm×260mm　　**印　　张**：22　　**字　　数**：536千字
版　　次：2009年4月第1版　　**印　　次**：2025年1月第13次印刷
定　　价：69.00元

产品编号：029731-06

前言

编译原理作为计算机学科的一门重要专业基础课，列入国际 ACM 教程和 IEEE 计算机学科的正式主干课程，并提高该课程内容的课时比重，这充分体现了其在计算机科学中的地位和作用。

编译程序是计算机系统软件的主要组成部分，是计算机科学中发展迅速、系统、成熟的一个分支，其基本原理和技术也适用于一般软件的设计和实现，而且在语言处理、软件工程、软件自动化、逆向软件工程、再造软件工程等诸多领域有着广泛的应用。

本书旨在介绍编译程序设计的基本原理、实现技术、方法和工具。本书的前驱版本系陈英教授主编，获得北京市 2008 年高校精品教材。在此基础上，规划、整合为"编译原理"课程的系列丛书，包括作为教材的本书及后续即将推出的《编译原理学习指导与习题解析》和《编译原理课程设计》。全书分为 11 章，第 1 章作为全书的开场白，介绍了编译程序有关的概念，编译过程、编译程序的结构与组织等要点。第 2 章作为后续各章的基础知识，也是学习编译原理应起码具备的理论基础，对形式语言与自动机理论作了基本的介绍。第 3 章以正则文法、正规式、有限自动机为工具，讨论了词法分析器的设计与实现。第 4 章和第 5 章对常规的语法分析方法，即自上而下和自下而上分析中的几种经典方法展开了较深入的讨论，并结合流行、实用、高效的 LR 分析方法，介绍了二义文法的分析应用，编译程序的出错处理。第 3 章和第 5 章还讨论了流行的词法分析和语法分析自动生成工具 Lex 及 Flex，YACC 及 Bison 的构造原理与应用，并以 ANSI_C 语言为例，给出了其 Lex 和 YACC 的描述。第 6 章涉及语义分析方法和属性翻译文法，中间语言，符号表及类型检查技术，流行的高级程序设计语言中典型语句的翻译。第 7 章介绍编译程序运行时环境的有关概念和存储组织与分配技术。第 8 章介绍中间代码级上的优化，展开讨论了优化的基本概念，优化涉及的控制流分析和数据流分析技术，以及中间代码上的局部优化和循环优化技术及实现。第 9 章简单介绍了代码生成的有关知识点及目标代码级可实施的窥孔优化技术。第 10 章以 PL/0 语言为源语言，提供了一个短小、精悍的编译程序实现的范例，以弥补编译程序从原理到工程实现的鸿沟。第 11 章反映了 20 世纪 90 年代后本领域的一些重要研究成果，如面向对象语言的翻译、GLR 分析。另外，高性能体系结构的发展与技术对编译技术提出新的挑战。本章针对主流并行处理器体系结构及与之相关的编译优化技术进行简要介绍，如并行优化技术、存储层次及其优化技术等。

纵观本书的组织，注重循序渐进，深入浅出，每章开头提炼了该章涉及的主要内容提要和关键概念，全书精编、精选了近 300 道各种类型的习题和思考题，还提供了编译程序实现的具体实例，辅助读者更好地学习和掌握编译原理。

本书是作者多年教学实践和科研工作的汇集、提炼和整理，特别是北京理工大学“编译原理”课程组老师们奉献了他们教学实践的汇集和积累。本书完成的责任编著和辅助编著的直接承担者是：陈英第1,3,4,5,6,9和11章；王贵珍第2,10,4和11章；李侃第6,7,11和2章；计卫星第8,9,11,1和5章；陈朔鹰第3,7和8章。本书参考了国内外一些专著、论文和资料，参考、借鉴了一些专家学者的研究成果，对所有这些前辈和同行的引导和帮助表示衷心的感谢。另外，本书过去多个不同版本通过数届学生和读者的使用，亦得到了他们许多宝贵的反馈意见和建议。本书完成过程中，得到了清华大学出版社的鼎力协助，尤其是编审谢琛高效的工作和非常专业的指导，作者在此一并深为致谢。

鉴于作者水平有限，本书稿虽经审慎校阅，仍难免存在疏误，敬请读者不吝赐教。

编　者

2009年1月于北京

《编译原理》目录

第1章 编译引论

【本章导读提要】

本章内容作为了解、学习和掌握编译程序原理与技术的基础，主要涉及的内容与要点是：

- 什么是编译程序；编译程序的分类与表示。
- 源程序的运行及编译过程。
- 编译程序的组成结构和工作过程。
- 典型的编译程序的逻辑阶段划分，各阶段的主要功能和各阶段之间的逻辑关系。
- 编译程序的构造要素。
- 编译程序的实现方式。

【关键概念】

编译程序　解释程序　源程序的编译与执行　源语言　源程序　目标语言　目标程序　宿主机　宿主语言　遍　编译执行　解释执行

1.1 程序设计语言与编译程序

1.1.1 编译程序鸟瞰

学习编译程序的构造原理、方法和技术，需搞清编译程序的由来及定义，即何为编译程序，这亦是本书的研究对象。

众所皆知，一个计算机程序总是基于某种程序设计语言。半个多世纪以来，程序设计语言经历了由低级向高级的发展，从最初的机器语言、汇编语言，发展到较高级的程序设计语言，直至今天的第四代、第五代高级语言。高级程序设计语言的以人为本，面向自然语言表达，易学、易用、易理解、易修改等优势加速了程序设计语言的发展。程序设计语言的发展和应用，促进了计算机的普及使用，也大大提高了计算机的效率，增强了其功能，这在计算机科学发展史上是一个重要的里程碑。计算机的深入发展和应用普及除了计算机硬件本身发展迅速的因素外，与之相适应的更为重要的因素是计算机软件的飞速发展，多数计算机用户是通过应用程序设计语言这种更直接的方式来实现使用计算机的意图和目的。

但是就目前而言，计算机硬件自身根本不懂BASIC，Pascal，C，C++，Ada和Java等高级语言，用高级语言编写的程序计算机不能直接执行，因为计算机仅能识别的是机器语言。高级程序设计语言只是人和计算机交互的媒介。那么，如何使一个高级语言编写的程序能够在只认得机器语言的计算机上执行呢？这就需要像人们为了通信、交流的方便，建立各种语言的翻译一样，由从事计算机软件工作的人员搭一座桥梁，作为沟通计算机硬件与用户之间的渠道，这座桥梁即为“编译程序”，亦称“语言处理程序”。通过这样的程序翻译处理工作,计算机才能执行高级语言编写的程序。编译程序所起的桥梁作用,可类比为两个不同语言的人借助翻译进行交流,不同之处在于编译程序是一个单向的翻译,编译程序的功能如图 1-1 所示。

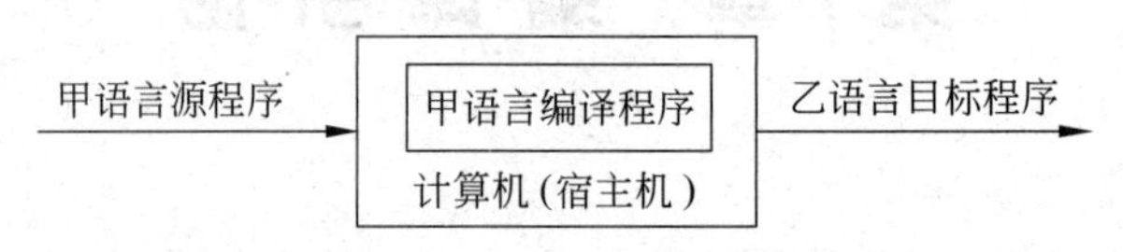

图 1-1　编译程序的功能

确切地讲,把用某一种程序设计语言写的源程序翻译成等价的另一种语言程序(目标程序)的程序,称之为编译程序(编译器 compiler)或翻译程序(翻译器 translator)。简单地说,编译程序是一个翻译程序,它是程序设计语言的支持工具或环境。术语"编译"的内涵是实现从源语言表示的算法向目标语言表示的算法的等价变换。

被编译的程序称为源程序(source program)。源语言是用来编写源程序的语言,一般是汇编语言或高级程序设计语言。源程序经过编译程序翻译后生成的程序称之为目标程序(target program)。目标程序可以用机器语言、汇编语言甚至高级语言或用户自定义的某类中间语言来描述。通常称运行编译程序的计算机为宿主机或目标机。编译程序实现的语言称为实现语言(或宿主语言)。例如,若将 A 语言的源程序翻译成 B 语言的程序,翻译的实现语言是 Y 语言,则称 A 语言是翻译的源语言,B 语言是目标语言,Y 语言是宿主语言。

1.1.2　源程序的执行

一个源程序编写后要投入运行,需要编译程序支持的执行过程分为两个阶段:编译阶段和运行阶段,如图 1-2 所示。编译阶段对整个源程序进行分析,翻译成等价的目标程序,然后在运行子程序的支持下在目标机上运行。运行子程序是为了支持目标的运行而开发的程序,例如有系统提供的标准函数及其他目标程序所调用的程序等。

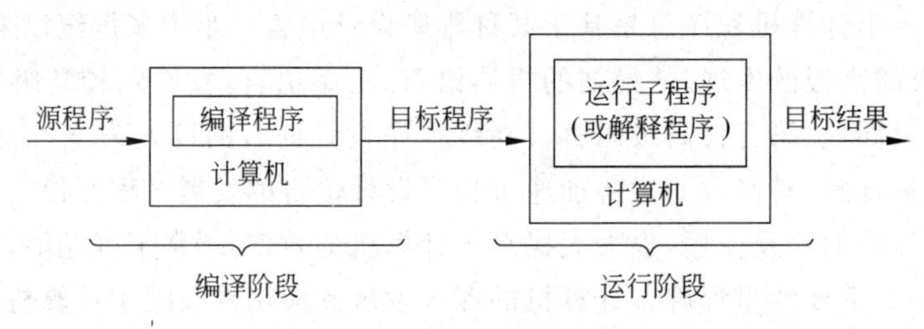

图 1-2　源程序的编译与运行

1.2　编译程序的表示与分类

1.2.1　T 型图

一个编译程序可以用三种语言来刻画,即源语言、目标语言和宿主语言(编译程序的实现语言)，用 T 型图可以方便地对其进行表示。其中，T 型图的左上角表示源语言，右上角表示目标语言，而其底部表示实现语言，如图 1-3 所示。

例如，对一个用 Z 语言实现的，从源语言 X 到目标语言 Y 的编译程序，可用如图 1-4 所示的 T 型图表示，此编译程序也可记做 C_Z^{XY}。

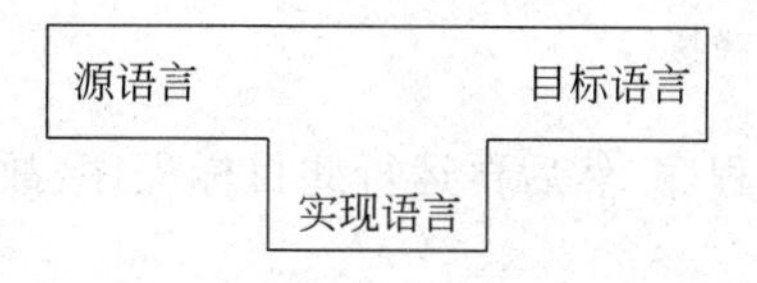

图 1-3 一个编译程序的 T 型图表示

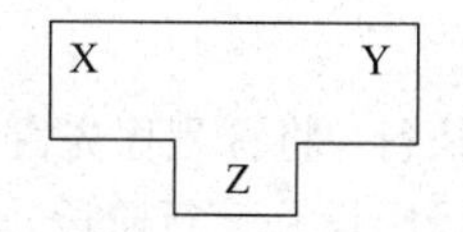

图 1-4 编译程序 C_Z^{XY} 的 T 型图

用 T 型图表示交叉编译和编译程序的移植非常方便、清晰。所谓交叉编译是指，由于目标机 B 的指令系统与宿主机 A 的指令系统不同，要用运行在宿主机 A 上的某编译程序为另一台机器 B 生成目标代码。

例如，设机器 B 上已有源语言 S 的编译器 C_B^{SB}，现在要利用已经实现的语言 S 为另一个源语言 L 编写一个交叉编译器，并生成机器 A 的目标代码，即创建 C_S^{LA}。若 C_S^{LA} 通过 C_B^{SB} 来运行得到编译器 C_B^{LA}，则这就是一个运行于机器 B 上将源语言 L 翻译成机器 A 的目标代码的编译器。编译器 C_B^{LA} 的 T 型图可以用如图 1-5 所示的叠放在一起的 T 型图表示。

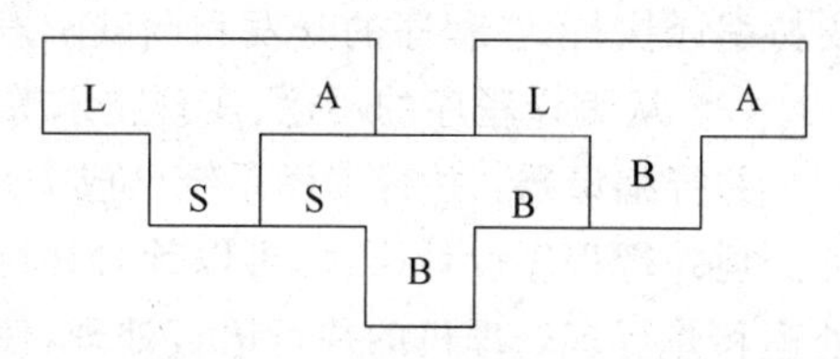

图 1-5 编译器 C_B^{LA} 的 T 型图

叠放的 T 型图的结合规则需要满足以下条件：即中间那个 T 型图的两臂上的语言分别与左右两个 T 型图底部的语言相同，且对于左右两个 T 型图而言，其两个左端的语言必须相同，两个右端的语言必须相同。

1.2.2 编译程序的分类

如同各种事物的分类，基于不同的角度可以对编译程序进行不同的分类。

(1) 编译程序从源语言类型或实现机制不同角度一般可以分为汇编程序、解释程序和编译程序，甚至可以把宏汇编器、预处理器等也认为是编译程序的一类。

汇编程序(assembler)：汇编语言是计算机语言的符号形式。若源程序用汇编语言编写，经翻译生成的是机器语言表示的目标程序，该翻译程序称为“汇编程序”。通常，编译程序会生成汇编语言程序作为其目标语言，然后再由汇编程序将它翻译成目标代码。

编译程序：若源程序用高级语言编写，经翻译加工生成某种形式的目标程序，该翻译程序称为“编译程序”。

解释程序(interpreter)：接收某语言的源程序(或经翻译生成的中间代码程序)直接在机器上解释执行的一类翻译程序。

(2) 编译程序从对源程序执行途径的角度不同，可分为解释执行和编译执行的翻译程序。

解释执行：借助于解释程序完成，即按源程序语句运行时的动态结构，直接逐句地边分析、边翻译并执行。像自然语言翻译中的口译，随时进行翻译。解释执行的过程如

图 1-6 所示。解释执行的优点是易于查错，在程序执行过程中可以修改程序。

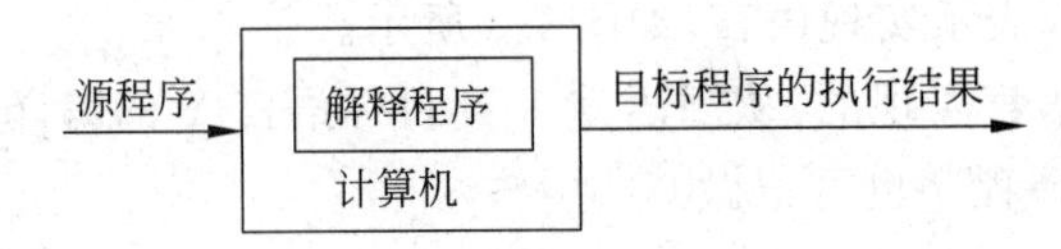

图 1-6 源程序的解释执行

编译执行：将源程序先翻译成一个等价的目标程序，然后再运行此目标程序，故编译执行分为编译阶段和运行阶段，如图 1-2 所示。

要注意源程序两种执行方式的区别，编译执行是由编译程序生成一个与源程序等价的目标程序，它可以完全取代源程序，目标程序可运行任意多次，不必依赖编译程序。正像自然语言翻译中的笔译，一次翻译可多次阅读。而解释执行不生成目标程序，对源程序的每次执行都伴随着重新翻译的工作，而且不能摆脱翻译程序。有些编译程序既支持解释执行又支持编译执行，在程序的开发和调试阶段用解释执行，一旦程序调试完毕，便采用编译执行。

(3) 从编译程序的用途、实现技术等侧重面，编译程序可以分为如下几类。

并行编译器：并行编译系统已成为现代高性能计算机系统中一个重要组成部分。它能够处理并行程序设计语言，可以针对并行体系结构进行程序优化；可以对向量机的向量语言处理和并行多处理机的并行语言处理，使串行程序向量化；可以对流水线、超长指令字、指令延迟槽等硬件结构的指令调度优化，针对分布存储器多处理机进行通信优化等。

优化型编译器：这类编译器产生高效率的机器代码，提供多级别、多层次的优化供用户选择。优化型编译器的代价是增加了编译程序的复杂性和编译时间。

交叉型编译程序(交叉编译器)：当一个编译程序在某种型号的目标机上运行，而生成在另一种型号目标机上运行的目标程序时，称该编译程序为交叉编译器。

诊断型编译器：此类编译器是为了帮助用户开发和调试程序，它能检查、发现源程序中的错误，并能在一定程度上校正一些错误，它适合于在程序开发的初始阶段使用。

可重定向型编译器：通常的编译程序都是为某个特定的程序设计语言或特定的目标机设计的，编译生成的目标程序只能在特定的目标机上运行。当使用同一种程序设计语言为另一种不同型号的目标机配置编译程序时，原有的编译程序不再适用而需重新设计。当然仅重写与机器有关的部分而与机器无关部分不必重写。可重定向型编译程序不用重写此编译程序中与机器无关部分就可以改变目标机的编译程序，它的可移植性好。

1.3 编译程序的结构与编译过程

1.3.1 编译程序的结构与编译过程

编译程序是比较复杂、庞大的系统软件。它所涉及的处理对象——源语言程序，从通用语言到计算机应用的各个领域的专用语言有成百上千种，它所涉及的处理结果——目标程序，其形式既可以是另一种程序设计语言或特定目标表示，又可以是从微型计算机到超大型计算机的某种机器语言，可见不同源语言需要不同的编译器。现在比较流行，使用比较广泛的一些编译器，如 Turbo 系列、Visual 系列等，已不仅仅是一个语言翻译工具，更是一个包括编辑器、连接器、调试器等功能的庞大的集成开发环境。尽管编译程序的处理过程复杂，且不同的编译程序实现方法千差万别，构造原理各异，但任何编译程序要完成的基本任务都是类似的，其基本逻辑功能及必须完成的处理任务的分模块具有共同点。图 1-7 给出了编译程序总体结构的典型表示，也反映了编译程序的概貌与组成。

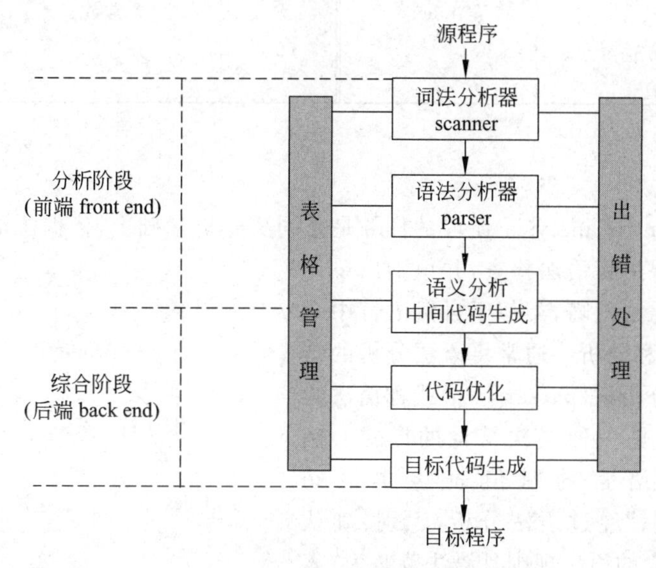

图 1-7　编译程序的总体结构

图 1-7 所示的编译程序总体结构图中，其中间位置的纵向 5 个矩形框表示编译程序工作过程的 5 个阶段或完成编译程序某阶段特定功能的模块，各模块间有密切的逻辑联系。图中两边的灰色矩形框是编译程序的辅助模块，可在编译的任何阶段被调用，辅助完成编译功能。

如图 1-7 所示，编译程序的工作过程是，从输入源程序开始到输出目标程序为止，经过词法分析、语法分析、语义分析与中间代码生成、代码优化及目标代码生成 5 个阶段，反映了一般编译器的动态编译过程。

1. 词法分析

词法分析(Lexical analysis)阶段的任务是对输入的符号串形式的源程序进行最初的加工处理。它依次扫描读入的源程序中的每个字符，识别出源程序中有独立意义的源语言单词，用某种特定的数据结构对它的属性予以表示和标注。词法分析实际上是一种线性分析，词法分析阶段工作依循的是源语言的词法规则。例如，有如下 C 语句：

```
a[index]=12 * 3;
```

经过词法分析识别出 9 个单词并输出每个单词的单词符号表示，如表 1-1 所示。

在表 1-1 中，“单词类型”和“单词值”表示单词符号，通常也称为属性字或记号(Token)。单词属性字的数据结构可据不同语言及编译程序实现方案来设计，但一般由单词类型标识及单词值两部分构成。通俗地讲，单词的属性字实际是单词机器内部表示的一种记号。

表 1-1 语句 a[index]=12＊3 的单词符号

序号	单词类型	单词值	序号	单词类型	单词值
(1)	标识符	a	(6)	整常数	12
(2)	左方括号	[	(7)	乘号	＊
(3)	标识符	index	(8)	整常数	3
(4)	右方括号	]	(9)	分号	;
(5)	赋值	=			

2. 语法分析

语法分析(Syntax analysis)阶段的任务是在词法分析基础上，依据源语言的语法规则，对词法分析的结果进行语法检查，并识别出单词符号串所对应的语法范畴，类似于自然语言中对短语、句子的识别和分析。通常将语法分析的结果表示为抽象的分析树(parser tree)或称语法树(syntax tree)，它是一种层次结构的形式。例如，前述的C语言的赋值表达式语句"a[index]=12＊3;"经过语法分析，识别、确认该语句合乎C语言的语法规则且语法范畴为"表达式语句"，产生的分析树形式的语法分析结果如图1-8所示。

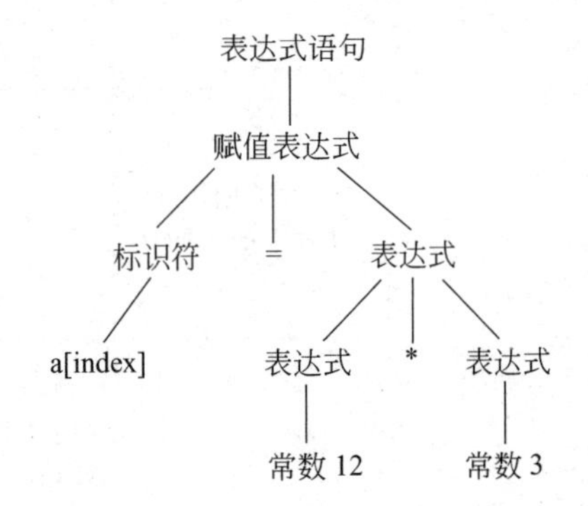

图 1-8 C语句"a[index]=12＊3;"的分析树

3. 语义分析与中间代码生成

语义分析(Semantic analysis)阶段的任务是，依据源语言限定的语义规则对语法分析所识别的语法范畴进行语义检查并分析其含义，初步翻译成与其等价的中间代码。语义分析是整个编译程序完成的最实质性的翻译任务。

4. 代码优化

代码优化(Code optimization)是为了改进目标代码的质量而在编译过程中进行的工作。代码优化可以在中间代码或目标代码级上进行，其实质是在不改变源程序语义的基础上对其进行加工变换，以期获得更高效的目标代码。而高效一般是对所产生的目标程序在运行时间的缩短和存储空间的节省而言。

在前述的例子中，C语句"a[index]=12＊3;"的中间代码经常量合并这类优化后，不生成"12＊3"的中间代码，仅产生将"12＊3"的结果值"36"赋给标识符"a[index]"的中间代码，即"a[index]=36"，这是在中间代码上的代码优化。

5. 目标代码生成

目标代码生成(Code generation)作为编译程序的最后阶段，该阶段的任务是，根据中间代码及编译过程中产生的各种表格的有关信息，最终生成所期望的目标代码程序。一般为特定机器的机器语言代码或汇编语言代码，这个阶段实现了最后的翻译工作，处理是烦琐的，需要充分考虑计算机硬件和软件所提供的资源，以生成较高质量的目标程序。

例如，对上面的示例在代码生成时，设使用寄存器 R0 和 R1，考虑怎样存储整型数来为数组元素的引用生成目标代码，表 1-2 给出了用汇编语言描述的目标代码。

表 1-2 用汇编语言描述的 C 语句"a[index]=12 * 3;"的目标代码

操作码	目标操作数	源操作数	说明
MOV	R0,	index	;;索引值赋给寄存器 R0
MUL	R0,	2	;;存储按字节编址，整型数占 2 个字节
MOV	R1,	&a	;;&a 表示数组 a 的基地址
ADD	R1,	R0	;;计算 a[index]的地址
MOV	R1,	12	;;R1=12
MUL	R1,	3	;;计算 12 * 3
MOV	R1,	36	;;a[index]=36

作为对编译程序的编译过程和各工作阶段的理解和小结，下面通过例 1-1 说明并归纳。

【例 1-1】 设有 C 源语句如下：

```
c=a+b * 30;          //设 a,b,c 为 float 型变量
```

按照一般编译程序对源程序分析、处理的 5 个阶段，图 1-9 给出了对该语句的编译过程和各阶段的接口。

上述编译过程的 5 个阶段，仅是对典型的编译程序在逻辑功能上共性的提炼，而实际上，对具体的编译程序，逻辑关系是多种多样的，有些阶段的工作可以组合、分解和交叉，甚至缺省，因此可以构成具有完全不同逻辑结构的各类编译程序。由于编译器的结构对其可靠性、有效性、可用性以及可维护性都有较大的影响，因此有必要更多地了解有关编译器结构的各种观点。图 1-7 还表示可以从其他角度来观察、描述编译器的结构。

6. 分析和综合

将编译过程分为分析和综合两个阶段(如图 1-7 所示)的观点认为，对源程序仅进行结构分析和语义分析的处理看做是分析部分，而将生成翻译代码及进一步对代码优化的处理看做是综合部分。

7. 前端和后端

这种观点按照编译器是依赖于对源语言的操作还是依赖于对目标语言的操作，将其分为前端和后端两部分。这与将编译器分为分析和综合两部分是一致的。前端重在语言结构的分析，完成词法分析、语法分析与语义分析，一般与目标机无关，因此适用于自动生成。后端进行综合，实现语言意义的处理及优化，完成目标代码的生成，一般是与目标机相关。如果在理想情况下，将编译器严格分为这两个部分，则中间语言是前端和后端的分界或接口。

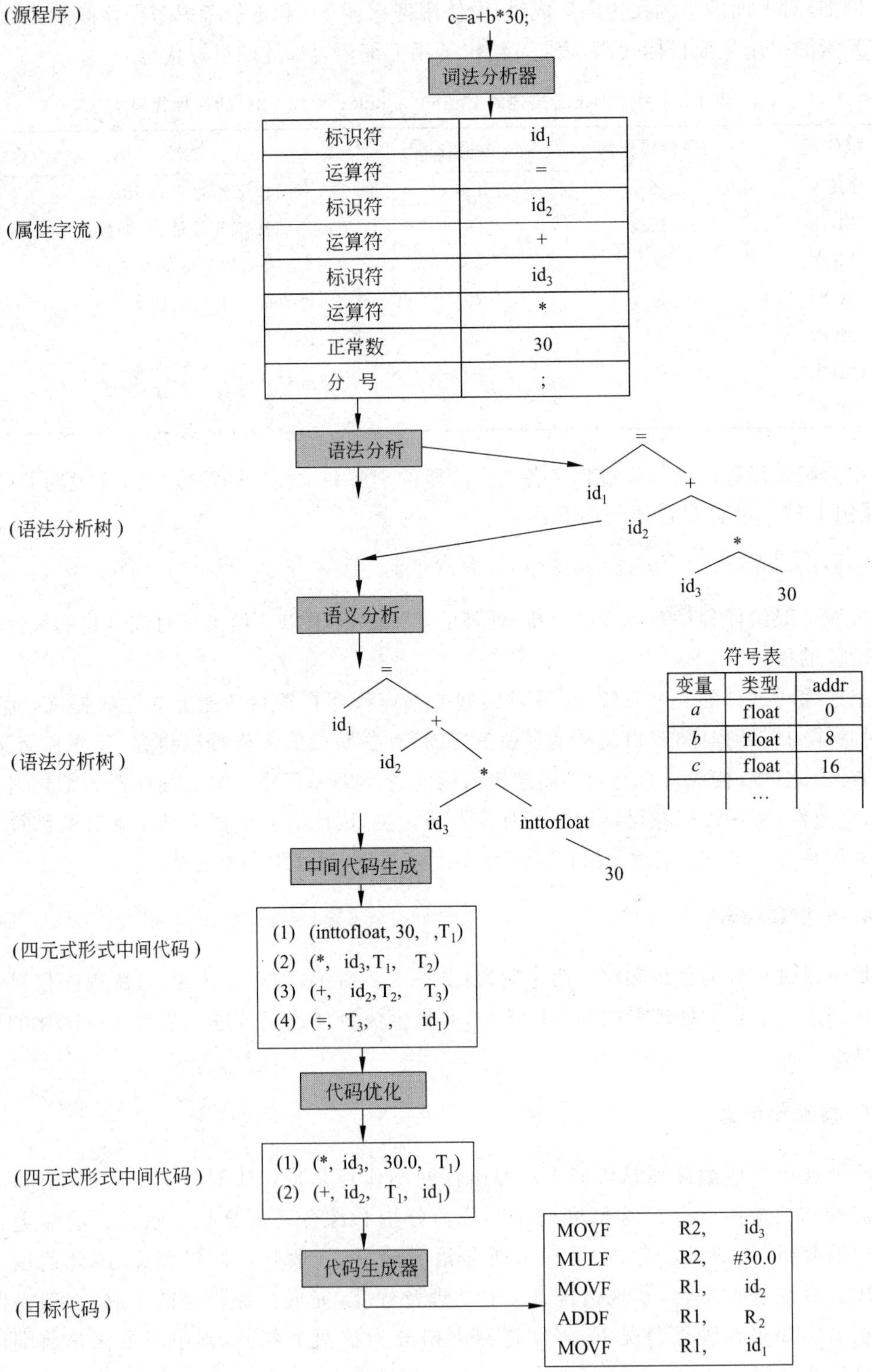

(源程序)

c=a+b*30;

词法分析器

(属性字流)

标识符	id_1
运算符	=
标识符	id_2
运算符	+
标识符	id_3
运算符	*
正常数	30
分 号	;

语法分析

(语法分析树)

=
id_1 +
id_2 *
id_3 30

语义分析

(语法分析树)

=
id_1 +
id_2 *
id_3 inttofloat
30

符号表

变量	类型	addr
a	float	0
b	float	8
c	float	16
	…	

中间代码生成

(四元式形式中间代码)

(1) (inttofloat, 30, , T_1)
(2) (*, id_3, T_1, T_2)
(3) (+, id_2, T_2, T_3)
(4) (=, T_3, , id_1)

代码优化

(四元式形式中间代码)

(1) (*, id_3, 30.0, T_1)
(2) (+, id_2, T_1, id_1)

代码生成器

(目标代码)

```
MOVF    R2,   id3
MULF    R2,   #30.0
MOVF    R1,   id2
ADDF    R1,   R2
MOVF    R1,   id1
```

图 1-9 编译 C 语句 c＝a＋b＊30；的过程

1.3.2 编译程序结构的公共功能与编译程序的组织

编译程序将源程序翻译为目标程序的基本过程，是对源程序进行分析和加工的过程，这个过程除了如前所述的5个基本阶段以外，任何规模不同、结构各异的编译程序都还有两部分与编译各阶段有密切联系，即表格管理和出错处理。另外，编译的遍(pass)也是编译程序结构与组织中的一个重要概念。

1. 表格与表格管理

编译程序在对源程序的分析过程中，需要保留和管理一系列表格，以登记源程序中的数据实体的有关信息和编译各阶段所产生的信息，以益于完成从源程序到目标程序的等价变换。例如，编译程序需要知道变量的类型、数组的大小、函数的参数个数和类型等，这些信息一般可以从源程序中得到。随着编译过程的进行需要不断的建表、查表和填表，或修改表中某些数据，或从表中取得有关信息，支持编译的全过程。因此合理的设计和使用表格，构造高效的表格管理程序是编译程序设计和实现的重要任务及组成部分。

2. 出错处理

编译程序的一个不可或缺的重要功能是对源程序中可能存在的错误进行自动检查、分析和报告，并尽可能保障恢复编译。一个性能好、效率高的编译程序应该能够协助程序员及时准确地发现源程序中的错误，以提高调试程序的效率，方便用户修改程序，并能把错误限制在尽可能小的范围里。这方面的任务由编译程序的出错处理程序来完成。

3. 遍

编译程序的具体结构即物理结构与对源程序加工的遍数相关。"遍(pass)"的概念是编译程序组织中的一个重要的概念。"遍"笼统地讲，是指对源程序或源程序的中间形式从头到尾扫描一遍，并做有关的分析加工，生成新的源程序的中间形式或生成目标程序，各遍之间通过临时文件相关联。因此，扫描遍数的确定和不同的分遍方式，都会造成编译程序在具体结构上存在差别。编译程序可以把前述的5个阶段的工作分开或平行来完成，每一遍完成一个或相关的几个逻辑阶段的工作，一个阶段的工作也可以分为几遍来完成。例如，一个"一遍扫描的编译程序"，实际上包括了编译各阶段的任务。一个"三遍扫描的编译程序"，词法分析、语法分析和语义处理生成中间代码可合成为一遍，代码优化可单独作为一遍，最后一遍完成目标程序生成工作。总之，编译程序分遍以后，每一遍产生一个中间处理结果，前一遍的结果是后一遍的加工对象，最后一遍的结果即为目标程序。

一个编译程序是否分遍，分为几遍，每遍完成什么工作，要视具体情况而定。一般来讲，遍数多的优点是编译系统逻辑结构清晰，可减少对主存容量的要求，各遍程序功能独立，相互联系简单，优化的准备工作充分，但也会带来许多重复性的工作，增加各遍间相互切换、连接的开销。

一般编译程序遍的设置应该考虑这样一些基本因素：

(1) 目标机的硬件因素。例如一个编译程序结构复杂，体积大，受机器内存的限制，无法容纳整个编译程序，这就需要将编译各阶段的工作进行划分和合并，若干阶段组合作为一遍，编译时以遍为单位调入，各遍在内存相互覆盖。

(2) 语言逻辑的限定。有的语言本身隐含着至少需包含两遍编译程序的情况。例如，Fortran 语言中等价语句、公用语句的分析处理，对源程序一遍直接生成目标代码是很困难的。

(3) 设计目标。如编译速度、目标程序运行速度及查错功能要求等。

(4) 代码优化因素。一般有代码优化功能的编译程序，特别是要求较高的优化，需要对源程序进行控制流分析和数据流分析，一遍的编译程序通常是不能胜任的。

另外，也还有许多人为、时间和客观等其他因素的限定，要通过综合分析来决定。一般来讲，一个编译程序遍数设置多可以减少对主存容量的要求，而且各遍之间功能独立，结构清晰。不足之处是，各遍都有一些重复性的工作，如重复扫描，这会降低编译器的效率。

1.4 语言开发环境中的伙伴程序

编译器作为程序设计语言的支持工具，通常还要与其他一些相关的程序结合，才能建立起一个可以运行的目标程序，伴随着编译器的发展和应用，这些相关的程序已经越来越成为基于集成环境的交互开发环境的一部分，往往包括了编辑器、连接程序、装入程序、调试程序及项目管理程序等。编译器同这些程序一起，构成了一个完整的语言开发环境。

1. 编辑器

编译器通常接受生成标准文件的编辑器(editor)编写的源程序，而且它与编辑器及其他程序捆绑在一起，构成交互开发环境。例如，Turbo 系列的语言环境。有些编辑器还根据源语言的特点，具有语法制导的结构化编辑功能，它除了具有一般编辑器的功能外，还可对正在编辑的正文进行分析、提示，检查用户输入是否正确等。

2. 预处理器

预处理器(preprocessor)是在实质的编译开始前由编译器调用的独立程序。预处理器产生编译器的输入，它可以完成：删除注释；进行宏替换；处理文件包含，即将文件的包含声明扩展为程序正文；以及根据语言的要求提供扩充语言的附加功能等。

3. 连接程序

编译器和汇编程序经常依赖于连接程序(linker)，它将分处于不同目标文件中编译或汇编的代码收集到一个可执行的文件中。作为未被连接的目标代码，与可执行的机器代码是有区别的。连接程序还连接目标程序和所使用的标准库函数的代码，以及连接目标程序和由计算机操作系统提供的资源。可见，连接程序对目标机和操作系统有极大的依赖性。

4. 装入程序

编译器、汇编程序或连接程序生成的代码往往不能直接执行，这是由于它们对存储器的访问与一个不确定的起始位置相关，这样的代码被看成为可重定位的。而装入程序(loader)可以处理所有与基地址或起始地址有关的可重定位地址，它使得可执行代码更加灵活。

5. 调试程序

调试程序(debugger)往往与编译程序共存于一个集成开发环境中，它判定被编译的程序执行是否出错，这就要求编译器为调试程序提供适当的信息，因为运行一个带有调试程序的程序与直接执行是不同的。

1.5 编译程序结构的实例模型

图 1-7 给出了典型的编译程序各个组成部分及其相互间的逻辑关系，但一个编译程序不一定按照这样的模式来组织，本节中给出几个实际的编译程序的结构模型，以强化对编译程序组成结构的了解。

1.5.1 一遍编译程序结构

一般一遍扫描的编译程序通常以语法分析为主控程序，在语法分析过程中随时调用词法分析程序以得到语法分析所需的字符串(单词符号)，一旦语法分析程序分析、识别了一个语法范畴，即去调用语义处理程序(与代码生成程序合为一体)生成相应语法范畴的目标程序，其编译程序的结构如图 1-10 所示。

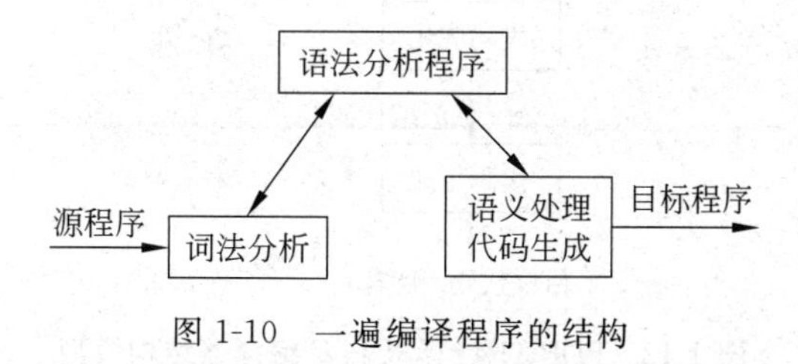

图 1-10 一遍编译程序的结构

1.5.2 PRIME 机上 AHPL 语言的两遍编译程序

AHPL 语言是一种硬件描述语言，移植到 PRIME-550 计算机上的 AHPL 模拟器，用于模拟和验证硬件逻辑电路设计效果。AHPL 模拟器实际包括 AHPL 编译器和模拟器两部分，其中的 AHPL 编译器是一个两遍的编译程序，它实现 AHPL 源程序的编译，编译产生的目标程序作为 AHPL 模拟器的输入，该目标程序(不是一般意义的目标代码)是所描述的逻辑电路功能的基本操作表，模拟器以操作表作为其输入，经模拟处理，最后产生模拟结果，整个模拟器结构如图 1-11 所示。

1.5.3 PDP-11 计算机上 C 语言的三遍编译程序

C 语言是通用的程序设计语言，它首先被用于编写 UNIX 操作系统。用 C 语言编写的

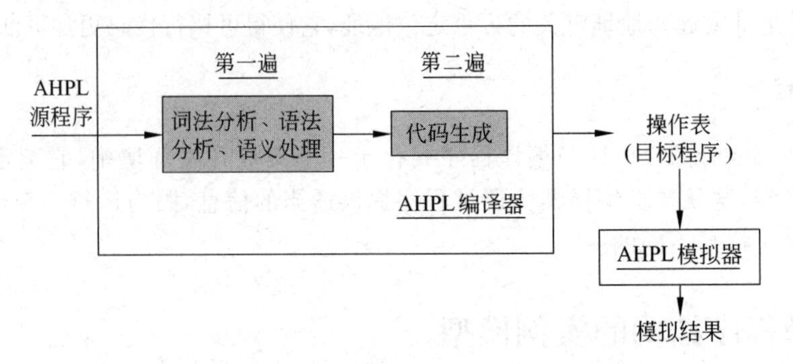

图 1-11　AHPL 模拟器：含两遍扫描的 AHPL 编译程序结构

UNIX 操作系统具有良好的可移植性，这是源于 C 编译器具有比较好的可移植性。在 PDP-11 计算机上的 C 语言编译程序，经语义处理后生成假想目标机的中间代码，再经代码生成和代码优化程序生成汇编语言的目标代码，而这种中间代码和汇编代码具有良好的可移植性。PDP-11 计算机上的 C 语言编译程序经三遍扫描最后生成目标程序，其结构如图 1-12 所示。

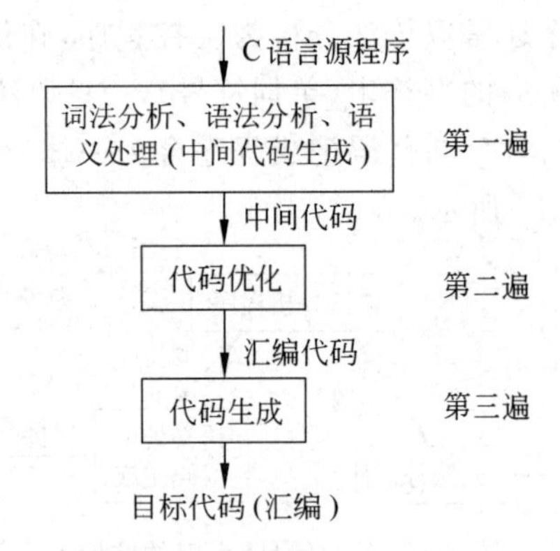

图 1-12　PDP-11 计算机上 C 编译器结构模型

1.5.4　Tiger 编译程序结构

Andrew W. Appel 在 *Modern Compiler Implementation* 一书中描述了一个更实际的编译器的组成结构，如图 1-13 所示。本节中称其为“Tiger 编译程序”。

Tiger 编译程序是一个典型的模块化的编译器，对象编译系统这类大型的软件系统而言，其结构组织使得系统更方便灵活，且便于复用，便于设计者理解和实现，每个阶段可以作为单独的一遍，进行独立的设计与实现，或者划分为多个模块予以实现，也可以根据需要将几个阶段组织成一遍。由于各阶段接口清晰，功能独立，亦适合作为一个完整的编译器实验项目分步、分阶段地练习。

Tiger 编译程序各阶段的功能描述见表 1-3。

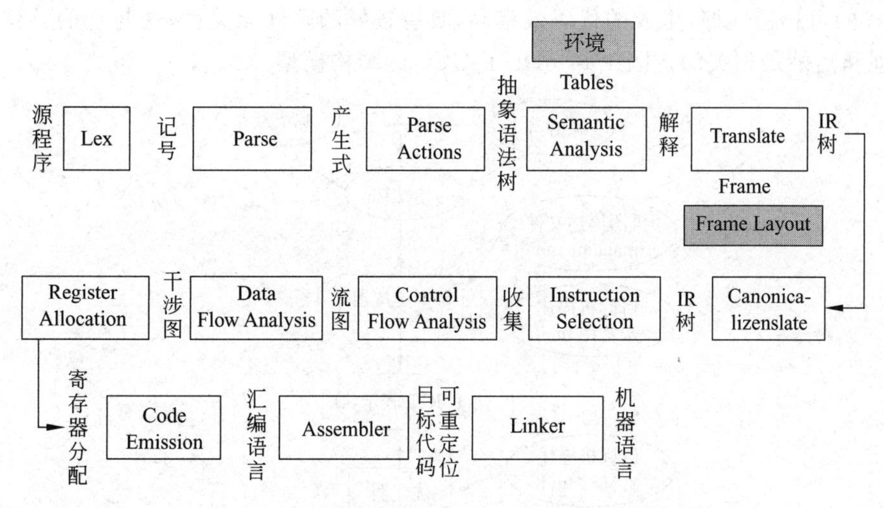

图 1-13　Tiger 编译程序组成的各阶段及各阶段间接口

表 1-3　Tiger 编译程序各阶段的功能

顺序	阶　段	描　述
1	Lex	将源程序分为独立的单词或记号——词法分析
2	Parse	分析、识别源程序中的短语——语法分析
3	Parse Actions	构造相应短语的抽象语法树——语法分析
4	Semantic Analysis	语义分析，确定短语含义并翻译，进行表达式类型检查等
5	Frame Layout	将变量、函数参数等存入分配的栈中活动记录——建立运行环境
6	Translate	生成树结构的中间代码
7	Canonicalize	规范化，为便于后续的处理，对树结构形式的中间代码进行等价变换，消除子表达式中的副作用，整理条件分支
8	Instruction Selection	指令选择
9	Control Flow Analysis	优化的技术准备——控制流分析，构造程序执行的全路径控制流程图
10	Data Flow Analysis	优化的技术准备——数据流分析，分析程序中变量的信息流即变量的定值、引用信息，如活跃变量、到达定值等信息
11	Register Allocation	寄存器分配
12	Code Emission	代码生成

1.5.5　GCC 编译程序结构框架

GCC(GNU Compiler Collection)是 GNU(GNU 是 GNU's Not Unix 的递归缩写)推出的功能强大、性能优越的多平台编译器集合，它能够支持 C、C++、Objective-C、Fortran、Java 和 Ada 等程序设计语言前端，同时能够运行在 x86、x86-64、IA-64、PowerPC、SPARC 和 Alpha 等众多硬件平台上。

GCC的可移植性好,生成的代码效率高,具有较好的硬件无关性,这与它的整体结构设计的合理和巧妙是相关的。图1-14示出了GCC的结构模型。

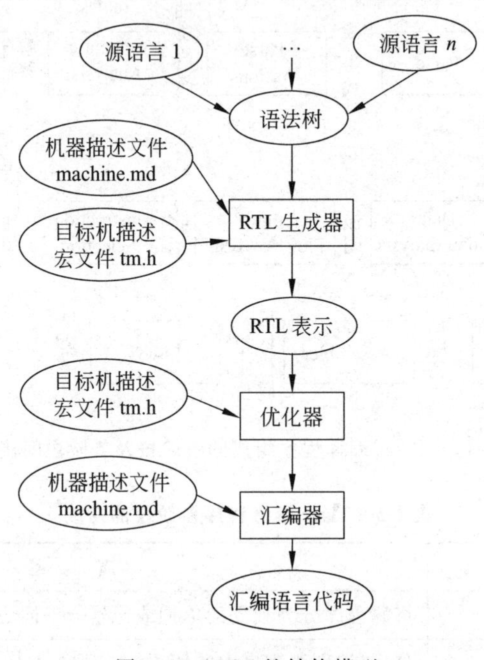

图1-14 GCC的结构模型

GCC的前端可以看做一遍处理,其功能是在接受了输入的源程序之后,经过分析器处理得到一种抽象语法树。GCC的前端独立出来的好处是,用户仅仅需要关注如何设计新编译器的前端,而将代码优化和目标代码的生成留给GCC后端去完成,避免了后端设计的重复性工作。分析器处理之后,根据得到的抽象语法树生成程序的RTL(Register Transition Language)表示,RTL是一种与硬件平台无关的寄存器转换语言,它能对实际的体系结构做出抽象。然后在RTL表示的基础上为了生成高质量的可执行代码,进行优化处理,最后生成相应的目标代码。从GCC的结构图上看,其后端由三遍构成,即RTL生成器、优化器和目标代码生成的汇编器,但对有的语言而言,仅优化器的设计就有十余遍。

1.6 编译程序的构造与实现

1.6.1 如何构造一个编译程序

构造一个编译程序应从下述三个方面入手。

(1) 源语言

这是编译程序处理的对象。要深刻理解所翻译的源语言的结构、词法、语法和语义规则,以及有关的约束和特点。

(2) 目标语言与目标机

这是编译程序处理的结果和运行环境。若选用机器语言作为目标语言,更需深入了解目标机的软件、硬件的有关资源、环境及特点。

(3) 编译方法与工具

这是生成编译程序的关键。应考虑与既定的源语言、目标语言相符合,构造方便,考虑时间、空间上的高效率及实现的可能性和代价等诸多因素,并应尽可能地考虑使用先进、方便的生成编译程序的工具。

1.6.2 编译程序的生成方式

早期的编译程序,人们使用机器语言或汇编语言的手工方式来编制,这种编译程序的实现手段效率低、周期长,不便于阅读、修改和移植。

高级程序设计语言的发展,使人们摆脱了手工方式的生成工具,用高级语言来书写编译程序,既节省时间,又克服了机器语言和汇编语言书写带来的不足。故现在多数人是使用高级程序设计语言,如常用的 Pascal 语言、C/C++ 语言、Ada 语言等来构造编译程序。

有些编译程序可通过移植得到,这比新构造一个编译程序更经济。所谓移植就是将某台机器上现成的某语言的编译程序移植到另一台机器上。这是编译技术中一个重要的、有价值的研究和应用课题。

用自展方式生成编译程序也称为自编译。自编译方式要求语言本身具有自编译功能,如 Pascal 语言。自编译就是先对语言的核心部分用其他语言(一般为汇编语言或机器语言)构造一个小的编译程序,然后再利用这一小部分核心语言构造能翻译更多语言成分的编译程序。这样逐步扩大,像滚雪球一样,最后完成整个语言的编译程序。

编译程序的自动生成已为越来越多的人所认识和重视,编译理论完整、系统的迅速发展,促进了编译程序部分或全部自动生成的技术和工具的不断发展和完善,出现了词法分析器产生器,代码自动生成器及编译程序的编译程序等编译自动生成工具,推出了计算机科学的一个新的研究领域——翻译程序编写系统(Translator Writing System,TWS)。

1.6.3 编译程序的构造工具

随着 TWS 的研究与发展,先后出现了一些比较成熟、实用的编译程序的构造工具,大大提高了产生编译程序的效率。在此,简介一些有效的编译程序构造工具。

1. 词法分析器自动生成器

词法分析器自动生成器能够将语言的词法规则的描述作为输入,自动产生识别该语言单词的词法分析程序。例如 Lex 和 Flex 都是很成熟的词法分析器自动生成器。它的主要原理是基于有限自动机理论,这将在第 3 章中详细讨论。

2. 语法分析程序产生器

语法分析程序产生器能够自动产生语法分析程序。特别对采用 LR 分析法的语法分析程序,已有比较成熟、实用的产生器。例如,YACC、Bison 等。许多这类自动产生器所实现的相当复杂的分析算法甚至人们手工都难以实现。

3. 语法制导翻译器

语法制导翻译器能自动完成语义处理工作。它接收由语法分析生成的分析树，通过对树的遍历生成某种形式的中间代码。

4. 代码自动生成器

代码自动生成器接收从中间语言到目标机语言翻译的规则集，这些规则要尽可能详尽的考虑到可能存放在寄存器、存储器或分配于栈中的各种数据的存取方法。代码自动生成器采用的基本技术是“模板比较”、“模板映射”等。

5. 数据流分析装置

完成代码优化的工作，直接涉及对源程序中数据流的分析，这是代码优化工作必不可少的前趋工作，数据流分析装置正是承担了代码优化工作中的这一重要角色。

习题 1

1-1 选择、填空题。

(1) 构造一个编译程序的三要素是________、________和________。

(2) 下面对编译原理的有关概念描述正确的是________。

A) 目标语言只能是机器语言　　B) 编译程序处理的对象是源语言

C) Lex 是语法分析自动生成器　　D) 解释程序属于编译程序

(3) 被编译的为 A 语言程序，编译的最终结果为 B 语言代码，编写编译程序的语言为 C 语言。那么，________语言是源语言，________语言是宿主语言，________语言是目标语言。

(4) ________不是编译程序的组成部分。

A) 词法分析程序　　B) 代码生成程序

C) 设备管理程序　　D) 语法分析程序

(5) 下面对编译程序分为“遍”描述正确的是________。

A) 使编译程序结构清晰　　B) 提高程序的执行效率

C) 提高机器的执行效率　　D) 增加对内存容量的要求

1-2 判断正误。

(1) 解释执行与编译执行的根本区别在于解释程序对源程序没有真正进行翻译。 (　　)

(2) 宿主语言是目标机的目标语言。 (　　)

(3) 具有优化功能的编译器可以组织为一遍扫描的编译器。 (　　)

(4) 编译程序是将用某一种程序设计语言写的源程序翻译成等价的另一种语言程序(目标程序)。 (　　)

(5) 编译程序是应用软件。 (　　)

1-3 简答题。什么是编译程序？

1-4 简答题。源程序的编译执行和解释执行的主要区别是什么？

1-5 简答题。解释下列名词：

源语言、源程序、目标语言、目标程序、宿主语言、汇编程序、编译程序、解释程序、遍。

1-6 简答题。典型的编译程序在逻辑功能上由哪几个部分组成？各部分的功能是什么？

1-7 简答题。简述编译程序构造工具的作用。

1-8 程序阅读与分析。自学第10章，阅读、分析第10.8节，在此基础上完成习题10。

第 2 章　形式语言与自动机理论基础

【本章导读提要】

本章的内容是编译程序构造的主要基础理论知识，包括程序设计语言的描述和定义，以及如何识别和分析语言。其特点是形式化的、抽象的。主要涉及的内容与要点是：

- 语言的构成要素与句子的分析。
- 语言的基本成分与运算。
- 文法和语言的表示、定义与分类。
- 文法等价的意义。
- 分析树与文法的二义性。
- 语言的识别——有限自动机(FA)。非确定的有限自动机(NFA)、确定的有限自动机(DFA)定义及表示。
- 非确定的有限自动机的确定化和确定的有限自动机最小化的原理与实现。
- 正则语言三种定义(文法、正规式、自动机)的等价性。

【关键概念】

BNF　文法　元语言　语言　推导　句型　句子　规范推导　规范句型　归约　规范归约　文法等价　二义文法　正则语言　确定的有限自动机　非确定的有限自动机　无用状态　等价状态　无关状态　最小的确定的有限自动机　正规式　正规集

2.1　文法和语言

2.1.1　语言的语法和语义

日常通用的自然语言是人们交流思想的主要工具，自然语言复杂，往往难以进行描述。而人与计算机打交道的程序设计语言则具有语法严格、结构正规、便于计算机处理的特点。但是，程序设计语言和自然语言亦存在共性，即语言的核心皆由语法和语义两部分构成。

语法是语言的形式，语义是语言的内容，以语法为媒介来说明语义是语言的实质。也可以说，语言是由具有独立意义的单词根据一定的语法规则构成的表达一定意义的句子组成的集合，所以对语言的分析就是对句子的分析。

不妨以自然语言为例，来考察对句子的分析。

【例 2-1】　设有语句“小八哥吃大花生”。

直观上可立即确认该语句是正确的，因为它合乎自然语言的语法和语义，但却反映不出分析的过程，根据语法规则进行分析就是对句子的分析。为此列出汉语语法规则中的其中 7 条规则(2.1)：

＜句子＞→＜主语＞＜谓语＞
＜主语＞→＜形容词＞＜名词＞
＜谓语＞→＜动词＞＜宾语＞
＜宾语＞→＜形容词＞＜名词＞　　　　(2.1)
＜形容词＞→小|大
＜名词＞→八哥|花生
＜动词＞→吃

上述表示法是程序设计语言语法规则(在形式语言理论中也称语法规则为文法规则)常用的表示法之一,称为巴科斯-诺尔范式(Backus-Naur Form)表示法,简称 BNF。BNF 表示法中各符号的含义如下。

＜ ＞:表示语法成分。

→ :表示"定义为"或"由……组合成"的含义(有时也用 ::=)。

|:"或"的含义。表示具有相同左部的产生式规则可用"|"分开。

对例 2-1,按照文法规则(2.1)利用分析树分析句子的过程如图 2-1 所示。

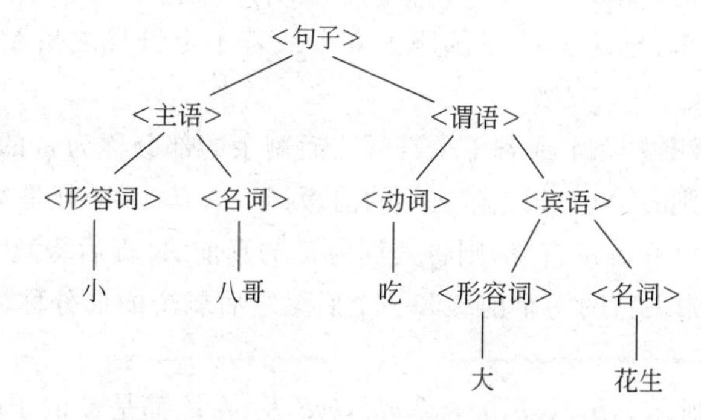

图 2-1　语句"小八哥吃大花生"分析的分析树

至此,证明了"小八哥吃大花生"是汉语的句子(语法正确的句子),也可以判定该语句语义是正确的,故分析结果确认该语句是正确的。程序设计语言的分析也是如此,下面将进一步介绍文法和语言的描述、定义和识别。

2.1.2　文法和语言的定义

1. 基本概念和术语

定义 2.1(字母表)

字母表是元素的非空有穷集合。字母表中的元素称为该字母表的一个字母,也可叫做符号或者字符,因此字母表也称为符号(字符)集。

字母表包含了语言中允许出现的全部符号。不同的语言可以有不同的字母表。例如,汉语的字母表中包括汉字、数字和标点符号等。二进制数语言的字母表是{0,1}。C 语言的字母表可以认为是一切可打印字符组成的集合。通常用大写希腊字母 Σ 或大写英文字母等表示字母表,用集合的列举法表示枚举出字母表中的符号。例如,字母表 $A=\{a,b,c,d\}$ 与字母表 $\Sigma=\{0,1\}$。

定义 2.2(字母表上的字符串)

已知 Σ 是字母表，Σ 上的字符串的集合 Σ^* 可递归定义如下：

i) ε(ε 是由 Σ 中的 0 个字符组成的符号，称为空串)$\in\Sigma^*$；

ii) 如果 $\omega\in\Sigma^*$ 且 $a\in\Sigma$，那么 $\omega a\in\Sigma^*$；

iii) $\omega\in\Sigma^*$ 当且仅当 ω 由有限步 i)和 ii)产生。

Σ^* 中的元素称为字符串，也可叫做符号串、串或句子，通常用小写希腊字母表示，它总是建立在某个特定的字母表上，且仅由字母表上的有穷多个符号组成。

在符号串中，符号的顺序是很重要的，例如符号串 ab 就不同于 ba，$abca$ 和 $aabc$ 也不同。

定义 2.3(符号串的长度)

如果某符号串 ω 中有 m 个字母表中的符号，则称其长度为 m，表示为 $|\omega|=m$。

例如，定义在字母表 $\Sigma=\{0,1\}$ 上的符号串 001110 的长度是 6，即 $|001110|=6$。空串 ε 的长度定义为 0，即 $|\varepsilon|=0$。

定义 2.4(符号串的子串)

设 ω 是一个符号串，把从 ω 的尾部删去 0 个或若干个符号之后剩余的部分称为 ω 的前缀。

类似，从 ω 的首部删去 0 个或若干个符号之后剩余的部分称为 ω 的后缀。

例如，设 $\omega=abc$，则 ε,a,ab,abc 都是 ω 的前缀；而 ε,c,bc,abc 都是 ω 的后缀。

若 ω 的前缀(后缀)不是 ω 自身，则将其称为 ω 的真前缀(真后缀)。

从一个符号串中删去它的一个前缀和一个后缀之后剩余的部分称为该符号串的子符号串或子串。

例如，$\omega=abcd$，则 $\varepsilon,a,b,c,ab,bc,cd,abc,bcd$ 及 $abcd$ 都是 ω 的子串。

定义 2.5(符号串的连接)

设 ω 和 υ 是两个符号串，如果将符号串 υ 直接拼接在符号串 ω 之后，则称此操作为符号串 ω 和 υ 的连接，记做 $\omega\upsilon$。

例如，$\omega=abc$，$\upsilon=xyz$，则 $\omega\upsilon=abcxyz$，$\upsilon\omega=xyzabc$。

显然连接运算是有序的，一般来说 $\omega\upsilon\neq\upsilon\omega$。

定义 2.6(符号串的方幂)

设 ω 是某字母表上符号串，把 ω 自身连接 n 次得到符号串 υ，即 $\upsilon=\omega\omega\cdots\omega$($n$ 个 ω)，称 υ 是符号串 ω 的 n 次幂，记做 $\upsilon=\omega^n$。

设 ω 是符号串，则有定义

$$\omega^0=\varepsilon$$

$$\omega^1=\omega$$

$$\omega^2=\omega\omega$$

$$\omega^3=\omega^2\omega=\omega\omega^2=\omega\omega\omega$$

$$\cdots$$

$$\omega^n=\omega^{n-1}\omega=\omega\omega^{n-1}=\underbrace{\omega\omega\cdots\omega}_{n\text{个}}$$

例如，$\omega = abc$，则 $\omega^2 = abcabc$，$\omega^3 = abcabcabc$。

定义 2.7(符号串集合的乘积)

设 A、B 是两个符号串集合，AB 表示 A 与 B 的乘积，其定义为

$$AB = \{\omega\upsilon \mid (\omega \in A) \wedge (\upsilon \in B)\}$$

例如，设 $A = \{ab, c\}$，$B = \{d, ef\}$，则 $AB = \{abd, abef, cd, cef\}$

注意有 $\{\varepsilon\}A = A\{\varepsilon\} = A$，$\varnothing A = A\varnothing = \varnothing$，其中 $\varnothing$ 为空集。

定义 2.8(符号串集合的方幂)

设 A 是符号串集合，A 与自身的乘积可以用方幂表示。其定义为

$$A^0 = \{\varepsilon\}$$
$$A^1 = A$$
$$A^2 = AA$$
$$A^3 = A^2A = AAA$$
$$\cdots$$
$$A^n = A^{n-1}A = \underbrace{AA\cdots A}_{n个}$$

显然有

$$A^{i+j} = A^i A^j$$

例如，$P = \{ab, x, aby\}$，则

$$P^2 = PP = \{abab, abx, ababy, xab, xx, xaby, abyab, abyx, abyaby\}$$

设 Σ 为字母表，显然有

$$\Sigma^* = \Sigma^0 \cup \Sigma \cup \Sigma^2 \cup \cdots \cup \Sigma^n \cup \cdots$$

定义 2.9(集合的闭包)

设 A 为一集合，A 的正闭包记做 A^+，定义为

$$A^+ = A^1 \cup A^2 \cup \cdots \cup A^n \cup \cdots$$

A^* 定义为 A 的自反闭包，显然有

$$A^* = A^0 \cup A^+ = \{\varepsilon\} \cup A^+ = A^+ \cup \{\varepsilon\}$$

由定义知，$A^+ = AA^*$。

例如，$A = \{01, 10\}$，则

$$A^* = \{\varepsilon, 01, 10, 0101, 1010, 0110, 1001, 010101, 101010, 100110, \cdots\}$$
$$A^+ = \{01, 10, 0101, 1010, 0110, 1001, 010101, 101010, 100110, \cdots\}$$

2. 文法和语言的形式定义

给定字母表 Σ，一个语言可看做是 Σ^* 中的某个子集。显然，这种定义对于语言的分析而言显得太宽泛了。要分析语言，就要知道其结构，文法就是一种能够用有限规则来展现出语言的结构的形式。

(1) 文法

定义 2.10(文法)

一部文法 G 是一个四元组

$$G = (V_N, V_T, S, P)$$

V_N为非空有限的非终结符号集，其中的元素称为非终结符，或称为语法变量，代表了一个语法范畴，表示一类具有某种性质的符号。

V_T为非空有限的终结符号集，其中的元素称为终结符，其代表了组成语言的不可再分的基本符号集。V_T即字母表Σ。

设V是文法G的符号集，则有

$$V = V_T \cup V_N, \quad 并且 \quad V_T \cap V_N = \varnothing$$

S为文法的开始符号或识别符号，亦称公理，$S \in V_N$。S代表语言最终要得到的语法范畴。

P为产生式集。所谓产生式就是按一定格式书写的定义语法范畴的文法规则，它是一部文法的实体。产生式的形式为

$$\alpha \to \beta \quad 或 \quad \alpha ::= \beta (\alpha \in V^+，且\ \alpha\ 中至少包含\ V_N\ 中的一个元素，\beta \in V^*)$$

其中α称为产生式的左部；β称为产生式的右部或称为α的候选式。

注意，公理S必须至少在文法某个产生式的左部出现一次。

例如，前述包含7条文法规则(2.1)的“汉语文法”：

V_N= {句子，主语，谓语，宾语，形容词，名词，动词}，
V_T= {小，大，八哥，花生，吃}，
S= 句子，
P= {
<句子>→<主语><谓语>
<主语>→<形容词><名词>
<谓语>→<动词><宾语>
<宾语>→<形容词><名词>
<形容词>→ 小|大
<名词>→ 八哥|花生
<动词>→ 吃
}

注意，文法产生式中的一些符号“→”，“|”等要与非终结符和终结符相区别，为此给出定义2.11。

定义2.11(元语言)

描述另一种语言的语言称为元语言，元语言中的符号称为元语言符号。

文法规则描述中的符号“→”，“|”，“<”和“>”均为元语言符号。

一般约定大写字母表示非终结符，小写字母表示终结符，产生式集合P中第一个产生式的左部为开始符号。在不至于混淆的情况下，常常只给出文法的产生式集合P来代表相应的文法。

【例2-2】 简单的算术表达式文法(2.2)定义为

$$G_1: \{\{E\}, \{i, +, *, (,)\}, E, \{E \to i \mid i+i \mid i*i \mid (E)\}\} \tag{2.2}$$

数字文法(2.3)定义为

$$G_2: \langle \mathrm{NUMBER} \rangle \to 0 \mid 1 \mid 2 \mid 3 \mid \cdots \mid 9 \tag{2.3}$$

其中，$V_N = \{\mathrm{NUMBER}\}$，$V_T = \{0, 1, 2, \cdots, 9\}$，$S = \mathrm{NUMBER}$，$P$为定义式本身。

(2) 语言

文法用来产生规定字母表上的语言，语言是字符串(句子)的集合，分析出语言中的字符串就可分析出语言，而文法中的规则可以构造字符串。由给定文法构造字符串的思想是，从文法的开始符号出发，对当前符号串中的非终结符替换为相应产生式右部的符号串，如此反复，直至最终符号串全由终结符号组成。

【例 2-3】 试以例 2-1 给出的文法和句子为例考察如何应用文法产生字符串。

<句子>⇒<主语><谓语>　　//<句子>替换为<主语><谓语>

⇒<形容词><名词><谓语>　　//<主语>替换为<形容词><名词>

⇒ 小<名词><谓语>　　//<形容词>替换为“小”

⇒ 小八哥<谓语>　　//<名词>替换为“八哥”

⇒ 小八哥<动词><宾语>　　// <谓语>替换为<动词><宾语>

⇒ 小八哥吃 <宾语>　　//<动词>替换为“吃”

⇒ 小八哥吃<形容词><名词>　　// <宾语>替换为<形容词><名词>

⇒ 小八哥吃大<名词>　　//<形容词>替换为“大”

⇒ 小八哥吃大花生　　//<名词>替换为“花生”

到此为止，所得到的符号串中已经全部由终结符组成，这就是文法产生的语言的一个字符串。

下面给出一些基本术语的定义。

定义 2.12(直接推导“⇒”)

设有文法 $G=(V_N, V_T, S, P)$，$\delta, \gamma \in (V_N \cup V_T)^*$，若 $\alpha \to \beta \in P$，则称 $\delta\alpha\gamma$ 直接推导出 $\delta\beta\gamma$，记做 $\delta\alpha\gamma \Rightarrow \delta\beta\gamma$。

与之相对应，称 $\delta\beta\gamma$ 直接归约到 $\delta\alpha\gamma$。

定义 2.13(直接推导序列)

设有文法 $G=(V_N, V_T, S, P)$，若存在 $\omega=\alpha_0 \Rightarrow \alpha_1$，$\alpha_1 \Rightarrow \alpha_2$，…，$\alpha_{n-1} \Rightarrow \alpha_n = \upsilon$ 或 $\alpha_0 \Rightarrow \alpha_1 \Rightarrow \alpha_2 \Rightarrow \cdots \Rightarrow \alpha_{n-1} \Rightarrow \alpha_n$，则 ω 经过 n 步($n>0$)可以推导出 υ，或 υ 经过 n 步($n>0$)可以归约到 ω。记做 $\omega \overset{+}{\Rightarrow} \upsilon$。当 $\omega \overset{+}{\Rightarrow} \upsilon$ 或 $\omega=\upsilon$，记做 $\omega \overset{*}{\Rightarrow} \upsilon$。

定义 2.14(最左(右)推导)

在推导过程中，总是对字符串中最左(右)边的非终结符进行替换，称为最左(右)推导。最右推导也称为规范推导，规范推导的逆序称为规范归约。

定义 2.15(句型)

设有文法 $G=(V_N, V_T, S, P)$，若 $S \overset{*}{\Rightarrow} \alpha$ ($\alpha \in (V_T \cup V_N)^*$)，则称 α 为 $G(S)$ 的句型 。

定义 2.16(句子)

设有文法 $G=(V_N, V_T, S, P)$，若 $S \overset{*}{\Rightarrow} \alpha$ ($\alpha \in V_T^*$)，则称 α 为 $G(S)$ 的句子。

定义 2.17(规范句型)

仅用规范推导得到的句型称为规范句型 。

定义 2.18(文法的递归)

设有文法 $G=(V_N, V_T, S, P)$，若存在形如 $A \overset{+}{\Rightarrow} \alpha A\beta$ 的递归推导，则称文法 $G(S)$ 是递归文法。其中，若 $\alpha=\varepsilon$，则称为左递归文法，若 $\beta=\varepsilon$，则称为右递归文法。存在形如 $A \to \alpha A\beta$ 的

递归产生式的文法，称为直接递归文法，否则称为间接递归文法。

【例 2-4】 设有文法(2.4)

$$G: E \to E+E \mid E*E \mid (E) \mid i \tag{2.4}$$

其中有 $E \to E\cdots$ 这样的产生式，则文法 G 是直接左递归文法。

又存在 $E \to \cdots E$ 这样的产生式，则文法 G 又是直接右递归文法。

【例 2-5】 设有文法(2.5)

$$\begin{cases} G: T \to Qc \mid c \\ \quad\; Q \to Rb \mid b \\ \quad\; R \to Ta \mid a \end{cases} \tag{2.5}$$

有 $T \Rightarrow Qc \Rightarrow Rbc \Rightarrow Tabc$，即 T 经过 $n(n=3)$ 步推导得出 $Tabc$，而文法规则中不含有递归产生式，所以文法 G 是间接左递归文法。

定义 2.19(语言)

设有文法 $G=(V_N, V_T, S, P)$，其所产生的语言定义为 $L(G)$

$$L(G) = \{\alpha \mid \alpha \in V_T^* \land S \overset{*}{\Rightarrow} \alpha, S \text{ 是文法 } G \text{ 的开始符号}\}$$

需要指出的是，文法和语言的相互关系并非是唯一对应的，形式语言理论可以证明：

① 给定文法 G，能从结构上唯一地确定相应的语言。

② 给定一种语言，能构造其文法，但这种文法不是唯一的，即有

$$L(G_1)=L(G_2)=\cdots=L(G_n)$$

但 $G_1, G_2, \cdots, G_n$ 互不相同。为此，引出文法等价的概念。

定义 2.20(文法等价)

若 $L(G_1)=L(G_2)$，则称文法 G_1 和 G_2 是等价的。

文法等价的概念说明，两个文法尽管它们的规则不尽相同，只要所产生的语言相同，则认为这两个文法是等价的。

【例 2-6】 设有文法(2.6)

$$G_1(S) = (\{S\}, \{0\}, S, \{S \to S0 \mid 0\}) \tag{2.6}$$

由于

$$S \Rightarrow S0 \Rightarrow S00 \Rightarrow \cdots \Rightarrow S0^{n-1} \Rightarrow 0^n$$

所以该文法表示的语言为

$$L(G_1) = \{0^n \mid n \geqslant 1\}$$

设有文法(2.7)

$$G_2(T) = \{\{T\}, \{0\}, T, \{T \to 0T, T \to 0\}\} \tag{2.7}$$

由于

$$T \Rightarrow 0T \Rightarrow 00T \Rightarrow \cdots \Rightarrow 0^{n-1}T \Rightarrow 0^n$$

所以该文法表示的语言为

$$L(G_2) = \{0^n \mid n \geqslant 1\}$$

显然，$G_1 \neq G_2$，但有 $L(G_2)=L(G_1)$，所以文法 G_1 和 G_2 等价。

利用文法等价的概念，当讨论编译程序实现的有关问题时，某种分析技术对文法会有不同程度的限定。当文法不能满足某种分析技术的应用条件时，需要对文法进行等价变换，使之适应相应的分析技术。一般文法等价变换是针对以下几方面而言的。

- 使文法适用于某种分析技术;
- 消除文法的二义性;
- 使文法类与语言类一致;
- 使文法满足特殊需要。

2.1.3 文法的表示方法

本节介绍三种文法的产生式规则的表示方法。

1. BNF 表示法

BNF 表示法是目前最常用的文法表示方法。由 Backus 和 Naur 首先引入来描述计算机语言语法的符号集,它于 1959 年在 ALGOL 60 报告中描述 ALGOL 语言时首次使用。从前面描述可知,它的元语言公式可以严格地表示语法规则,故现在多数程序设计语言的语法定义都使用 BNF。

2. 扩充的 BNF 表示法

这种表示法是在 BNF 表示基础上扩展来的,与 BNF 具有相同的表达能力,且结构上更简单和清晰。

扩充的 BNF,在原来 BNF 的 4 个元语言符号"→"(或"::="),"＜","＞","|"的基础上,又引入三对符号作为元语言符号使用。

(1) 引入花括号——$\{t\}_n^m$,表示字符串 t 的任意次出现,其中下角标 n 表示串 t 重复的最小次数,上角标 m 表示字符串 t 重复的最大次数。省略 m,n 表示可重复 0 到任意多次。

【例 2-7】 Fortran 语言中标识符的定义。假设标识符是长度≤8 的字母开头后跟字母或数字的字符串,则有

＜Fortran 标识符＞→＜字母＞$\{$＜字母＞|＜数字＞$\}_0^7$

(2) 引入圆括号——以提取产生式中的公共因子,简化产生式的表示。

【例 2-8】 有文法规则

$$U \rightarrow xa \mid xb \mid \cdots \mid xz$$

引入圆括号提取公共字符串 x 后有

$$U \rightarrow x(a \mid b \mid \cdots \mid z)$$

作为元语言符号的圆括号,也可嵌套。为了与产生式中作为终结符的圆括号区别,作为终结符的圆括号用'('和')'表示。

(3) 引入方括号——[t],表示字符串 t 可有可无。

【例 2-9】 设有条件语句的文法(2.8)

＜条件语句＞→＜如果子句＞|＜如果子句＞ELSE＜语句＞

＜如果子句＞→ IF＜布尔表达式＞THEN＜语句＞ (2.8)

引入方括号后,可简化文法(2.8)为

＜条件语句＞→＜如果子句＞[ELSE＜语句＞]

＜如果子句＞→ IF＜布尔表达式＞THEN＜语句＞ (2.8)′

3. 语法图表示法

语法图是 BNF 或扩充的 BNF 表示法的图形化表示。Pascal 语言的语法用语法图来定义是大家所熟悉的。语法图比 BNF 表示法更直观形象,更容易被大多数人理解。

文法的语法图由一组图组成,每个图定义了一个非终结符的产生式。每个图都有一个起始点和一个终点,其他结点的标记为文法符号,其中终结符用圆形区域表示,非终结符用方形区域表示。起始点和终点之间的穿过其他的非终结符和终结符结点的可能路径定义候选式。

【例 2-10】 用语法图来表示一个算术表达式的文法(2.9)。

文法的 BNF 表示为

<表达式>→<项>|<项> +<表达式>
<项>→<因子>|<因子> * <项>
<因子>→<常数>|<变量>|'('<表达式>')'
<变量>→$x|y|z$
<常数>→<数字>|<数字> <常数>
<数字>→0|1|2|3|4|5|6|7|8|9　　　　(2.9)

文法的 EBNF 表示为

<表达式>→<项>{+<项>}
<项>→<因子>{ * <因子>}
<因子>→<常数>|<变量>|'('<表达式>')'
<变量>→$x|y|z$
<常数>→<数字><数字>
<数字>→0|1|2|3|4|5|6|7|8|9　　　　(2.9)′

语法图表示如图 2-2 所示。

2.1.4 语法分析树与二义性

1. 语法分析树

可以用语法分析树(简称分析树)来表示经推导而产生的句子结构,这种表示直观形象,有助于理解句子的语法结构层次。

一个句子的推导过程,即是分析树的生长过程。分析树的每个结点与终结符或非终结符有关。分析树的根结点是文法的开始符号,结点间的父子关系为产生式规则,即若父结点标识为 A,子结点从左到右依次标识为 $a_1, a_2, \cdots, a_n$,则在文法中存在一产生式 $A \to a_1 a_2 \cdots a_n$。一棵分析树的从左到右的叶结点,就形成了由该分析树表示的推导出的句型。若叶结点都是由终结符组成,则这些结点组成的符号串为句子。

【例 2-11】 设有无符号整数的文法(2.10)

<无符号整数>→<数字串>
<数字串>→<数字串><数字>|<数字>
<数字>→0|1|2|…|9　　　　(2.10)

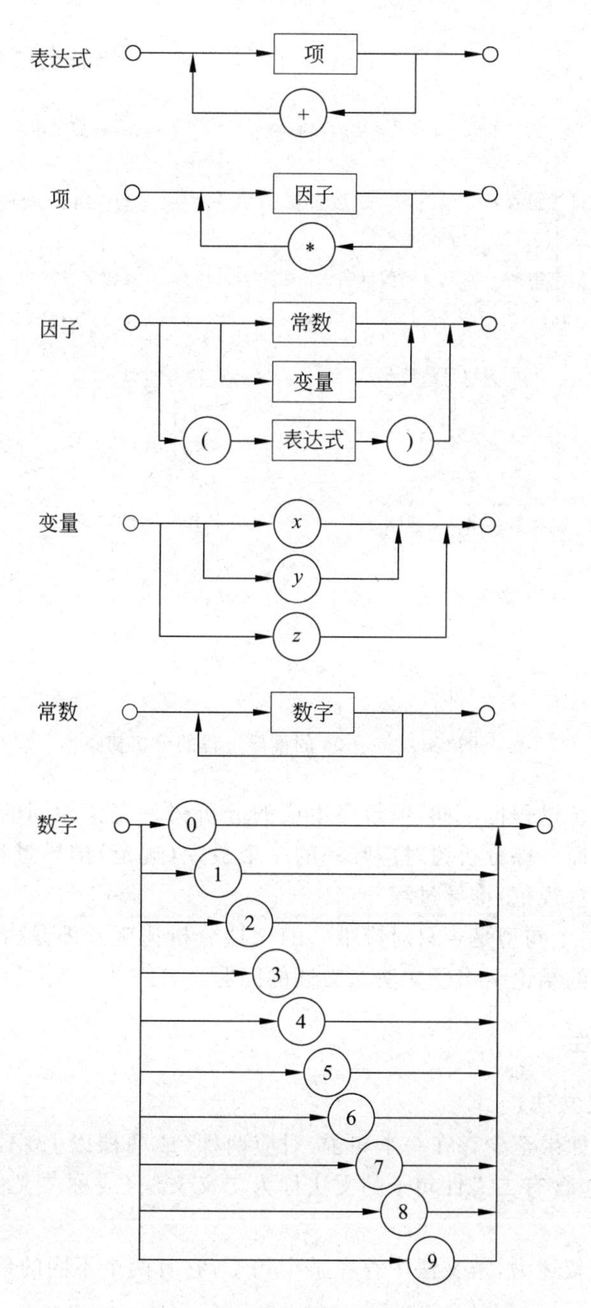

图 2-2 算术表达式文法(2.9)的语法图表示

对句子 25 的最左推导过程为

＜无符号整数＞⇒＜数字串＞⇒＜数字串＞＜数字＞⇒＜数字＞＜数字＞

⇒2＜数字＞⇒25

这是句子 25 的最左推导的序列，推导的每一步可以用一棵分析树表示，其推导过程的分析树如图 2-3 所示。

对句子 25，还可以给出另外一些推导，如规范推导，或即非最左又非最右推导，其推导过程及语法树同样可以画出(略)。比较所有可能的推导及相应的分析树会发现，推导过程

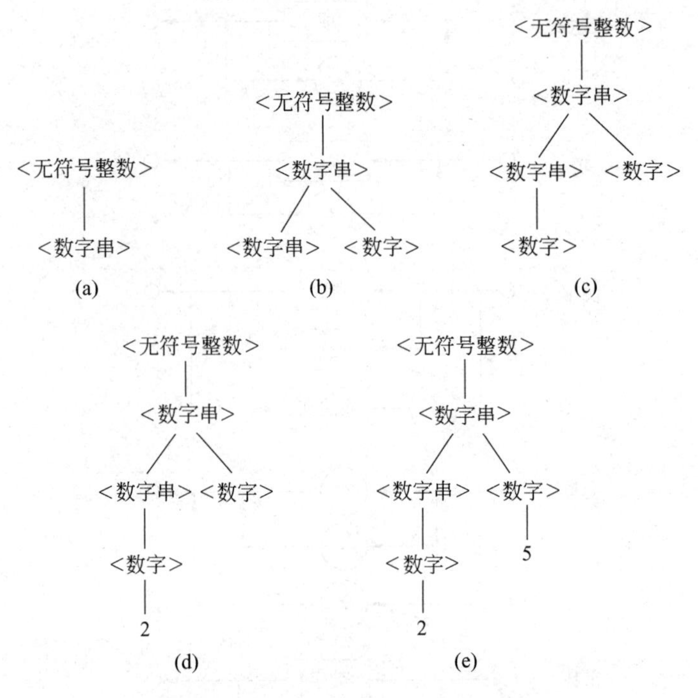

图 2-3 句子 25 的推导过程的分析树

不同,则分析树的生长过程也不同,但最终生成的分析树是完全相同的。即句子 25 只对应唯一的一棵分析树,而一棵分析树对应唯一的一个最左(规范)推导过程,所以句子 25 也只对应唯一的一个最左(规范)推导过程。

任意文法的任一个句型是否只对应唯一的一棵分析树呢?即是否只有唯一的最左(规范)推导?这个问题的结论引出了文法二义性的问题。

2. 文法的二义性

定义 2.21(二义文法)

对一部文法 G,如果至少存在一个句子,对应两棵(或两棵以上)不同的分析树,则称该句子是二义性的。包含有二义性句子的文法称为二义文法(或称二义性文法)。否则,该文法是无二义性的。

定义 2.20 也可叙述为,若文法中存在某个句子,它有两个不同的最左(规范)推导,则这个文法是二义性的。

严格说来,文法是对语言的有穷描述,即文法规则是有穷的,而由文法产生的语言一般是无穷的,因此文法的二义性问题是不可判定的,即不存在一种算法能在有限步骤内确切地判定一个文法是否是二义的。但是可以寻找一组充分条件,使得满足这些条件的文法必定无二义性。

【例 2-12】 设有文法(2.11)

$$G(E):E \rightarrow E+E \mid E*E \mid (E) \mid i \tag{2.11}$$

可知,字符串 $i+i*i$ 是文法的一个句子,因为从文法的开始符号 E 可以将其推导出来。但该句子存在两棵不同的分析树,如图 2-4 所示。

很明显，这个句子也存在着两个不同的最左(或规范)推导，如两个不同的最左推导序列为

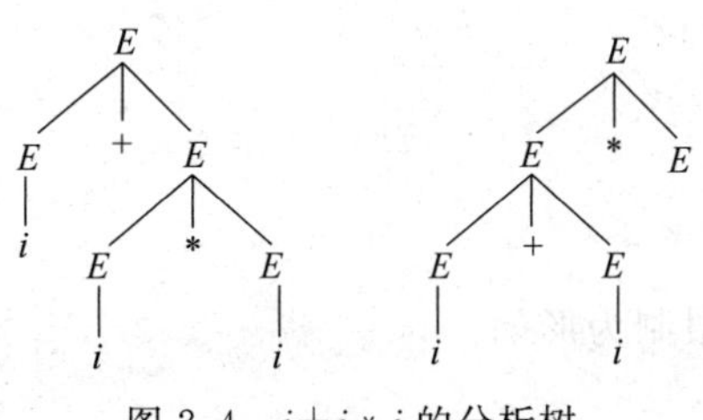

图 2-4 $i+i*i$ 的分析树

$$E \Rightarrow E+E \Rightarrow i+E \Rightarrow i+E*E \Rightarrow i+i*E \Rightarrow i+i*i$$

$$E \Rightarrow E*E \Rightarrow E+E*E \Rightarrow i+E*E \Rightarrow i+i*E \Rightarrow i+i*i$$

因此可以判定文法 $G(E)$ 是二义文法。这个文法所描述的语言还存在语义的二义性。但请注意，文法的二义性与语言语义的二义性是完全不同的概念，并非文法有二义性，其描述的语言就有二义性，反之亦如此。

2.1.5 文法和语言的类型

20 世纪 50 年代，语言学家乔姆斯基(Avram Noam Chomsky)首先对语言的描述问题进行了探讨。在对某些自然语言进行研究的基础上，提出了一种用于描述语言的数学系统，并以此定义了 4 类不同的文法和语言。从前面讨论可知，一部文法的核心是产生式，它决定着产生什么样的语言，所以文法分类的基点是对产生式类型的区分。乔姆斯基分类，即将文法按产生式的不同具体分成 4 类，4 类文法对应 4 种类型的语言，且有相应的自动机来识别。

1. 0 型文法(短语结构文法)

定义 2.22

如果对文法 $G=(V_N,V_T,S,P)$，其 P 中的每个产生式 $\alpha \to \beta$ 不加任何限制，则称 G 为 0 型文法或短语结构文法。

由 0 型文法所确定的语言为 0 型语言 L_0，0 型语言可由图灵机(Turing)来识别。

2. 1 型文法(上下文有关文法)

定义 2.23

设文法 $G=(V_N,V_T,S,P)$，对 P 中的每个产生式限制为形如

$$\alpha A\beta \to \alpha\gamma\beta$$

其中，$A\in V_N$，$\alpha,\beta\in(V_T\cup V_N)^*$，$\gamma\in(V_T\cup V_N)^+$(仅 $S\to\varepsilon$ 除外，但此时 S 不得出现在任何产生式的右部)，则称文法 G 为 1 型文法或上下文有关文法。

1 型文法也称为上下文有关文法，是由于在文法规则中规定了非终结符 A 在出现上下文 α 和 β 的情况下才能由 A 推导出 γ，显示了上下文有关的特点。

1 型文法所确定的语言为 1 型语言 L_1，1 型语言可由线性有界自动机来识别。

【例 2-13】 设有文法(2.12)

$$\begin{cases} G_1:\ S\to P \\ P\to aPAB \mid abB \\ BA\to BA' \\ BA'\to AA' \\ AA'\to AB \\ bA\to bb \\ bB\to bc \\ cB\to cc \end{cases} \tag{2.12}$$

不难验证，G_1 是 1 型文法，G_1 产生的语言

$$L(G_1) = \{a^n b^n c^n \mid n \geqslant 1\}$$

3. 2 型文法（上下文无关文法）

定义 2.24

设文法 $G=(V_N,V_T,S,P)$，对 P 中的每个产生式限制为形如

$$A \rightarrow \alpha$$

其中，$A \in V_N$，$\alpha \in (V_T \cup V_N)^*$，则称文法 G 为 2 型文法。

2 型文法也称为上下文无关文法，这是由于在文法规则中，每条规则左部只出现一个非终结符，因此不需要顾及上下文，就可由 A 推导出 α。

对 1 型文法，若限制 α,β 为空串，则得到 2 型文法，所以 2 型文法是在 1 型文法基础上稍加限制得到的。由 2 型文法所确定的语言为 2 型语言 L_2，2 型语言可由非确定的下推自动机来识别。

4. 3 型文法（正则文法、线性文法）

定义 2.25

设文法 $G=(V_N,V_T,S,P)$，对 P 中的每个产生式限制为形如

$$A \rightarrow \alpha B \quad 或 \quad A \rightarrow \alpha$$

或者

$$A \rightarrow B\alpha \quad 或 \quad A \rightarrow \alpha$$

其中，$A,B \in V_N$，$\alpha \in V_T^*$，则称文法 G 为 3 型文法。

3 型文法也称为正则文法或线性文法，文法规则为 $A \rightarrow \alpha B$ 或 $A \rightarrow \alpha$ 的文法为右线性文法，文法规则为 $A \rightarrow B\alpha$ 或 $A \rightarrow \alpha$ 的文法为左线性文法。

由 3 型文法所确定的语言为 3 型语言 L_3（正则语言），3 型语言可由确定的有限自动机来识别。

在常见的程序设计语言中，多数与词法有关的文法属于 3 型文法。

5. 4 类文法的关系

上述 4 类文法，从 0 型到 3 型，其后一类都是前一类的子集，且限制是逐步增强的，而描述语言的功能是逐步减弱的。4 类文法间的关系可以表示为

描述功能越来越强 ←

$$0 型 \supset 1 型 \supset 2 型 \supset 3 型 \quad (L_0 \supset L_1 \supset L_2 \supset L_3)$$

产生式限制越来越严 →

2.2 有限自动机

在 2.1 节介绍 4 类文法的产生式规则的基础上，讨论对语言有穷描述的另一方法——识别方式，即有限自动机（Finite Automaton，FA）。它是与 4 类文法中最基本、最重

要的 3 型文法等价的,即它能识别正则文法所定义的语言。

2.2.1 确定的有限自动机

确定的有限自动机(Deterministic Finite Automaton, DFA)不是一台具体的机器,而是一个具有离散输入、输出系统的数学模型。它是 4 类文法的识别装置中最基本、最重要的一种。

定义 2.26

一个确定的有限自动机 M(DFA M)是一个五元组

$$M=(Q, \Sigma, f, q_0, Z)$$

其中,Q 为状态的有限集合,每个元素称为一个状态;Σ 为输入字符的有限集合(或有穷字母表),每个元素是一个输入字符;f 为状态转换函数,是一个从 $Q\times\Sigma$ 到 Q 的映射。

例如,$f(p,a)=q$, p、$q\in Q$, $a\in\Sigma$。表示状态 p 在输入字符 a 之后转入状态 q,把 q 称为 p 的后继状态。

q_0 为 M 的唯一初态(也称开始状态),$q_0\in Q$;Z 为 M 的终态集(或接受状态集),$Z\subseteq Q$。

确定有限自动机 $M=(Q,\Sigma,f,q_0,Z)$ 可以用一个有向赋权图来表示,称为状态转换图或状态图。图的顶点集为 Q;弧上的权值(标记)构成集合 Σ;若有 $f(p,a)=q$,则表示图中有一条从 p 到 q 的权值(标记)为 a 的弧;通常约定,q_0 是由一个箭头指向的特殊标记出的结点;Z 中的状态由嵌套的双圆圈结点来标记。

【例 2-14】 设有确定的有限自动机

$$M=(\{0,1,2,3\},\{a,b\},f,0,\{3\})$$

其中 f 为

$$f(0,a)=1 \quad f(0,b)=2$$
$$f(1,a)=3 \quad f(1,b)=2$$
$$f(2,a)=1 \quad f(2,b)=3$$
$$f(3,a)=3 \quad f(3,b)=3$$

该确定的有限自动机所对应的状态图如图 2-5 所示。

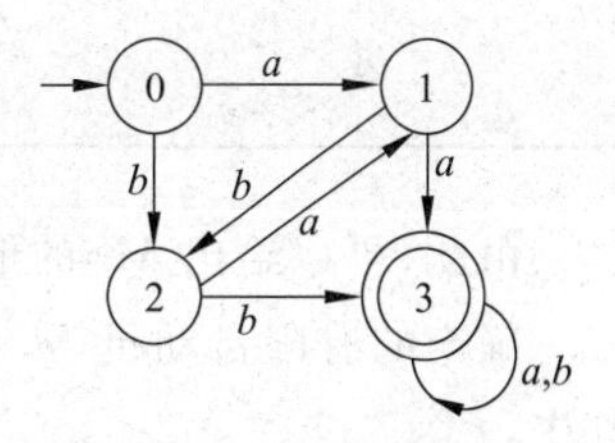

图 2-5 DFA M 的状态图

确定的有限自动机 $M=(Q, \Sigma, f, q_0, Z)$还可以用关系表来表示,称为状态转换表或状态表。其中表的第一列的元素与 M 的 Q 相对应;第一列的第一个状态为开始状态 q_0;上角标带"*"的是 Z 中的状态;表第一行的元素与 M 的有穷字母表 Σ 相对应;若有 $f(p,a)=q$,则在 p 对应的行,a 对应的列处的内容为 q。例 2-15 中的确定的有限自动机 M 的状态表如表 2-1 所示。

从这个例子可知在表示一个确定的有限自动机 M 时,状态图、状态表与有限自动机形式定义的一致性。

为了表述方便,对确定有限自动机 $M=(Q,\Sigma, f, q_0, Z)$,若有 $\omega=w_1w_2\cdots w_n(w_i\in\Sigma)$,把 $f(f(\cdots f(q,w_1)\cdots,w_{n-1}),w_n)$简记为 $f(q,\omega)$。

那么,一个确定的有限自动机是如何工作的,即如何接受或识别字符串呢?

设 $M=(Q,\Sigma, f, q_0, Z)$是一确定的有限自动机，$\omega=w_1w_2\cdots w_n$是字母表 Σ 上的一个字符串，如果存在 Q 中的状态序列 $p_0, p_1, \cdots, p_n$，满足下列条件：

(1) $p_0=q_0$；

(2) $f(p_i, w_{i+1})=p_{i+1}, i=0,1,\cdots,n-1$；

(3) $p_n\in Z$。

即有

$$f(q_0,\omega)\in Z$$

则 M 接受(识别)ω，否则称 M 拒绝(不识别)ω。

表 2-1　DFA *M* 的状态表

Q \ Σ	a	b
0	1	2
1	3	2
2	1	3
3*	3	3

从状态图出发可以更形象地进行描述。即，若存在一条从初态结点到某一终态结点的路径，且在这条路径上所有弧的标记连接成的字符串等于 ω，则称 ω 被确定的有限自动机 M 所识别(接受)。特例的是，若 M 的初态结点同时又是终态结点，则空串 ε 被 M 所识别。

确定的有限自动机 M 识别的字符串的全体称为 M 识别的语言，记为 $L(M)$。

注意识别的计算应该停止在终态，状态集中可能有些状态没有到达终态的通路，则从此状态(可称为无用状态)出发任何输入串都不可能到终态，则到此状态的计算及此状态后的计算跟我们的识别就没有关系，可以在定义时把这样的状态及与其相关的转移去掉而不影响机器的语言，只是状态转换函数对应有些定义无值。因此以后如果出现状态转换函数的部分描述，隐含没描述的部分定义值均为一个状态集以外的无用状态，我们将其表示为空状态。

【例 2-15】 表 2-2 和图 2-6 给出了能识别含偶数个 0 和偶数个 1 的字符串的确定的有限自动机 M_1 的状态表及状态图。

表 2-2　DFA M_1 的状态表

Q \ Σ	0	1
q_0^*	q_2	q_1
q_1	q_3	q_0
q_2	q_0	q_3
q_3	q_1	q_2

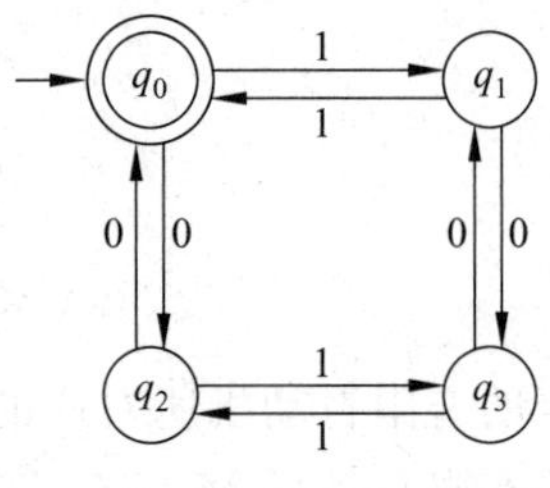

图 2-6　DFA M_1 的状态图

由此，可以给出 M_1 的形式定义：

确定的有限自动机 $M_1=(\{q_0, q_1, q_2, q_3\},\{0,1\},f,q_0,\{q_0\})$

其中，f 为

$$f(q_0,0)=q_2\quad f(q_0,1)=q_1$$

$$f(q_1,0)=q_3\quad f(q_1,1)=q_0$$

$$f(q_2,0)=q_0\quad f(q_2,1)=q_3$$

$$f(q_3,0)=q_1\quad f(q_3,1)=q_2$$

任给一含有偶数个 0 和偶数个 1 的字符串 $\$1=110101$，则 M_1 对 $\$1$ 的识别过程有如下两种表示方法。

用转换函数的形式来表示：

$f(q_0,1)=q_1$

$f(q_0,11)=f(f(q_0,1),1)=f(q_1,1)=q_0$

$f(q_0,110)=f(f(q_0,11),0)=f(q_0,0)=q_2$

$f(q_0,1101)=f(f(q_0,110),1)=f(q_2,1)=q_3$

$f(q_0,11010)=f(f(q_0,1101),0)=f(q_3,0)=q_1$

$f(q_0,110101)=f(f(q_0,11010),1)=f(q_1,1)=q_0$（$q_0$为终态）

从状态转换图进行描述：有一条从初态结点q_0到一终态结点q_0的路径$q_0\ q_1\ q_0\ q_2\ q_3\ q_1\ q_0$，且在这条路径上所有弧的标记连接成的字符串等于＄1＝110101。

两种识别形式的结果都表示字符串＄1＝110101可被M_1接受。

2.2.2 非确定的有限自动机

对上面讨论的确定的有限自动机稍加修改，使其在某状态下输入一字符的转换状态不是唯一的，而允许转换为多个状态，并允许不扫描字符就可转换状态，这样的有限自动机称为非确定的有限自动机(Nondeterministic Finite Automaton，NFA)。

定义 2.27（**非确定的有限自动机**）

一个非确定的有限自动机M(NFA M)是一个五元组

$$M=(Q,\Sigma,f,q_0,Z)$$

其中，Q为状态的有限集合；Σ为输入字符的有限集合(有穷字母表)；f为状态转换函数，从$Q\times(\Sigma\cup\{\varepsilon\})\to 2^Q$的映射。注意这里的后继状态不是唯一的，它是状态集$Q$的子集；$q_0$为开始状态，$q_0\in Q$；$Z$为终态集(接受状态集)，$Z\in Q$。

类似地非确定的有限自动机也可以用状态图及状态表描述。

可见，确定的和非确定的有限自动机之间的重要区别是：

(1) 非确定的有限自动机的状态转换函数值是一个状态子集，反映在状态转换图上即从一状态结点出发可以有不只一条同一标记的弧。

(2) 非确定的有限自动机可以带ε转换(不处理任何符号就进行状态转换)。

确定的有限自动机与非确定的有限自动机统称为有限自动机。

同样，为了表述方便，对非确定的有限自动机$M=(Q,\Sigma,f,q_0,Z)$，若有$\omega=w_1w_2\cdots w_n$($w_i\in\Sigma\cup\{\varepsilon\}$)，把$f(f(\cdots f(q,w_1)\cdots,w_{n-1}),w_n)$简记为$f(q,\omega)$。

注意：由于$\varepsilon^m a\varepsilon^n=a(\forall m,n\geqslant 0)$，所以$f(q,\varepsilon^m a\varepsilon^n)$也可以表示为$f(q,a)$，要根据上下文与转移函数定义中的$f(q,a)$区分。

一个非确定的有限自动机如何接受或识别字符串呢？

设$M=(Q,\Sigma,f,q_0,Z)$是一非确定的有限自动机，字符串$\omega=w_1w_2\cdots w_n$，$w_i\in\Sigma\cup\{\varepsilon\}$，如果存在$Q$中的状态序列$p_0,p_1,\cdots,p_n$，满足下列条件：

(1) $p_0=q_0$；

(2) $p_{i+1}\in f(p_i,w_{i+1})$，$i=0,1,\cdots,n-1$；

(3) $p_n\in Z$。

即有

$$f(q_0,\omega)\cap Z\neq\varnothing$$

则 M 接受(识别)ω,否则称 M 拒绝(不识别)ω。

M 识别的字符串的全体称为 M 识别的语言,记为 $L(M)$。

同样,与确定的有限自动机的表示一样,我们可以删除无用状态及与其关联的状态转换,而不影响其识别计算。因此如果出现状态转换函数的部分描述,隐含没描述的部分定义值均为一无用状态,将其表示为空状态。

【例 2-16】 给出一个非确定的有限自动机

$$M=(\{q_0,q_1,q_2,q_3,q_4\},\{0,1\},f,q_0,\{q_2,q_4\})$$

其中状态转换函数 f 为

$$f(q_0,0)=\{q_0,q_3\} \quad f(q_0,1)=\{q_0,q_1\}$$
$$f(q_1,0)=\Phi \quad f(q_1,1)=\{q_2\}$$
$$f(q_2,0)=\{q_2\} \quad f(q_2,1)=\{q_2\}$$
$$f(q_3,0)=\{q_4\} \quad f(q_3,1)=\Phi$$
$$f(q_4,0)=\{q_4\} \quad f(q_4,1)=\{q_4\}$$

由于 $f(q_i,\varepsilon)(i=1,2,3,4)$没有描述,表示其定义值为 Φ。

非确定的有限自动机 M 所对应的状态表与状态图如表 2-3 和图 2-7 所示。

这个非确定的有限自动机 M 所能识别的字符串集合是:由 0 和 1 组成的任意字符串,并且或者有两个相邻的 0,或者有两个相邻的 1。

表 2-3 NFA M 的状态表

Q \ Σ	0	1
q_0	$\{q_0,q_3\}$	$\{q_0,q_1\}$
q_1	$\varnothing$	$\{q_2\}$
q_2^*	$\{q_2\}$	$\{q_2\}$
q_3	$\{q_4\}$	$\varnothing$
q_4^*	$\{q_4\}$	$\{q_4\}$

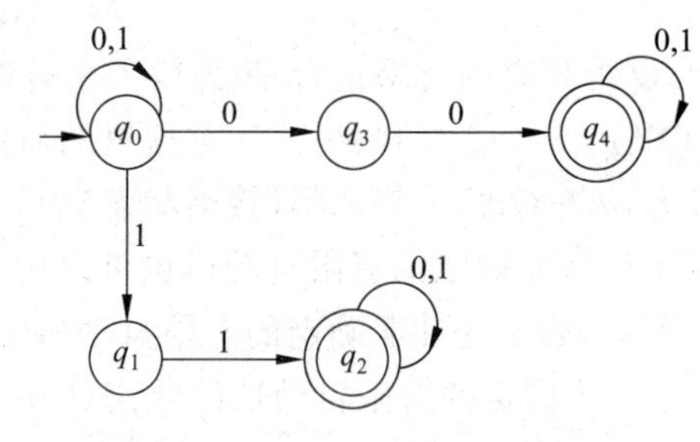

图 2-7 NFA M 的状态图

在确定的有限自动机中,读入一个字符串 α 后,从初始状态 q_0 只有一条路径描述相应的变化。判定字符串 α 是否被一确定的有限自动机所接受,只需跟踪一条路径。但在非确定的有限自动机中,对任一输入字符串 α,可以有若干条路径,这些路径都要被跟踪,以确定其中是否有一条路径,其最后的状态属于终态集。

例如,对例 2-16 中的非确定的有限自动机 M,输入串为 010110,在读入第一个 0 以后,M 可转换到状态 q_0 或转换到 q_3。接着,对输入字符 1,M 从状态 q_3 再无法转换了,但可以从 q_0 转到 q_0 或 q_1;同样地,当读入第四个输入字符 1 时,状态可转换为 q_0 或 q_1,接着读入第五个字符 1 时,状态从 q_1 转换到 q_2,或从 q_0 转换到 q_0 或 q_1,这时 M 可能会处在状态 q_0,q_1 或 q_2,再读入最后一个字符 0 时,又可能转换到 q_0,q_2 或 q_3,其中有 $q_2\in Z$,故字符串 010110 被接受,其对应的识别路径为 q_0,q_0,q_0,q_1,q_2,q_2。用状态函数来表示状态转化过程,则有

$$f(q_0,0)=\{q_0,q_3\}$$

得

$$f(q_0,01)=f(f(q_0,0),1)=f(\{q_0,q_3\},1)=\{f(q_0,1),f(q_3,1)\}=\{q_0,q_1\}$$

类似地有

$$f(q_0,010)=\{q_0,q_3\}$$
$$f(q_0,0101)=\{q_0,q_1\}$$
$$f(q_0,01011)=\{q_0,q_1,q_2\}$$
$$f(q_0,010110)=\{q_0,q_2,q_3\}$$

由于$\{q_0,q_2,q_3\}\cap\{q_2,q_4\}=\{q_2\}$,所以 010110 为接受字符串。

【例 2-17】 给出一个接收语言为$\{a\}^+\cup\{b\}^+$的非确定的有限自动机 M,如图 2-8 所示。

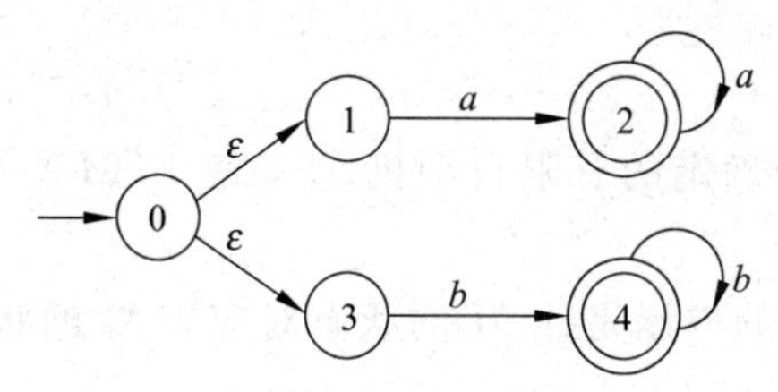

图 2-8 接收语言$\{a\}^+\cup\{b\}^+$的 NFA M

对字符串 aaa 有一条识别路径为 0,1,2,2,2,其中 2 为终态,识别路径中边的标记是 ε,a,a,a,它们的连接为字符串 aaa,ε 在连接中消失。

应该注意到,确定的有限自动机是非确定的有限自动机的特殊情况,非确定的有限自动机是确定的有限自动机概念的推广。有限自动机理论告诉我们,被一个非确定的有限自动机所识别的语言,都能被一个确定的有限自动机所识别。因此,我们将进一步讨论两者之间的关系。

2.2.3 确定的有限自动机与非确定的有限自动机的等价

要证明等价性,先引入两个定义。

定义 2.28

设非确定的有限自动机 $M=(Q,\Sigma,f,q_0,Z)$。

假设 I 是 M 的状态集 Q 的一个子集(即 $I\subseteq Q$),则定义 ε—closure(I)为:

① 若 $q\in I$,则 $q\in$ε—closure(I);

② 若 $q\in$ε—closure(I),则对任意 $q'\in f(q,\varepsilon)$,有 $q'\in$ε—closure(I)。

状态集 ε—closure(I)称为状态集 I 的ε 闭包。

【例 2-18】 给定非确定的有限自动机 M_1 如图 2-9 所示。

设 $I=\{5\}$,则

ε—closure(I) = ε—closure($\{5\}$) =$\{5,6,2\}$。

设 $I=\{1\}$,则

ε—closure(I)=ε—closure($\{1\}$) = $\{1,2\}$。

设 $I=\{1,5\}$,则

ε—closure(I)=ε—closure($\{1,5\}$)

=ε—closure($\{1\}$)∪ε—closure($\{5\}$)

=$\{1,2,5,6\}$。

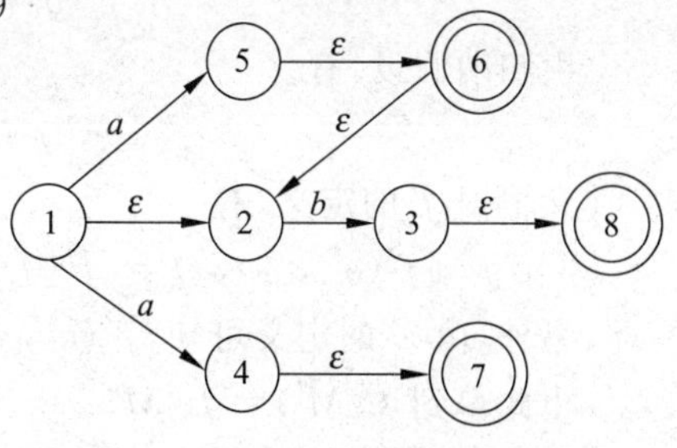

图 2-9 NFA M_1 的状态转换图

定义 2.29

设非确定的有限自动机 $M=(Q,\Sigma,f,q_0,Z)$。

假定 $I\subseteq Q,a\in\Sigma$,则定义 I_a=ε—closure($\{p\in f(q,a)\mid q\in$ε—closure(I)$\}$),即 I_a 是所

有从 I 的 ε 闭包出发，经过一条 a 弧而到达的状态集的 ε 闭包。

【例 2-19】 对图 2-9 所示的非确定的有限自动机 M_1。

设 $I=\{1\}$，则

$$
\begin{aligned}
I_a &= \varepsilon\text{—closure}(\bigcup_{q\in\varepsilon\text{—closure}\{1\}} f(q,a)) \\
&= \varepsilon\text{—closure}(\bigcup_{q\in\{1,2\}} f(q,a)) \\
&= \varepsilon\text{—closure}\{5,4\} \\
&= \{5,4,6,2,7\}。
\end{aligned}
$$

I_a可看做从状态 I 出发扫描字符串 $\varepsilon^m a\varepsilon^n$（$\forall m,n\geqslant 0$）后所能到达的状态集，简记为 $f(I, a)$。

定理 2.1

对任何一个非确定的有限自动机 M，都存在一个确定的有限自动机 M'，使 $L(M')=L(M)$。

证明：基本思想，由 M 出发构造等价的 M'，构造的内涵是让 M'的状态对应于 M 的状态集合。

设 $M=(Q,\Sigma,f,q_0,Z)$为一识别语言 $L(M)$的非确定的有限自动机，构造一个确定的有限自动机 $M'=(Q',\Sigma,f',q_0',Z')$，其中：

① $Q'\subseteq 2^Q$，即确定的有限自动机 M'的状态集 Q'是由非确定的有限自动机 M 的状态集 Q 的所有子集组成。Q'的每一个状态表示为$\{q_{i1},q_{i2},\cdots,q_{is}\}$，其中 $q_{i1},q_{i2},\cdots,q_{is}\in Q$。

② $Z'=\{K\mid K\in Q'$ 且 $K\cap Z\neq\varnothing\}$，即 Z'是由至少包含 Z 中一个状态的 Q 的所有子集组成。

③ $q_0'=\varepsilon\text{—closure}\ \{q_0\}$。

④ $f'(K,a)=K_a$，$\forall K\in Q'$。

下面用归纳法证明对 $\forall\omega\in\Sigma^*$，$f'(q_0', \omega)=f(\{q_0\}, \omega)$。

首先，对于$|\omega|=0$ 即 $\omega=\varepsilon$ 结论是显然的，因为 $q_0'=\varepsilon\text{—closure}\{q_0\}$。

其次，假设对于$|\omega|=m$，结论成立。

最后，对于字符串 ωa，$|\omega a|=m+1$，其中 $a\in\Sigma$。则

$$f'(q_0', \omega a) = f'(f'(q_0', \omega),a)$$

由归纳假设，有

$$f'(q_0', \omega) = f(\{q_0\}, \omega)$$

又根据 f'的定义，有

$$f'(f'(q_0', \omega),a) = f'(f(\{q_0\}, \omega),a) = f(\{q_0\}, \omega)_a = f(\{q_0\}, \omega a)$$

另外，由 Z'的定义可知，$f'(q_0', \omega)\in Z'$ 当且仅当存在 $q\in f(\{q_0\}, \omega)$且 $q\in Z$。

由此得到 $L(M')=L(M)$。

此定理告诉我们，对于给定的一个非确定的有限自动机，一定存在一个确定的有限自动机，且这两个有限自动机所识别的语言相同。为此可以由非确定的有限自动机构造与其等价的确定的有限自动机，也称为非确定的有限自动机确定化。

上面介绍的等价证明中非确定的有限自动机的确定化利用子集来构造，所以其实现算法称为子集法。

算法 2.1：非确定的有限自动机的确定化算法—子集法

输入：非确定的有限自动机 $M=(Q,\Sigma,f,q_0,Z)$

输出：确定的有限自动机 $M'=(Q',\Sigma,f',q_0',Z')$

算法：

```
(1) 将 Q'初始化为ε—closure {q0}= q0'。
(2) while(存在状态集 X∈Q', ∀ a∈Σ, f'(X,a)没有定义)
        {置 f'(X,a)=Xa,
          if f'(X,a)∉ Q', then 置 Q'=Q'∪{f'(X,a)}}
(3) Z'={K|K∈Q'且 K∩Z≠∅}
(4) 重新命名 Q'中的状态,并相应修改其他项。
```

通过具体例子说明利用子集法实现非确定的有限自动机的确定化。中间求解用状态表描述确定的有限自动机。

【例 2-20】 设 NFA M 如图 2-10 所示。

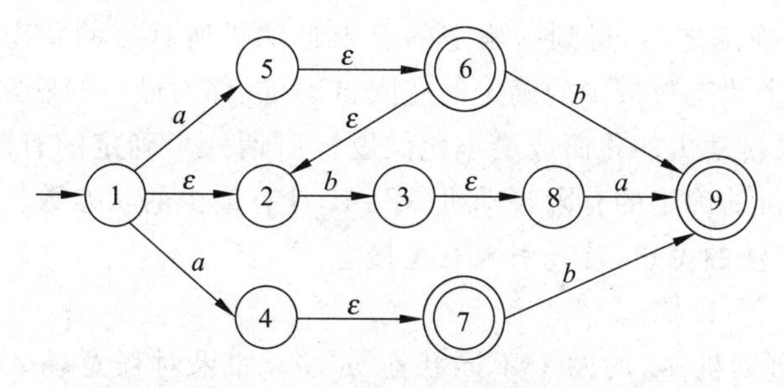

图 2-10 NFA M 的状态图

构造确定的有限自动机 $M'=(Q',\Sigma,f',q_0',Z')$ 的状态表框架，由于不知道状态数，行数不定，又 $\Sigma=\{a,b\}$，所以状态转换表有三列，第一列为确定的有限自动机的状态 $I\in Q'$，第二列和第三列分别为 $f'(I,a)$，$f'(I,b)$，记为 I_a，I_b。

第一步，首先置状态表的第一个 I 为 ε—closure$(\{q_0\})$=ε—closure$\{1\}=\{1,2\}$。

第二步，填写 $\{1,2\}_a=\{5,4,6,7,2\}$，由于 $\{5,4,6,7,2\}$ 不在第一列出现，加入第一列，填写 $\{1,2\}_b=\{3,8\}$，由于 $\{3,8\}$ 不在第一列出现，加入第一列。

填写 $\{5,4,6,7,2\}_a=\varnothing$，$\varnothing$ 为无用状态，不予考虑，填写 $\{5,4,6,7,2\}_b=\{3,9,8\}$，由于 $\{3,9,8\}$ 不在第一列出现，加入第一列。

填写 $\{3,8\}_a=\{9\}$，由于 $\{9\}$ 不在第一列出现，加入第一列，填写 $\{3,8\}_b=\varnothing$。

填写 $\{3,9,8\}_a=\{9\}$，由于 $\{9\}$ 已在第一列出现，不作任何处理，填写 $\{3,9,8\}_b=\varnothing$。

填写 $\{9\}_a=\varnothing$，填写 $\{9\}_b=\varnothing$。

没有要填写的 I_a 或 I_b。

第三步，确定终态为含有原非确定的有限自动机 M 的终态 6，7，9 的状态子集，即 $\{5,4,6,7,2\}$，$\{3,9,8\}$，$\{9\}$，予以标记。状态表填写完毕，见表 2-4。

最后对表 2-4 中的所有子集重新命名，形成表 2-5 的状态表，即为所求的与非确定的有限自动机 M 等价的确定的有限自动机 M'。

表 2-4 子集法对 NFA M 确定化过程构造的状态表

I	I_a	I_b
{1,2}	{5,4,6,7,2}	{3,8}
{5,4,6,7,2}*	∅	{3,9,8}
{3,8}	{9}	∅
{3,9,8}*	{9}	∅
{9}*	∅	∅

表 2-5 NFA M 确定化后的 DFA M'

	a	b
1	2	3
2*	/	4
3	5	
4*	5	
5*		

2.2.4 确定的有限自动机的化简

自动机是描述信息处理过程的一种数学模型。对于一种语言,是否只有一个有限自动机来描述呢?回答是否定的。这如同用文法来描述语言,对一种语言,它可以用许多文法来描述。在利用有限自动机识别语言时,同样可以有无限多个有限自动机来识别同一种语言。从功能上看,这些有限自动机是等价的,但其构成的复杂程度差别很大。对于一个非确定的有限自动机,当把它确定之后,得到的确定的有限自动机所具有的状态数可能并不是最少的。那么,有没有一个状态数最少的确定的有限自动机(称为最小的确定的有限自动机)呢?这就是要讨论的有限自动机的化简或最小化问题。所谓一个确定的有限自动机 M 的最小化,是指构造一个等价的确定的有限自动机 M',M' 具有最少的状态数。

为说明最小化算法的思想,首先引入有关概念。

定义 2.30

设确定的有限自动机 M 的两个不同状态 q_1,q_2,如果对任意输入字符串 ω,从 q_1,q_2 状态出发,总是同时到达接受状态或拒绝状态之中,则称 q_2,q_2 是等价的。即对于 $\forall\omega(\omega\in\Sigma^*)$,有 $f(q_1,\omega)=p_1$,$f(q_2,\omega)=p_2$,$p_2,p_2\in Z$ 或 $p_1,p_2\notin Z$,则 q_1,q_2 等价,记做 $q_1\sim q_2$。如果两个状态不等价,则称 q_1,q_2 是可区别的。

这里定义的状态等价概念是数学意义上的一种等价关系,即这种关系具有自反性、对称性和可传递性。

定义 2.31

如果从确定的有限自动机 M 的初态开始,识别任何输入序列都不能到达的那些状态称为无关状态。

定义 2.32

如果确定的有限自动机 M 既没有无关状态,又没有彼此等价的状态,则称确定的有限自动机 M 是规约的(即最小的确定的有限自动机 M)。

在形式语言与自动机理论中,可通过许多方法来检验状态的等价及找出无关状态。

在这里我们更关注如何具体构造一个最小的确定的有限自动机。为此,介绍在计算机上有效且可行的算法,算法首先消除无关状态,再用划分法消除等价状态。

1. 消除无关状态

算法思想是标记出所有的非无关状态,删除未标记的无关状态。

算法 2.2：消除确定的有限自动机中的无关状态

输入：确定的有限自动机 $M=(Q,\Sigma,f,q_0,Z)$

输出：消除了无关状态的确定的有限自动机 M'

算法：

```
(1) 标记开始状态 q0;
(2) while(存在未处理的标记状态)
        {取未处理的标记状态 q,标记为处理,对所有 a∈Σ,若 f(q,a)=p,且 p 未标记,标记 p;};
(3) 删除未标记的状态及与其相关的转换。
```

【例 2-21】 设有 DFA M 如表 2-6 所示，用算法 2.2 消除无关状态。

第一步：标记 0。

第二步：由 $f(0,0)=1,f(0,1)=5$，标记 1 和 5；

由 $f(1,0)=2,f(1,1)=7$，标记 2 和 7；

由 $f(5,0)=3,f(5,1)=1$，标记 3；

由 $f(2,0)=2,f(2,5)=7$，没有新标记；

由 $f(7,0)=0,f(7,1)=1$，没有新标记；

由 $f(3,0)=5,f(3,1)=7$，没有新标记。

不再有未处理的标记状态，所以非无关状态为 0,1,2,3,5 和 7，剩下的 4,6,8 为无关状态。

第三步：删除状态 4,6,8 及相关的转移得到如表 2-7 所示 DFA M'。

表 2-6 消除无关状前的 DFA M

Q	0	1
0	1	5
1	2	7
2	2	5
3	5	7
4*	5	6
5*	3	1
6*	8	0
7*	0	1
8*	3	6

表 2-7 消除无关状态后的 DFA M'

Q	0	1
0	1	5
1	2	7
2	2	5
3	5	7
5*	3	1
7*	0	1

2. 消除等价状态——划分法

划分法的思想是，寻找且合并确定的有限自动机 M 中的等价状态，即将确定的有限自动机 M 的状态划分成互不相交的子集，使得任何两个不同子集的状态都是可区别的，而同一子集的任何两个状态都是等价的。从而得到一个与确定的有限自动机 M 等价的且最小的确定的有限自动机 M' 。

算法 2.3：消除等价状态的划分法算法

输入：确定的有限自动机 $M=(Q,\Sigma,f,q_0,Z)$

输出：状态数最少的与 M 等价的确定的有限自动机 M'

算法：

(1) 把 M 的所有状态 Q 按终态与非终态划分成两个状态子集 Z 及 Q-Z，构成初始划分（或称基本划分），记做 $\pi=\{Z,Q-Z\}$；

(2) do{

设当前的划分 π 中已经含有 m 个子集，即 $\pi=\{Q_1,Q_2,\cdots,Q_m\}$

对 π 中的每一个含有多于一个状态的子集 $Q_i=\{q_{i1},q_{i2},\cdots,q_{in}\}(n>1)$ 和每一个 $a\in\Sigma$，考察

$$Q_{ia}=f(Q_i,a)=\bigcup_{r=1}^{n}\{f(q_{ir},a)\}$$

若 Q_{ia} 中的状态分别落在 π 中的 p 个不同的子集，则将 Q_i 分为 p 个更小的状态子集 $Q_i^{(1)},Q_i^{(2)},\cdots,Q_i^{(p)}$，对 $\forall Q_i^{(j)}$，$f(Q_i^{(j)},a)$ 中的全部状态都落在 π 的同一子集之中。如此，得到一个新的划分 π_{new}，去掉原划分中的子集 Q_i，加入新的子集 $Q_i^{(1)},\cdots,Q_i^{(n)}$，数目由原来的 m 个变为 m+p-1 个

}while($\pi_{new}=\pi$)

(3) 对所得的最后划分 π，重新命名每个子集 $Q_j=\{q_{j1},q_{j2},\cdots,q_{jr}\}$ 为一个状态，这些状态组成了 M' 的状态集 Q'。若 Q_j 中含有 M 的初态，则代表它的状态为 M' 的初态；若 Q_j 中含有 M 的终态，则代表它的状态为 M' 的终态，并将原来值为这些状态集的转换改为转换到它们的代表状态。

在算法中，对于每一个划分 π，属于不同子集的状态是可区分的，而属于同一子集中的各状态是待区分的。算法的第二步检查是否还能对它们进行划分，若能就重新划分。例如，取划分中的一个状态集 Q_i，q_{ip} 和 q_{iq} 是 Q_i 中的两个状态，若有某个 $a\in\Sigma$，使得 $f(q_{ip},a)=q_{ju}$ 及 $f(q_{iq},a)=q_{kv}$，而状态 q_{ju} 及 q_{kv} 分别属于 π 中两个不同的子集 Q_j 和 Q_k，则 q_{ju} 与 q_{kv} 为某一符号串 ω 所区分，从而 q_{ip} 和 q_{iq} 必为 $a\omega$ 所区分，故应将子集 Q_i 进一步划分，使 q_{ip} 和 q_{iq} 分别属于 Q_i 的不同子集。

注意：在第二步中，若对某状态 q_{ir}，$f(q_{ir},a)$ 无意义，则 q_{ir} 与任何 $f(q,a)$ 有定义的 q 划分开。

【例 2-22】 对图 2-11 中确定的有限自动机 M 化简。

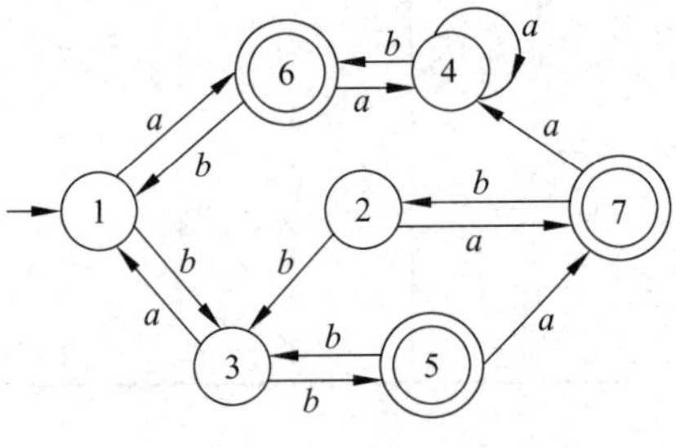

第一步，对 M 的状态形成基本划分：设 π_0 是基本划分，则 π_0 分成两个组 Q_1,Q_2，即

$$\pi_0=\{\{1,2,3,4\},\{5,6,7\}\}=\{Q_1,Q_2\}$$

第二步，对划分中的子集考察：

Q_1 中，$q=1$ 时，$f(q,a)=6$

$q=2$ 时，$f(q,a)=7$

$q=3$ 时，$f(q,a)=1$

$q=4$ 时，$f(q,a)=4$

图 2-11 DFA M 的状态图

状态 6,7 和状态 1,4 在不同的子集，所以状态 1,2 和状态 3,4 不等价，则将 Q_1 分成两个子集：$Q_3=\{1,2\}$，$Q_4=\{3,4\}$。

从而得到一个新划分：

$$\pi_1=\{\{5,6,7\},\{1,2\},\{3,4\}\}=\{Q_2,Q_3,Q_4\}$$

Q_2 中，$q=5$ 时，$f(q,a)=7$

$q=6$ 时，$f(q,a)=4$

$q=7$ 时，$f(q,a)=4$

状态7和状态4在不同的子集，所以状态5和状态6,7不等价，则将Q_2分成两个子集：$Q_5=\{5\}$，$Q_6=\{6,7\}$，得到一个新划分：

$$\pi_2=\{\{1,2\},\{3,4\},\{5\},\{6,7\}\}=\{Q_3,Q_4,Q_5,Q_6\}$$

Q_3中，$q=1$时，$f(q,a)=6$

$q=2$时，$f(q,a)=7$

状态6和状态7在同一子集，划分不变

$q=1$时，$f(q,b)=3$

$q=2$时，$f(q,b)=3$

Q_4中，$q=3$时，$f(q,a)=1$

$q=4$时，$f(q,a)=4$

状态1与状态4在不同的子集，将Q_4分成两个子集：$Q_7=\{1\}$，$Q_8=\{4\}$，得到一个新划分：

$$\pi_3=\{\{1,2\},\{5\},\{6,7\},\{3\},\{4\}\}=\{Q_3,Q_5,Q_6,Q_7,Q_8\}$$

Q_6中，$q=6$时，$f(q,a)=4$

$q=7$时，$f(q,a)=4$

划分不变。

$q=6$时，$f(q,b)=1$

$q=7$时，$f(q,b)=2$

划分不变。

对初始划分考察后得到新划分π_3，再对π_3中每个子集如上述做考察，得到所有子集中状态全部等价，划分不变。

第三步，对最后的划分中的子集命名为状态，0：$\{1,2\}$，1：$\{3\}$，2：$\{4\}$，3：$\{5\}$，4：$\{6,7\}$，整理其状态转移函数，形成与原M等价且化简的确定的有限自动机M'，如图2-12所示。

	a	b
{1, 2}	{6, 7}	{3}
{3}	{1, 2}	{5}
{4}	{4}	{6}
{5}*	{7}	{3}
{6, 7}*	{4}	{1, 2}

重新命名状态 →

	a	b
0	4	1
1	0	3
2	2	4
3*	4	1
4*	2	0

图2-12　重新命名前后的化简DFA M'

【例2-23】 设有非确定的有限自动机M'，如图2-13所示。求与其等价的最小的确定的有限自动机M。

第一步，用子集构造法对非确定的有限自动机M'确定化。构造的状态表如表2-8所示。将表2-8中子集重新命名后得到表2-9，其状态图如图2-14所示。

第二步，对确定的有限自动机M化简。将状态集划分为终态集$\{0,1\}$与非终态集$\{2\}$。考察状态集$\{0,1\}$，由于

$$\{0,1\}_a=\{1\}\subset\{0,1\}$$

$$\{0,1\}_b=\{2\}\subset\{2\}$$

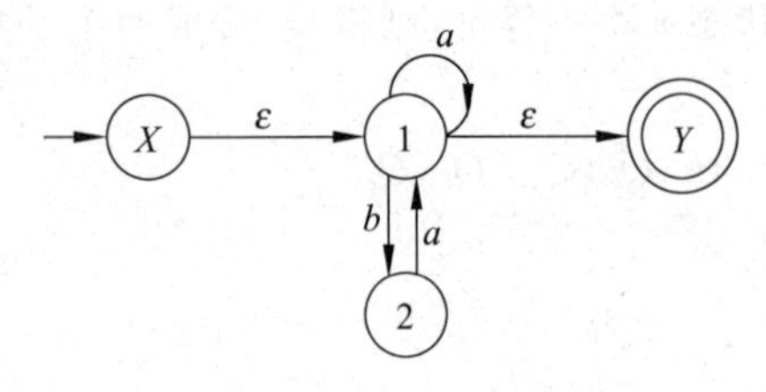

图 2-13 NFA M'的状态图

表 2-8 DFA M 的状态表

I	I_a	I_b
$\{X,1,Y\}$	$\{1,Y\}$	$\{2\}$
$\{1,Y\}$	$\{1,Y\}$	$\{2\}$
$\{2\}$	$\{1,Y\}$	/

表 2-9 NFA M'确定化后的 DFA M

	a	b
0*	1	2
1*	1	2
2	1	/

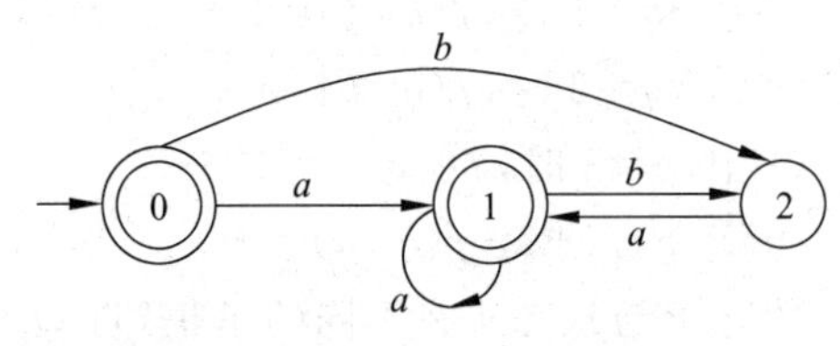

图 2-14 NFA M'确定化后的 DFA M

因此{0,1}不可再分了。整个划分只含有{0,1}与{2}两组。令状态 1 代表{0,1},把原来到达状态 0 的弧都导入 1,并删除状态 0,即将等价状态 0,1 合并,这样可得到如图 2-15 所示的最小的确定的有限自动机 M。

注意,由子集法算法从非确定的有限自动机确定化来的确定的有限自动机中不含有无关状态,所以化简时不用作无关状态的消除。

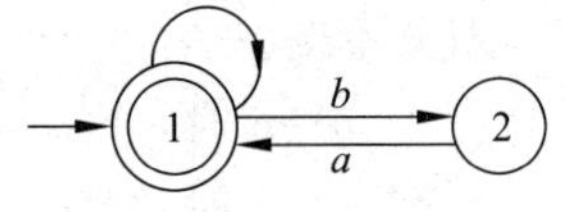

图 2-15 最小的 DFA M

2.3 正规式与有限自动机

2.3.1 有限自动机与正则文法

2.1 节中介绍了文法的类型,并说明了 4 类文法相应的识别装置。本节讨论正则文法产生的语言与有限自动机所接受的字符串集合之间的关系。

定理 2.2

设文法 $G=(V_N,V_T,S,P)$为一右线性文法(左线性文法结论相同),则存在一有限自动机 $M=(Q,\Sigma,f,q_0,Z)$,使 $L(M)=L(G)$。

证明:设文法 $G=(V_N,V_T,S,P)$ 为一右线性文法。

构造一有限自动机 M,$M=(Q,\Sigma,f,q_0,Z)$。

其构造规则为

(1) $\Sigma=V_T$;

(2) $q_0=S$;

(3) $Q=V_N\cup\{q_Z\}$,q_Z为一附加状态且 $q_Z\notin V_N$;

(4) 若 P 中不含有产生式 $S\to\varepsilon$,$Z=\{q_Z\}$;若 P 中含有产生式 $S\to\varepsilon$,$Z=\{q_0,q_Z\}$;

(5) 对 f 其定义为

如果 P 中有 $B\to a$,则 $q_Z\in f(B,a)$;

如果 P 中有 $B\to aC$,则 $C\in f(B,a)$;

我们来证明 $L(M)=L(G)$。

(1) 证明 $L(G)\subseteq L(M)$，其意指 $\forall x\in L(G)\Rightarrow x\in L(M)$，即对文法 G 所产生的任一符号串 x，则有限自动机 M 识别 x。

设任一 $x=a_1a_2\cdots a_n\in L(G)$，$(a_i\in V_T, i=1,2,\cdots,n,n\geqslant 1)$，则存在一个序列 A_1，$A_2,\cdots,A_{n-1}(A_i\in V_N,i=1,2,\cdots,n-1)$ 使得

$$S\Rightarrow a_1A_1\Rightarrow a_1a_2A_2\Rightarrow\cdots\Rightarrow a_1a_2a_{n-1}A_{n-1}\Rightarrow a_1a_2a_{n-1}a_n$$

在有限自动机 M 中，根据 f 的定义有

$$A_1\in f(q_0,a_1)$$
$$A_2\in f(A_1,a_2)$$
$$\cdots$$
$$A_{n-1}\in f(A_{n-2},a_{n-1})$$
$$q_Z\in f(A_{n-1},a_n)$$

由此可知，$q_Z\in f(q_0, x)$，又 $q_Z\in Z$，所以 $x\in L(M)$。

另外，若 $x=\varepsilon$，即 P 中有产生式 $S\to\varepsilon$，则 $q_0\in Z$，因此 $\varepsilon\in L(M)$。

(2) 证明 $L(M)\subseteq L(G)$。证明类似于上述。

定理 2.3

已知一有限自动机 $M=(Q,\Sigma,f,q_0,Z)$，则存在一个右线性文法 $G=(V_N,V_T,S,P)$，使得 $L(G)=L(M)$。

定理 2.2 表明正则文法所产生的语言类被有限自动机所识别的语言所包含。定理 2.3 是要证明上述包含关系反之亦成立。可以设 $L(M)$ 是有限自动机 $M=(Q,\Sigma,f,q_0,Z)$ 所识别的语言，然后构造右线性文法 G 来证明 $L(G)=L(M)$。证明类似于定理 2.2 的证明。请读者自己完成这个证明。

最后，综合两个定理的结论有，正则文法所产生的语言类与有限自动机所识别的语言类相等，或者说作为描述正则语言的正则文法与作为语言识别机的有限自动机是等价的。

然而，正则语言有没有简单的表示？具有何种性质？另外，给定一有限自动机 M，如何求出 M 所能识别的字符串集 $L(M)$？上述讨论还未得到满意的答案。为此，给出正则语言的描述规范。

2.3.2 正规式与正规集

正规式及正规式所表示的语言——正规集的概念，是美国数学家 Kleen 在 20 世纪 50 年代提出来的。这种方法现在已成为处理有限自动机问题的主要数学工具，无论在理论上，还是在计算机科学领域的诸多工程实践中，都有重要应用。

定义 2.33（正规式与正规集）

设 Σ 为有限字母表，在 Σ 上的正规式与正规集可递归定义如下：

(1) ε 和 $\varnothing$ 是 Σ 上的正规式，它们表示的正规集分别为 $\{\varepsilon\}$ 和 $\varnothing$。

(2) 对任何 $a\in\Sigma$，a 是 Σ 上的正规式，它表示的正规集为 $\{a\}$。

(3) 若 r,s 都是正规式，它们表示的正规集分别为 R 和 S，则 $(r|s)$（或表示为 $r+s$）、$(r\cdot s)$（或表示为 rs）、$(r)^*$ 也是正规式，它们表示的正规集分别是：$R\cup S,RS,R^*$。

(4) 有限次使用上述三条规则构成的表达式，称为 Σ 上的正规式，仅由这些正规式表示的集合为正规集。

规定正规式运算的优先级由高到低的次序为“*”(闭包)，“·”(连接)和“|”(并)，它们的结合性都为左结合。在此规定下，书写正规式时可以省去不致造成混淆的括号。例如 $((0\cdot(1^*))|0)$ 可写成 $01^*|0$。

【例 2-24】 设字母表 $\Sigma=\{0,1\}$，则 $0,1,\varepsilon,\varnothing$ 是 Σ 上的正规式。

$0|1, 0\cdot 1, 1\cdot 0, 0^*, 1^*$ 是 Σ 上的正规式。

相应的正规集为：$\{0,1\}, \{01\}, \{10\}, \{\varepsilon,0,00,000,\cdots\}, \{\varepsilon,1,11,111,\cdots\}$。

【例 2-25】 设字母表 $\Sigma=\{A,B,0,1\}$。

正规式 $(A|B)(A|B|0|1)^*$ 表示的正规集是以字母 A 或 B 开头后跟任意多个字母 A，B，数字 0,1 的符号串(“标识符”)的全体。

正规式 $(0|1)(0|1)^*$ 表示的正规集是二进制数字串。

正规式 r 所表示的正规集 R 是字母表 Σ 上的语言，称为正则语言，用 $L(r)$ 表示，即 $R=L(r)$。$L(r)$ 中的元素为字符串(也称为句子)。

若两个正规式 r 和 s 所表示的语言 $L(r)=L(s)$，则称 r,s 等价，记做 $r=s$。

例如，$1(01)^*=(10)^*1$。

正规式的性质参见表 2-10，其中 s,t,r 为正规式。

表 2-10 正规式的代数性质

公理	描述	公理	描述
$s\|t=t\|s$	并是可交换的	$\varepsilon s=s$ $s\varepsilon=s$	ε 是连接的恒等元素
$s\|(t\|r)=(s\|t)\|r$	并是可结合的	$s^*=(s\|\varepsilon)^*$	闭包和 ε 间的关系
$(st)r=s(tr)$	连接是可结合的	$a^{**}=a^*$	闭包是幂等的
$s(t\|r)=st\|sr$ $(t\|r)s=ts\|rs$	连接对并可分配		

利用正规式的代数性质，可以对正规式进行等价变换及化简。

有些语言不能用正规式表达，说明了正规式的描述能力受限。例如，正规式不能描述配对或嵌套的结构。

2.3.3 正规式与有限自动机

前面的讨论得知，有限自动机接收的语言等价于正规文法产生的正则语言。而正规式或正规集定义的语言也为正则语言。那么，正规式与有限自动机在描述语言上应该等价。

定理 2.4

(1) 字母表是 Σ 的确定的有限自动机 M 所接受的语言 $L(M)$ 是 Σ 上的一个正规集。

(2) 对于 Σ 上的每一个正规式 r，存在一个字母表是 Σ 的非确定有限自动机 M，使得 $L(M)=L(r)$。

定理 2.4 告诉我们，正规式所表示的语言即正规集与有限自动机所识别的语言是完全等价的，只是表示形式不同。也就是说，从描述语言的角度，没有必要对非确定的有限自动机、确定的有限自动机及它们所识别的语言（正规集）加以区分。同一个语言，既可以用有限自动机描述，也可以用正规式描述。下面对定理 2.4 进行证明。

1. 构造法证明正规式与有限自动机的等价

下面通过构造方法证明定理 2.4。

证明(1)：

对于 Σ 上的确定的有限自动机 $M=(Q,\Sigma,f,q_0,Z)$，需构造一个 Σ 上的正规式 r，使得 $L(r)=L(M)$。

由有限自动机 M 定义另一有限自动机 M'（或称拓广 M）

$$M'=(Q',\Sigma,f',q_0',Z')$$

其中 Q' 是由 M 的状态集 Q 加上两个不在 Q 中的附加状态 q_A,q_B，$q_0'=q_A$，$Z'=\{q_B\}$。f' 定义如下：

$$f'(q,a)=f(q,a) \quad \forall q\in Q,\ \forall a\in\Sigma$$

$$f'(q_A,\varepsilon)=q_0$$

$$f'(q_j,\varepsilon)=q_B \quad \forall q_j\in Z$$

新定义的有限自动机 M' 的状态转换图比 M 的状态转换图多了两个结点 q_A 和 q_B，q_A 是用 ε 弧连接到 M 的初态结点 q_0，M 的所有终态结点 q_j 都通过 ε 弧连接到 q_B。

新定义的有限自动机 M' 的特点：

- 没有射入初态 q_A 的弧；
- 只有一个终态 q_B，且没有从 q_B 射出的弧。

显然 $L(M)=L(M')$，即 M 与 M' 是等价的。

下面由 M' 来求正规式。设 $Q'=\{q_A,q_0,q_1,\cdots,q_n\}$，其中 $q_n=q_B$。

① 对于 $k=0$ 到 n，我们来构造与 q_k 相关的状态转移方程。

考虑所有射入 q_k 的弧。如果 $f(q_i,a)=q_k$，$f(q_j,a)=q_k$，得状态转移方程：

$$q_k=q_ia+q_ja,\quad 其中\ q_i,q_j\in Q',a,b\in\Sigma\cup\{\varepsilon\}$$

当 $q_i=q_k$ 时，上式为

$$q_k=q_ka+q_jb \tag{2.13}$$

不难看出，式(2.13)可以化简为如下的形式，即

$$q_k=q_jba^* \tag{2.14}$$

为了验证这一点，只需连续把式(2.13)中等号右边的 q_k 用 q_ka+q_jb 代替，得

$$\begin{aligned}q_k&=(q_ka+q_jb)\,a+q_jb\\&=(q_ka+q_jb)\,a^2+q_jba+q_jb\\&=\cdots\\&=q_ka^{n+1}+q_jba^n+q_jba^{n-1}+\cdots+q_jba+q_jb\end{aligned}$$

即

$$q_k=q_ka^{n+1}+q_jb(a^n+a^{n-1}+\cdots+a+\varepsilon)$$

无限用式(2.13)代入上式中等号右边的 q_k 得到式(2.14)。

以上过程可以推广。例如，如果射入 q_k 的弧只有从 q_k，q_j，q_i 状态射出的，即得状态转

移方程

$$f(q_k,a)=q_k,\ f(q_j,b)=q_k,f(q_i,c)=q_k$$

其中 $q_i,q_j\in Q',a,b,c\in\Sigma\cup\{\varepsilon\}$。则相应的方程式为

$$q_k=q_ka+q_jb+q_ic \tag{2.13$'$}$$

可以简化为

$$q_k=q_jba^*+q_ica^* \tag{2.14$'$}$$

注意,这里式(2.14)′意味着满足正规式 ba^* 的字符串可将状态 q_j 转移到 q_k;而且反过来,若有字符串可以将状态 q_j 转移到 q_k,且中间不经过 q_k 以外的其他状态,则该字符串必可表示为正规式 ba^*。正规式 ca^* 的含义类似。

另外,这里因为没有从 q_B 射出的箭头,所以 q_B 不会出现在任何状态转移方程中等式的右边;又因为没有射入 q_A 的箭头,所以 q_A 没有相关的状态转移方程。

② 对于 $k=1$ 到 $n-1$,在如下步骤完成后去掉 q_k 的状态转移方程。

对于 $i=k+1$ 到 n,将 q_k 的状态转移方程代入到 q_i 的状态转移方程中,再化简。

例如,设有 $q_i=q_j\beta+q_k\gamma$ 和 $q_k=q_m\alpha+q_l\delta$,其中 $\beta,\gamma,\alpha,\delta$ 都是 Σ 上的正规式。通过 q_k 替换可得到

$$q_i=q_j\beta+q_m\alpha\gamma+q_l\delta\gamma \tag{2.15}$$

若 q_m,q_l,q_j 中有状态等于 q_i,则可用式(2.13)′到式(2.14)′的方式进行化简。

不妨设式(2.15)是化简过的。通过归纳知道,满足正规式 $\alpha\gamma$ 的字符串可以将状态 q_m 转移为 q_i;而且反过来,若有字符串可以将状态 q_m 转移为 q_i,且中间不经过 $q_0,q_1,\cdots,q_k$ 和 q_i 以外的其他状态,则该字符串必满足正规式 $\alpha\gamma$。正规式 $\delta\gamma$ 和 $\alpha\gamma$ 有类似的含义。

第②步完成后,剩下唯一的状态转移方程 $q_B=q_Ar$,其中 r 是一个正规式。

由前面的分析得到,满足正规式 r 的字符串可以将状态 q_A 转移为 q_B;而且反过来,若有字符串可以将状态 q_A 转移为 q_B,且中间不经过 $q_0,q_1,\cdots,q_n$ 以外的其他状态,则该字符串必满足正规式 r。换句话说,一个字符串 x 满足正规式 r 当且仅当 x 能被 M' 接受,于是

$$L(r)=L(M')=L(M)$$

证明(2):

对于 Σ 上的正规式 r,构造一个接受 $L(r)$ 的非确定的有限自动机 M。下面用归纳法构造 M。

首先,当 r 是基本正规式 $\varepsilon,\varnothing,a(a\in\Sigma)$ 时,它们等价的自动机如图 2-16 所示。

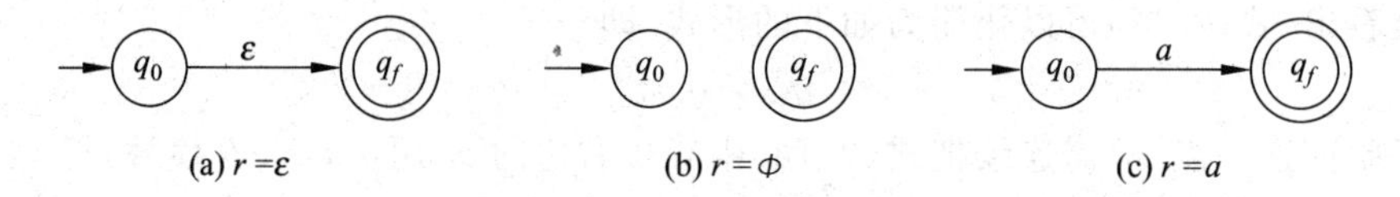

图 2-16 与正规式 ε,∅,a 等价的自动机

其次,假设对少于 i 个符号的正规式,定理 2.4(2)是正确的。不失一般性,可以假设有限自动机仅有一个终态且不再从终态向其他状态转换。

现在假设 r 是多于 i 个符号的正规式。那么,r 可由三种情况构成:

① $r=r_1+r_2$

式中 r_1,r_2 的符号均少于 i 个。由归纳假设,对应于 r_1,r_2 可以构造有限自动机 $M_1=(Q_1,\Sigma,f_1,q_1,\{q_f^1\})$ 和 $M_2=(Q_2,\Sigma,f_2,q_2,\{q_f^2\})$ 使得 $L(M_1)=L(r_1),L(M_2)=L(r_2)$。

因为有限自动机的状态编号可以任意命名，不妨假设 Q_1 和 Q_2 不相交，即 $Q_1 \cap Q_2 = \varnothing$。又设 q_0 和 q_f 分别为新构造的有限自动机 M 的初态和终态（q_0，q_f 不在 Q_1 和 Q_2 中）。构造有限自动机 M 如下：

$$M = (Q_1 \cup Q_2 \cup \{q_0, q_f\}, \Sigma, f, q_0, \{q_f\})$$

其中转换函数 f 定义为

$$f(q_0, \varepsilon) = \{q_1, q_2\}$$
$$f(q, a) = f_1(q, a) \quad \forall q \in Q_1 - \{q_f^1\}, \quad a \in \Sigma \cup \{\varepsilon\}$$
$$f(q, a) = f_2(q, a) \quad \forall q \in Q_2 - \{q_f^2\}, \quad a \in \Sigma \cup \{\varepsilon\}$$
$$f(q_f^1, \varepsilon) = f(q_f^2, \varepsilon) = \{q_f\}$$

由于在 M_1、M_2 中，$f_1(q_f^1, a) = f_2(q_f^2, a) = \varnothing, \forall a \in \Sigma \cup \{\varepsilon\}$，所以 M_1、M_2 中的转换函数都包含在有限自动机 M 中，所构造的有限自动机 M 的状态图结构如图 2-17 所示。

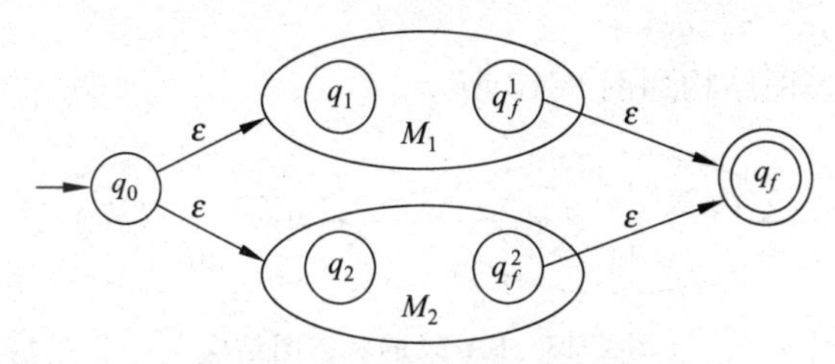

图 2-17　FA M 的状态图结构

下面证明

$$L(M) = L(M_1) \cup L(M_2)$$

设 $\omega \in L(M_1)$，则 $q_f^1 \in f_1(q_1, \omega)$，又由 f 的定义，有 $f(q_1, \omega) \supseteq f_1(q_1, \omega)$，所以 $q_f^1 \in f(q_1, \omega)$，而

$$\begin{aligned} f(q_0, \omega) &= f(q_0, \varepsilon\omega\varepsilon) \\ &= f(f(q_0, \varepsilon), \omega\varepsilon) \\ &\supseteq f(q_1, \omega\varepsilon) \\ &= f(f(q_1, \omega), \varepsilon) \\ &\supseteq f(q_f^1, \varepsilon) \\ &= \{q_f\} \end{aligned}$$

所以 $\omega \in L(M)$，即 $L(M_1) \subseteq L(M)$。同理可证，$L(M_2) \subseteq L(M)$。因此有 $L(M_1) \cup L(M_2) \subseteq L(M)$。

反之，设 $\omega \in L(M)$，则 $q_f \in f(q_0, \omega)$。

由于

$$\begin{aligned} f(q_0, \omega) &= f(f(q_0, \varepsilon), \omega\varepsilon) \\ &= f(\{q_1, q_2\}, \omega\varepsilon) \\ &= f(f(\{q_1, q_2\}, \omega), \varepsilon) \\ &= f(f(q_1, \omega), \varepsilon) \cup f(f(q_2, \omega), \varepsilon) \\ &= f(f_1(q_1, \omega), \varepsilon) \cup f(f_2(q_2, \omega), \varepsilon) \end{aligned}$$

只有两种可能的计算使 $q_f \in f(q_0, \omega)$：

(a) $q_f^1 \in f_1(q_1, \omega)$，故 $\omega \in L(M_1)$。

(b) $q_f^2 \in f_2(q_2, \omega)$，故 $\omega \in L(M_2)$。

所以有 $L(M) \subseteq L(M_1) \cup L(M_2)$。

$L(M_1) \cup L(M_2) \subseteq L(M)$ 和 $L(M) \subseteq L(M_1) \cup L(M_2)$ 推出 $L(M) = L(M_1) \cup L(M_2)$。

② $r = r_1 r_2$

类似于①，对于正规式 r_1，r_2 已构造有限自动机 $M_1 = (Q_1, \Sigma, f_1, q_1, \{q_f^1\})$ 和 $M_2 = (Q_2, \Sigma, f_2, q_2, \{q_f^2\})$，且 $L(M_1) = L(r_1)$，$L(M_2) = L(r_2)$。

由 M_1 和 M_2 构造有限自动机 M：

$$M = (Q_1 \cup Q_2, \Sigma, f, q_1, \{q_f^2\})$$

其中转换函数 f 定义为

$$f(q, a) = f_1(q, a) \quad \forall q \in Q_1 - \{q_f^1\}, \quad a \in \Sigma \cup \{\varepsilon\}$$

$$f(q, a) = f_2(q, a) \quad \forall q \in Q_2 - \{q_f^2\}, \quad a \in \Sigma \cup \{\varepsilon\}$$

$$f(q_f^1, \varepsilon) = \{q_2\}$$

则有限自动机 M 的状态图结构如图 2-18 所示。

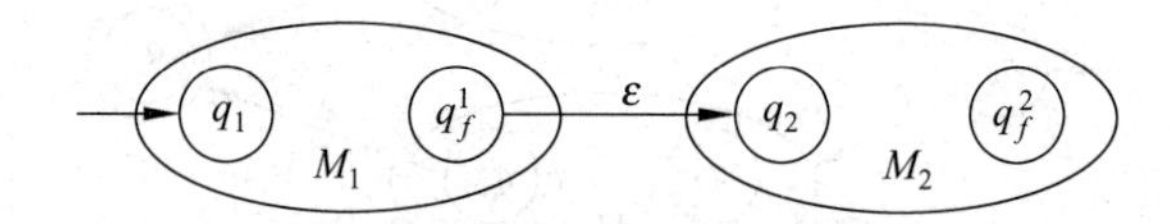

图 2-18 FA M 的状态图结构

这样在 M 中的每一条由 q_1 到 q_f^2 的路径，皆是由从 q_1 到 q_f^1 且标志为 ω 的路，其后紧接着 q_f^1 到 q_2 且标志为 ε 的路，再接着从 q_2 到 q_f^2 且标志为 υ 的路所组成。故有

$$L(M) = \{\omega\upsilon \mid \omega \in L(M_1), \upsilon \in L(M_2)\}$$

于是，有限自动机 M 满足：

$$L(M) = L(M_1)\, L(M_2) = L(r_1)L(r_2) = L(r_1 r_2)$$

③ $r = r_1^*$

类似于①，对于正规式 r_1 已构造有限自动机 $M_1 = (Q_1, \Sigma, f_1, q_1, \{q_f^1\})$，且 $L(M_1) = L(r_1)$。

现构造有限自动机 M：

$$M = (Q_1 \cup \{q_0, q_f\}, \Sigma, f, q_0, \{q_f\})$$

其中状态转换函数 f 定义为

$$f(q, a) = f_1(q, a) \quad \forall q \in Q_1 - \{q_f^1\}, \quad a \in \Sigma \cup \{\varepsilon\}$$

$$f(q_0, \varepsilon) = f(q_f^1, \varepsilon) = \{q_1, q_f\}$$

构造的有限自动机 M 的状态图结构如图 2-19 所示。

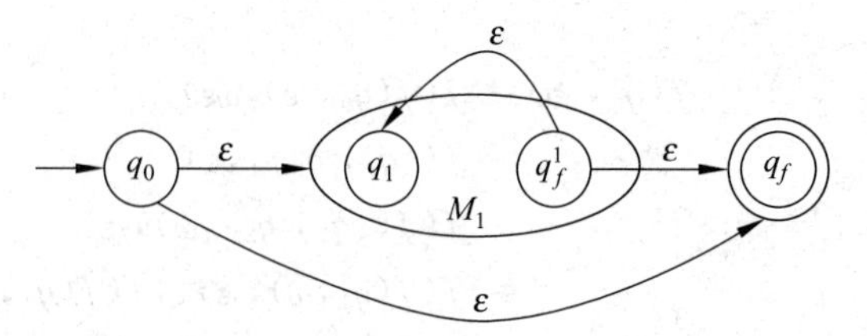

图 2-19 FA M 的状态图结构

现在证明 $L(M) = L(r_1^*) = (L(r_1))^* = L(M_1)^*$。

在 M 中，从 q_0 到 q_f 的任意一条路径只可能由以下两种情况组成：

(a) q_0 通过 ε 转换到 q_f，弧标记序列为 ε。

(b) q_0 通过 ε 转换到 q_1，接着是若干条从 q_1 到 q_f^1，从 q_f^1 到 q_1，最后再从 q_1 到 q_f^1，q_f^1 通过 ε 转换到 q_f。其中每一条 q_1 到 q_f^1 路径的弧标记是 $L(M_1)$ 中的字符串。整个路径上弧的标记序列对应 $L(M_1)^+$ 中的元素。

上述的两种情况说明了 $\omega \in L(M)$ 的充分必要条件是 $\omega = \omega_1\omega_2\cdots\omega_j$，$j \geqslant 0$ 且 $\omega_i \in L(M_1)$，$1 \leqslant i \leqslant j$ ($j=0$ 表示 $\omega=\varepsilon$)。

因此，$L(M)=L(M_1)^*=(L(r_1))^*=L(r_1^*)$。

2. 正规式与有限自动机的等价转换算法

根据上面的等价性证明，构造出等价的转换算法。

对于字母表 Σ 上任意一个正规式 r，一定可以构造一个非确定的有限自动机 M，使得 $L(M)=L(r)$。

首先构造非确定的有限自动机 M 的一个广义的状态图，也是该非确定的有限自动机 M 的初始状态图。其中，只有一个开始状态 q_S 和一个终止状态 q_Z，连接 q_S 和 q_Z 的有向弧上的标记是正规式 r。然后，按照图 2-20 的替换规则 1 对正规式 r 依次进行分解，分解的过程是一个不断加入结点和弧的过程，直到转换图上的所有弧标记上都是 Σ 上的元素或 ε 为止。

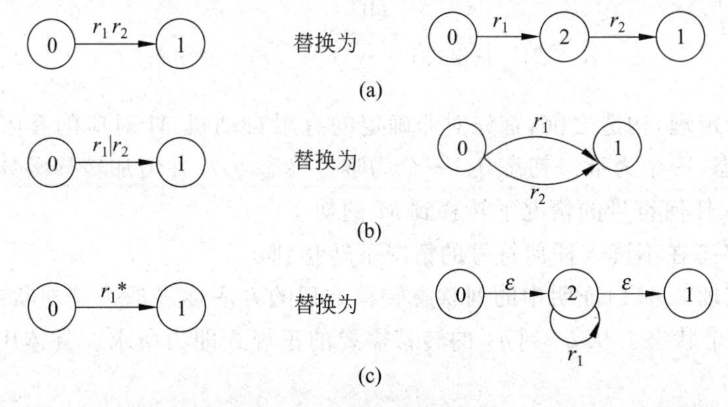

图 2-20 替换规则 1

【例 2-26】 设 $\Sigma=\{x, y\}$，Σ 上的正规式 $r=xy^*(xy|yx)x^*$，构造一个非确定的有限自动机 M，使 $L(M)=L(r)$。

第一步，构造 M 的初始状态图，得如图 2-21(a)所示状态图。

第二步，将 $r=xy^*(xy|yx)x^*$ 拆成 4 个正规式 x、y^*、$xy|yx$、x^* 的连接，得如图 2-21(b)所示状态图。

第三步，将 y^*、$xy|yx$、x^* 分别拆成正规式 y 的闭包、xy 与 yx 的并、x 的闭包，得如图 2-21(c)所示状态图。

第四步，将 xy、yx 分别拆成正规式 x 与 y 的连接、y 与 x 的连接，得如图 2-21(d)所示状态图。

所有弧上的标记都属于 $\Sigma \cup \{\varepsilon\}$，构造完毕。

讨论了由正规式到非确定的有限自动机的转换，同样，对于一个字母表 Σ 上的非确定的有限自动机 M，也可以在 Σ 上构造相应的正规式 r，使 $L(r)=L(M)$。

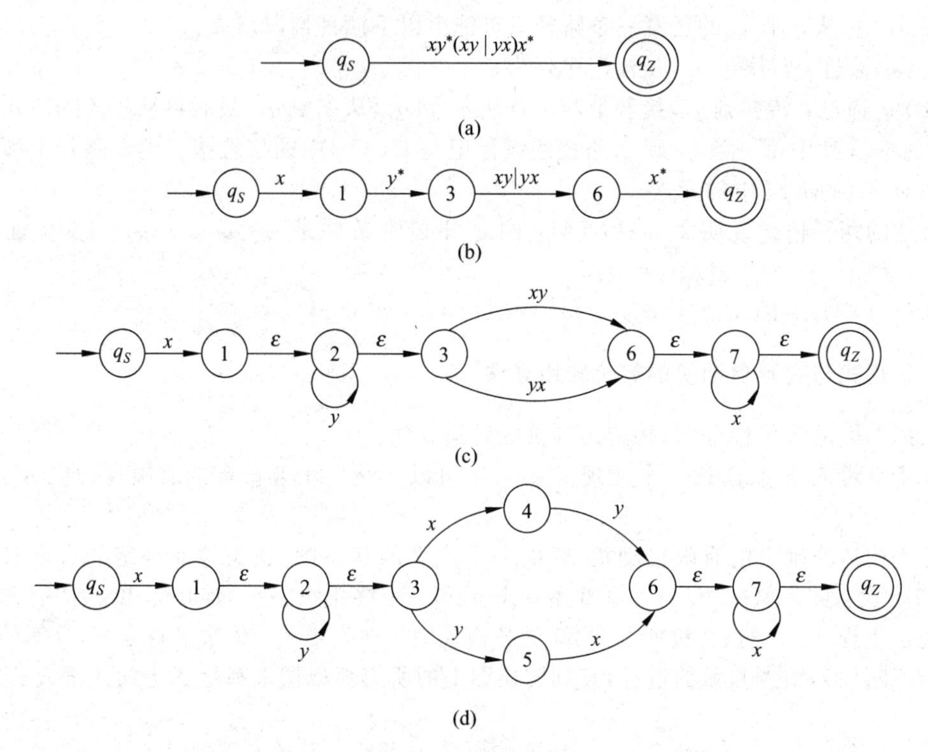

图 2-21 正规式 $r=xy^{*}(xy|yx)x^{*}$ 的分解

根据前面的定理，构造之前，首先对非确定的有限自动机 M 对应的有限自动机进行拓广，加进两个状态，一个为唯一初态 q_S，一个为唯一终态 q_Z。并增加转移函数的定义：

q_A 在不读入任何符号的情况下转移到 M 的初态；

M 的所有终态在不读入任何符号的情况下转移到 q_Z。

然后根据定理 2.4(1)证明中的列状态转移方程的方法逐步消去其他状态，直至最后只剩下 q_S 和 q_Z 两个状态。从 q_S 到 q_Z 的转移需要的正规式即为所求。具体用状态图描述的构造步骤如下：

首先，在非确定的有限自动机 M 的状态转换图中，加进两个结点，一个为 q_S结点，一个为 q_Z结点。其中 q_S是唯一的开始状态，q_Z是唯一的终止状态。然后，从 q_S用 ε 弧连接到 M 的初态结点，从 M 的所有终态结点用 ε 弧连接到 q_Z结点，形成一个与 M 等价的 M'。M'有一个没有射入弧的初态结点 q_S和一个没有射出弧的终态结点 q_Z。接着，对新的非确定的有限自动机按照图 2-22 所示的替换规则 2 进行替换，这个过程实际上是正规式的合成过程，即对 M'不断消去结点和弧的过程。直到状态图中只剩下状态结点 q_S和 q_Z为止 。当状态图中只有状态 q_S和 q_Z时，在 q_S到 q_Z的弧上标记的正规式即是所求结果。

【例 2-27】 设非确定的有限自动机 M 的状态转换图如图 2-23 所示。在$\{x, y\}$上构造一个正规式 r，使 $L(M)=L(r)$。

第一步，拓广状态图，得如图 2-24(a)所示状态图。

第二步，消去状态 2 和 3，得如图 2-24(b)所示状态图。

第三步，消去状态 4，得如图 2-24(c)所示状态图。

第四步，消去状态 1，得如图 2-24(d)所示状态图。

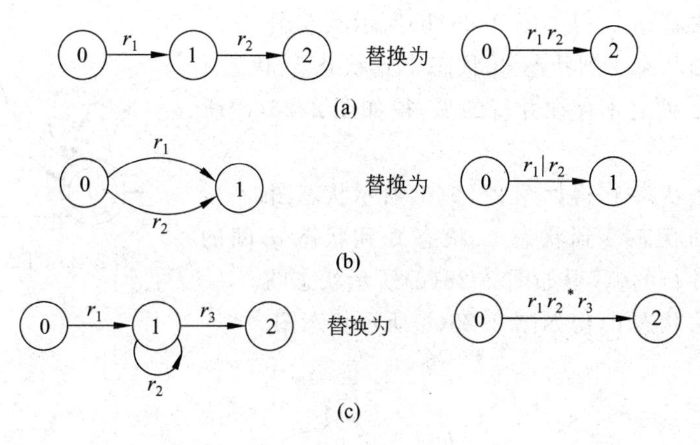

图 2-22 替换规则 2

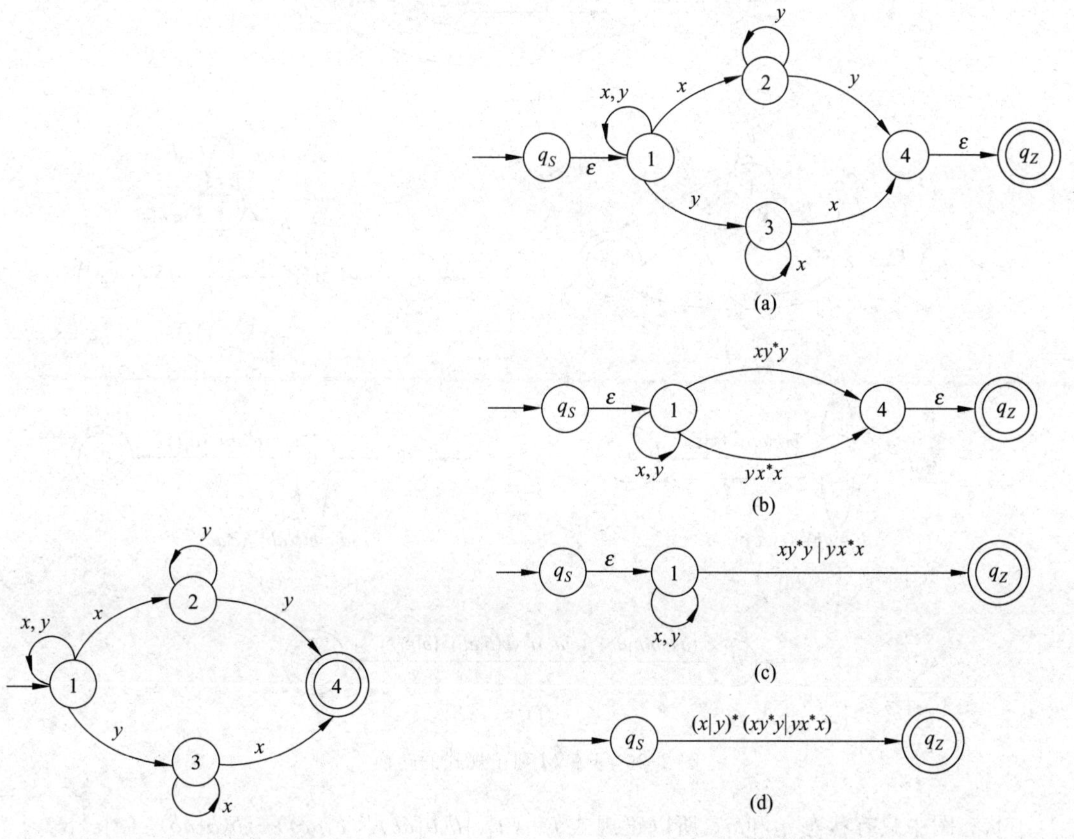

图 2-23 FA M 的状态图

图 2-24 FA M 到正规式的转换

此时状态转换图中只有状态 q_S 和 q_Z，所以非确定的有限自动机 M 对应的正规式 $r=(x|y)^*(xy^*y|yx^*x)$。

【例 2-28】 非确定的有限自动机 M 的状态图如图 2-25 所示，写出与其语言等价的正规式 r。

第一步，拓广文法，得如图 2-26(a)所示状态图。

第二步，消去状态 2，得如图 2-26(b)所示状态图。

第三步，化简状态 1 到状态 0、状态 1 到状态 1、状态 1 到状态 q_Z间的弧，使之不存在并行的弧，得如图 2-26(c)所示状态图。

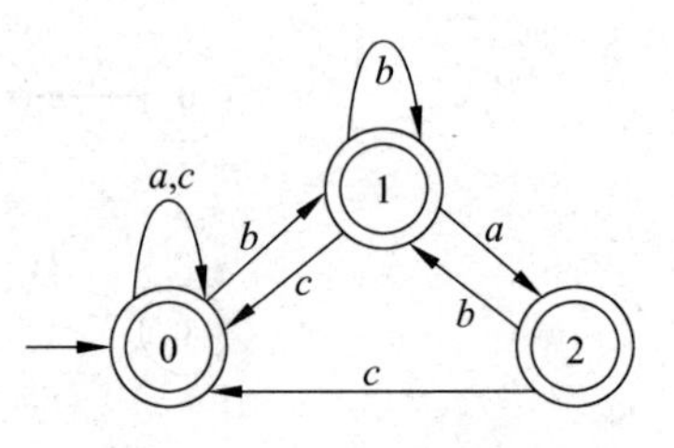

图 2-25 FA M 的状态图

第四步，消去状态 1，得如图 2-26(d)所示状态图。

第五步，化简状态 0 到状态 0、状态 0 到状态 q_Z 间的弧，使之不存在并行的弧，得如图 2-26(e)所示状态图。

第六步，消去状态 0，得如图 2-26(f)所示状态图。

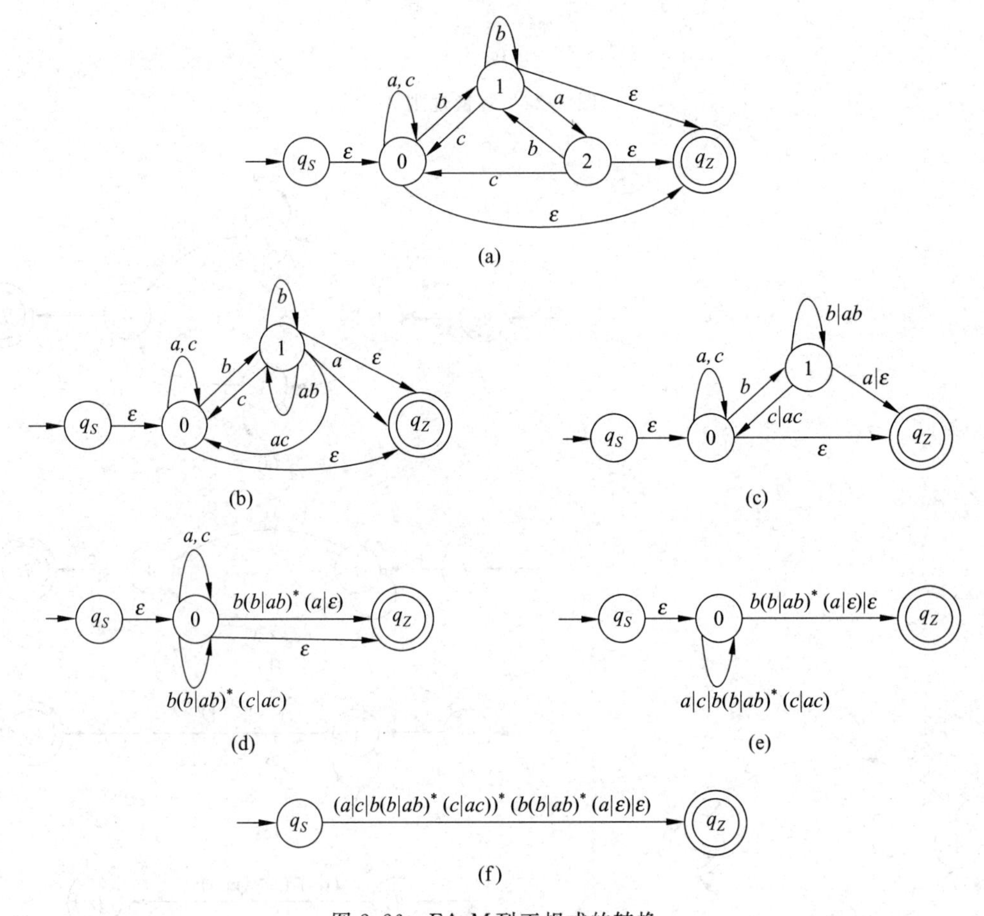

图 2-26 FA M 到正规式的转换

状态图中只有状态 q_S和 q_Z，所以正规式 $r=(a|c|b(b|ab)^*(c|ac))^*(b(b|ab)^*(a|\varepsilon)|\varepsilon)$。

习题 2

2-1 选择、填空题。

(1) 设定义在字母表{a,b,c,x,y,z}上的正规式 $r=(a|b|c)(x|y|z)$，则 $L(r)$中元素有________个。

A) 9　　B) 6　　C) 18　　D) 27

(2) 设有语言 $L(G)=\{$有相同个数(0 个或 n 个)的 a 和 b 组成的句子$\}$,满足对 $L(G)$ 描述的正确文法是________、________。

A) $S \to abS|\varepsilon$　　B) $S \to aSbS|bSaS|\varepsilon$

C) $S \to aSb|ab|\varepsilon$　　D) $S \to SS|aSb|bSa|ab|ba|\varepsilon$

(3) 设有文法 G,满足 $L(G)=\{a^ib^j c^jd^i \mid i \geqslant 0$ 且 $j \geqslant 1\}$的正确文法 G 为________。

A) $G1$: $S \to aSd|T$　　$T \to bcT|bc$

B) $G2$: $S \to aSd|T$　　$T \to bTc|bc$

C) $G3$: $S \to AB|B$　　$A \to aAd|ad$　　$B \to bBc|bc$

D) $G4$: $S \to Abc|A$　　$A \to aAd|ad$

(4) 设有文法 G:

$$S \to bS|aA|\varepsilon$$
$$A \to bA|AC$$
$$C \to bCaS|a$$

下列符号串是 $L(G)$中的元素的是________。

A) $ba^{121}b^{100}a^2$　　B) $b^{1000}aa$　　C) $a^{800}b^{900}a$　　D) b^{10000}

(5) 设文法 $G(A)$:

$$A \to [B$$
$$B \to X]|BA$$
$$X \to Xa|Xb|a|b$$

则文法 $G(A)$所识别语言的正规式为________。

2-2 判断题。

(1) 文法 G 的一个句子对应于多个推导,则 G 是二义的。　( )

(2) 设有文法符号集 V,则 $V_T \cap V_N = V$。　( )

(3) BNF 是一种广泛被采用的描述文法的工具。　( )

(4) 有文法 $G1=G2$,则 $L(G1)=L(G2)$。　( )

2-3 简答题。

(1) 乔姆斯基分类法按照什么原则对文法进行分类?分成了几类?各有什么样的特点?

(2) 简要概述分析树的概念及其作用。

(3) 如何判断一部文法是二义文法?

(4) 简述正则表达式与有限自动机的等价性的证明思路,并简要说明每步要完成的基本工作或要解决的关键问题是什么?

(5) 简述 NFA 与 DFA 的区别。

2-4 令字母表 $A=\{0,1,2\}$上的字符串 $x=01, y=2, z=001$。

(1) 写出下列符号串及它们的长度:

$$x^0, xy, xyz, x^4, (x^3)(y^2), (xy)^2$$

(2) 写出集合 A^+ 和 A^* 的 7 个最短的符号串。

2-5 设文法 $G(S)$为

$$S \to S,E \mid E$$
$$E \to E+T \mid T$$
$$T \to T * F \mid F$$
$$F \to a \mid (E) \mid a[S]$$

(1) 给出 $G(S)$ 的元语言符号集、文法符号集、终结符号集、非终结符号集。

(2) $G(S)$ 属于哪类文法？写出 $L(G(S))$ 集合。

(3) 判断符号串

$$\$1: a,a+a[a[S]]$$
$$\$2: a*a,a+a[a]$$

是否为文法 $G(S)$ 的句子，对 $L(G(S))$ 的句子给出其分析树。

2-6 设文法 $G(A)$ 为

$$A \to bA \mid cc$$

试证 $cc,bcc,bbbcc \in L(G(A))$。

2-7 给出下列文法 $G_i(i=1,2,3,4)$，写出 G_i 的语言 $L(G_i)$，并给出 $L(G_i)$ 中的两个句子的最左推导和最右推导。

(1) $G_1: S \to aa \mid aRa \qquad R \to b \mid Rb$

(2) $G_2: S \to aSb \mid ab$

(3) $G_3: V \to aaV \mid bc$

(4) $G_4: N \to D \mid ND \qquad D \to 0 \mid 1 \mid 2 \mid \cdots \mid 9$

2-8 设文法 $G(Z)$ 为

$$Z \to U0 \mid V1$$
$$U \to Z1 \mid 1$$
$$V \to Z0 \mid 0$$

(1) $G(Z)$ 的语言是什么？

(2) 写出文法 $G(Z)$ 构造的长度为 6 的全部句子。

2-9 设有文法 $G(S)$：$S \to SS* \mid SS+ \mid a$

(1) $G(S)$ 的语言 $L(G(S))$ 是什么？

(2) 指出下列字符串哪些是该文法的句子：

$$\$1: aa+aa^*+a$$
$$\$2: aa+aaa^*++$$
$$\$3: aS+a^*$$

(3) 对属于该文法的句子 $\$i$，画出其分析树。

2-10 指出下列文法 G_i 所属的文法类。所表示的语言是什么？

$$G_1: S \to aA \mid bB$$
$$A \to A0 \mid \varepsilon$$
$$B \to B00 \mid \varepsilon$$
$$G_2: A \to aAb \mid c$$
$$G_3: O \to a \mid aE$$
$$E \to aO$$

2-11 写一个文法,使其语言是偶整数的集合,每个偶整数不以0为前导。

2-12 设文法G(<表达式>)为

<表达式>→i|(<表达式>)|<表达式><运算符><表达式>

<运算符>→+|-|·|/|↑

试证明该文法具有二义性。

2-13 证明下述文法G(S)是二义的。

$$S \to iSeS \mid iS \mid i$$

2-14 文法G(N)和G(S)为

$G(N)$：$N \to NE \mid E \mid ND \mid D$　　　　$G(S)$：$S \to S(S)S \mid \varepsilon$

$E \to 0 \mid 2 \mid 4 \mid 6 \mid 8 \mid 10$

$D \to 0 \mid 1 \mid 2 \mid \cdots \mid 9$

(1) 文法G(N)和G(S)的语言是什么?

(2) 证明文法G(N)和G(S)均为二义文法。

(3) 改写文法G(N)和G(S)为等价的非二义文法。

2-15 给出下面语言的上下文无关文法描述。

(1) $L_1=\{a^n b^n c^i \mid n \geqslant 1, i \geqslant 0\}$

(2) $L_2=\{ab^n a \mid n \geqslant 0\}$

(3) $L_3=\{a^i b^n c^n \mid n \geqslant 1, i \geqslant 0\}$

(4) $L_4=\{a^i b^j \mid j \geqslant i \geqslant 1\}$

(5) $L_5=\{a^n b^n a^m b^m \mid n,m \geqslant 0\}$

(6) $L_6=\{1^n 0^m 1^m 0^n \mid n,m \geqslant 0\}$

(7) $L_7=\{\omega a \omega^r \mid \omega$ 属于 $\{0,a\}^*$, ω^r 表示 ω 的倒置$\}$

2-16 构造一个确定的有限自动机M,它接受字母表Σ={0, 1}上0和1的个数都是奇数的字符串。

2-17 设计一个最简的确定的有限自动机M,其功能是能接受被3整除的无符号十进制整数。

2-18 构造一个确定的有限自动机,它接受字母表Σ={0,1}上能被5整除的二进制数。

2-19 给定非确定的有限自动机M如图2-27所示。

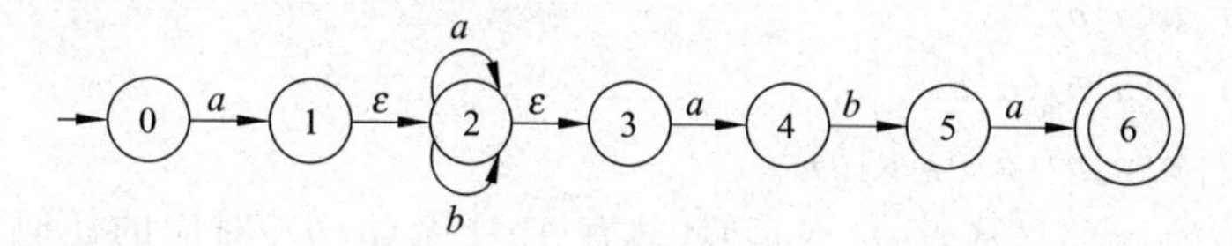

图2-27　NFA M

(1) 写出非确定的有限自动机M的另外两种描述形式;

(2) 将M确定化且最小化为确定的有限自动机M′;

(3) 用确定的有限自动机M′识别字符串aabaababaaaab为哪几个单词?

2-20 用C语言或C++语言写出:

(1) 把正规式变成NFA的算法。

（2）NFA 确定化的算法。

（3）DFA 状态最小化的算法。

2-21 对图 2-28 表示的有限自动机 M 分别确定化和最小化：

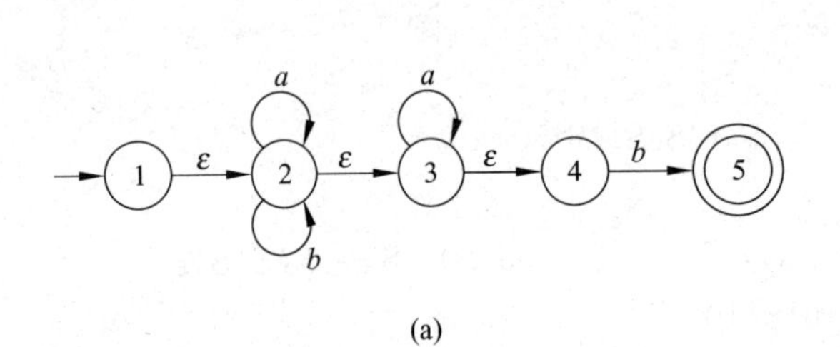

(a)

	a	b
0	{1,3}	{2,3}
1	{4}	ϕ
2	ϕ	{3,4}
3	{1,3}	{4}
4*	{4}	{4}

(b)

图 2-28 NFA M

2-22 设 A,B,C 为任意的正规式，试证明正规式的如下性质：

（1）$A|B=B|A$

（2）$A|(B|C)=(A|B)|C$

（3）$A(BC)=(AB)C$

（4）$(A|B)C=AC|BC$

（5）$(A^*)^*=A^*$

（6）$A|A=A$

（7）$\varepsilon A=A\varepsilon=A$

（8）$(AB)^*A=A(BA)^*$

2-23 为下列正规式构造非确定的有限自动机，并给出它们处理输入串 $ababbab$ 的状态转换序列：

（1）$(a|b)^*$

（2）$(a^*|b^*)^*$

（3）$((\varepsilon|a)b^*)^*$

（4）$(a|b)^*abb(a|b)^*$

2-24 为下列正规式构造最简的确定有限自动机：

（1）$(a|b)^*a(a|b)$

（2）$(a|b)^*a(a|b)(a|b)$

（3）$(a|b)^*a(a|b)(a|b)(a|b)$

并估算 $(a|b)^*a(a|b)(a|b)\cdots(a|b)$（共有 $n-1$ 个 $(a|b)$）对应的任何一个 DFA 至少有多少个状态。

2-25 写出接受的字符串是分别满足和同时满足如下条件的确定的有限自动机及相应的正规式，$\Sigma=\{0,1\}$

（1）1 的个数为奇数；

（2）两个 1 之间至少有一个 0 隔开。

2-26 写出下列各项的正规表达式。

（1）$\Sigma=\{a,b,c\}$，第一个 a 位于第一个 b 之前的字符串。

(2) $\Sigma=\{a,b,c\}$,包含偶数个 a 的字符串。

(3) 二进制数且为 4 的倍数。

(4) 大于 101001 的二进制数。

(5) $\Sigma=\{a,b\}$,不包含子串 baa 的字符串。

(6) C 语言中的非负整数常量语言,其中以 0 开始的代表八进制常量,其余的数字为十进制常量。

第3章 词法分析

【本章导读提要】

词法分析是编译程序第一个阶段的工作。本章介绍词法分析与词法分析程序构造的有关内容。主要涉及的内容与要点是：

- 词法分析的任务，词法分析程序的功能与组织。
- 词法分析程序的总体设计。
- 词法分析程序输入对象的分析、提炼及相应输出属性字的设计。
- 词法分析程序的设计工具与实现机制。
- 词法分析程序自动生成的思想，Lex的组成及工作原理。
- Lex应用与Lex源程序的结构与描述。

【关键概念】

词法分析　属性字　预处理　Lex　词法分析程序

3.1 词法分析与词法分析程序

词法分析(lexical analysis)完成编译程序第一阶段的工作。词法分析的任务是对输入的字符串形式的源程序按顺序进行扫描，在扫描的同时，根据源语言的词法规则识别具有独立意义的单词(符号)，并产生与其等价的属性字流作为输出。通常属性字流即是对识别的单词给出的标记符号的集合。完成词法分析任务的程序称为词法分析程序，通常也称为词法分析器或扫描器(scanner)。它一般是一个独立的子程序或作为语法分析器的一个辅助子程序。词法分析程序的功能如图3-1所示。

源程序 → 词法分析器 (scanner) → 属性字流 L1

图3-1　词法分析程序的功能

词法分析程序一般具有如下功能：读入字符串形式的源程序；识别出具有独立意义的最小语法单位——单词，其功能的具体说明参见例3-1。词法分析程序一般将单词变换成带有单词性质且定长的属性字；为方便下一阶段的工作，还可以进行一些简单而力所能及的工作。

【例3-1】 有如下C语言源程序段

```
int int1;
int1=33;
printf("int1=%d\n",int1);
```

词法分析后识别出如下单词：

```
int、int1、;、int1、=、33、;、printf、(、"int1=%d\n"、,、int1 、)、;
```

词法分析程序也是一种简单的模式识别工具，其概念和技术可适用于需要模式识别的许多应用软件，如编辑软件、文献数据库等。基于对词法分析任务的了解，可知词法分析器的功能是实现从源程序到属性字流形式的数据结构的等价变换。

3.2 词法分析程序设计与实现

3.2.1 词法分析程序的输入与输出

1. 单词

何为单词？抽象地说，单词就是语言中具有独立意义的最小语法单位。这里对单词的定义给出了两个要素。如在C语言中，一般的表达式不一定是单词，因为它们虽然具有独立的意义，但不一定是最小的语法单位。如表达式 $a*b$，它的单词是“a”、“ * ”和“b”。C语言中的字母和数字也不一定是单词，因为它们虽然是最小的语法单位，但常常不具有独立意义，如程序中定义一个变量 $a1$，a 和 1 若单独作为一个变量名和一个常数存在于程序中，则是合法的单词，但作为对变量标识的定义，只有 $a1$ 作为一个整体才是合法的单词。到底哪些语法符号是语言中具有独立意义的最小语法单位呢？这与具体语言的词法规则有关。一般常用的程序设计语言的单词可分为这样几类：

(1) 关键字(亦称保留字，基本字等)

关键字一般是语言系统本身定义的，通常是由字母组成的字符串。例如，C语言中的int、for、break、static、char、switch和unsigned等，关键字一般关联到语句的性质。

(2) 常数

语言中各种类型的常数。如，整型常数、实型常数、不同进制的常数、布尔常数、字符及字符串常数等。

(3) 标识符

用来表示各类名字的标识。如，变量名、数组名、结构名、函数名和文件名等。

(4) 运算符

表示程序中算术运算、逻辑运算、字符及位串等运算的确定字符(或串)。如，各类语言中较通用的+、-、*、/、**、<=、>=、<和>等。还有一些语言特有的运算符，如C语言中的++、?:、&、%=等。Fortran语言中的.AND.、.NOT.和.OR.。

(5) 界限符

如逗号、分号、括号、单引号和双引号等。

2. 属性字

属性字是扫描器对源程序中各单词处理后的输出形式，也是单词在编译程序处理过程中的一种内部表示。考虑到程序设计语言中的各类单词长度不统一，不便于编译程序的处理，又要使经过词法分析程序识别的单词反映出其相应的属性功能，属性字设计成如下二元组的结构形式：

(单词属性，单词值)

其中，单词属性表示单词的类别，用来刻画和区分单词的特性或特征，通常用整数编码来表示。例如，可以将C语言中的关键字设计为一类，标识符为一类，运算符既可以按优先级分为各自不同的类，也可以作为一类等。单词值是编译器设计的单词自身值的内部表示，可以缺省。例如，如果将C语言中的“{”看做一类，则单词值部分可以为空，因为单词“{”的属性同时也代表了它的单词值。但是如果将简单的算术运算符看做一类，则其单词值将分别是“+”、“-”、“*”、“/”的内部表示。

对于一个语言来说，如何对其中的单词进行分类，分成几类，怎样编码，单词属性部分能包含多少信息等，并没有一个原则性的规定，要视具体情况而定，主要取决于处理上的方便。一般说来，一个单词分为一类，处理较为方便，但对于标识符却是不可行的。可以将一类具有一定共性的单词视为一类，统一给出一个属性，但属性部分信息包含越多，实现起来会越复杂。

属性字中的单词值部分是要直接或间接给出单词在机内存储的内码表示。如对于某个标识符或某个常数，常把指向存放它的有关信息的符号表或常数表入口的指针作为它的单词值。

3.2.2 源程序的输入与预处理

词法分析器工作的第一步是接受输入源程序。通常是把输入的源程序引导至一个输入缓冲区，并对输入串进行预处理，然后才交付扫描器进行处理。

1. 输入缓冲区

词法分析程序一般是从源程序区依次读入字符进行扫描和处理。当然，如果能将源程序一次输入到内存的一个源程序区，可以大大节省源程序输入的时间，提高词法分析器的效率。但在一个有限的内存空间内要满足各种规模源程序的一次输入亦是困难的，这样的系统开销也是入不敷出的。在词法分析过程中，编译程序借助操作系统从外部存储介质(如硬盘或软盘等)依次读取源文件中的内容。为了提高读取磁盘的效率，方便词法分析器的处理工作，一般采用缓冲输入方案，即在内存中开辟一个大小适当的输入缓冲区，将源程序从磁盘上分批读入缓冲区，扫描器从这个缓冲区中读取字符进行扫描和处理。

一般从磁盘读取信息是以扇区为单位，或是扇区集合构成的簇或块作为直接访问的最小单位，可以将这样的单位作为分配单位，则使每次从磁盘读取的字节数是分配单位的整倍数。当然，缓冲区愈大读取磁盘的开销愈小。同时还要考虑，词法分析器为了正确地识别单词，常常需要进行超前搜索和回退字符等操作。综合考虑，这里介绍一个成对且对半互补的输入缓冲区模式。即将一个缓冲区分为两个半区，每个半区长度为n(n一般为磁盘块或簇长的整倍数)，其结构如图3-2所示。

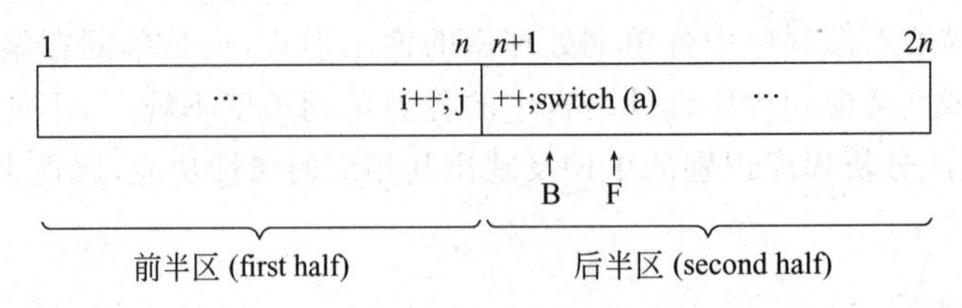

图3-2 源程序输入缓冲区的对半互补结构

输入缓冲区设两个指针以方便扫描器读取字符。指针 B 称为单词起始位置指针，指向当前扫描到的单词的第一个字符，指针 F 称为向前搜索指针用来寻找单词的终点。之所以把输入缓冲区设计成对半互补的，是因为无论缓冲区设得多大，都不能保证单词符号不被它的边界截断。扫描器每次把长度为 n 的源程序输入到缓冲区的一个半区，如果指针 F 从单词起点出发搜索到半区的边缘(每个半区边缘设专门标记标识)仍未到达单词的终点，就把源程序后续的 n 个字符输入到另一个半区，这样两个半区交替使用达到互补作用。当然必须确认，程序设计语言中任何单词的长度不是无限制的。

输入缓冲区两个半区互补功能的实现算法非形式的描述如下：

```
if F at end of first half
{
    reload second half;
    F++;
}
else  if F at end of second half
{
    reload first half;
    move F to beginning of first half
}
      else F++;
```

2. 源程序的预处理

实际的词法分析程序往往带有预处理子程序，因此它真正接受的输入是经过预处理后的源程序串。这是由于在源程序中，特别是非自由格式书写的源程序，往往有大量的空白符、回车换行符及注释等，这是为增加程序的可读性及程序编辑的方便而设置的，对程序本身无实际意义。另外，像C语言有宏定义、文件包含、条件编译等语言特性，为了减轻词法分析器实质性处理的负担，因此源程序从输入缓冲区进入词法分析器之前，要先对源程序进行预处理，预处理子程序一般完成的主要功能是：

- 滤掉源程序中的注释。
- 剔除源程序中无用字符。
- 进行宏替换。
- 实现文件包含的嵌入和条件编译的嵌入等。

按照上述的输入缓冲区和预处理子程序的概念，可以给出一个带有两个缓冲区的词法分析器，其结构如图 3-3 所示。

3.2.3 单词的识别

词法分析器对单词符号的识别是在对源程序扫描过程中实现的，并对识别的单词进行相应的产生属性字的处理。一般程序语言中的单词，在对源程序依次扫描中即可立即确认。例如，在输入缓冲区的语句

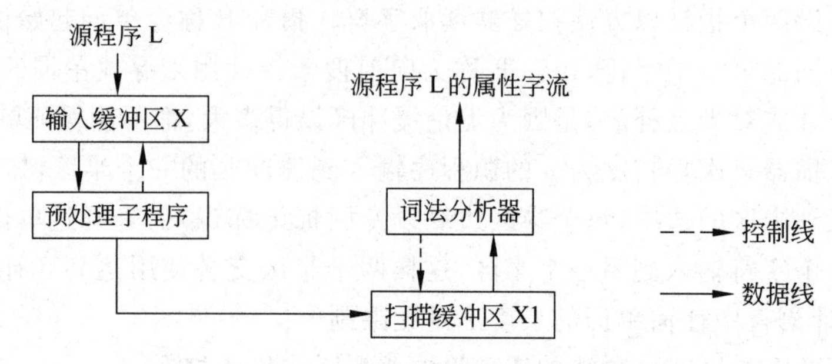

图 3-3 具有两个缓冲区的词法分析器结构

```
K=N+1
↑↑
BF
```

当指针 B 指向单词的起点，指针 F 向前搜索到“=”时，即可确认标识符 K 为一个单词。但对某些语言，并非当指针 F 搜索到一个单词终点时就能确认。如在 Fortran 及一些语言中对关键字使用不加限制的情况，则会使单词的识别产生混淆。

例如，对 Fortran 语句“DO 99 K=1, 10”及“DO99K=1.10”，它们都是合法的 Fortran 语句。但对简单的扫描模式，前一个循环语句是由 DO、99、K、=、1、,(逗号)和 10 七个单词组成，而后者为赋值语句，由 DO99K、= 和 1.10 三个单词组成。当对语句“DO 99 K=1, 10”进行扫描时，只有当指针 F 搜索到第六个单词“,”时，才能确认 DO 是循环语句的关键字，这实际上比一般单词的识别超前搜索了 5 个符号才得以确认。而语句“DO99K=1.10”也只有当指针 F 搜索到“.”时，才能确认 DO99K 是赋值语句的左部标识符。这种超前搜索技术在源程序的扫描中是必要的，否则对下列合法的 Fortran 条件语句：

```
IF THEN THEN THEN= ELSE ELSE ELSE=THEN
```

将无能为力。另外，对程序中各算术常数的识别，还要涉及内码形式的转换工作。

3.2.4 词法分析程序与语法分析程序的接口

词法分析程序完成编译第一阶段工作。词法分析程序可以是独立的一遍，它把字符串形式的源程序经过扫描和识别转换成单词序列，输出到一个中间文件，该文件作为语法分析程序的输入继续编译的过程。词法分析程序作为独立的阶段，其好处是便于自动生成，且与语法分析程序有明确的接口。但是，更一般的情况是将词法分析程序设计成一个子程序，每当语法分析程序处理需要读取单词时，则调用该子程序。这种设计方案中，词法分析和语法分析程序处于同一遍，可以省去中间文件。

3.2.5 词法分析器的设计与实现

本节以状态转换图为工具，讨论词法分析器的设计与实现。

1. 作为词法分析器的状态转换图

第 2 章中，引入了状态转换图作为有限自动机的一种等价表示。可知，状态转换图能识别一定的字符串，那么遵循程序设计语言的词法规则构造的状态转换图，亦可识别源程序中的单词。已知多数程序设计语言的词法规则可用正则文法或正规式来描述，鉴于正则文法、正规式与有限自动机的关系，状态转换图对其的识别也是无疑的。

构造识别单词的状态转换图的方法与步骤如下。

(1) 对程序语言的单词按类构造出相应的状态转换图。

【例 3-2】 设某语言由标识符和无符号正整数两类单词构成，并设 L 表示字母，D 表示十进制数字，则有标识符和无符号正整数的词法规则：

＜标识符＞ →(L|_)L(L|D|_)*

＜无符号正整数＞ → DD*

识别标识符和无符号正整数的状态转换图如图 3-4 所示。

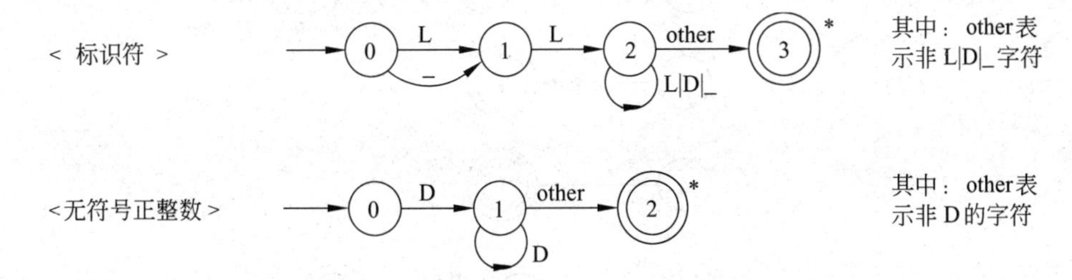

图 3-4 标识符和无符号正整数识别的状态转换图

注意：状态转换图中的终态结点若带有“*”，表示在扫描和识别单词过程中，到达一个单词识别态时，对于当前识别的单词多读进了一个字符，即超前搜索。则源程序扫描指针需要做自减运算以回退一个字符。

(2)对各类状态转换图合并，构成一个能识别语言所有单词的状态转换图。

其合并方法为：

① 将各类单词的状态转换图的初始状态合并为一个唯一的初态。

② 化简并调整冲突和状态编号。

如图 3-4 给出的例 3-2 两类单词的状态转换图，经合并和调整后，得到识别标识符和无符号正整数的一个状态转换图如图 3-5 所示。

根据实际的处理，考虑检查和处理错误的单词，应该在初态“0”时，若读入的单词首字符不是 L、不是 D 或不是_时，应设置一个出错处理的终态。

【例 3-3】 设 C 语言子集由下列单词符号构成，以正规式的形式表示如下。

关键字：int,if,for

标识符：字母(字母|数字)*

无符号整常数：数字(数字)*

运算符或分界符：＝，*，＋，＋＋，＋＝，{，}

识别该 C 语言子集各类单词的状态转换图如图 3-6 所示。

对图 3-6 实施合并且考虑对不符合上述词法规则的字符进行处理，得到的状态转换图

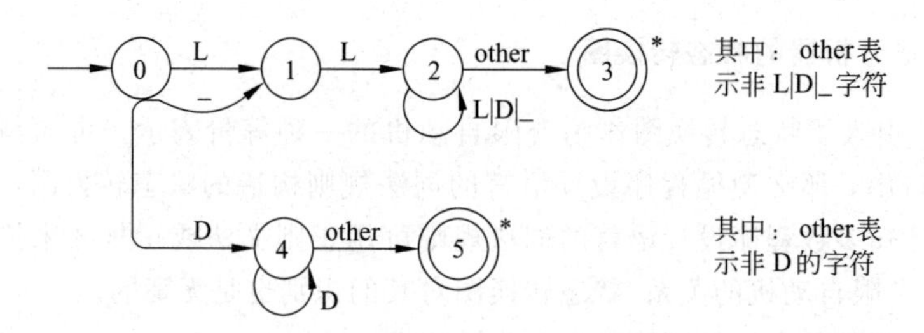

图 3-5　对图 3-4 合并后的状态转换图

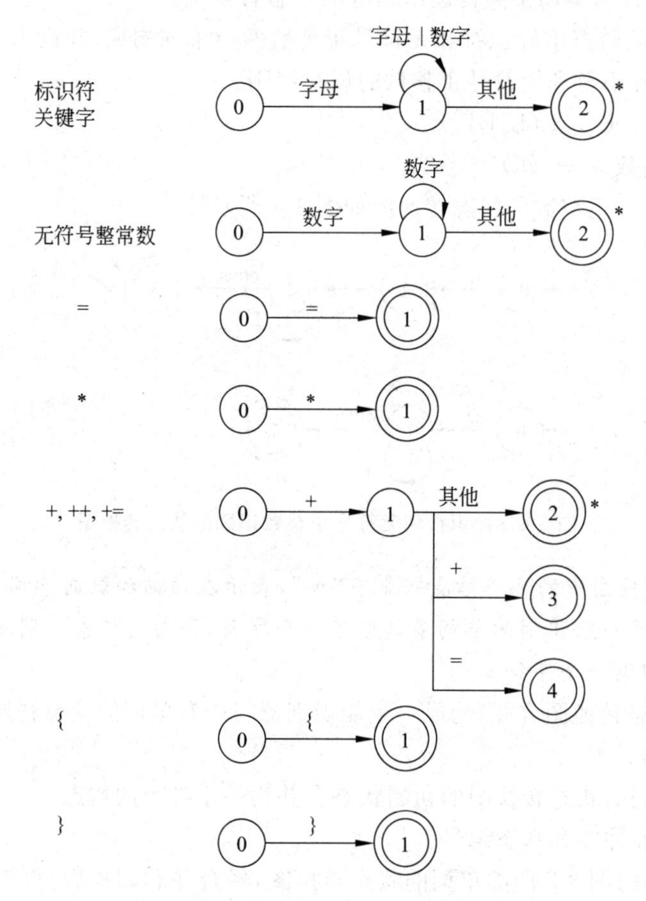

图 3-6　C 语言子集各类单词状态转换图

如图 3-7 所示。图 3-7 中的状态 13 是对不符合 C 语言子集的非法单词的处理状态。

2. 状态转换图的实现

根据语言的词法规则构造出识别其单词的状态转换图，仅仅是理论上的词法分析器，是一个数学模型。那么，如何将状态转换图变为一个可行的词法分析器呢？最常用的状态转换图的实现方法称为程序中心法，即把状态转换图看成一个流程图，从状态转换图的初态开始，对它的每一个状态结点编一段相应的程序。

【例 3-4】 设单一小写字母或单一数字或"/"为合法单词，表示它们的状态转换图如

图 3-8 所示。

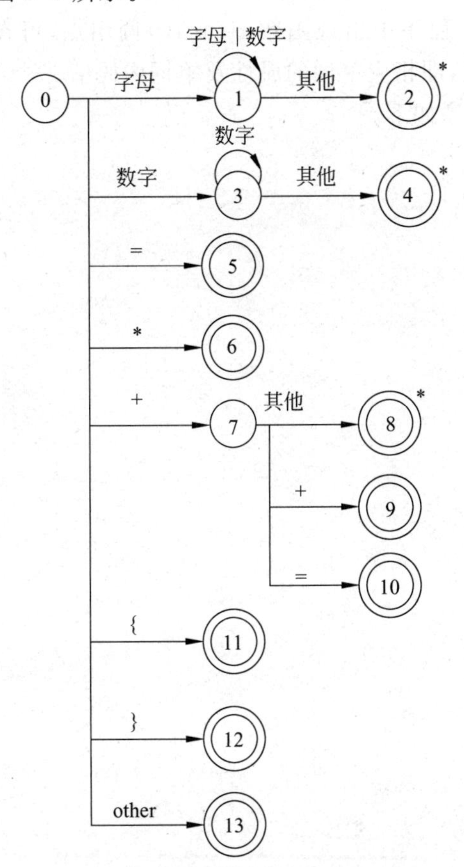

图 3-7 C 语言子集单词状态转换图

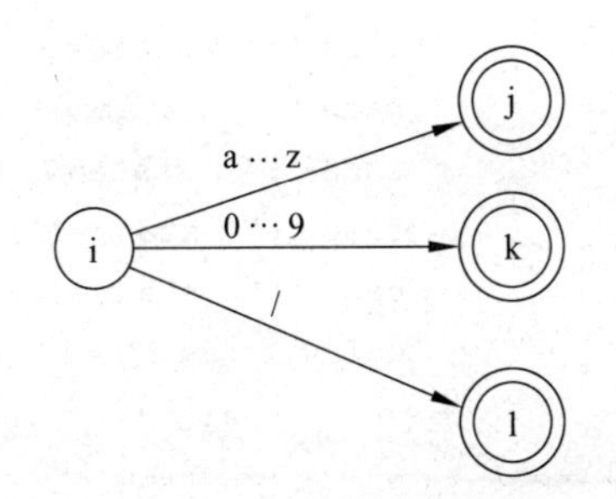

图 3-8 单一小写字母、单一数字或"/"为合法单词的状态转换图

实现该状态转换图的 C 语言程序简要描述如下。

```
char char1;
  { char1=nextchar();
    if(state==i)
    switch(char1)
    {
      case 'a'…'z': J(chartype,char1); break;
      case '0'…'9': K(chartype,char1); break;
      case '/' : L(chartype,char1); break;
      default: error;
    }
}
```

其中 J,K,L 为状态 j,k,l 所对应的函数,因为 j,k,l 都为终态,所以 J,K,L 的功能是处理一个识别的单词,返回值为单词属性及单词。nextchar()函数的功能是从当前扫描的源程序读取下一个字符。

下面程序中，函数 return()是处理终结状态的函数，在终态时，表示识别了程序中一个单词，则由该函数给出相应单词的属性及单词值。程序中出现函数 return()调用点，可在 return()的参数部分直接表示该函数返回的结果值，即相应单词的属性及单词内码值。

为此，给出图 3-7 状态转换图实现的 C 语言程序如下。

```
int state=0;
enum letter('a'…'z');
enum number('0'…'9');
char char1;
  {
  char1 =  nextchar();
  switch(state)
  {
    case 0: switch(char1)
        {
           case 'a'…'z' : state=1; break;
           case '0'…'9' : state=3; break;
           case '=' : state=5; break;
           case '*' : state=6; break;
           case '+' : state=7; break;
           case '{' : state=11; break;
           case '}' : state=12; break;
           default : state=13;
        }
break;
  case 1: while(char1==letter||number)
            char1=nextchar();
      state=2;
      break;
  case 2: untread();
      return(02,value) or return(01,value);
      break;
  /* 函数 untread()功能是回退一个已读进的字符;属性 01 表示关键字;属性 02 表示标识符 */
  case 3: while(char1==number) char1=nextchar();
      state=4;
      break;
  case 4: untread();return(03,value);break;            /* 属性 03 表示无符号整常数 */
  case 5: return(04,  );break;                         /* 属性 04 表示"=" */
  case 6: return(05,  );break;                         /* 属性 05 表示"*" */
  case 7: if(char1=='+') state=9;
            else if(char1=="=") state=10;
                else state=8;
            break;
  case 8 : untread();return(08,  );break;              /* 属性 08 表示"+" */
  case 9: return(09,  ); break;                        /* 属性 09 表示"++" */
```

```
    case 10: return(12,  ); break;                /* 属性 12 表示“+=”*/
    case 11: return(10,  ); break;                /* 属性 10 表示“{”*/
    case 12: return(11,  ); break;                /* 属性 11 表示“}”*/
    case 13 : error();                            /* error 是语法错处理函数 */
    }
}
```

状态转换图实现的另一种方法是数据中心法，即将状态转换图看成一种数据结构（如状态矩阵表），用控制程序控制输入字符在其上运行，从而完成词法分析。而一个实际的状态矩阵表往往是一个稀疏矩阵，这会增加存储空间的开销。可以采用压缩的二级目录表的数据结构。所谓二级目录表，即分为主表和分表。主表结构为状态和分表地址两个数据项，若状态为终态（即单词接收态），则分表地址是处理相应单词的子函数入口。分表为当前输入字符及转换状态两个数据项。以图 3-7 为例，给出主表与分表的关系和结构，其表示如图 3-9 所示。

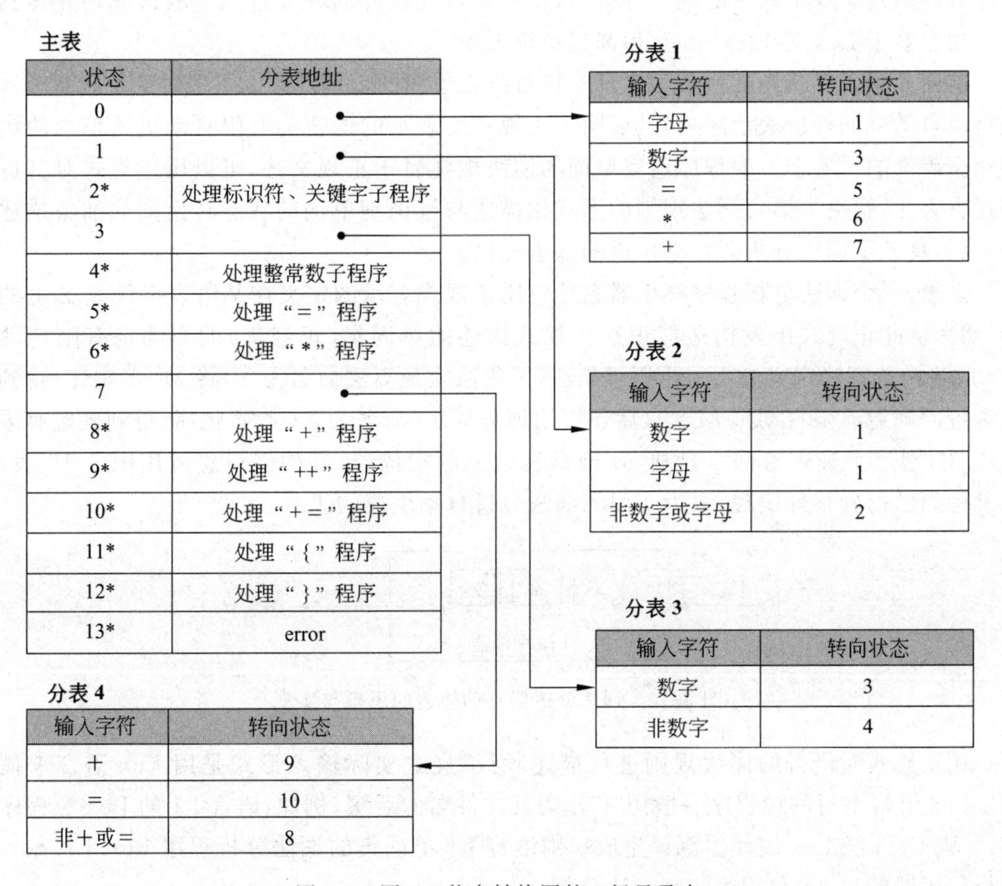

主表

状态	分表地址
0	• → 分表 1
1	• → 分表 2
2*	处理标识符、关键字子程序
3	• → 分表 3
4*	处理整常数子程序
5*	处理“=”程序
6*	处理“*”程序
7	• → 分表 4
8*	处理“+”程序
9*	处理“++”程序
10*	处理“+=”程序
11*	处理“{”程序
12*	处理“}”程序
13*	error

分表 1

输入字符	转向状态
字母	1
数字	3
=	5
*	6
+	7

分表 2

输入字符	转向状态
数字	1
字母	1
非数字或字母	2

分表 3

输入字符	转向状态
数字	3
非数字	4

分表 4

输入字符	转向状态
+	9
=	10
非+或=	8

图 3-9　图 3-7 状态转换图的二级目录表

以二级目录表为主的数据中心实现法的控制程序请读者自己给出。

3.3　词法分析程序的自动生成

本节介绍一个著名的词法分析器自动生成工具 Lex。它是以有限自动机理论为基础而设计的。

3.3.1　词法分析自动实现思想与自动生成器——Lex/Flex

Lex 是一个词法分析程序的生成器(Lexical Analyzer Generator)。Lex 是 1972 年贝尔实验室在 UNIX 上首先实现的,它是 UNIX 标准应用程序。在此之后,始于 1984 年的 GNU 工程推出 Flex(Fast Lexical Analyzer Generator),它是对 Lex 的扩充,同时也与 Lex 兼容。目前,Lex/Flex 已经可以在 UNIX、Linux、MS-DOS 等环境运行,且高效率地为多种程序设计语言实现了众多的词法分析器,在一些系统软件的开发过程中取得成功并得到广泛应用。鉴于 Lex 与 Flex 兼容,后面仅讨论 Lex。

前面介绍了以状态转换图为工具实现对语言单词的识别。第 2 章中讨论了状态转换图是有限自动机的等价表示形式,且证明了正规式所表示的语言与有限自动机所识别的语言是完全等价的。鉴于一般程序语言单词的词法规则属于正规文法,可以用正规式对其进行描述。为此,解决了语言词法规则的形式化描述与可识别单词的状态转换图的抽象描述两个问题,具备了词法分析器自动生成的基本理论。

设想,一个词法分析程序产生器它接收用正规式表示的定义在某语言字母表 Σ 上的单词,然后从此正规式出发构造能识别正规式描述的单词集(正规集)的非确定有限自动机 M',此步构造算法定义为 X。再用子集法(子集法实现算法命名为 Y)将 M' 确定化,得到与之等价的确定有限自动机 M',最后还可用划分算法(命名为 Z)对 M'化简,得到确定有限自动机 M,则这个确定有限自动机 M 即是理论上的扫描器,其构造设想可用图 3-10 表示。这种构想已得到很好实现,成为实用的词法分析自动生成的工具。

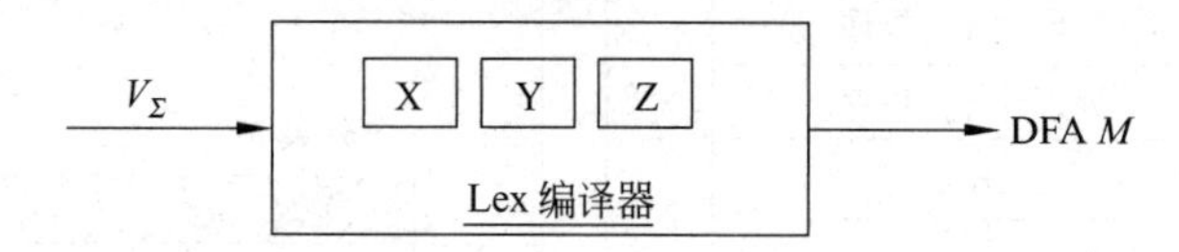

图 3-10　词法分析器自动构造的思想与实现

用正规式对语言的词法规则进行描述,而正规式实际输入形式是用 Lex 语言来描述的。Lex 语言书写的源程序一般用"l"作为其文件名的后缀,例如,语言 L1 的 Lex 源程序为 L1.l,则 L1.l 经 Lex 编译器翻译生成识别语言 L1 单词集的词法分析程序 Lex.L1.out,此分析程序即能对 L1 源程序实现词法分析。

因此,Lex 体系包括 Lex 语言和 Lex 编译器两部分。

3.3.2　Lex 运行与应用过程

下面以 UNIX 系统中的 Lex 为例,说明 Lex 编译器的作用,并进一步介绍 Lex 的应用过程。图 3-11 描述了 Lex 编译器的作用。Lex 编译器接收 Lex 源程序(该源程序是对要产生的词法分析器的说明和描述),由 Lex 编译器处理 Lex 源程序,产生一个词法分析器作为输出。在 UNIX 环境中,Lex 编译器的输出是一个具有标准文件名 lex. yy. c 的 C 语言程序,经过 C 编译器的编译产生 a. out 文件,a. out 是一个实际可以运行的词法分析器。

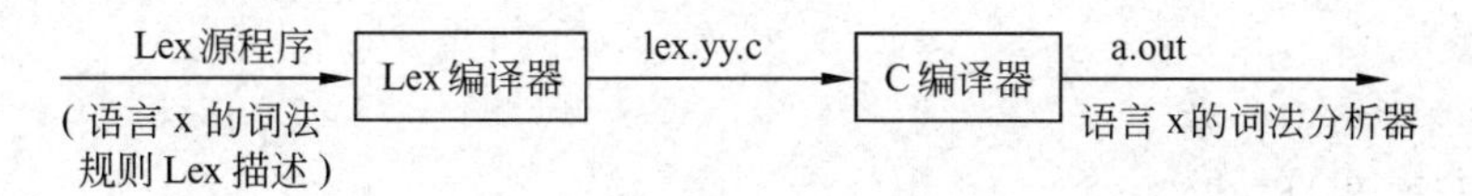

图 3-11　Lex 编译器的作用

使用 Lex 一般分为三个步骤,如图 3-12 所示。

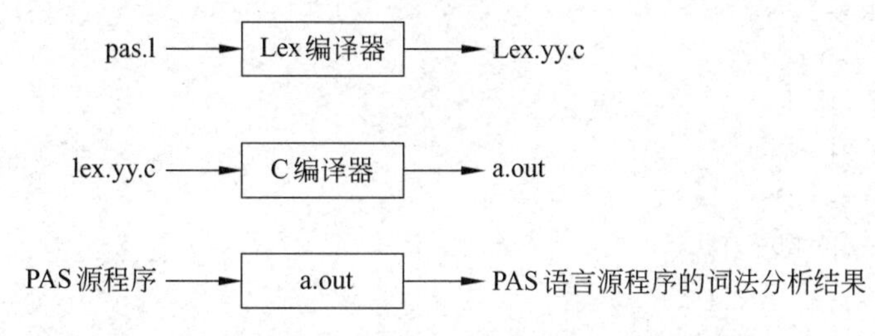

图 3-12　使用 UNIX 环境下 Lex 生成词法分析器

(1) 编辑 Lex 源程序(例如,生成文本格式的 PAS 语言的 Lex 源文件 pas. l)。

(2) 使用命令 lex pas. l 运行 Lex,正确则输出 lex. yy. c。

(3) 调用 C 编译器编译 lex. yy. c,并与其他 C 模块连接产生执行文件;调试执行文件,直至获得正确输出。

3.3.3　Lex 语言

前述可知,Lex 语言是对表示语言单词集的正规式的描述,以解决正规式规则输入问题。Lex 语言作为词法分析器自动构造的专用语言,其程序结构由三部分组成,如图 3-13 所示。

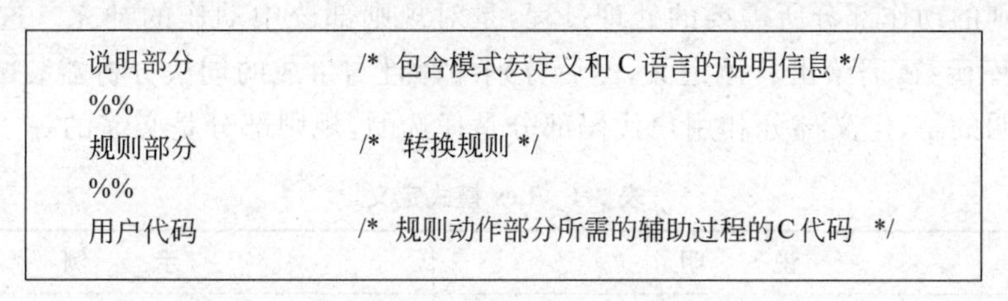
```
说明部分        /* 包含模式宏定义和C语言的说明信息 */
%%
规则部分        /* 转换规则 */
%%
用户代码        /* 规则动作部分所需的辅助过程的C代码 */
```

图 3-13　Lex 源语言结构

其中,第一部分说明部分包括 C 语言代码、模式宏定义等。模式宏定义实际是对识别规则中出现的正规式的辅助定义。如语言中的字母可定义为

$$\text{Letter}\ [\ A|B|\cdots|Z|a|b|\cdots|z\ ]$$

数字可定义为

digital [0|1|2|…|9]

除宏定义外，定义部分的其余代码须用符号%{和%}括起来。另外，Lex 源程序所使用的 C 语言库文件和外部变量，也应分别用#include 及 extern 予以说明，并置于%{和%}之内。例如，有 C 语言说明和 Lex 宏定义示例如下。

```
%{
#include <stdio.h>
#include <ctype.h>
extern int flag
    #define Marry 1
    #define Lida 2
    int ERROR=-1
    char c
    %}
    digit [0-9]
    alpha [a-zA-Z]
    alnum [a-zA-Z0-9]
    %%
```

在 Lex 源程序中，起标识作用的符号%%，%{和%}都必须处于所在行的最左字符位置。另外，在其中也可以随意添加 C 语言形式的注释。

第二部分，识别规则部分是 Lex 程序的主体部分。其一般形式是

```
模式 1   动作 1
模式 2   动作 2
…
模式 n   动作 n
```

其中模式是对单词的描述，用正规式表示。动作是与匹配的模式对应的，用 C 语言代码表示对模式处理的动作。表示当识别出某个模式所表示的单词后，词法分析器需要做的处理工作，即应执行动作的程序。通常使用的 Lex 模式定义如表 3-1 所示。

第三部分用户代码部分定义对模式进行处理的 C 语言函数、主函数等。作为辅助过程它是支持规则的动作部分所需要的处理过程，是对规则部分中动作的补充。这些过程若不是 C 语言的库函数，需给出具体定义，然后分别编译且与生成的词法分析器装配在一起。

需要说明的是，定义部分和用户代码部分是任选的，规则部分是必需的。

表 3-1　Lex 模式定义

模式	说　明	示　例
x	匹配单个字符 x	
[abc]	匹配 a 或 b 或 c	[a-h0-5]
[^abcde]	匹配除去 a～e 之间的任意字符(可为[^a-e])	[^abA-Z\n]表示匹配除小写字母 a,b 大写字母 A～Z 和换行符外任意字符
\	转义符定义同 ANSI C	

续表

模式	说　明	示　例
.	匹配除去换行符之外的任意字符	
r*	r是正规式,r* 匹配0个或多个r	
r+	r是正规式,r+匹配1个或多个r	
r?	r是正规式,r? 匹配0个或1个r	
r{2,5}	r同上,匹配2~5之间次数的r	
r{2,}	r同上,匹配2次或更多次r	
r{2}	r同上,匹配2次r	
{name}	name是在定义部分出现的模式宏名	
"text"	匹配字符串"text"	
r|s	匹配正规式r或s	
rs	匹配正规式r和s的连接	
…		

【例 3-5】 表3-2给出了某语言的单词的词法分析结果。

表 3-2　某语言的单词及词法分析结果

单词的正规式表示	属性	单词值	单词的正规式表示	属性	单词值
ws			<	relop	LT
if	if		<=	relop	LE
then	then		=	relop	EQ
else	else		<>	relop	NE
id	id	名表指针	>	relop	GT
num	num	常数表指针	>=	relop	GE

该语言的Lex源程序如下:

```
%{
#include <stdio.h>
#include <ctype.h>
#include <string.h>
#define IF          1
#define THEN        2
#define ELSE        3
#define ID          4
#define LT          5
#define LE          6
#define EQ          7
```

```
    #define NE          8
    #define GT          9
    #define GE          10
    %}
    /* 正规式模式宏定义 */
    digit         [0-9]
    alpha         [a-zA-Z]
    alnum         [a-zA-Z0-9]
    delim         [ \t\n]
    ws            {delim}+
    id            {letter}({letter}|{digit})*
    number        {digit}+(\.{digit}+)?(E[+\-]?{digit}+)?
    %%
    {ws}          {/* no action and no return */}
    if            {return(IF);}
    then          {return(THEN);}
    else          {return(ELSE);}
    {id}          {yyIvaI=install_id(); return(ID);}
    {number}      {yyIvaI=install_num(); return(NUMBER);}
    "<"           {yyIvaI=LT; return(RELOP);}
    "<="          {yyIvaI=LE; return(RELOP);}
    "="           {yyIvaI=EQ; return(RELOP);}
    "<>"          {yyIvaI=NE; return(RELOP);}
    ">"           {yyIvaI=GT; return(RELOP);}
    ">="          {yyIvaI=GE; return(RELOP);}
    %%
  install_id() {
  /* procedure to install the lexeme, whose first character is printed to by
  yytext and whose length is yyleng, into the symbol table and return a pointer
  thereto */
  }
  install_num() {
  /* simllar procedure to install alexeme that is a number */
}
```

程序开始是内部表示常数的定义,即用字符%{和%}括起来的部分。接下来是说明部分的模式宏定义。正规式规则定义部分出现的第一个正规式名 delim,它对字符属性的描述是无意义的,仅表示三个字符即,空白、回车标记(用\t 表示)、换行标记(用\n 表示)。我们注意到正规式允许递归定义。

程序中第一次出现的字符%%标记识别规则部分,表示当某个模式 P_i 被识别,则执行其后的处理动作 A_i,如当关键字 if 被识别,则产生执行语句 return(IF),该单词属性 IF,此时,单词属性字的值部分为空。在识别规则中,对关系运算符"<"的识别,其动作部分是两个语句来完成,一是给出单词"<"的属性 RELOP,由语句 return(RELOP)完成;二是给出单词的内部值,由语句 yylval=LT 完成;而对标识符的识别,其动作部分亦是由两个语句完

成的，但在给出标识符内部值的语句中，则是转去调用辅助过程部分的一个过程 install_id，即由该过程给出相应的标识符的内部值。

Lex 程序的第三部分是辅助过程，定义了两个 C 函数，函数用 C 语言编写，作为省略仅给出了函数的功能，其功能是完成对标识符及数值型常数的内部值的处理。

3.3.4 词法分析器产生器的实现

词法分析器自动生成器的核心是 Lex 编译器。Lex 编译器的功能是对某语言单词集描述的 Lex 源程序，将其变换为一个能识别该语言单词的词法分析器。而该词法分析器像有限自动机一样去识别处理单词。

基于 Lex 源程序，Lex 编译器的实现步骤是：

① 对 Lex 源程序识别规则中的每个 P_i 构造一个相应的非确定的有限自动机 M_i。

② 引入唯一初态 X，从初态 X 通过 ε 弧将所有非确定的有限自动机 $M_i(i=1,\cdots,n)$ 连接成新的非确定的有限自动机 M'。①、②两步实际是完成从正规式构造非确定的有限自动机，其算法为 X。

③ 对非确定的有限自动机 M' 确定化，产生确定的有限自动机 M，实现此步变换的算法为 Y。

④ 确定的有限自动机 M 化简，引用算法 Z。

⑤ 给出总控程序。总控程序的作用是激活有限自动机，即控制输入字符串 α 在有限自动机上运行，一旦到达有限自动机的终态，即识别出 Lex 源程序模式描述的某类单词，即转去调用相应的动作部分 $\{A_i\}$ 的处理程序完成所识别单词的处理工作。

总控程序(或总控算法)的其算法 3.1 描述如下。

算法 3.1：词法分析器总控算法

输入：字符串形式的源程序流

输出：源程序单词的属性字流

算法：

```
/* I: 当前状态;a: 当前输入字符;A: 字符串寄存器; */
(1) I=0;A=" ";
(2) 当前读入字符 ⇒a;
(3) I=I(a);                     /*送(I,A)的后继状态⇒I*/
    A=A+a;                      /*"+"是指字符连接的加*/
(4) I 如果是终态则转向(5),否则转向(2);
(5) 处理识别出来的单词(A)。
```

值得注意的是，总控算法只是其控制功能的粗略描述，还存在不少问题。例如该总控算法不能识别合法单词的最长子串的匹配，这样会导致词法分析的隐含错误，请读者考虑对总控算法的修改。

【例 3-6】 定义在 $\Sigma=\{a,b,c\}$ 上的确定的有限自动机 M 能识别的单词的词形为 $abc*$ 或 $acb*$。能识别这两类词形的非确定的有限自动机 M 如图 3-14 所示。

将它们合并成一个非确定的有限自动机 M 如图 3-15 所示。

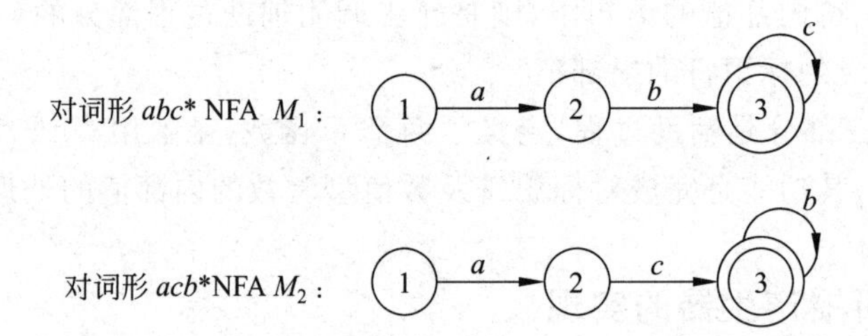

图 3-14　识别 $abc*$ 的非确定的有限自动机 M_1 和 $acb*$ 的非确定的有限自动机 M_2

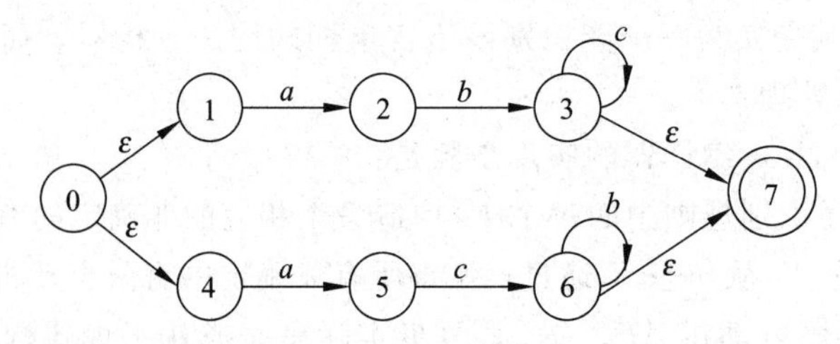

图 3-15　非确定的有限自动机 M_1 和 NFA M_2 合并后的非确定的有限自动机 M

对图 3-15 表示的非确定的有限自动机 M 用子集法进行确定化，再用划分法进行化简，得到最小的确定的有限自动机 M' 如图 3-16 所示。

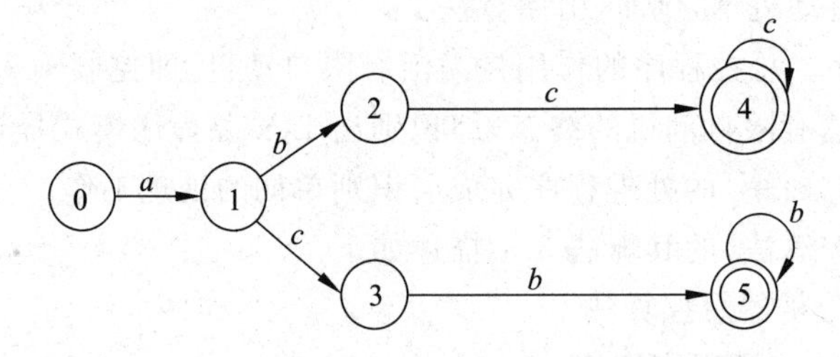

图 3-16　非确定的有限自动机 M 化简后的确定的有限自动机 M'

3.3.5　Lex 应用

作为对 Lex 应用的理解，给出如下实例。

【例 3-7】　编写 ANSI C 的 Lex 源程序如下：

```
    D           [0-9]
    L           [a-zA-Z_]
    H           [a-fA-F0-9]
    E           [Ee][+-]?{D}+
    FS          (f|F|l|L)
    IS          (u|U|l|L)*
  %{
#include <stdio.h>
#include "y.tab.h"
void count();
```

```
%}
%%
"/*"                    {comment();}
"auto"                  {count(); return(AUTO);}
"break"                 {count(); return(BREAK);}
"case"                  {count(); return(CASE);}
"char"                  {count(); return(CHAR);}
"const"                 {count(); return(CONST);}
"continue"              {count(); return(CONTINUE);}
"default"               {count(); return(DEFAULT);}
"do"                    {count(); return(DO);}
"double"                {count(); return(DOUBLE);}
"else"                  {count(); return(ELSE);}
"enum"                  {count(); return(ENUM);}
"extern"                {count(); return(EXTERN);}
"float"                 {count(); return(FLOAT);}
"for"                   {count(); return(FOR);}
"goto"                  {count(); return(GOTO);}
"if"                    {count(); return(IF);}
"int"                   {count(); return(INT);}
"long"                  {count(); return(LONG);}
"register"              {count(); return(REGISTER);}
"return"                {count(); return(RETURN);}
"short"                 {count(); return(SHORT);}
"signed"                {count(); return(SIGNED);}
"sizeof"                {count(); return(SIZEOF);}
"static"                {count(); return(STATIC);}
"struct"                {count(); return(STRUCT);}
"switch"                {count(); return(SWITCH);}
"typedef"               {count(); return(TYPEDEF);}
"union"                 {count(); return(UNION);}
"unsigned"              {count(); return(UNSIGNED);}
"void"                  {count(); return(VOID);}
"volatile"              {count(); return(VOLATILE);}
"while"                 {count(); return(WHILE);}
{L}({L}|{D})*           {count(); return(check_type());}
0[xX]{H}+{IS}?          {count(); return(CONSTANT);}
0{D}+{IS}?              {count(); return(CONSTANT);}
{D}+{IS}?               {count(); return(CONSTANT);}
L?'(\\.|[^\\'])+'       {count(); return(CONSTANT);}
{D}+{E}{FS}?            {count(); return(CONSTANT);}
{D}*"."{D}+({E})?{FS}?  {count(); return(CONSTANT);}
{D}+"."{D}*({E})?{FS}?  {count(); return(CONSTANT);}
L?\"(\\.|[^\\"])*\"     {count(); return(STRING_LITERAL);}
"..."                   {count(); return(ELLIPSIS);}
```

```
">>="                   {count(); return(RIGHT_ASSIGN);}
"<<="                   {count(); return(LEFT_ASSIGN);}
"+="                    {count(); return(ADD_ASSIGN);}
"-="                    {count(); return(SUB_ASSIGN);}
"*="                    {count(); return(MUL_ASSIGN);}
"/="                    {count(); return(DIV_ASSIGN);}
"%="                    {count(); return(MOD_ASSIGN);}
"&="                    {count(); return(AND_ASSIGN);}
"^="                    {count(); return(XOR_ASSIGN);}
"|="                    {count(); return(OR_ASSIGN);}
">>"                    {count(); return(RIGHT_OP);}
"<<"                    {count(); return(LEFT_OP);}
"++"                    {count(); return(INC_OP);}
"--"                    {count(); return(DEC_OP);}
"->"                    {count(); return(PTR_OP);}
"&&"                    {count(); return(AND_OP);}
"||"                    {count(); return(OR_OP);}
"<="                    {count(); return(LE_OP);}
">="                    {count(); return(GE_OP);}
"=="                    {count(); return(EQ_OP);}
"!="                    {count(); return(NE_OP);}
";"                     {count(); return(';');}
("{"|"<%"}              {count(); return('{'};)
(")"|"%>")              {count(); return(')'};}
","                     {count(); return(',');}
":"                     {count(); return(':');}
"="                     {count(); return('= ');}
"("                     {count(); return('(');}
")"                     {count(); return(')'};}
("["|"<:"]              {count(); return('['];)
(")"|":>")              {count(); return(']');}
"."                     {count(); return('.');}
"&"                     {count(); return('&');}
"!"                     {count(); return('!');}
"~"                     {count(); return('~');}
"-"                     {count(); return('-');}
"+"                     {count(); return('+');}
"*"                     {count(); return('*');}
"/"                     {count(); return('/');}
"%"                     {count(); return('%');}
"<"                     {count(); return('<');}
">"                     {count(); return('>');}
"^"                     {count(); return('^');}
"|"                     {count(); return('|');}
"?"                     {count(); return('?');}
```

```
[\t\v\n\f]                {count();}
.                         {/* ignore bad characters */}
%%
yywrap()
{
    return(1);
}
comment()
{
    char c, c1;
    loop:
     while((c=input()) !='*' && c !=0)
        putchar(c);
     if((c1=input())!='/' && c!=0)
     {
         unput(c1);
         goto loop;
    }
     if(c!=0)
         putchar(c1);
}
int column=0;
void count()
{
    int i;
    for(i=0; yytext[i]!='\0'; i++)
        if(yytext[i]=='\n')
            column=0;
        else if(yytext[i]=='\t')
              column+=8-(column%8);
          else
              column++;
}
int check_type()
{
/* pseudo code --- this is what it should check
 *
 * if(yytext==type_name)
 *       return(TYPE_NAME);
 *
 * return(IDENTIFIER);
 */
/*
 * it actually will only return IDENTIFIER
 */
```

```
    return(IDENTIFIER);
}
```

习题 3

3-1 选择、填空题。

(1) 设有C语言的程序段如下：

```
while(i && ++j)
{c=2.19;
 j+=k;
 i++;
}
```

则经过词法分析后可以识别的单词个数是________个。

A) 19　　B) 20　　C) 21　　D) 23

(2) 下面________不是预处理程序完成的功能。

A) 滤掉源程序中的注释　　B) 查找源程序中无用字符

C) 进行宏替换　　D) 实现文件包含的嵌入和条件编译的嵌入

(3) 识别各类单词的FA(状态转换图)合并后得到的FA________。

A) 可能是NFA也可能是DFA　　B) 一定是DFA

C) 一定是NFA　　D) 是最小的DFA

3-2 判断正误。

(1) Lex是典型的词法分析程序。　(　　)

(2) 词法分析的依据是源语言的文法规则。　(　　)

(3) 源程序中的单词是具有独立意义的短语。　(　　)

(4) 单词的属性字一般应该包括单词类别和单词内码。　(　　)

(5) 编译的预处理程序的处理对象是源程序。　(　　)

3-3 简答题。

(1) 词法分析程序的基本功能有哪些？词法分析的实质是什么？

(2) 词法分析中识别的单词具有什么特征？识别的依据是什么？

(3) 阐述词法分析器自动生成的思想。

(4) 何为超前搜索技术？

3-4 给出C、C++和Java语言的全部单词或单词类。

3-5 给出识别C语言全部实型常数的状态转换图，并为其设计属性字。

3-6 设计C语言全部运算符的属性字。

3-7 写出描述C++的单词符号的Lex程序。

3-8 给出能匹配最长子串的总控程序。

第4章　语法分析——自上而下分析

【本章导读提要】

语法分析是编译程序的核心部分。同词法分析一样，是经典编译系统逻辑组成中必不可少的部分。本章首先讨论语法分析的功能，语法分析在整个编译程序的地位和重要性；其次概要介绍语法分析的两大类方法——自上而下和自下而上分析；本章重点讨论语法分析中自上而下分析的实现思想和原理，并介绍构造自上而下语法分析程序的基本方法、原理、实现技术。主要涉及的内容与要点是：

- 语法分析的任务与语法分析的基本概念。
- 语法分析的主要方法：自上而下和自下而上分析的概念、过程和依据。
- 一般自上而下分析的原理及分析步骤。
- 构造高效的自上而下分析器对文法的要求。
- 递归下降分析法与递归下降分析器的构造。
- LL(1)分析法与LL(1)分析器的构造。
- LL(1)文法。

【关键概念】

语法分析　分析树　自上而下分析　自下而上分析　推导　回溯　假匹配　递归下降分析　LL(1) 分析　LL(1) 分析器　FIRST 集　FOLLOW 集　LL(1)文法

4.1　语法分析综述

4.1.1　语法分析程序的功能

语法分析(Syntax Analysis)是编译程序的核心部分。编译程序在完成词法分析之后，就进入语法分析阶段。语法分析的任务是，按照语言的语法规则，对单词串形式的源程序进行语法检查，并识别出相应的语法成分。按照第3章所述的词法分析程序模型，语法分析程序处理的对象是词法分析器的输出，即属性字流形式的源程序，它的处理依据是语言的语法，其分析结果是识别出的无语法错误的语法成分(可以用分析树的形式来表示)。

程序设计语言作为一般形式语言的特例，语法分析的关键是语法范畴(在自然语言中通常称为句子或短语)的识别问题。综述之，语法分析程序要解决的问题是：

对给定文法G和字符串(句子)α($\alpha \in V_T^*$)，判定$\alpha \in L(G)$？即判定α是否是文法G所能产生的句子，同时处理语法错误。

语法分析器的作用及在编译程序中的位置可以用图4-1表示。

完成语法分析任务的程序称为语法分析程序，也称为语法分析器或简称分析器。

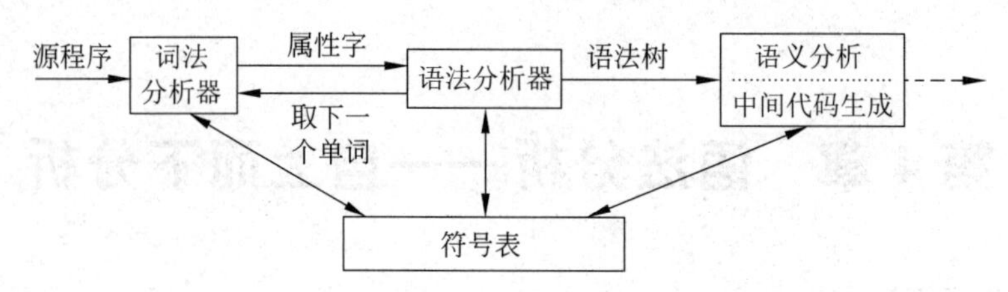

图 4-1　语法分析器的作用及在编译程序中的位置

4.1.2　语法分析方法

语法分析的方法多种多样，每种方法的具体实现技术更是五花八门。综合语法分析的分析途径(即产生分析树的方向)，通常将语法分析的方法分为两大类，即自上而下分析与自下而上分析。

自上而下的分析方法实际上是一种产生的方法，即面向目标的方法。分析过程是一个推导过程。

自下而上的分析方法是一种辨认方法，基于目标的方法，分析过程是归约过程。

1. 自上而下分析方法

给定文法 G 和源程序串 \$，自上而下分析方法是，从文法 G 的开始符号 S 出发，通过反复使用产生式，逐步推导得到串 \$，则可以确认串 \$ 是文法 G 的句子。

【例 4-1】　设有文法(4.1)和输入串 \$

$$\begin{cases} G: & S \to aA \mid a \\ & A \to BaA \mid \varepsilon \\ & B \to + \mid - \mid * \mid, \\ \$: & a * a + a \end{cases} \tag{4.1}$$

对输入串 \$ 有如下推导过程和相应的分析树的构造，如图 4-2 所示。

推导过程

$$\begin{aligned} S &\Rightarrow aA \Rightarrow aBaA \Rightarrow a * aA \\ &\Rightarrow a * aBaA \Rightarrow a * a + aA \\ &\Rightarrow a * a + a = \$ \end{aligned}$$

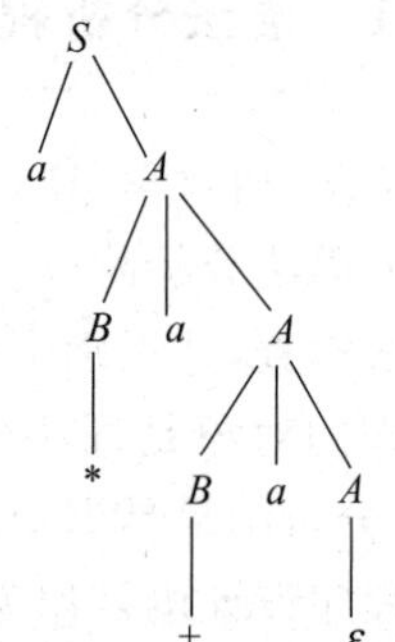

图 4-2　输入串 \$ 的分析树

图 4-2 分析树中从左到右的叶结点构成 \$，则 $\$ \in L(G)$。

由例 4-1 可见，自上而下分析的实质是，按照对输入串 \$ 的扫描顺序，从文法 G 的开始符号 S 出发，通过反复使用产生式对句型中的非终结符进行替换，即选择合适的产生式进行最左推导，逐步使推导结果与输入串 \$ 匹配。同样，一个句子的推导过程可以表示成一棵分析树。自上而下分析就是以文法 G 的开始符号为树的根结点，从此根结点出发，对任何输入串 \$，试图用一切可能的办法，自上而下地为其建立一棵分析树。

2. 自下而上分析方法

与自上而下的分析过程的方向相反，自下而上分析是从给定的输入串＄开始，逐步进行"归约"，直至归约到文法的开始符号。如果用分析树表示，就是从分析树的叶结点(叶结点即是输入符号串自身)开始，逐步向上归约直到根结点。用下例说明自下而上的分析。

【例 4-2】 设有文法(4.2)和输入串＄

$$\begin{cases} G: S \rightarrow aAb \mid a \mid b \\ \quad\;\; A \rightarrow + \mid - \mid * \mid , \\ \$: a * b \end{cases} \tag{4.2}$$

自下而上分析的过程也可以表示成分析树的建立过程。将输入串 $a * b$ 逐步归约到 S 的过程及其对应的分析树的建立过程如图 4-3 所示。

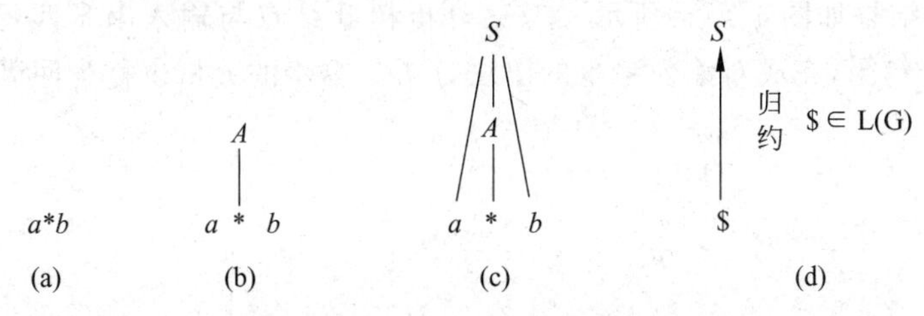

图 4-3 句子 $a * b$ 的自下而上分析的分析树

由例 4-2 可知，自下而上分析就是从输入字符串＄开始，通过反复查找当前句型中存在的文法 G 中某个产生式的候选式，若查找到就用该产生式的左部代换之，即归约。这样逐步归约到文法的开始符号 S，则有 $\$ \in L(G)$，即输入串＄是文法 G 所描述的语言 $L(G)$ 的符号串(句子)。所以说自下而上分析的方法实际上是一种辨认的方法，归约的方法。

鉴于流行的程序设计语言都可以用上下文无关文法表示，故在本书中涉及的语法基本上是上下文无关文法。

4.2 不确定的自上而下语法分析

4.2.1 一般自上而下分析

前面指出，所谓自上而下分析方法就是从文法 G 的开始符号 S 出发，试图用一切可能的方法向下推导产生句子。这种分析过程的本质是一种试探推导过程。

下面通过一个例子观察一般自上而下分析的过程，这是一种带回溯的自上而下分析，回溯的实质是源于一种试探性的推导过程，也就是反复使用文法 G 中不同的文法规则去谋求匹配输入串＄的过程。

【例 4-3】 设有如下文法(4.3)和输入串＄$=cad$

$$\begin{cases} G: (1)\ S \rightarrow cAd \\ \quad\;\; (2)\ A \rightarrow ab \mid a \end{cases} \tag{4.3}$$

通过对输入串＄自上而下分析构造的分析树，可了解这种分析法的实现。

第一步，产生分析树的根结点 S，即文法 G 的开始符号。

第二步，选用文法 G 的文法规则(1)去延伸分析树，如图 4-4(a)所示。

第三步，输入串 \$ ＝*cad* 从左至右与图 4-4(a)的分析树叶结点匹配，分析树的最左第一个叶结点为 c，与 \$ 的第一个字符(用输入串扫描指针标识)匹配。接着考察第二个字符，当前分析树的末端叶结点 A 不等于输入串 \$ 中的 a，即不匹配。

第四步，对当前不匹配的分析树的叶结点 $A(A\in V_N)$，选用文法 G 的文法规则(2)的第一个候选式 $A\rightarrow ab$ 去延伸分析树，结果如图 4-4(b)所示。

第五步，对未匹配过的剩余输入串 ab 考察，a 与图 4-4(b)所示分析树左边起第二个叶结点匹配。继续考察输入串最后一个字符 d 与分析树接下来的叶结点 b 不匹配，说明第四步中对 A 的选择失败，此候选式不能产生输入串 \$ 的分析树。

第六步，回过头来看 A 是否有其他候选式，则决定选用文法规则(2)的第二个候选式 $A\rightarrow a$ 去延伸树，结果如图 4-4(c)所示。考察分析树叶结点与输入串 \$ 匹配，说明 \$ ＝*cad* 是文法 G 的一个句子，完成对输入串 \$ 的语法分析。本步的分析也称为回溯。

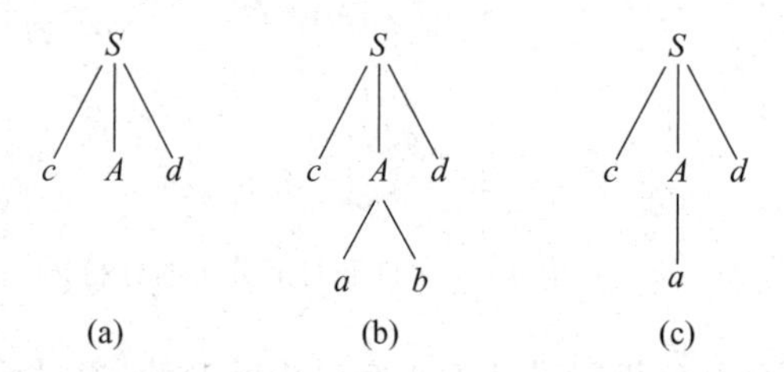

图 4-4　输入串 *cad* 自上而下分析构造分析树的过程

这种自上而下分析中带回溯的试探法识别句子的过程，不难用递归程序实现其算法。

4.2.2　不确定性的原因与解决方法

例 4-3 的分析过程可以看出，带回溯的自上而下分析法分析效率低，使系统开销加大，甚至会导致算法实现的失败。其原因是分析过程中选择产生式候选式的不确定性，造成匹配输入串的假象。当发现匹配不成功时，回溯到前面分析的某一步。另外，鉴于对源程序的扫描的自左向右和实施自上而下分析采取的是最左推导，因此当文法是左递归文法时，还会造成无止境的推导而无法匹配。

【例 4-4】　设有文法(4.4)和输入串 \$ ＝*abb*

$$G: I \rightarrow Ia\,|\,Ib\,|\,a \tag{4.4}$$

按照自上而下分析法对输入串 \$ 产生分析树，则对非终结符 I 的最左推导会使分析树无休止的延伸，如图 4-5 所示。每次选择 I 的候选式匹配时，又回到它本身，循环下去无终止，使自上而下分析陷入死循环。左递归文法都会导致这样的结果，所以自上而下分析不能处理左递归文法。

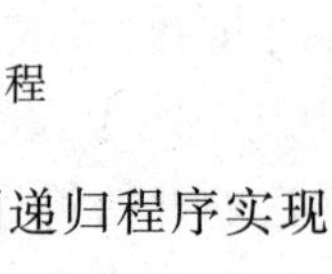

图 4-5　句子 *abb* 的自上而下分析树

由此可见，具有左递归性的文法会使自上而下分析陷入死循环，从而永远推导不出句子。

直接与间接的左递归文法都会导致此结果。所以要实施有效的自上而下分析，首先要研究文法左递归的消除方法。

文法中的左递归性可以通过对文法产生式进行改写，使之不含左递归。文法的左递归一般有两种形式，即直接左递归和间接左递归。

文法中的直接左递归表现在其含有 $A \to A\alpha (\alpha \in (V_T \cup V_N)^*)$形式的产生式规则，则在语法分析的最左推导中会呈现 $A \Rightarrow A\cdots$的形式，间接左递归文法会呈 $A \stackrel{+}{\Rightarrow} A\cdots$ 的形式。

(1) 直接左递归的消除

假定关于非终结符 P 的规则为

$$P \to P\alpha \mid \beta \quad \alpha、\beta \in (V_T \cup V_N)^*$$

其中，β不以 P 开头。则可以把非终结符 P 的规则改写成如下等价的非直接左递归形式

$$P \to \beta P'$$
$$P' \to \alpha P' \mid \varepsilon$$

【例 4-5】 设有简单表达式文法(4.5)

$$G(E)：E \to E+E \mid E*E \mid (E) \mid i \tag{4.5}$$

第2章中已验证文法(4.5)具有二义性，通过对文法(4.5)消除二义性后，得到文法(4.6)

$$\begin{cases} E \to E+T \mid T \\ T \to T*F \mid F \\ F \to (E) \mid i \end{cases} \tag{4.6}$$

继续消除文法(4.6)的左递归，得到文法(4.7)

$$\begin{cases} E \to TE' \\ E' \to +TE' \mid \varepsilon \\ T \to FT' \\ T' \to *FT' \mid \varepsilon \\ F \to (E) \mid i \end{cases} \tag{4.7}$$

考虑更一般的情况，假定关于非终结符 P 的规则为

$$P \to P\alpha_1 \mid P\alpha_2 \mid \cdots \mid P\alpha_n \mid \beta_1 \mid \beta_2 \mid \cdots \mid \beta_n$$

其中，每个 α 不等于ε，$\beta_1, \beta_2, \cdots, \beta_n$不以 P 开头。则可以把非终结符 P 的规则改写成如下等价的非直接左递归形式

$$P \to \beta_1 P' \mid \beta_2 P' \mid \cdots \mid \beta_n P'$$
$$P' \to \alpha_1 P' \mid \alpha_2 P' \mid \cdots \mid \alpha_n P' \mid \varepsilon$$

【例 4-6】 设有文法(4.8)

$$G：I \to Io \mid Ia \mid Ib \mid a \mid b \tag{4.8}$$

对左递归文法(4.8)改写后的文法(4.9)为

$$\begin{cases} I \to aI' \mid bI' \\ I \to oI' \mid aI' \mid bI' \mid \varepsilon \end{cases} \tag{4.9}$$

(2) 间接左递归的消除

具有直接左递归的文法显于表面，用上述方法易于消除。然而有些文法表面上不具有

左递归性,却隐含着左递归。例如设有文法(4.10)

$$\begin{cases} A \rightarrow Ba|a \\ B \rightarrow Cb|b \\ C \rightarrow Ac|c \end{cases} \tag{4.10}$$

经若干步推导代换,有

$$A \Rightarrow Ba \Rightarrow Cba \Rightarrow Acba$$
$$B \Rightarrow Cb \Rightarrow Acb \Rightarrow Bacb$$
$$C \Rightarrow Ac \Rightarrow Bac \Rightarrow Cbac$$

就显现出其左递归性了。这是间接左递归文法。

消除间接左递归的方法是,把间接左递归文法改写为直接左递归文法,然后用消除直接左递归的方法改写文法。

在此,给出一个消除文法所有左递归性的算法,该算法对文法的要求是,文法不含回路(形如 $P \stackrel{+}{\Rightarrow} P$ 的推导)且不含以 ε 为右部的产生式。

算法 4.1: 消除文法左递归

输入: 左递归文法 G

输出: 消除文法 G 左递归后的文法 G'

算法:

```
对给定文法 G
(1) 对文法 G 的所有非终结符按任一种顺序排列,例如 A₁,A₂,…,Aₙ。
(2) for(i=1;i≤n;i++)
      for(j=1; j≤ i-1;j++)
       {  把形如 Aᵢ→Aⱼγ 的产生式改写成 Aᵢ→δ₁γ|δ₂γ|…|δₖγ
          其中 Aⱼ→δ₁|δ₂|…|δₖ是关于 Aⱼ 的全部规则;
          消除 Aᵢ规则中的直接左递归;
       }
(3) 简化由(2)所得的文法,即去掉多余的规则。
```

可用算法 4.1 改写文法(4.10)来消除左递归。

令文法(4.10)的非终结符排序为 C,B,A。对于 C,不存在直接左递归,把 C 代入 B,B 的规则变为

$$B \rightarrow Acb|cb|b$$

代换后的 B 不含直接左递归,将其代入 A,A 的规则变为

$$A \rightarrow Acba|cba|ba|a$$

A 存在直接左递归,消除 A 的直接左递归有

$$A \rightarrow cbaA'|baA'|aA'$$
$$A' \rightarrow cbaA'|\varepsilon$$

则文法(4.10)可改写为文法(4.11)

$$\begin{cases} A \rightarrow cbaA'|baA'|aA' \\ A' \rightarrow cbaA'|\varepsilon \\ B \rightarrow Acb|cb|b \\ C \rightarrow Ac|c \end{cases} \tag{4.11}$$

显然，其中关于 B,C 的规则是多余的，即从文法开始符号 A 出发永远无法达到 B,C 的产生式，删除并化简后，最后得到文法(4.10)的无左递归的等价文法(4.12)为

$$\begin{cases} A \to cbaA' \mid baA' \mid aA' \\ A' \to cbaA' \mid \varepsilon \end{cases} \tag{4.12}$$

需要说明的是，对文法的非终结符的排序不同，最后得到的文法在形式上可能也不同，但不难证明，它们都是等价的。

4.2.3 消除回溯

何为回溯？由例 4-3 可知，在自上而下分析中，对于一个 V_N 进行推导继而试图去匹配句子剩余符号时，若 V_N 含有两个或两个以上的候选式，例如：

$$P \to \alpha_1 \mid \alpha_2 \mid \cdots \mid \alpha_n \quad 当前\$：\cdots\alpha_i\cdots$$

须依次去试探，试图找出一个合乎要求的 α_i。先选 α_1，与当前 α_i 匹配成功则置换，否则选 α_2，依此类推。

那么能否有一种办法，只根据当前的 α_i，就能在 α_1、$\alpha_2\cdots\alpha_n$ 中准确地选择一个进行匹配，即，这种匹配不会是虚假的，所选择的候选式若无法完成匹配任务，则别的候选式也肯定无法完成，而不是任意确定一个候选式去试探性的匹配。为解决此问题，给出如下定义。

定义 4.1(FIRST 集)

设文法 G 是二型文法，则文法 G 中 $\forall\alpha\in V^*$ 终结首符集 FIRST(α)为

$$\text{FIRST}(\alpha)=\{a \mid \alpha \overset{*}{\Rightarrow} a\cdots,\quad a\in V_T\}$$

若 $\alpha \overset{*}{\Rightarrow} \varepsilon$，则 $\varepsilon\in$ FIRST(α)。

在给出定义 4.1 后，可给出不带回溯的条件：对文法的每一个产生式 A，设 A 为

$$A \to \alpha_1 \mid \alpha_2 \mid \cdots \mid \alpha_n$$

若每个候选式 α_i 均不存在 $\alpha_i \overset{*}{\Rightarrow} \varepsilon$ 的情况，而且 FIRST(α_i)两两彼此互不相交，则根据当前输入字符 a，若 $a\in$ FIRST(α_i)，($i=1,2,\cdots,n$ 其中之一)，则唯一地选取 $A\to\alpha_i$ 进行后继的推导。

【例 4-7】 设有文法(4.13)

$$G：\begin{cases} S \to Ap \mid Bq \\ A \to a \mid cA \\ B \to b \mid dB \end{cases} \tag{4.13}$$

对 S：FIRST(Ap)$=\{a,c\}$　　FIRST(Bq)$=\{b,d\}$且 FIRST(Ap)$\cap$FIRST(Bq)$=\varnothing$

对 A：FIRST(a)$=\{a\}$　　FIRST(cA)$=\{c\}$且 FIRST(a)$\cap$$FIRST$($cA$)$=\varnothing$

对 B：FIRST(b)$=\{b\}$　　FIRST(dB)$=\{d\}$且 FIRST(b)$\cap$$FIRST$($dB$)$=\varnothing$

若给出 $\$=cap$，则有图 4-6 所示的分析树。

这种不带回溯的条件是严格的。分析：对产生式 A 的多个候选式的 FIRST(α_i)的相互两个彼此交集$\neq\varnothing$，是因为 α_i 中有公共左因子，可以通过提取左公因子来改写文法。

若有文法 G：$A \to \delta\beta_1 \mid \delta\beta_2 \mid \cdots \mid \delta\beta_n$

可以使用下面规则改写文法 G 为 G'

$$A \to \delta A'$$
$$A' \to \beta_1 | \beta_2 | \cdots | \beta_n$$

更一般的情况，若文法 G 为

$$A \to \delta_1\beta_1 | \delta_1\beta_2 | \cdots | \delta_1\beta_n | \delta_2\alpha_1 | \delta_2\alpha_2 | \cdots | \delta_2\alpha_m$$

可以使用下面规则改写文法 G 为 G'

$$A \to \delta_1 A' | \delta_2 A''$$
$$A' \to \beta_1 | \beta_2 | \cdots | \beta_n$$
$$A'' \to \alpha_1 | \alpha_2 | \cdots | \alpha_m$$

综上所述，消除了文法的左递归，提取了左公因子，通过求 FIRST 确定了后继推导的唯一候选。

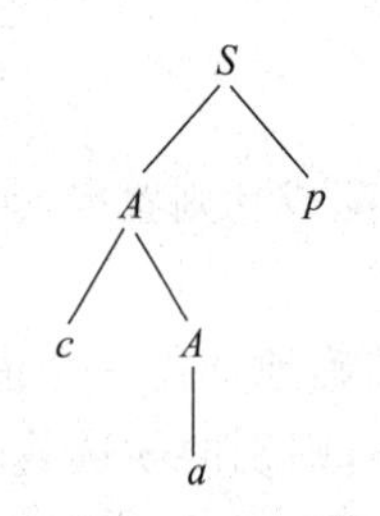


```
/* 句子 cap 推导第一步，当前输入符号 c∈FIRST(Ap)
   所以用 S → Ap 推导 */
/* 句子 cap 推导第二步，当前输入符号 c∈FIRST(cA)
   所以用 A → cA 推导 */
/* 句子 cap 推导第三步，当前输入符号 a∈FIRST(a)
   所以用 A → a 推导 */
```

图 4-6　句子 cap 的自上而下分析的分析树

4.3　递归下降分析法与递归下降分析器

解决了前述自上而下分析中的两个关键问题后，下面介绍一个行之有效的不带回溯的自上而下语法分析器——递归下降分析器(Recursive-Descent Parser)。

4.3.1　递归下降分析器的实现

递归下降分析器的基本构造方法是，对文法的每个非终结符号，都根据其产生式的各个候选式的结构，为其编写一个对应的子程序(或函数)，该子程序完成相应的非终结符对应的语法成分的识别和分析任务。因此，递归下降分析器的语法分析子程序的功能是，对某个非终结符，用规则的右部符号串去匹配输入串。分析过程是按文法规则自上而下一级一级地调用有关子程序来完成。鉴于文法往往具有递归性(不允许左递归)，故递归下降分析器是由一系列递归子程序组成的分析程序。

【例 4-8】 设有文法(4.14)

$$\begin{cases} G(E):\ E \to E+T | T \\ \qquad\quad\ \ T \to T * F | F \\ \qquad\quad\ \ F \to (E) | i \end{cases} \tag{4.14}$$

试构造文法(4.14)的递归下降分析程序。

递归下降分析法要求文法不具有左递归性，则对文法(4.14)所具有的左递归应予以消除，为此，得到不含左递归的等价文法(4.15)

$$
\begin{cases}
E \rightarrow TE' \\
E' \rightarrow +TE' \mid \varepsilon \\
T \rightarrow FT' \\
T' \rightarrow *FT' \mid \varepsilon \\
F \rightarrow (E) \mid i
\end{cases}
\tag{4.15}
$$

下面产生文法(4.15)的分析程序。即对文法(4.15)中的5个非终结符分别构造能识别其对应的语法成分的递归子程序(C语言描述)，其中每个函数的具体功能是，对每个非终结符用其规则候选式去匹配输入串。文法(4.15)的递归下降语法分析程序如下。

```
E()
  {T(); E'();}

E'()
  {
    if(c=='+')
        {n++; {T(); E'();}}
  }
T()
  {F(); T(); }
```

```
F()
  {if(c=='i') n++;
      else {if(c=='(')
          {n++; E();
            if(c==')') n++;
          else error;}
        else error;}
  }
T'()
  {if(c=='*') {n++; {F(); T();}}
  }
```

其中，n 为读单词指针；c 为当前扫描的输入串的符号。

4.3.2 递归下降分析器设计工具——状态转换图

可以利用有限状态自动机的等价表示形式之一状态转换图作为递归下降分析器的设计工具，其优点是自动机的理论和实现技术比较成熟，在设计过程中利用自动机等价等原理，易于对递归下降分析器进行优化。

使用状态转换图设计递归下降分析器，首先对给定文法的每个产生式分别构造状态转换图，即对文法 G 的每个 V_N 构造：

(1) 建立1个初态和1个终态(该 V_N 的函数返回态)。

(2) 为每个产生式 $A \rightarrow x_1x_2\cdots x_n$ 建立从初态到终态的路径，该路径上的弧标记依次为 $x_1x_2\cdots x_n$。

其中，$x_i \in V \cup \{\varepsilon\}$。

例如，对 E 和 E' 的产生式构造的状态转换图如图4-7所示。

下面简单介绍如何利用状态转换图构造和实现文法 G 的递归下降分析器。

(1) 递归下降分析器的启动点是文法 G 的开始符号对应的状态转换图的初态。

(2) 当分析器处于某状态S时：

若状态图当前输入符号为 $a(a \in V_T)$，分析器扫描指针+1，进入t状态；即

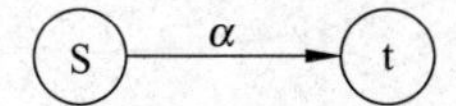

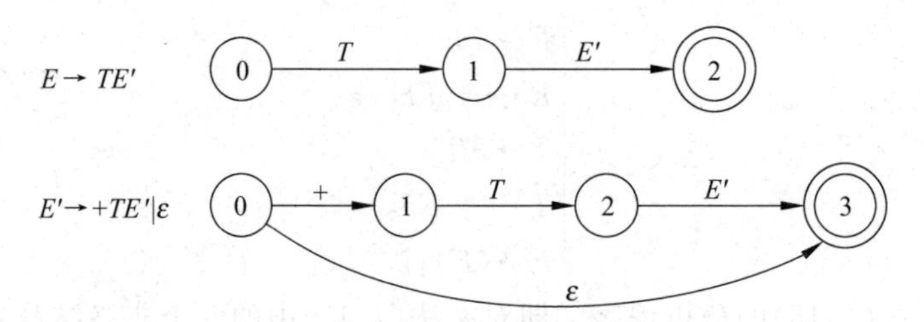

图 4-7　E 和 E' 产生式的状态转换图

若状态图当前输入当前符号为 $A(A\in V_N)$，分析器进入 A 的开始状态，扫描指针不变，到达 A 的终态时返回到 t；即

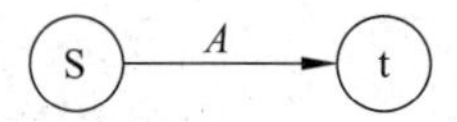

若状态图当前输入当前符号为“ε”，直接进入 t 状态，扫描指针不变。即

按照上述方法初步构造的状态转换图，可以通过对状态图进一步的优化，减少递归下降分析器系统开销，可以通过对状态转换图的等价变换来实现。例如，对文法(4.15)，其中对 E 和 E' 的产生式构造的状态转换图如图 4-7 所示，按照产生式定义，由于 E' 是递归的，则让其递归直接进入 E' 状态图的开始，得到图4-8(a)，对图4-8(a)进行等价变换得到更优化的

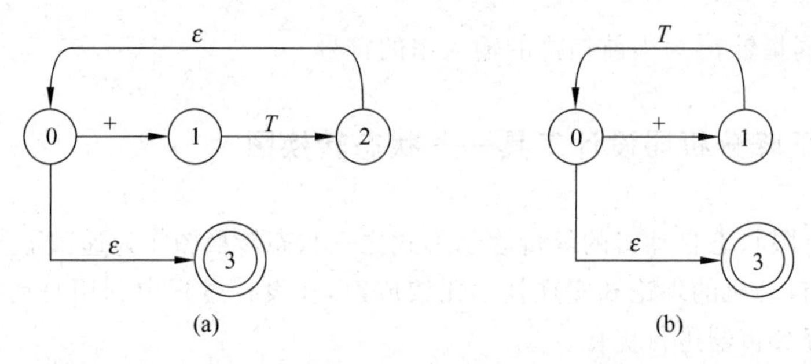

图 4-8　E 和 E' 的产生式的状态转换图

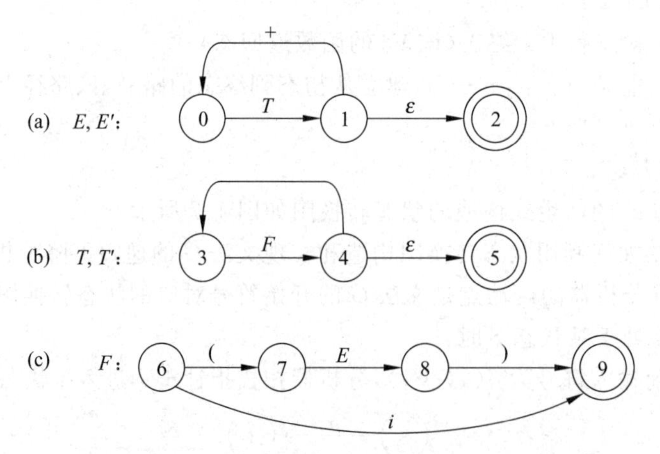

图 4-9　文法(4.15)′的递归下降分析器的状态转换图

图 4-8(b)。将优化后的 E'代入 E 的产生式，即将 E'的产生式对应的状态转换图图 4-8(b)代入 E 的状态转换图图 4-7 后，经过两次等价变换，既完成了对 E 和 E'的产生式的合并，又优化了 E 和 E'产生式的原状态转换图，如图 4-9(a)所示。

同理，可以给出 T 和 T'产生式的状态转换图，如图 4-9(b)所示。F 的产生式的状态转换图，如图 4-9(c)所示。至此，给出了文法(4.15)的递归下降分析器的状态转换图如图 4-9 所示。

4.4 LL(1)分析法与LL(1)分析器

LL(1)分析法是一种自上而下的分析法，使用显式栈而不是递归调用来实现分析。所谓“LL(1)”是指语法分析是按自左(第一个“L”)至右的顺序扫描输入字符串，并在分析过程中产生句子的最左推导(第二个“L”)。“1”则表示在分析过程中，每一步推导，最多只要向前查看(向右扫描)一个输入字符，即能确定当前推导所应选用的文法规则。依此类推，如果分析过程中的每一步推导，要向前查看 k 个输入字符，则称为 LL(k)分析法。通常把按 LL(1)方法完成语法分析任务的程序称为 LL(1)分析程序或 LL(1)分析器。

LL(1)分析法是比递归下降分析法更有效的一种自上而下的语法分析方法。

4.4.1 LL(1)分析器的逻辑结构与动态实现

LL(1)分析法的实现是由一个总控程序控制输入字符串在一张 LL(1)分析表(也称为预测分析表)和一个分析栈上运行而完成语法分析任务的。所以，一个 LL(1)分析器的逻辑结构如图 4-10 所示，由总控程序、LL(1)分析表和分析栈三部分构成的。

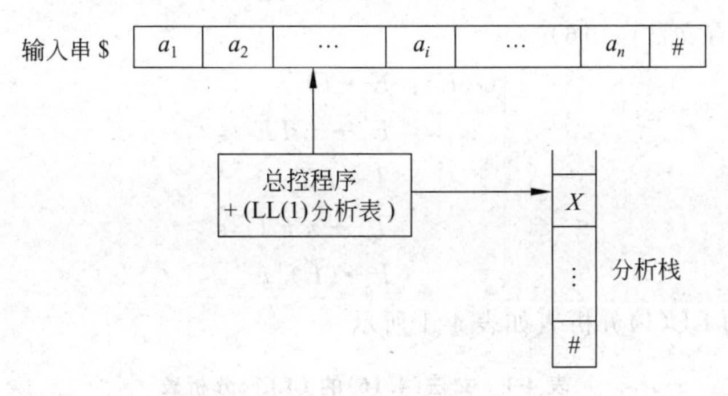

图 4-10　LL(1)分析器的逻辑结构

其中：

(1) LL(1)分析表

用 $M[A,a]$形式的矩阵表示。其中 A 是文法的非终结符号，a 是文法的终结符号或“#”(为分析方便引入的一个特殊终结符号，把它作为输入字符串的结束符)。矩阵元素 $M[A,a]$存放一条关于非终结符 A 的产生式(实际为 A 的一个候选式)或用空白来给出一个出错标志。矩阵元素实际是相应的分析动作(即所选用的推导的产生式)，即对$[A_i,a_j]=A_i\to\alpha$ 表示当前分析栈顶为 A_i，输入字符为 a_j 时，应选用 $A_i\to\alpha$ 进行推导。

(2) 分析栈

用于存放分析过程中的文法符号。分析栈初始化时，在栈底压入一个“#”，然后在次栈底放入文法的开始符号。

(3) 总控程序

总控程序的功能是依据分析表和分析栈联合控制输入字符串的识别和分析，它在任何时候都是根据当前分析栈的栈顶符号 X 和当前的扫描字符 a 来执行控制功能。

总控程序的实现算法 4.2 如下。

算法 4.2：LL(1)分析器总控程序

输入：文法 G 及 LL(1)分析表

输出：对符号串实施 LL(1)分析的结果

算法：

(1) 初始化工作：依次把“#”(作为句子的左界符)和文法开始符号压入分析栈，将输入字符串第一个符号读入 a;

循环执行如下步骤。

(2) 若当前分析栈顶符号 X 和 a 都是文法的终结符号，则对于：

① X=a=“#”，表示分析成功，停止分析过程。

② X=a≠“#”，则将 X 从分析栈顶退掉，a 指向下一个输入字符。

③ X≠a，表示不匹配的出错情况。

(3) 若 $X \in V_N$，则查分析表 M。此时对 M [X, a]:

① 若 M[X, a]中为一个产生式规则，则将 X 从栈中弹出并将此规则右部的符号序列按倒序推进栈(若产生式规则为 X→ε，则仅将 X 从栈中弹出)。

② 若 M[X, a]中为空白，表示出错，可调用语法出错处理子程序。

通过一个例子来了解 LL(1)分析器的动态执行过程。

【例 4-9】 设有文法(4.16)

$$
\begin{cases}
G(E):\ E \to TE' \\
\qquad\quad E' \to +TE' \mid \varepsilon \\
\qquad\quad T \to FT' \\
\qquad\quad T' \to *FT' \mid \varepsilon \\
\qquad\quad F \to (E) \mid i
\end{cases}
\tag{4.16}
$$

给出文法(4.16)的 LL(1)分析表如表 4-1 所示。

表 4-1 文法(4.16)的 LL(1)分析表

V_N	终结符 V_T					
	i	+	*	(	)	#
E	$E \to TE'$			$E \to TE'$		
E'		$E' \to +TE'$			$E' \to \varepsilon$	$E' \to \varepsilon$
T	$T \to FT'$			$T \to FT'$		
T'		$T' \to \varepsilon$	$T' \to *FT'$		$T' \to \varepsilon$	$T' \to \varepsilon$
F	$F \to i$			$F \to (E)$		

以输入串 $i+i*i$ 为例，给出利用算法 4.2 对输入串的分析过程如表 4-2 所示。

由此例可见，LL(1)分析器构造的核心是 LL(1)分析表的构造，而总控程序对不同文法都是相同的。所以将着重讨论 LL(1)分析表的构造问题。

表 4-2　输入串 $i+i*i$ 的分析过程

步　骤	分 析 栈	余留输入串	所用产生式
1	$\#E$	$i+i*i\#$	$E \to TE'$
2	$\#E'T$	$i+i*i\#$	$T \to FT'$
3	$\#E'T'F$	$i+i*i\#$	$F \to i$
4	$\#E'T'i$	$i+i*i\#$	
5	$\#E'T'$	$+i*i\#$	$T' \to e$
6	$\#E'$	$+i*i\#$	$E' \to +TE'$
7	$\#E'T+$	$+i*i\#$	
8	$\#E'T$	$i*i\#$	$T \to FT'$
9	$\#E'T'F$	$i*i\#$	$F \to i$
10	$\#E'T'i$	$i*i\#$	
11	$\#E'T'$	$*i\#$	$T' \to *FT'$
12	$\#E'T'F*$	$*i\#$	
13	$\#E'T'F$	$i\#$	$F \to i$
14	$\#E'T'i$	$i\#$	
15	$\#E'T'$	$\#$	$T' \to \varepsilon$
16	$\#E'$	$\#$	$E' \to \varepsilon$
17	$\#$	$\#$	分析成功

4.4.2　LL(1)分析表的构造

LL(1)分析法属于自上而下分析法，实现主要依赖于 LL(1)分析表，而对于分析表的构造，关键要解决对文法的每个非终结符对应于哪些终结符时，才能使用相应的文法规则推导，即在分析表的相应位置填入适当的文法规则，而对错误的匹配，则填以空白，实际的 LL(1)分析表中应该对应出错处理程序。

在第 4.2.3 节讨论不带回溯的自上而下的分析中，给出了 FIRST 集合的定义，进一步给出了不带回溯的条件。据此，对文法 G，若文法 G 中产生式形如 $A \to \alpha$ 且没有 $\alpha \Rightarrow \varepsilon$ 的情况，则产生 LL(1)分析表很容易。即对文法规则 $A \to \alpha$ 而言，只有当 $a \in \mathrm{FIRST}(\alpha)$ 时，才能在 $M[A,a]$ 处填入规则 $A \to \alpha$。例如对例 4-7 的文法(4.13)，已经求出了文法(4.13)的全部 FIRST 集合，且满足不带回溯的条件，可以直接给出文法(4.13)的 LL(1)分析表如表 4-3 所示。

表 4-3　文法(4.13)的 LL(1)分析表

	a	b	c	d
S	$S\to Ap$	$S\to Bq$	$S\to Ap$	$S\to Bq$
A	$A\to a$		$A\to cA$	
B		$B\to b$		$B\to dB$

但若是 $\varepsilon\in \mathrm{FIRST}(\alpha)$怎么办？此时当面临 $a\notin \mathrm{FIRST}(\alpha)$时并不一定出错。为此，在分析表的构造中，必须解决这个问题。因此引入 FOLLOW 集合的定义。

定义 4.2

设上下文无关文法 G，S 是文法的开始符号，对于文法 G 的任何非终结符 A

$$\mathrm{FOLLOW}(A)=\{a\mid S\overset{*}{\Rightarrow}\cdots Aa\cdots,\quad a\in V_T^*\}$$

若 $S\overset{*}{\Rightarrow}\cdots A$，则令 $\#\in \mathrm{FOLLOW}(A)$。

实际上，FOLLOW(A)的含义是指，在文法 G 的一切句型中，能够紧跟在非终结符 A 之后的一切终结符或“#”。

下面讨论构造文法 G 中非终结符的 FOLLOW 集合的算法。

1. 构造 FOLLOW 集方法一

算法 4.3：构造 FOLLOW 集合

输入：文法 G

输出：文法 G 的 V_N 的 FOLLOW 集合

算法：

```
对文法 G 中的每一个 A∈V_N，为构造 FOLLOW(A)，可反复应用如下规则：
(1) 对文法的开始符号 S，令 # ∈ FOLLOW(S)；
(2) 若文法 G 中有形如 B→αAβ 的规则，且 β≠ε，则将 FIRST(β) 中的一切非 ε 符号加入 FOLLOW(A)。
(3) 若文法 G 中有形如 B→αA 或 B→αAβ 的规则，且 ε∈FIRST(β)，则 FOLLOW(B) 中的全部元素属于
FOLLOW(A)。
```

【例 4-10】　设有文法(4.17)

$$\begin{cases} G[S]:\ S\to AB & S\to bC & A\to\varepsilon & A\to b & B\to\varepsilon & B\to aD \\ \quad\quad\quad C\to AD & C\to b & D\to aS & D\to c \end{cases}\tag{4.17}$$

据算法 4.3 计算文法(4.17)FOLLOW 集为：

FOLLOW(S)＝{#}

FOLLOW(A)＝{a,c,#}

FOLLOW(B)＝{#}

FOLLOW(C)＝{#}

FOLLOW(D)＝{#}

2. 构造 FOLLOW 集方法二

用关系图法求非终结符的 FOLLOW 集，构造步骤如下：

① 文法 G 中的每个符号和“#”对应关系图中的一个结点，对应终结符和“#”的结点用

符号本身标记。对应非终结符的结点则用 FOLLOW(A)或 FIRST(A)标记。

② 从开始符号 S 的 FOLLOW(S)结点到"#"号的结点连一条箭弧。

③ 如果文法中有产生式 $A\rightarrow\alpha B\beta X$,且 $\beta\overset{*}{\Rightarrow}\varepsilon$,则从 FOLLOW($B$)结点到 FIRST($X$)结点连一条弧,当 $X\in V_T$ 时,则与 X 相连。

④ 如果文法中有产生式 $A\rightarrow\alpha B\beta$,且 $\beta\overset{*}{\Rightarrow}\varepsilon$,则从 FOLLOW($B$)结点到 FOLLOW($A$) 结点连一条箭弧。

⑤ 对每一 FIRST(A)结点如果有产生式 $A\rightarrow\alpha X\beta$,且 $\alpha\overset{*}{\Rightarrow}\varepsilon$,则从 FIRST($A$)到 FIRST($X$)结点连一条箭弧。

⑥ 凡是从 FOLLOW(A)结点有路径可以到达的终结符或"#"号的结点,其所标记的终结符或"#"号即为 FOLLOW(A)的成员。

现在对文法 $G[S]$用关系图法计算 FOLLOW 集(其关系图如图 4-11 所示),得到

FOLLOW(S)={#}　FOLLOW(A)={a,c,#}
FOLLOW(B)={#}　FOLLOW(C)={#}
FOLLOW(D)={#}

可见其结果与根据算法 4.3 计算结果相同。

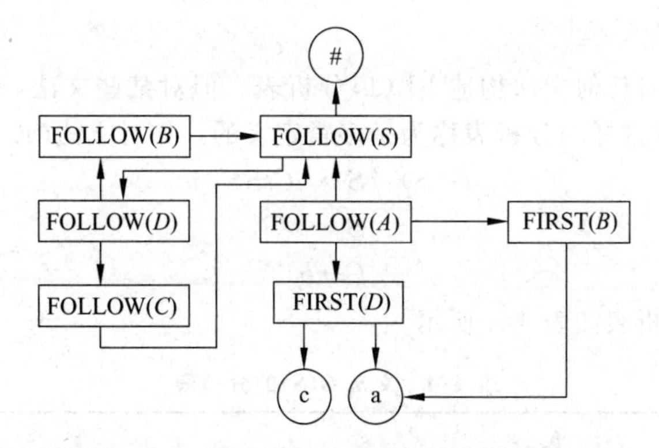

图 4-11　构造计算 FOLLOW 集的关系图

有了 FIRST 和 FOLLOW 集合的定义,对 $\alpha\overset{*}{\Rightarrow}\varepsilon$ 情况的文法也可以确定唯一候选,即对 $A\rightarrow\alpha_1|\alpha_2$,当 α_1、α_2不同时推出为 ε 时,设 $\alpha_2\overset{*}{\Rightarrow}\varepsilon$。

如果满足

$$\text{FIRST}(\alpha_1)\cap(\text{FIRST}(\alpha_2)\cup\text{FOLLOW}(A))=\varnothing$$

则可以确定唯一候选,即若 $a\in\text{FIRST}(\alpha_1)$,则置 $M[A,a]=A\rightarrow\alpha_1$。$\varepsilon\in\text{FIRST}(\alpha_2)$且 $b\in\text{FOLLOW}(A)$,则置 $M[A,b]=A\rightarrow\varepsilon$。

为此,对文法 G 中规则 $A\rightarrow\alpha_1|\alpha_2|\cdots|\alpha_n$且 A 的某个候选式α_k的 FIRST 集合中含有 ε,即 $\varepsilon\in\text{FIRST}(\alpha_k)$,则除了对 $a_i\in\text{FIRST}(\alpha_i)$的 $M[A,a_i]M(A,a_i)$置为 $A\rightarrow\alpha_i$外,还要把 $b\in\text{FOLLOW}(A)$的 $M[A,b]$置为 $A\rightarrow\alpha_k$。这是由于

$$\text{FOLLOW}(A)=\{a\,|\,S\Rightarrow\cdots Aa\cdots,\quad a\in V_T\}$$

若有 $b\in\text{FOLLOW}(A)$,则必有 $S\Rightarrow\cdots Ab\cdots$ 这样的句型(其中 $b\in V_T$)。

设 $S\overset{*}{\Rightarrow}\cdots\alpha\gamma Ab\beta\cdots$,对文法规则存在 $A\rightarrow\alpha$ 且 $\varepsilon\in\text{FIRST}(\alpha)$,当 $\alpha\Rightarrow\varepsilon$,则 $A\overset{*}{\Rightarrow}\varepsilon$。故有

$$S \stackrel{*}{\Rightarrow} \cdots \alpha\gamma A b\beta \cdots \Rightarrow \cdots \alpha\gamma b\beta \cdots$$

$\cdots\alpha\gamma b\beta\cdots$是文法 G 的一个句型，在得到该句型的最近一次推导中，A 自动获得匹配，所以对 $M[A,b]$要置为 $A\to\varepsilon$，这样在自上而下分析的推导中才可能从栈中退掉 A。

下面讨论构造 LL(1)分析表。

首先，对文法 G 的每个非终结符 A_i 及其任意候选式 α_i 构造出 FIRST(α_i)和 FOLLOW(A_i)，给出构造 LL(1)分析表的算法 4.4 如下。

算法 4.4：LL(1)分析表的构造

输入：文法 G;G 的 FIRST 和 FOLLOW 集合

输出：文法 G 的 LL(1)分析表

算法：

```
for 文法 G 的每个产生式 A→γ1 |γ2 |… |γm |
{
  if a∈FIRST(γi) 置 M[A,a]为"A→γi";
  if ε∈FIRST(γi)
    for 任何 a∈FOLLOW(A) {置 M[A,a]为"A→γi"}
}
置所有无定义的 M[A,a]为出错。
```

算法 4.4 适用于对任何文法构造 LL(1)分析表。但对某些文法，有可能存在 $M[A,a]$有若干个文法规则，对这样的分析表称为是多重定义的。如对文法(4.18)

$$\begin{cases} G(S):\ S\to iCtSS' \mid a \\ S'\to eS \mid \varepsilon \\ C\to b \end{cases} \tag{4.18}$$

按算法 4.4 构造的分析表如表 4-4 所示。

表 4-4 文法 $G(S)$的分析表

	a	b	e	i	t	#
S	$S\to a$			$S\to iCtSS'$		
S'			$S'\to\varepsilon$ $S'\to eS$			$S'\to\varepsilon$
C		$C\to b$				

分析表 4-4 中，元素 $M[S',e]$有两条文法规则，即为多重定义。在这种情况下会使语法分析陷入困境，当栈顶符号为 S'，当前输入符号为 e 时，是按规则 $S'\to\varepsilon$ 去推导呢，还是按规则 $S'\to eS$ 去推导。因此文法 $G(S)$不能适用于 LL(1)分析法。

因此，下面给出关于 LL(1)文法的定义，以及关于 LL(1)文法的一些重要性质。

4.4.3 关于 LL(1)文法

定义 4.3

一部文法 G，若其 LL(1)分析表 M 不含多重定义入口，则称之为一个 LL(1)文法。由

LL(1)文法产生的语言称为LL(1)语言。

在自上而下分析中使用由LL(1)文法构造的分析表完成LL(1)语言的语法分析的方法，称为LL(1)分析法。

在形式语言与自动机理论中，关于LL(1)文法及LL(1)语言具有许多重要的性质。这里仅不加证明地给出其中一些重要的结论：

(1) 任何LL(1)文法是无二义性的。

(2) 若一文法 G 中的非终结符含有左递归，则其必然是非LL(1)文法。

(3) 非LL(1)语言是存在的。

(4) 存在一种算法，能判定任一文法是否为LL(1)文法。

(5) 存在一种算法，能判定任意两个LL(1)文法是否产生相同的语言。

(6) 不存在这样的算法，能判定上下文无关语言能否由LL(1)文法产生。

习题4

4-1 选择、填空题。

(1) 语法分析方法中的LL(1)分析法属于________分析方法。

A) 自左至右　　B) 自上而下　　C) 自下而上　　D) 自右至左

(2) 下列文法中，________是LL(1)文法。(S 是公理)

A) $S \to aSb|ab$　　B) $S \to ab|Sab$

C) $S \to aS|b$　　D) $S \to aS|a$

(3) 设有文法 $G(S)$：$S \to Pab|bP \quad P \to b|\varepsilon$

根据文法 $G(S)$，填写如下LL(1)分析表的内容。

	a	b	#
P			

(4) 设有文法 $G[S]$为：

$S \to AB|bC$　　$A \to \varepsilon|b$　　$B \to \varepsilon|aD$

$C \to AD|b$　　$D \to aS|c$

则 FOLLOW(A) = {________}，FIRST(S) = {________}；。

(5) 设有文法 G(S 为开始符号)：

$S \to Ap|Bq$

$A \to a|cA$

$B \to b|dB$

FIRST(Ap) = {________}

A) a,c　　B) b,d　　C) p,q　　D) 其他答案

4-2 判断正误。

(1) 语法分析的任务是分析语句是如何构成程序的。　　(　　)

(2) 设有文法 G：$S \to qQ|q \quad Q \to cQd|\varepsilon$，该文法是LL(1)文法。　　(　　)

(3) LL(1)分析法中的“1”是指扫描源程序当前指针 $P++$ 所指的源程序串的字符。 (　　)

(4) 自上而下分析及自下而上分析中的“下”指的是被分析的源程序串。 (　　)

(5) 语法分析方法中的递归下降分析法属于自上向下分析方法。 (　　)

4-3 简答题。

(1) 语法分析的概念、语法分析程序的功能及语法分析中要解决的基本问题是什么?

(2) 什么是自上而下分析? 自上而下分析技术可行的依据是什么?

(3) 什么是自下而上分析?

(4) 构造一个不带回溯的自上而下语法分析器对文法有何要求? 为什么?

(5) LL(k)分析技术的基本实现思想是什么? LL(1)分析表的构造方法。

(6) LL(1)分析器的结构。

(7) LL(1)中的“1”的含义是什么?

(8) 在自上而下语法分析过程中,为什么要消除文法的左递归?

4-4 设有下列文法:

$$A \to abc \mid aBbc$$
$$Bb \to bB$$
$$Bc \to Cbcc$$
$$bC \to Cb$$
$$aC \to aa \mid aaB$$

用自上而下分析生成分析树的方法,说明\$1=abc,\$2=$abBc$,\$3=$aaabBbcc$ 是否为该文法的句型或句子?

4-5 设有下列文法:

$$S \to S,E \mid E$$
$$E \to E + T \mid T$$
$$T \to T * F \mid F$$
$$F \to a \mid (E) \mid a[S]$$

(1) 指出下列字符串哪些是该文法的句子:

\$1: $a+a[aa+[a]]$

\$2: $a*a,a+a[a]$

\$3: $a,a+a[a[S]]$

(2) 对属于该文法的句子\$$i$ 画出自上而下分析树。

4-6 设有下列文法:

$$E \to E+T \mid E-T \mid T$$
$$T \to T * F \mid T/F \mid F$$
$$F \to (E) \mid i$$

试给出下述表达式的推导及分析树

(1) i　　(2) $i*i+i$　　(3) $i+i*i$　　(4) $i+(i+i)$

4-7 设有文法 $G[A]$:

$$A \to BaC \mid CbB \qquad B \to Ac \mid c \qquad C \to Bb \mid b$$

试消除 $G[A]$ 的左递归。

4-8 将下面的左递归文法改为非左递归文法。

$$S \rightarrow SaP \mid Sf \mid P$$
$$P \rightarrow QbP \mid Q$$
$$Q \rightarrow cSd \mid e$$

4-9 设有下列文法 G_i：

(1) G_1：$A \rightarrow AaB \mid bB$

$D \rightarrow Ad$

$B \rightarrow Dc$

(2) G_2：$S \rightarrow aABbcd \mid \varepsilon$

$A \rightarrow ASd \mid \varepsilon$

$B \rightarrow eC \mid SAh \mid \varepsilon$

$C \rightarrow Sf \mid Cg \mid \varepsilon$

① 计算上述文法中的每个非终结符的 FIRST 和 FOLLOW 集合。

② 证明上述文法是否为 LL(1)文法？说明为什么？

4-10 设有下列文法：

$$\text{PROGRAM} \rightarrow \textbf{begin}\ d;S\ \textbf{end}$$
$$S \rightarrow d;S \mid sT$$
$$T \rightarrow \varepsilon \mid ;sT$$

试构造该文法的 LL(1)分析表。并给出句子 **begin** $d;s;s$ **end** 的分析过程。

4-11 判断下列文法是否是 LL(1)文法。若是 LL(1)文法为其构造 LL(1)分析表。

(1) $S \rightarrow aABC \mid \varepsilon$

$A \rightarrow a \mid bbD$

$B \rightarrow a \mid \varepsilon$

$C \rightarrow b \mid \varepsilon$

$D \rightarrow c \mid \varepsilon$

(2) $A \rightarrow BCc \mid eDB$

$B \rightarrow \varepsilon \mid bCD$

$C \rightarrow DaB \mid ca$

$D \rightarrow \varepsilon \mid dD$

(3) $S \rightarrow (X \mid E] \mid F)$

$X \rightarrow E) \mid F]$

$E \rightarrow A$

$F \rightarrow A$

$A \rightarrow \varepsilon$

4-12 试判断下面哪些文法是 LL(1)的？如果不是，哪些能改写为 LL(1)文法？并改写。

(1) $S \rightarrow A \mid B$

$A \rightarrow aA \mid a$

$B \rightarrow bB \mid b$

(2) $S \rightarrow AB$

$A \rightarrow Ba \mid \varepsilon$

$B \rightarrow Db \mid D$

$D \rightarrow d \mid \varepsilon$

(3) $M \rightarrow MaH \mid H$

$H \rightarrow b(M) \mid (M) \mid b$

(4) $A \rightarrow baB \mid \varepsilon$

$B \rightarrow Abb \mid a$

(5) $A \rightarrow aABe \mid a$

$B \rightarrow Bb \mid d$

(6) $S \rightarrow Ab \mid Ba$

$A \rightarrow aA \mid a$

$B \rightarrow a$

4-13 设有下列文法

(1) $S \to AS|b \quad A \to SA|a$

(2) $S \to aSbS|bSaS|\varepsilon$

(3) $S \to A$

$A \to AB|\varepsilon$

$B \to aB|b$

证明上述文法是否为 LL(1)文法？若不是 LL(1)文法，判断并说明能否改写成 LL(1)文法。为什么？

第 5 章　语法分析——自下而上分析

【本章导读提要】

本章主要讨论语法分析中的两大类方法之一——自下而上分析方法。介绍产生、构造自下而上语法分析器的基本方法、原理、实现技术和工具。主要涉及的内容与要点包括：

- 自下而上语法分析的概念、过程和依据。
- “移进-归约”分析方法。
- 算符优先分析法、算符优先文法与算符优先分析器的构造。
- LR 分析方法的原理、实现思想与 LR 分析器的构造技术。
- LR 文法。
- LR(0)、SLR(1)、LR(1)、LALR(1)分析方法。
- 二义文法的分析与应用。
- 语法分析的出错处理。
- 语法分析器自动生成工具 YACC。

【关键概念】

自下而上分析　归约　可归约串　短语　直接短语　句柄　素短语　最左素短语　算符文法　算符优先文法　FIRSTVT　LASTVT　LR 分析　LR(0)项目　活前缀　可归前缀　LR 文法　LR(1)项目　LR 项目集规范族　错误恢复策略　局部校正

5.1　基于“移进-归约”的自下而上分析

由第 4 章第 4.1.2 节的介绍可知，自下而上分析方法是一种辨认方法，基于目标的方法，分析过程是一个归约过程。所谓归约，是指从当前分析的句型或句子中，寻找与文法 G 中某个产生式 P 的候选式匹配的子串，并用 P 的左部代替之。

5.1.1　“移进-归约”分析

首先通过一个例子，说明“移进-归约”这种基本的自下而上分析法的分析过程。该方法实现的大致过程是，设置一个寄存文法符号的符号栈，在分析过程中，把输入字符一个个地按扫描顺序移入栈内，当栈顶符号串形成某个产生式的一个候选式时就进行归约，即把栈顶的这部分替换成该产生式的左部符号，即完成一步归约动作。然后再检查栈顶是否又出现某个产生式的一个候选式，再进行归约，若栈顶没有构成与某个候选式相同的符号串，则再从输入串中继续移进新的符号，依次类推直到整个输入串处理完毕，此时若栈底只有文法的开始符号，则可以确认所分析的符号串是文法的句子，否则，不是文法的句子，要报告语法错误信息。

【例 5-1】 设有文法(5.1)

$$\begin{cases}(1)\ S\to aABe \\ (2)\ A\to Abc \\ (3)\ A\to b \\ (4)\ B\to d\end{cases} \quad (5.1)$$

对输入符号串 *abbcde* 进行"移进-归约"分析，即判定它是否为文法(5.1)的句子。

用"移进-归约"分析方法对输入符号串 *abbcde* 的分析过程如表 5-1 所示。为便于分析，这里引入符号"#"，作为待分析输入符号串的左右界符，即输入符号串的开始和结束标志。分析初始化时，先将左界符"#"推进符号栈底。

表 5-1 输入串 *abbcde* 的分析过程

步 骤	符 号 栈	输 入 串	分 析 动 作
初始化	#	*abbcde*#	push(*a*) 即 *a* 移进栈
(1)	#*a*	*bbcde*#	push(*b*)
(2)	#*ab*	*bcde*#	用 $A\to b$ 归约
(3)	#*aA*	*bcde*#	push(*b*)
(4)	#*aAb*	*cde*#	push(*c*)
(5)	#*aAbc*	*de*#	用 $A\to Abc$ 归约
(6)	#*aA*	*de*#	push(*d*)
(7)	#*aAd*	*e*#	用 $B\to d$ 归约
(8)	#*aAB*	*e*#	push(*e*)
(9)	#*aABe*	#	用 $S\to aABe$ 归约
(10)	#*S*	#	接受(分析成功)

注：表中第 2 列"符号栈"左端表示栈底，右端表示栈顶；第 3 列"输入串"左端表示当前要读入的输入串的字符，右端是输入串的结束。

从上述分析过程可知，"移进-归约"分析过程主要采取的分析动作是移进、归约、接受或报错，上例因为分析的符号串没有语法错误所以没有出现"报错"。"报错"一般是调用出错处理程序进行处理。

需要指出，"移进-归约"分析采用的是规范归约，将每次归约时呈现在栈顶的要归约的子串称为"可归约串"。依照寻找可归约串的策略不同形成了不同的自下而上分析方法。所以，自下而上分析的关键问题，一是判断栈顶字符串的可归约性，即检查何时处在栈顶的哪个子串是"可归约串"，这是归约条件；二是决定选用文法中哪条规则进行归约，因为一个"可归约串"可能可以归约到多个不同的非终结符，即"可归约串"是不同的产生式的候选式，这是归约原则。这也是任何自下而上分析方法所要解决的问题。

对例 5-1 的分析过程进一步观察，可知表 5-1 给出的分析过程中的 4 次归约的"可归约串"和归约顺序，恰好是从文法开始符号开始，实行最右推导所替换的串及推导的逆序。例如，符号串 *abbcde* 的最右推导序列为

$$S\Rightarrow \underline{aABe}\Rightarrow aA\,\underline{d}e\Rightarrow a\,\underline{Abc}de\Rightarrow a\,\underline{b}bcde$$

每步推导中带下划线的子串即为分析所处的当前栈顶的"可归约串"。如对输入符号串

abbcde 的第一次归约的串是该符号串最右推导中所使用的最后一个产生式的右部。

5.1.2 规范归约与句柄

由 5.1.1 节可知,"移进-归约"分析实施的是规范归约,每步归约的"可归约串"涉及自下而上分析的一些重要概念,也是自下而上分析的关键问题,需要给出定义。下面介绍一些相关的概念和定义。

定义 5.1(短语)

令 G 是一部文法,S 是文法 G 的开始符号,$\alpha\beta\delta$ 是文法 G 的一个句型,若有 $S\overset{*}{\Rightarrow}\alpha A\delta$ 且 $A\overset{+}{\Rightarrow}\beta$,则 β 是句型 $\alpha\beta\delta$ 相对于非终结符 A 的短语。

定义 5.2(直接短语)

令 G 是一部文法,S 是文法 G 的开始符号,$\alpha\beta\delta$ 是文法 G 的一个句型,若有 $S\overset{*}{\Rightarrow}\alpha A\delta$ 且 $A\Rightarrow\beta$,则 β 是句型 $\alpha\beta\delta$ 相对于非终结符 A 的直接短语。

定义 5.3(句柄)

一个句型的最左直接短语称为该句型的句柄,句柄是一个重要的概念。"移进-归约"分析中的"可归约串"就是当前句型的句柄。要注意的是,如果文法是无二义性的,则规范句型的最右推导是唯一的,也就是说每步归约至多存在一个句柄。

通过例 5-2 和例 5-3 来说明短语、直接短语和句柄的概念。

【例 5-2】 设有文法(5.2)和输入串 \$

$$\begin{cases} G: S\rightarrow aAcB \quad A\rightarrow P \quad P\rightarrow ab \quad B\rightarrow d \\ \$: aabcd \end{cases} \tag{5.2}$$

对 \$ 存在规范推导 $S \Rightarrow aAcB \Rightarrow aAcd \Rightarrow aPcd \Rightarrow aabcd$

→ 则 P 是句型 $aPcd$ 相对于 A 的短语,相对于 A 的 直接短语,也是句型 $aPcd$ 的句柄

→ ab 是句子 $aabcd$ 相对于 A 的短语,相对于 P 的直接短语,也是句子 $aabcd$ 的句柄

在自上而下分析中,可通过分析树直观地了解自上而下分析是从文法开始符号 S 到输入串 \$ 的推导过程。那么,在自下而上分析中,可通过对分析树的修剪来了解自下而上分析中的归约过程,进而加深对"规范归约"、"句柄"等概念的理解。

例如,例 5-2 对句子 $aabcd$ 存在的最右推导序列为:$S\Rightarrow aAcB\Rightarrow aAcd\Rightarrow aPcd\Rightarrow aabcd$,该句子的自下而上归约过程的分析树如图 5-1 所示。观察对句子 $aabcd$ 的推导和归约过程,可以看出,句子的句柄是分析树中最左子树的所有叶节点从左到右的排列,也是句子 $aabcd$ 最右推导序列中最后一步推导使用的产生式的右部。

$$S\Rightarrow \underline{aAcB}\Rightarrow aAc\,\underline{d}\;\Rightarrow a\,\underline{P}cd\;\Rightarrow a\,\underline{ab}cd$$

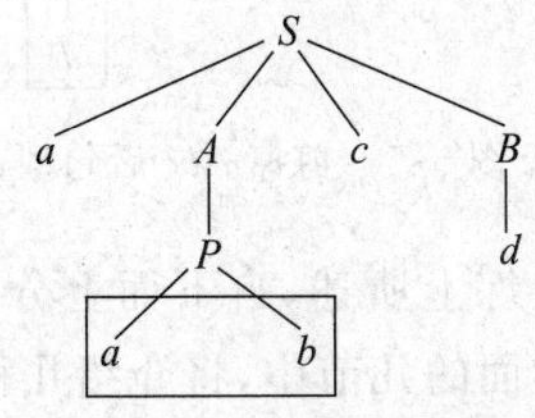

图 5-1 句子 $aabcd$ 的分析树

另外,对给定文法 G 和句子 \$,对句子 \$ 的自下而上分析的每一步,也可以看做是对当前分析树的句柄的修剪,直

到修剪到只剩文法的开始符号，也就是分析树的根结点为止。以例 5-3 给定的文法 G 和句子 *aabcd* 为例，其对分析树的修剪过程形象地表示了对句子 *aabcd* 的自下而上分析的过程，如图 5-1 和图 5-2 所示。分析过程中每步归约的句柄如图 5-1 和图 5-2 中方框中的字符串。

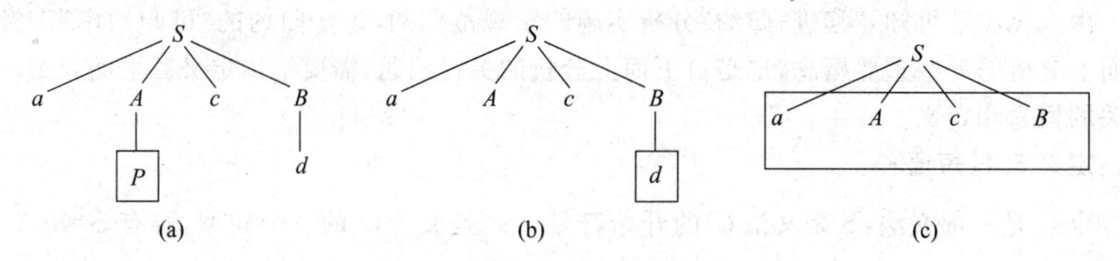

图 5-2　句子 *aabcd* 的自下而上分析分析树的修剪过程

【例 5-3】　设有文法(5.3)和输入符号串 $=*abbcde*

$$G:\ S \rightarrow aABe \quad A \rightarrow Abc \mid b \quad B \rightarrow d \tag{5.3}$$

例 5-3 中输入符号串 *abbcde* 的分析树如图 5-3 所示。句子 *abbcde* 的最左子树是图中方框勾出的部分。这样子树的叶结点 b 即为句子 *abbcde* 的句柄，将其剪掉(归约)后如图 5-4 所示。图 5-4 中方框勾出的部分为句型 *aAbcde* 的分析树中的最左子树，其叶结点 *Abc* 为句柄，将其剪掉如图 5-5 所示。此时，句型 *aAde* 的句柄为 d，将其剪掉得到图 5-6 所示的分析树。此时，句型 *aABe* 的最左子树即为它自身的分析树，它的端结点 *aABe* 为句型 *aABe* 的句柄，剪掉只剩下根结点 S，即是文法的开始符号，至此，完成了输入符号串 *abbcde* 的分析。

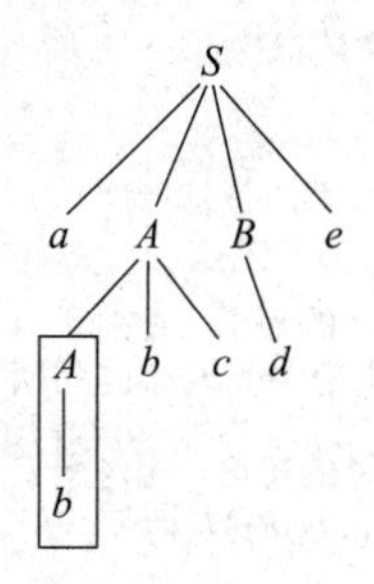

图 5-3　输入串 *abbcde* 的分析树

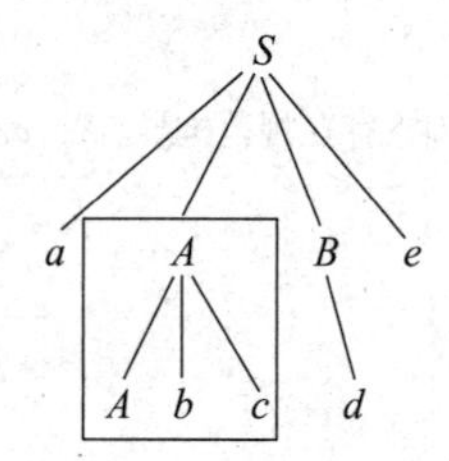

图 5-4　剪掉 b 后句型 *aAbcde* 的分析树

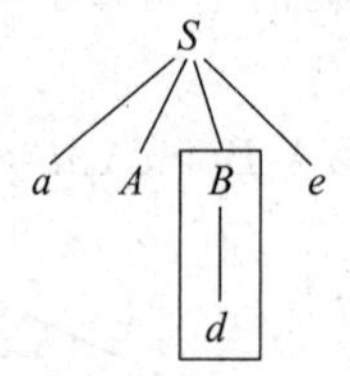

图 5-5　剪掉 *Abc* 后句型 *aAde* 的分析树

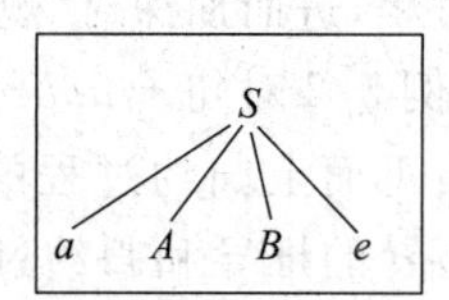

图 5-6　剪掉 d 后句型 *aABe* 的分析树

综上所述，自下而上分析法的各类不同实现方法将集中体现在寻找句柄的方法不同。在后面的几节中，将介绍几种典型的自下而上的分析方法。

5.2 算符优先分析法与算符优先分析器

算符优先分析法是一种广为使用的自下而上分析法，这种方法特别适用于各类表达式的分析及符号式语言中具有优先级特点的符号串的分析。

所谓算符优先分析法，是仿照数学表达式的运算过程而设计的一种语法分析方法。即定义算符(广义讲是文法的终结符号)之间的某种优先关系和结合性，借助这种关系来寻找、确定可归约串并进行归约。要提醒注意的是，算符优先分析法所进行的归约不是5.1节中所述的规范归约。

5.2.1 直观的算符优先分析法

首先，通过例子了解算符优先分析法实现的基本思想。

【例 5-4】 设有文法(5.4)

$$G(E):E\rightarrow E+E|E-E|E*E|(E)|i \tag{5.4}$$

文法(5.4)是一个二义性文法，因为该文法的某个句子会存在几种不同的规范推导，例如，对句子 $i-i+i*i$ 的规范推导可为：

$$E\Rightarrow E+E\Rightarrow E+E*E\Rightarrow E+E*i\Rightarrow E+i*i\Rightarrow E-E+i*i\Rightarrow E-i+i*i\Rightarrow i-i+i*i$$

或 $E\Rightarrow E*E\Rightarrow E*i\Rightarrow E+E*i\Rightarrow E+i*i\Rightarrow E-E+i*i\Rightarrow E-i+i*i\Rightarrow i-i+i*i$

同理，对自下而上分析来说，该文法的某个句子也会存在不同的可归约串。

但如果确定了文法 $G(E)$中的运算符的优先顺序从高到低为(，*，+或-)，并规定同级运算结合规则为左结合，则句子的可归约串就是唯一的。下面利用"移进-归约"的分析过程，同时考虑运算符的优先级和结合性，对句子 $i-i+i*i$ 进行分析，分析过程如表5-2所示。

表5-2 符号串 $i-i+i*i$ 的分析过程

步 骤	符 号 栈	输入符号串	分 析 动 作
初始化	#	$i-i+i*i$#	push(i)
(1)	#i	$-i+i*i$#	用 $E\rightarrow i$ 归约
(2)	#E	$-i+i*i$#	push(-)
(3)	#$E-$	$i+i*i$#	push(i)
(4)	#$E-i$	$+i*i$#	用 $E\rightarrow i$ 归约
(5)	#$E-E$	$+i*i$#	用 $E\rightarrow E-E$ 归约
(6)	#E	$+i*i$#	push(+)
(7)	#$E+$	$i*i$#	push(i)
(8)	#$E+i$	$i*i$#	用 $E\rightarrow i$ 归约
(9)	#$E+E$	$*i$#	push(*)
(10)	#$E+E*$	i#	push(i)
(11)	#$E+E*i$	#	用 $E\rightarrow i$ 归约
(12)	#$E+E*E$	#	用 $E\rightarrow E*E$ 归约
(13)	#$E+E$	#	用 $E\rightarrow E+E$ 归约
(14)	#E	#	接受(分析成功)

由于在分析过程中遵循了关于算符优先顺序和左结合的规定，故整个归约过程是唯一的。如在分析过程中的第 5 步通过归约到第 6 步时，相继的两个算符“＋”和“－”虽然属于同一优先级，但遵循左结合规定，则“－”优先于“＋”，因此，先把 $E-E$ 归约到 E。再如从第 9 步到第 10 步，由于“＋”的优先级低于“＊”，所以不能将 $E+E$ 归约到 E，而必须继续读入乘法运算的因子，并在第 11 步到第 12 步先将 $E*E$ 归约到 E。可见，在整个分析过程中，起决定性作用的是相继的两个终结符的优先关系。算符优先分析法的实质就是借助这种优先关系来寻找可归约串。

定义 5.4（优先关系）

设终结符 a 和 b 是相对于文法 G 可能相继出现的字符（它们之间可能插有一个非终结符号），它们之间存在的三种关系为

$a \lessdot b$　表示 a 的优先级低于 b

$a \doteq b$　表示 a 的优先级等于 b

$a \gtrdot b$　表示 a 的优先级高于 b

注意，这三种关系不同于数学中的“＜”，“＝”和“＞”。例如，$a \gtrdot b$ 并非意味着 $b \lessdot a$，$a \doteq b$ 也并不一定意味着 $b \doteq a$，所以，在这些符号中间加上一点，以示区别。

一个文法的终结符之间的优先关系可用一个矩阵来表示（称为优先关系表）。例如，例 5-4 中的文法 $G(E)$ 加上上述所确定的优先顺序和左结合规则可产生如表 5-3 的优先关系矩阵，其中句子的左右界符“#”也作为文法的终结符号出现在表中。

表 5-3　文法 $G(E)$ 的优先关系矩阵

	＋	－	＊	i	(	)	#
＋	$\gtrdot$	$\gtrdot$	$\lessdot$	$\lessdot$	$\lessdot$	$\gtrdot$	$\gtrdot$
－	$\gtrdot$	$\gtrdot$	$\lessdot$	$\lessdot$	$\lessdot$	$\gtrdot$	$\gtrdot$
＊	$\gtrdot$	$\gtrdot$	$\gtrdot$	$\lessdot$	$\lessdot$	$\gtrdot$	$\gtrdot$
i	$\gtrdot$	$\gtrdot$	$\gtrdot$			$\gtrdot$	$\gtrdot$
(	$\lessdot$	$\lessdot$	$\lessdot$	$\lessdot$	$\lessdot$	$\doteq$	
)	$\gtrdot$	$\gtrdot$	$\gtrdot$			$\gtrdot$	$\gtrdot$
#	$\lessdot$	$\lessdot$	$\lessdot$	$\lessdot$	$\lessdot$		$\doteq$

优先关系矩阵的最左边一列，代表所比较的终结符号对中左边的一个，是已移进符号栈内的符号，称为栈内符号。优先关系矩阵最顶上一行代表所比较的终结符号对中右边的一个，也称为栈外符号。优先关系矩阵元素代表两个终结符号之间的优先关系。这个优先关系矩阵可以通过对文法的直接分析来建立。例如，对文法(5.4)的分析如下：

① 若文法的两个终结符号不可能成为句型中的相邻终结符号，那么这对终结符号无优先关系存在，其相应的优先关系矩阵元素为空白。

② 对文法运算符之间，括号之间以及运算符和括号之间的优先关系，即按所确定的优先关系。如确定 $+ \lessdot *$，$* \gtrdot +$，＋或－$\lessdot$(，$* \gtrdot *$ 等等。为保证左右括号抵销，故定义“(”和“)”是同等的优先关系，用“$\doteq$”表示。

③ 对文法终结符 i，应规定 $i \gtrdot a$ 和 $a \lessdot i$（a 指允许与 i 相邻的其他终结符号）。因为 i 是最基本的运算对象，故首先要进行归约，然后再与其他分量进行运算。

④"#"是作为语句的起始和终止界符,为保证语法分析的进行,则规定,对作为句子起始界符的"#",应使 #⋖a(a 为允许的相邻界符)。同理,应使作为句子终止界符的"#"有 a⋗#。

建立了文法 $G(E)$的优先关系矩阵后,回到算符优先分析法的算法的讨论。为便于在算符优先分析法中比较相邻算符的优先级,设置两个工作栈 OPTR 和 OPND,其中 OPTR 是运算符栈,用于存放运算符;OPND 是运算对象栈,用来存放运算对象(包括基本的运算对象和运算结果)。这样,再加上算符优先分析法的控制程序,就构成了完整的算符优先分析器。

从例 5-4 文法 $G(E)$出发给出算符优先分析法总控程序的实现算法 5.1。

算法 5.1:算符优先分析器总控算法

输入:文法 G、输入符号串和文法 G 的优先关系矩阵

输出:输入符号串的算符优先分析结果

算法:

(1) 分析初始化工作:OPTR 栈中压入左界符#,OPND 栈为空。令 θ 代表 OPTR 当前栈顶符号,a 存放新输入的符号。

(2) 将输入符号串下一输入符号读至 a 中。

(3) 若 a 是运算对象,则进行归约并进运算对象栈 OPND,转(2)。

(4) 若 θ⋗a,则据文法规则 $E \rightarrow E_1 \theta E_2$ 进行归约,E_1 和 E_2 代表 OPND 栈的栈顶和次栈顶项中的运算对象。即先将 E_1 和 E_2 从 OPND 栈中弹出,然后把 E 压入 OPND 栈中,同时,把 θ 从 OPTR 栈顶弹出,转(4)。

(5) 若 θ≐a,则按表 5-3 有两种情况:

① θ≐(,a≐)时,从 OPTR 栈中弹出"(",并放弃 a 中的")",然后转(2)。

② θ≐#,a≐#时,分析成功,则标志分析器的出口。

(6) 若 θ⋖a,将 a 移进 OPTR 栈,转(2)。

(7) 若 θ 与 a 优先关系不存在,即矩阵元素为空白,这意味着输入串含有错误,要进入语法错误处理子程序。

所有算符优先分析法的工作过程基本如同上述算法(注意运算对象不做归约)。

现在,试用算法 5.1 和文法(5.4)的优先关系矩阵分析表达式 $i+i*i$,分析过程如表 5-4 所示。分析结果表明 $i+i*i$ 是文法 $G(E)$的句子。

表 5-4 字符串 $i+i*i$ 的分析过程

步骤	OPND	OPTR	关系	读入符号 a	输入符号串	分析动作
1		#			$i+i*i$#	初始化
2		#	⋖	i	$+i*i$#	push0(i) 且用 $E \rightarrow i$ 归约
3	E	#	⋖	+	$i*i$#	push1(+)
4	E	#+	⋖	i	$*i$#	push0(i) 且用 $E \rightarrow i$ 归约
5	EE	#+	⋖	*	i#	push1(*)
6	EE	#+*	⋖	i	#	push0(i) 且用 $E \rightarrow i$ 归约
7	EEE	#+*	⋗	#		用 $E \rightarrow E*E$ 归约
8	EE	#+	⋗	#		用 $E \rightarrow E+E$ 归约
9	E	#		#		接受

注:push0(i)表示将"i"压入 OPND 栈;push1(i)表示将"i"压入 OPTR 栈。

算法 5.1 使用了两个栈(用一个栈也可以实现),分析过程中,只要“OPTR 栈顶符号”$\lessdot$(或$\doteq$)“当前读入符号”,则当前读入符号进栈;若“OPTR 栈顶符号”$\gtrdot$“当前读入符号”,则可归约串呈现,进行归约。

要注意的是,算符优先分析法在分析过程中往往并不是严格的规范归约,在第 5.2.3 节中将进行讨论。

5.2.2 算符优先文法和算符优先分析表的构造

前面简要地介绍了算符优先分析法的基本思想和实现技术。现在,进一步讨论这种技术的形式化方法。

首先,讨论这种方法所适用的文法类——算符优先文法,然后介绍构造算符优先文法的优先关系矩阵及优先函数表的算法。

1. 算符优先文法

定义 5.5(算符文法)

设有一文法 G,如果文法 G 中没有 $U\rightarrow\cdots VW\cdots$ 的规则,其中 $V, W, U\in V_N$,则称文法 G 是算符文法(OG)。

由定义 5.5 可知,在算符文法中,任何产生式均不含两个相邻的非终结符。

定义 5.5 的命题:算符文法的任何句型都不会含有两个相邻的非终结符。

定义 5.6(算法优先文法)

设文法 G 是一不含 $p\rightarrow\varepsilon$ 形式规则的算符文法。并令 a,b 是任意的两个终结符,$V, W, U\in V_N$,“$\cdots$”代表由终结符和非终结符组成的任意序列,包括空字。则有:

① $a\doteq b$,当且仅当文法 G 中有形如 $U\rightarrow\cdots ab\cdots$ 或 $U\rightarrow\cdots aVb\cdots$ 的规则。

② $a\lessdot b$,当且仅当文法 G 中有形如 $U\rightarrow\cdots aW\cdots$ 的规则,其中 $W\overset{+}{\Rightarrow}b\cdots$ 或 $W\overset{+}{\Rightarrow}Vb\cdots$。

③ $a\gtrdot b$,当且仅当文法 G 中有形如 $U\rightarrow\cdots Wb\cdots$ 的规则,其中 $W\overset{+}{\Rightarrow}\cdots a$ 或 $W\overset{+}{\Rightarrow}\cdots aV$。

若文法 G 中所有终结符号之间最多只满足这三者关系之一,则称文法 G 是算符优先文法(OPG 文法)。

【例 5-5】 设有文法(5.5)

$$\begin{cases} G(E):\ E\rightarrow EAE\mid(E)\mid i \\ \qquad\quad A\rightarrow +\mid-\mid * \end{cases} \tag{5.5}$$

据定义 5.5 考察文法 $G(E)$,对规则 $E\rightarrow EAE$ 显然含有相邻的非终结符,故文法 $G(E)$是非算符文法。但对文法 $G(E)$稍加改写,就成为算符文法。将 A 的产生式候选式代入 $E\rightarrow EAE$,则改写后的文法 $G'(E)$为

$$E\rightarrow E+E\mid E-E\mid E*E\mid(E)\mid i$$

$G'(E)$是一个算符文法。

【例 5-6】 设有文法(5.6)

$$
\begin{cases} G(P): P \to aQ \\ \quad\quad\quad\ Q \to Rb \\ \quad\quad\quad\ R \to a \end{cases} \tag{5.6}
$$

显然,文法(5.6)是算符文法,它是否是算符优先文法呢?考察文法(5.6)中的终结符 a,b 的优先关系:

据定义 5.6 中的②,因存在 $P \to aQ$ 且 $Q \overset{+}{\Rightarrow} ab$ 或 $Q \Rightarrow Rb$,所以有 $a \lessdot a$ 或 $a \lessdot b$;

据定义 5.6 中的③,因存在 $Q \to Rb$ 且 $R \Rightarrow a$,所以 $a \gtrdot b$;

a 与 b 之间既存在 $a \lessdot b$ 的优先关系又存在 $a \gtrdot b$ 的优先关系。所以,$G(P)$不是算符优先文法。

这是从算符优先文法的定义出发,通过直观地考察文法的终结符号间的优先关系,来确认文法是否为算符优先文法。下面从定义出发,进一步研究构造算符优先关系表的算法。

2. 构造优先关系表

定义 5.7(FIRSTVT 集合)

给定文法 G,文法 G 中的 $P \in V_N$,则

$$\text{FIRSTVT}(P) = \{a \mid P \overset{+}{\Rightarrow} a\cdots \text{或} P \overset{+}{\Rightarrow} Qa\cdots,\quad a \in V_T \text{且} Q \in V_N\}$$

$$\text{LASTVT}(P) = \{a \mid P \overset{+}{\Rightarrow} \cdots a \text{或} P \overset{+}{\Rightarrow} \cdots aQ,\quad a \in V_T \text{且} Q \in V_N\}$$

给出一个文法 G 的每个非终结符的 FIRSTVT 和 LASTVT 两个集合后,可以通过检查文法中每条规则来确定满足“$\lessdot$”和“$\gtrdot$”的所有终结符号对。例如,假定某条规则的右部形式为$\cdots aU\cdots$,那么对任何 $b \in \text{FIRSTVT}(U)$,有 $a \lessdot b$。

同理假定有某条规则的右部形式为$\cdots Ub\cdots$,那么对任何 $a \in \text{LASTVT}(U)$,有 $a \gtrdot b$。

这样,再加上对文法“$\doteq$”的终结符对的确定,我们就可以对任何算符文法的所有终结符对构造其优先关系,其规则为

① 若有文法规则 $P \to \cdots ab\cdots$ 或 $P \to \cdots aQb\cdots$,则有 $a \doteq b$。

② 若有文法规则 $Q \to \cdots Pb\cdots$,对所有 $a \in \text{LASTVT}(P)$,有 $a \gtrdot b$。

③ 若有文法规则 $Q \to \cdots aP\cdots$,对所有 $b \in \text{FIRSTVT}(P)$,有 $a \lessdot b$。

为此,只要给出求文法的所有非终结符的 FIRSTVT 和 LASTVT 集合的实现算法,就可以自动构造文法的优先关系表。

这里仅讨论构造文法 G 的 FIRSTVT 的两个算法,计算 LASTVT 的算法类似。

1) 通过布尔数组求 FIRSTVT 集合

给出算法 5.2 如下。

算法 5.2:求文法 G 的 FIRSTVT

输入:文法 G

输出:文法 G 的 FIRSTVT

算法:

```
/*依据规则:
(1) 若有产生式 P→a…或 P→Qa…,则 a∈FIRSTVT(P)。
(2) 若 a∈FIRSTVT(Q)且有产生式 P→Q…,则 a∈FIRSTVT(P)。 */
```

对文法 G

① 置数组 FR(P, a)=FALSE。

② 若有规则 P→a…或 P→Qa…,则 FR(P, a)=TURE。

③ 将 (P,a)推入栈 A 中。

④ 将当前栈 A 的栈顶项(设为(Q,a))弹出。

⑤ 对每个形如 P→Q…的规则,若 FR(P,a)= FALSE,则置 FR(P, a)=TURE,并将(P, a)压入栈 A。

⑥ 直至栈 A 为空则结束,否则转④。

算法 FIRSTVT(G)中建立了布尔数组 FR,使得 FR(P, a)为真的条件是,当且仅当 $a \in$ FIRSTVT(P)。开始时,将 FR 的每个元素置为假值。并设一个栈 A,把所有值为真的数组元素 FR(P,a)的符号对(P, a)压入栈,然后对栈施加④,⑤,⑥步的运算。算法的工作结果得到一个数组 FR,由数组 FR 可直接得到任何非终结符 P 的 FIRSTVT,即

$$\text{FIRSTVT}(P) = \{a \mid \text{FR}(P,a) = \text{TURE}\}$$

【例 5-7】 设有文法(5.7)

$$G(P):\ P \to Qa \quad Q \to Rb \quad R \to a \tag{5.7}$$

据算法 5.2 可得到该文法的数组 FR 为

	a	***b***
P	T	T
Q	T	T
R	T	F

则据 FIRSTVT(P)$=\{a \mid \text{FR}(P,a)=T\}$有

$$\text{FIRSTVT}(P)=\{a,\ b\}$$
$$\text{FIRSTVT}(Q)=\{a,\ b\}$$
$$\text{FIRSTVT}(R)=\{a\}$$

2) 关系图法计算 FIRSTVT 集合

关系图构造方法为:

① 文法 G 中的每个符号和"#"对应图中的一个结点,对应终结符和"#"的结点用符号本身标记。对应非终结符 A 的结点则用 FIRSTVT(A)标记。

② 对 G 中每一个形如 $A\to a\cdots$ 和 $A\to Ba\cdots$ 的产生式,则由 FIRSTVT(A)结点到终结符结点 a 用箭弧连接。

对每一个形如 $A\to B\cdots$ 的产生式,则对应图中由 FIRSTVT(A)结点到 FIRSTVT(B)结点用箭弧连接。对每一非终结符的 FIRSTVT(A)经箭弧有路径能到达的终结符结点 a,则有 $a\in$ FIRSTVT(A)。

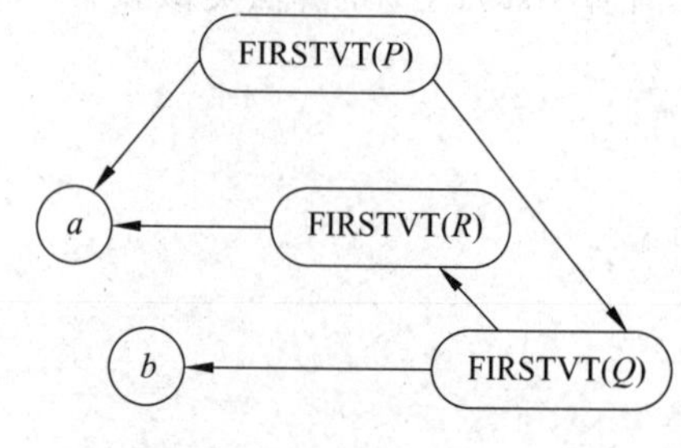

图 5-7 关系图法计算 $G(P)$的 FIRSTVT 集合

例 5-7 的文法 $G(P)$的 FIRSTVT 集合用关系图法计算如图 5-7 所示。

文法 $G(P)$的 FIRSTVT 为

$$\text{FIRSTVT}(P)=\{a, b\}$$
$$\text{FIRSTVT}(Q)=\{a, b\}$$
$$\text{FIRSTVT}(R)=\{a\}$$

同理,可以构造 LASTVT(G)的算法。

为此,可以利用 FIRSTVT(G)和 LASTVT(G)的结果,直接构造优先关系表。产生文法 G 的优先关系表的构造算法 5.3 如下。

算法 5.3:构造文法 G 的优先关系表

输入:文法 G 及 G 的 FIRSTVT 和 LASTVT

输出:文法 G 的优先关系表

算法:

```
for G 中的每条规则 P→x1x2…xn
{
  (1) 置相邻的两个终结符 xi 和 xi+1 (或只隔一个非终结符)为"≐",即 xi ≐ xi+1。
  (2) if xi ∈ VT 而 xi+1 ∈ VN, 则 for FIRSTVT(xi+1)中的每个 a 置 xi ⋖ a。
  (3) if xi ∈ VN 而 xi+1 ∈ VT,则 for LASTVT(xi)中的每个 a 置 a ⋗ xi+1。
}
```

使用算法 5.3,构造例 5-7 的文法 G(P)的优先关系表如表 5-5 所示。

表 5-5 文法 G(P)的优先关系表

	a	b
a		⋗
b	⋗	

文法 G(P)的 LASTVT 集合为

$$\text{LASTVT}(P)=\{a\}$$
$$\text{LASTVT}(Q)=\{b\}$$
$$\text{LASTVT}(R)=\{a\}$$

5.2.3 算符优先分析法实现的理论探讨

在直观地介绍了算符优先分析法的基本思想和算法的基础上,下面进一步讨论算符优先分析法实现的理论根据。也就是考察算符优先分析法这种自下而上的分析过程中,其所归约的"可归约串"的形式化定义。

定义 5.8(素短语)

设文法 G 是一个算符文法,β 是句型 $\alpha\beta\delta$ 关于 A 的短语且 β 至少含有一个终结符号,并且除自身外不再含有任何更小的带终结符号的短语,则 β 是句型 $\alpha\beta\delta$ 关于 A 的素短语。

定义 5.9(最左素短语)

文法 G 的句型 α 的最左边的素短语为最左素短语。

要注意的是,素短语和最左素短语皆是定义在算符文法所产生的句型基础之上的。

【例 5-8】 设文法(5.8)

$$\begin{cases} G(E): E\rightarrow E+T\mid T \\ T\rightarrow T*F\mid F \\ F\rightarrow (E)\mid i \end{cases} \tag{5.8}$$

对给定的文法 $G(E)$ 的句型 $T+T*F+i$ 给出其素短语及最左素短语。

据短语的定义，句型 $T+T*F+i$ 的短语是 $T+T*F+i$，$T+T*F$，$T*F$，i 和 T。这些短语中，哪些是素短语呢？据定义 5.8 知，素短语要包含终结符号且不能包含其他素短语，所以，$T+T*F+i$ 不是素短语，因为它包含短语 i。同样，$T+T*F$ 包含素短语 $T*F$，故也不是素短语。而 T 虽然不包含其他短语，但它不包含终结符号，故不是素短语。而 $T*F$ 和 i 完全符合素短语的定义，是句型 $T+T*F+i$ 的素短语。而且 $T*F$ 是最左素短语。画出该句型的分析树，可以更直观、方便地找出句型的短语、素短语及最左素短语，如图 5-8 所示。

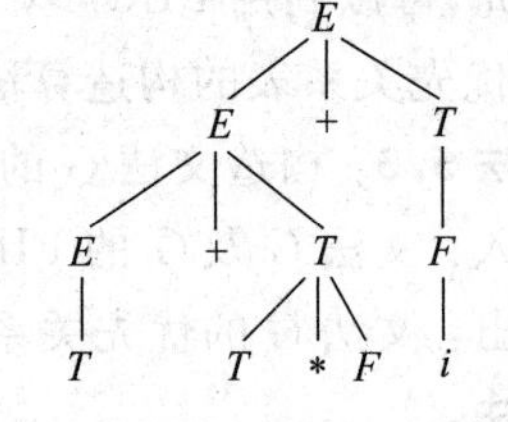

图 5-8　句型 $T+T*F+i$ 的分析树

从算符优先文法定义出发，对任何算符优先文法其句型的一般形式为：

$\# N_1 a_1 N_2 a_2 \cdots N_n a_n N_{n+1} \#$

其中，每个 $a_i \in V_T$，$N_j \in V_N$ 且可有可无。

关于最左素短语有下述定理。

定理 5.1

一个算符优先文法 G，其任何句型的最左素短语是满足下列条件的最左子串

$N_j a_j \cdots N_i a_i N_{i+1}$（其中：$a_k \in V_T (j \leqslant k \leqslant i)$；$N_k$ 是可有可无的 V_N）

$$a_{j-1} \lessdot a_j$$

$$a_j \doteq a_{j+1}, \cdots, a_{i-1} \doteq a_i$$

$$a_i \gtrdot a_{i+1}$$

由算符优先文法句型的特点知，出现在 a_i 右端和 a_j 左端的非终结符一定属于该素短语。定理 5.1 为在归约过程中寻找、确定最左素短语提供了依据。

以例 5-8 中的文法 $G(E)$ 为例，证明在算符优先分析过程中如何寻找并归约当前句型的最左素短语，也就是说，算符优先分析法中所要归约的“可归约串”即为最左素短语，而优先关系用于决定“可归约串”的选择，这亦是算符优先分析法实现的实质所在。文法(5.8)的优先关系表如表 5-6，对句型 $T+T*F+i$ 的分析过程参见表 5-7。

表 5-6　文法(5.8)的优先关系表

	+	*	(	)	i	#
+	⋗	⋖	⋖	⋗	⋖	⋗
*	⋗	⋗	⋖	⋗	⋖	⋗
(	⋖	⋖	⋖	≐	⋖	
)	⋗	⋗		⋗		⋗
i	⋗	⋗		⋗		⋗
#	⋖	⋖	⋖		⋖	≐

上述归约过程中，每步所归约的当前句型的最左子串就是句型的最左素短语，且恰好是关系一栏中最左端的“⋖”和“⋗”所括起来的算符所对应的终结符串，加上前后的非终结符与定理 5.1 完全吻合。由分析过程可见，最左素短语是与终结符间的优先关系相关的，由于非终结符对归约没有影响，甚至对非终结符可直接跳过不进行归约，故跳过的非终结符可不

进符号栈，如上面分析过程第二步将 $T+T$ 直接归约到 E，而不是将 $T+T$ 中的第一个 T 先用 E 归约，第四步中对 F 的归约也跳过了。可见，算符优先分析法的实现效率是较高的，但是对文法的产生式有一些特殊要求。

表 5-7　句型 $T+T*F+i$ 的分析过程

步　骤	句　　型	关　　系	最左素短语	归约符号
1	$\#T+T*F+i\#$	$\#\lessdot+\lessdot*\gtrdot+\lessdot i\gtrdot\#$	$T*F$	T
2	$\#T+T+i\#$	$\#\lessdot+\gtrdot+\lessdot i\gtrdot\#$	$T+T$	E
3	$\#E+i\#$	$\#\lessdot+\lessdot i\gtrdot\#$	i	$F(T)$
4	$\#E+F\#$	$\#\lessdot+\gtrdot\#$	$E+T$	E

由例 5-8 分析及定理 5.1 知，可以修改并简化算符优先分析器的总控程序，使之仅使用一个符号栈 OPTR 即可，参见算法 5.4。

算法 5.4：算符优先分析器的总控程序

输入：文法 G、文法 G 的优先关系表和输入符号串

输出：输入符号串的算符优先分析结果

算法：

(1) 初始化工作。将"#"压入 OPTR 栈，栈顶指针 k=1。
(2) 当前输入符号⇒a。
(3) 比较 a 与符号栈顶项 b($b\in V_T$)的优先级；
　　若 $b\lessdot a$ 或 $b\doteq a$ 转(4)；
　　若 $b\gtrdot a$ 转(5)。
(4) a 入栈，k++，转(2)。
(5) 在栈中寻找满足 $b_{n+1}\lessdot b_n\doteq b_{n-1}\cdots\doteq b_1\gtrdot a$ 的 b_n，即寻找最左素短语的头。
(6) 将 $b_nb_{n-1}\cdots b_1$ 及有关的非终结符归约到 Q，Q 入栈。
(7) 若栈中为#S 与 a="#"，则 end，否则转(3)。

【例 5-9】　设有文法(5.9)

$$\begin{cases} G(Z):\ Z\rightarrow aMb \\ M\rightarrow (L|c \\ L\rightarrow c) \end{cases} \tag{5.9}$$

文法 $G(Z)$的优先关系表如表 5-8 所示。用算法 5.4 对文法 $G(Z)$的句子 $a(c)b$ 的分析参见表 5-9。

表 5-8　文法(5.9)的优先关系表

	a	b	c	(	)	#
a		$\doteq$	$\lessdot$	$\lessdot$		
b						$\gtrdot$
c		$\gtrdot$			$\doteq$	
(		$\gtrdot$	$\lessdot$			
)		$\gtrdot$				$\doteq$
#	$\lessdot$					

表 5-9　文法(5.9)的句子 $a(c)b$ 的分析

步　骤	符号栈	优先关系	(a)	输入字符串	分析动作
1	#	⋖	a	$a(c)b$#	初始化,push(a)
2	#a	⋖	(	$(c)b$#	push(()
3	#$a($	⋖	c	$c)b$#	push(c)
4	#$a(c$	≐	)	$)b$#	push())
5	#$a(c)$	⋗	b	b#	用 $L\to c)$ 归约
6	#$a(L$	⋗	b	b#	用 $M\to(L$ 归约
7	#aM	≐	b	b#	push(b)
8	#aMb	⋗	#	#	用 $Z\to aMb$ 归约
9	#Z		#		分析成功,结束

5.2.4　优先函数表的构造

在实际实现算符优先分析法时,一般不用矩阵形式的优先关系表,而是使用优先函数表。这是因为,优先关系表以矩阵形式进入存储空间,对于一个 100 阶的优先矩阵,其元素有 10000 个(每个元素要占据一定的空间),则会影响分析器的效率。通常把优先关系表转换成优先函数表的做法称为优先矩阵线性化。

所谓优先函数表是引入两个优先函数 f 和 g。其中 $f(\theta)$称为栈内优先函数,$g(\theta)$ 称为比较优先函数(栈外优先函数)。将每个终结符号与两个自然数 $f(\theta)$ 和 $g(\theta)$ 相对应,$f(\theta)$,$g(\theta)\in$\{自然数\},则可有下列优先关系:

若 $\theta_1 \lessdot \theta_2$,则 $f(\theta_1)<g(\theta_2)$;

若 $\theta_1 \doteq \theta_2$,则 $f(\theta_1)=g(\theta_2)$;

若 $\theta_1 \gtrdot \theta_2$,则 $f(\theta_1)>g(\theta_2)$。

依据上述原则,给出文法 $G(E)$的优先函数表如表 5-10 所示。

表 5-10　文法 $G(E)$的优先函数表

	+	−	*	(	)	i	#
f	2	2	4	0	5	5	0
g	1	1	3	6	0	6	0

这样,算符优先分析法的控制算法中 θ 与 a 的比较可用优先函数代替,这既便于作比较运算,又能节省存储空间。但是,使用优先函数表的算符优先分析法虽然实现容易,但也存在一些问题,例如,原来不存在优先关系的两个终结符,由于与自然数相对应,而变成可比较了,因而会掩盖输入字符串的某些错误。但是,错误检测能力的损失没有严重到使分析结果出错,如在归约时没有发现"可归约串"仍然报错。

当然,可以通过检查栈顶符号 θ 和输入符号 a 的具体内容来发现那些原先不可比较的情况。针对具体的语言,还可以补充和修改算法。

在前面介绍了优先关系表自动生成的原理和实现算法的基础上，介绍一种优先矩阵线性化的方法，即将矩阵形式的优先关系表构造成等价的优先函数表。

但是，优先关系表并非与优先函数表一一对应。有许多优先关系表不存在优先函数，故也无法将其构造成优先函数表。例如，对表5-11所示的优先关系表。

若假定存在函数 f 和 g，则应有

$$f(a)=g(a),\quad f(a)>g(b)$$
$$f(b)=g(a),\quad f(b)=g(b)$$

按此假设，会导致如下矛盾

$$f(a)>g(b)=f(b)=g(a)=f(a)\Rightarrow f(a)>f(a)$$

表5-11 优先关系表

	a	**b**
a	≐	⋗
b	≐	≐

显然，该优先关系表的优先函数不存在。

另外，还应注意的是，由于优先函数用自然数来表示，则对应某个优先关系表的优先函数不是唯一的。显然，只要优先函数有一组存在，就存在无穷多组，即优先函数不唯一。

采用有向图法来实现优先矩阵线性化。下面给出一个由矩阵形式的优先关系表构造优先函数表的方法，如算法5.5所述。

算法5.5：构造优先函数表

输入：文法 G 的优先关系表

输出：与文法 G 的优先关系表等价的优先函数表或不存在优先函数

算法：

(1) 设 a(或#)$\in V_T$，对文法 G 的每个 a 建立两个符号 f_a 和 g_a。

(2) 将所有 f_a 与 g_a 组成的集合分为若干组，即若 a≐b，则 f_a 和 g_b 在同一组。

(3) 设在第(2)步中建立的每个组为一个结点，画一张能包含所有结点的有向图。即对于优先关系表中的优先关系按下列规则作图：

对任何 a 和 b，若 a⋖b，则从 g_b 所在的组画一有向弧到 f_a 所在的组；若 a⋗b，则从 f_a 所在的组画一有向弧到 g_b 所在的组；若 a≐b，则表示从 f_a 到 g_b 和从 g_b 到 f_a 各有一有向弧。

(4) 对图中每个结点赋一个整数，该整数是从此结点出发沿有向弧前进能到达的结点数，即此结点值。

(5) 检查构造的优先函数，是否与优先关系表相矛盾的，若无矛盾则构造的优先函数表成立，否则优先函数不存在。

【例5-10】 设有文法(5.10)

$$G(S):\ S\rightarrow aSb\,|\,ab \tag{5.10}$$

试构造文法 $G(S)$ 的优先函数表。

构造文法 $G(S)$ 的优先关系如表5-12所示。

表5-12 文法(5.10)优先关系表

	a	**b**
a	⋖	≐
b		⋗

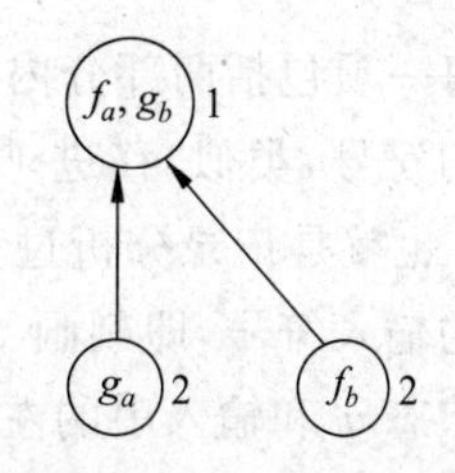

图5-9 构造文法(5.10)的优先函数的方向图

据算法 5.5 构造该优先关系表对应的方向图如图 5-9 所示。从图 5-9 得到的优先函数如表 5-13 所示。

表 5-13 文法 $G(S)$ 优先函数表

	a	b
f	1	2
g	2	1

检查构造的优先函数：

对 $a \lessdot a$，$f(a)<g(a)$ 有 $1<2$；

对 $a \doteq b$，$f(a)=g(b)$ 有 $1=1$；

对 $b \gtrdot b$，$f(b)>g(b)$ 有 $2>1$。

因此，优先函数存在。

5.3 LR 分析

5.3.1 LR 分析法与 LR 文法

LR 分析法是目前编译程序的语法分析中最常用且有效的自下而上的分析技术，能适用于绝大多数上下文无关语言分析，理论上也比较完善，适用于语法分析器的自动构造。LR 分析法亦不像前面所介绍的几种语法分析方法，对相应的文法都有一定的要求和限制，因此在使用上都有一定的局限性。而 LR 分析则对文法限制较少。

1. LR 分析与 LR 分析器

LR 泛指一类自左至右（“L”：Left-to-right）对输入串进行扫描且自下而上分析（“R”：分析过程构成最右推导的逆序）的方法。LR 分析的过程是规范归约的序列。采用 LR 方法构造的语法分析程序统称 LR 分析器。

1965 年，D. Knuth 首先提出了 LR(k)文法及 LR(k)分析。所谓 LR(k)分析，是指从左至右扫描输入串并进行自下而上的语法分析，且在分析的每一步，只需根据分析栈当前已移进和归约出的全部文法符号，再向前查看 k 个输入符号，就能确定适合于文法规则的句柄是否已在分析栈顶部形成，从而可以确定当前的分析动作。

首先介绍 LR 分析器的逻辑结构及工作过程，然后具体介绍 4 种 LR 分析器的构造方法。在逻辑上，LR 分析器的结构如图 5-10 所示。它有一个输入串，这是 LR 分析器处理的对象，有一个下推分析栈，以及一个 LR 分析总控程序和 LR 分析表。LR 分析器在总控程序的控制下自左至右扫描输入串，并根据当前分析栈顶所存放的文法符号状态及当前扫描读入的符号，依据 LR 分析表的指示完成分析动作。其中：

(1) 分析栈

分析栈每一项包括两部分内容，即状态符号 q_i 和文法符号 X_i。X_i 表示在分析过程中移进或归约的符号，类似“移进-归约”分析中符号栈的项。状态 q_i 概括了栈中位于 q_i 下边的全部信息，也就是记录分析过程从开始到某一归约阶段的整个分析历程并预测继续扫描可能会遇到的输入符号，即刻画了分析过程的“历史”情况和“展望”信息。分析开始时，分析栈压入初始状态 q_0 和输入串的左界符“#”。q_0 唯一刻画了栈内当前仅有一个符号“#”的事实和预示将扫描的输入字符应刚好是可作为句子首符号的那些符号。类似地，状态 q_i 刻画了分析栈中已存有的符号串 $\# X_1 \cdots X_i$ 的情况及对当前可能扫描到的输入符号的预测。

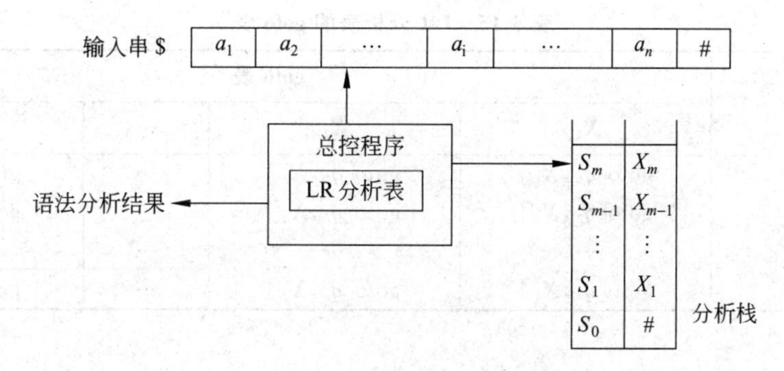

图 5-10 LR 分析器逻辑结构示意图

例如，设有如下文法 $G(E)$。$G(E)$的 LR 分析表如表 5-27。

① $E \rightarrow E+E$

② $E \rightarrow E*E$

③ $E \rightarrow (E)$

④ $E \rightarrow i$

对当前输入串 $i+i*i$ 扫描到第二个 i 时，分析栈呈现如下情况：

→ 7	E
4	+
1	E
0	#

则当前分析栈栈顶状态 7 不仅表示迄今已扫描过的输入符号 $i+i$ 已归约成 $\#E+E$ 这个历史情况，且还含有这样的预测，若输入串无语法错误，则继续扫描的后续输入符号仅可能是“+”，“*”，“)”和“#”之一，显然，对栈顶状态 7，若下一步扫描读入符号为“*”，则将“*”移入栈中，若为“+”，“)”或“#”时，应将 $E+E$ 归约到 E。由此可见，分析过程中知道了当前栈顶状态 q_i 和正扫描的符号，就知道了当前分析所需要的信息和条件，从而可唯一确定当前的分析动作。这种根据分析过程的“历史”和“展望”信息来决定当前分析动作的思想是很有哲理的。

(2) LR 分析表

LR 分析表是 LR 分析器的核心。分析表由两个子表构成，即动作表(action 表)和状态转换表(goto 表)，也称为动作函数 action 和转换函数 goto，LR 分析即由这两个表来驱动。两个表的结构如表 5-14 和表 5-15 所示。

表 5-14 LR 分析表的 action 表

状 态	action 表			
	a_1	a_2	…	a_n
q_1	action[q_1, a_1]	action[q_1, a_2]	…	action[q_1, a_n]
q_2	action[q_2, a_1]	action[q_2, a_2]	…	action[q_2, a_n]
…	…	…	…	…
q_n	action[q_n, a_1]	action[q_n, a_2]	…	action[q_n, a_n]

表 5-15　LR 分析表的 goto 表

状 态	goto 表			
	X_1	X_2	…	X_n
q_1	goto[q_1, X_1]	goto[q_1, X_2]	…	goto[q_1, X_n]
q_2	goto[q_2, X_1]	goto[q_2, X_2]	…	goto[q_2, X_n]
…	…	…	…	…
q_n	goto[q_n, X_1]	goto[q_n, X_2]	…	goto[q_n, X_n]

其中：

① goto 表。

状态转换表的元素 goto[q_m, X_i]是一个状态，它表示根据栈顶状态 q_m 和面临的符号 X_i($X_i \in V_N$)时转移到的下一个状态。例如，若有 goto[q_i, X_j]$=k$，表示当前栈顶状态为 q_i 和符号为 X_j 时转移到的下一个状态为 k。

② action 表。

动作表的元素 action[q_m, a_i]表示栈顶当前状态为 q_m 和当前输入符号为 a_i($a_i \in V_T$)时完成的分析动作。具体的分析动作可分为 4 类，即 action[q_m, a_i]可能的值为：移进、归约、接受或出错。

(i)"移进"。即 action[S_m, a_i]='S_j'(这里 S_m 和 S_j 中的 m, j 为状态编号)，它表示当前栈顶状态为 S_m，当前输入符号为 a_i 时，将 a_i 和状态 j 移进分析栈顶。"移进"分析动作表示句柄尚未在分析栈顶形成，正期待继续移进符号以形成句柄。

例如，设在分析中某步分析栈和输入字符串 \$ 的格局如下：

分析栈　$S_0S_1 \cdots S_m$　$\#X_1 \cdots X_m$　　$\$: a_ia_{i+1} \cdots a_n\#$

以当前栈顶状态 S_m 和当前输入符号 a_i 作为符号对(S_m, a_i)查 action 表，设 action [S_m, a_i]$=S_{m+1}$，则分析动作是将 a_i 和编号为 $m+1$ 的状态 S_{m+1} 移进栈顶，则有如下格局：

分析栈　$S_0S_1 \cdots S_mS_{m+1}$　$\#X_1 \cdots X_ma_i$　　$\$: a_{i+1} \cdots a_n\#$

(ii) 归约。即 action[S_m, a_i]='r_j'(r_j 指按文法的第 j 个产生式进行归约)时，它表示当前栈顶状态为 S_m，当前输入符号为 a_i 时，用第 j 个产生式归约。设第 j 个产生式为

$$A \rightarrow X_{m-r+1}X_{m-r+2} \cdots X_m$$

分析动作为"归约"时，表明当前分析栈顶部的符号串 $X_{m-r+1} \cdots X_m$ 已形成当前句型的句柄，要立即进行归约。归约的具体实现是将分析栈自顶向下的 r 个符号弹出，将 A 压入栈。

例如，设在分析中某步分析栈和输入字符串 \$ 的格局如下：

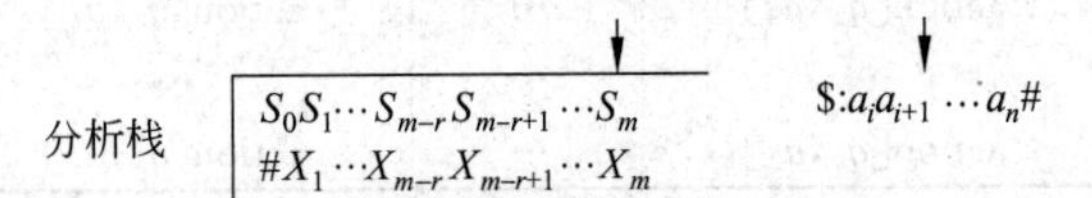

以 action[S_m, a_i]='r_j'为依据归约后，使分析栈及输入串的格局变化如下：

分析栈
$S_0S_1 \cdots S_{m-r}$
$\# X_1 \cdots X_{m-r} A$
$\$: a_i a_{i+1} \cdots a_n \#$

接下来再以(S_{m-r},A)查 goto 表，有 goto[S_{m-r},A]=S_k，则将 S_k 压入栈。此时分析栈及输入串 $ 的格局变化如下：

分析栈
$S_0S_1 \cdots S_{m-r}S_k$
$\# X_1 \cdots X_{m-r} A$
$\$: a_i a_{i+1} \cdots a_n \#$

(iii) 接受。即 action[S_m, a_i]='acc'('acc'表示接受)时，表示当前输入 $ 串已经归约到文法的开始符号，分析成功，终止分析器工作。

(iv) 出错。即 action[S_m, a_i]='error'表示出错程序(本书中也用空白表示)，分析动作“出错”表示当前输入串 $ 中有语法错误，调用相应的出错处理程序。

(3) 总控程序

总控程序即是 LR 分析算法，具体描述如算法 5.6。

算法 5.6：LR 分析算法

输入： LR 分析表和输入符号串 $

输出： 若 $ 是句子，得到 $ 的自下而上分析，否则报错

算法：

```
(1) 分析开始，将初始状态 S0及输入串$ 左界符“#”推入分析栈。
(2) 对分析的某一步，据当前分析栈栈顶 Sm，当前输入符号 ai查 action 表。
    (i) 若 action[Sm,ai]=Sj，完成移进动作。
    (ii) 若 action[Sm,ai]=rj，完成归约动作(注：包括后续查 goto 表执行的操作)。
    (iii) 若 action[Sm,ai]=acc，分析成功。
    (iv) 若 action[Sm,ai]=error，出错处理。
(3) 转(2)。
```

对于输入串 $ 的分析成功，其最终的分析栈和输入串 $ 格局应为

分析栈
S_0S_1
$\# Z$
$\$: \#$

其中 Z 为文法的开始符号；S_1 为“接受”对应的唯一状态。

由算法 5.6 可窥见 LR 分析的动态工作过程，从宏观上看，是分析栈中的状态序列、文法符号序列及输入串 $ 构成的三元式的不断变化过程。

通过具体例子，进一步熟悉 LR 分析器的功能。

【例 5-11】 设有文法(5.11)

$$G(L):\begin{cases} ① L\rightarrow E,L \\ ② L\rightarrow E \\ ③ E\rightarrow a \\ ④ E\rightarrow b \end{cases} \tag{5.11}$$

文法(5.11)的 LR 分析表如表 5-16 所示。

表 5-16　文法(5.11)的 LR 分析表

状 态	action 表				goto 表	
	a	***b***	,	#	***E***	***L***
0	S_3	S_4			2	1
1				acc		
2			S_5	r_2		
3			r_3	r_3		
4			r_4	r_4		
5	S_3	S_4			2	6
6				r_1		

以输入串"a,b,a"为例,给出 LR 分析器的分析过程见表 5-17。

表 5-17　输入串"*a*,*b*,*a*"的分析过程

步　骤	栈中状态	栈中符号	输入符号串	分 析 动 作
1	0	#	a,b,a#	S_3
2	03	#a	,b,a#	r_3(用规则③归约)
3	02	#E	,b,a#	S_5
4	025	#E,	b,a#	S_4
5	0254	#E,b	,a#	r_4(用规则④归约)
6	0252	#E,E	,a#	S_5
7	02525	#E,E,	a#	S_3
8	025253	#E,E,a	#	r_3(用规则③归约)
9	025252	#E,E,E	#	r_2(用规则②归约)
10	025256	#E,E,L	#	r_1(用规则①归约)
11	0256	#E,L	#	r_1(用规则①归约)
12	01	#L	#	acc

从上述分析过程可知,其依次归约的句柄是:$\underline{a}$、$\underline{b}$、$\underline{a}$、$\underline{E}$、$\underline{E,L}$、$\underline{E,L}$,这恰是规范推导的逆序,可见 LR 分析是规范归约。

由上述讨论看出 LR 分析的基本思路是很合乎逻辑和巧妙的。它引入状态,状态则埋伏了分析的“历史”和“展望”信息。而且可以看出，LR 分析法的关键是分析表，即对不同的文法，LR 分析算法都是不变的，唯一的区别是 LR 分析表的内容不同。所以，构造不同的 LR 分析器的关键是 LR 分析表的构造，在后面的几节中将研究几类 LR 分析器的分析表的构造。

2. LR 文法

定义 5.10(LR 文法)

一个文法 G，若能构造文法 G 的 LR 分析表，并使它的每一入口是唯一确定的，则文法 G 称为 LR 文法。

定义 5.11(LR(k)文法)

一个文法 G，若每步最多向前查看 k 个输入符号，就能唯一决定当前分析动作，从而按 LR 方法进行分析，则称文法 G 为 LR(k)文法。

LR(k)是从分析过程“展望”步骤的角度来定义的。我们往往仅考虑 $k=0$ 或 1 的情况，这对于流行的大多数程序设计语言来说足以适用。

要注意的是，尽管 LR 分析具有广泛的应用，且现今的多数程序设计语言都可以用 LR 文法进行描述，但确实存在一些非 LR 文法，无法用 LR 方法进行分析。

这里不加证明地给出如下结论：

任何 LR(k)文法都是无二义性的文法，任何二义性文法都不是 LR(k)文法。但对某些二义性文法而言，可借助于对 LR 分析技术的修改及对二义性文法施加一些规定，来克服分析表中所含的冲突动作，而使 LR 分析适用于这些二义文法。

5.3.2 LR(0)分析及 LR(0)分析表的构造

1. LR(0)分析的实现思想

据前述 LR(k)的定义，可知 LR(0)分析是仅仅根据当前分析栈顶状态(该状态记录着已进行过的分析历史情况)而不需从当前输入字符串再向前查看输入符号，来决定当前的分析动作。也就是说 LR(0)分析的实现是基于只根据“历史”资料即可决定当前分析栈是否已构成句柄，从而确定分析动作。

各类 LR 分析的实现思想是相同的，为了最终给出构造各类 LR(k)分析表的算法，从理论上阐明 LR 的实现思想，我们以 LR(0)分析为线索，首先引入一些重要的概念、术语和定义。

(1) 规范句型的活前缀

定义 5.12

规范句型的一个不含句柄之后任何符号的前缀，称为该句型的一个活前缀。

注意，活前缀所属的句型一定是经规范推导得到的句型。从例 5-11 中 LR 分析器对输入串“a,b,a”的分析过程可以看出，如果所分析的输入串没有语法错误，则在分析的每一步，若将分析栈中已移进和归约出的全部文法符号与扫描余留的输入串拼接起来，就形成所给语法的一个规范句型。而且在分析的每一步，如果已被扫描的输入串无语法错误，则分析栈中全部文法符号应是某一规范句型的活前缀。不难看出，活前缀的特点是它不含句柄之右的任何符号。这对LR分析是一个重要的概念，意味着，只要在活前缀右边再加上一些符号(包括ε)，就可构成一个特殊的最长活前缀，这个活前缀恰好含有句柄。

例如，例5-11中文法$G(L)$的句子"a,b,a"分析的第10步，分析栈中已移进和归约的文法符号是"E,E,L"，扫描的余留字符串为ε并后接为"E,E,L"，刚好形成文法$G(L)$的一个规范句型($L \Rightarrow E,L \Rightarrow E,E,L$)，该句型的句柄为"$E,L$"，栈中符号串为"$E,E,L$"，则此句型的活前缀为"ε"，"$E$"，"$E,$"，"$E,E$"，"$E,E,$"，"$E,E,L$"，而最长活前缀"$E,E,L$"是恰好含有句柄"$E,L$"的活前缀，是一个特殊的含有可归约串的活前缀，出现时可立即对句柄进行归约。

由此可见，一个LR分析器的工作过程，是一个逐步产生文法G的规范句型的活前缀的过程。也就是在分析过程中，必须使分析栈中符号始终是活前缀，然后通过对余留符号串的继续扫描，逐步在分析栈中构成最长活前缀，此时分析栈顶部形成句柄，可立即归约。所以，分析过程中句柄的确定是通过寻找规范句型的活前缀来实现的，可从寻找活前缀入手，来确定句柄和分析动作，从而构造出LR分析表。

(2) LR(0)项目与LR(0)项目集规范族

如前所述，在一个规范句型的活前缀中，决不会含有句柄右边的任何符号。因此，活前缀与句柄间的关系不外乎有3种情况：

① 活前缀中已含有句柄的全部符号，这是一个特殊活前缀，通常称为可归前缀。

② 活前缀中只含有句柄的一部分符号。

③ 活前缀中不包含句柄的任何符号。

第一种情况表明，此时某一产生式$A \rightarrow \beta$的右部符号串β已出现在栈顶，分析动作应是用该产生式进行归约。第二种情况意味着形如$A \rightarrow \beta_1\beta_2$的产生式的左子串$\beta_1$已出现在栈顶，正期待着从余留输入串中看到由$\beta_2$推出的符号串。而第三种情况则意味着，期望从余留输入串中看到某一产生式$A \rightarrow \alpha$中的α符号串。这几种情况可以用LR(0)项目来表示。

定义5.13(LR(0)项目)

在文法G的每个产生式的右部(候选式)的任何位置上添加一个圆点，所构成的每个产生式称为LR(0)项目。

约定：若产生式形为$A \rightarrow \varepsilon$，则其LR(0)项目为：$A \rightarrow \cdot$。

【例5-12】 设文法(5.12)

$$G(S): S \rightarrow A \mid B \qquad A \rightarrow aA \mid b \mid \varepsilon \qquad B \rightarrow c \tag{5.12}$$

则$G(S)$的LR(0)项目有

$S \rightarrow \cdot A$　$S \rightarrow A \cdot$　$S \rightarrow \cdot B$　$S \rightarrow B \cdot$　$A \rightarrow \cdot aA$　$A \rightarrow a \cdot A$

$A \rightarrow aA \cdot$　$A \rightarrow \cdot b$　$A \rightarrow b \cdot$　$A \rightarrow \cdot$　$B \rightarrow \cdot c$　$B \rightarrow c \cdot$

从直观意义上讲，一个LR(0)项目指明了在分析过程中的某一步产生式的多大部分被识别，LR(0)项目中的圆点可看成是分析栈栈顶与输入串的分界线，圆点左边为已进入分析栈的部分，右边是当前输入或继续扫描的符号串。

不同的LR(0)项目，反映了分析栈的不同情况。我们根据LR(0)项目的作用不同，将其分为4类：

(1) 归约项目

形式：$A \rightarrow \alpha \cdot$

这类LR(0)项目表示句柄α恰好包含在栈中，即当前栈中符号正好为可归前缀，应按

$A \to \alpha$ 进行归约。

(2) 接受项目

形式：$S' \to \alpha \cdot$

其中 S' 是文法唯一的开始符号。这类 LR(0)项目实际是特殊的归约项目，表示分析栈中内容恰好为 α，用 $S' \to \alpha$ 进行归约，则整个分析成功。

(3) 移进项目

形式：$A \to \alpha \cdot a\beta \quad (a \in V_T)$

这类 LR(0)项目表示分析栈中是不完全包含句柄的活前缀，为构成可归前缀，需将 a 移进分析栈。

(4) 待约项目

形式：$A \to \alpha \cdot B\beta \quad (B \in V_N)$

这类 LR(0)项目表示分析栈中是不完全包含句柄的活前缀，为构成可归前缀，应先把当前输入字符串中的相应内容先归约到 B。

例如，对例 5-12 的文法(5.12)的所有 LR(0)顺序编号，并保证接受项目的唯一，先将文法进行拓广，引入一个新的开始符号 S'，则拓广后的文法 $G(S)'$ 为：

$$
\begin{aligned}
& S' \to S \\
& S \to A \mid B \\
& A \to aA \mid b \mid \varepsilon \\
& B \to c
\end{aligned}
$$

则 $G(S)'$ 的 LR(0)项目如下：

1. $S' \to \cdot S$	7. $A \to \cdot aA$	13. $B \to \cdot c$
2. $S' \to S \cdot$	8. $A \to a \cdot A$	14. $B \to c \cdot$
3. $S \to \cdot A$	9. $A \to aA \cdot$	
4. $S \to A \cdot$	10. $A \to \cdot b$	
5. $S \to \cdot B$	11. $A \to b \cdot$	
6. $S \to B \cdot$	12. $A \to \cdot$	

其中 2,4,6,9,11,12,14 为归约项目；2 为接受项目；1,3,5,8 为待约项目；7,10,13 为移进项目。

在给出 LR(0)项目的定义和分类之后，从这些 LR(0)项目出发，来构造能识别文法所有可归前缀的有限自动机。其步骤是，首先构造能识别文法所有可归前缀的非确定的有限自动机，再将其确定化和最小化，最终得到所需的确定的有限自动机。

由文法 G 的 LR(0)项目构造识别文法 G 的所有可归前缀的非确定有限自动机的方法为：

① 规定含有文法开始符号的产生式(设 $S' \to A$)的第一个 LR(0)项目(即 $S' \to \cdot A$，可称为基本项目)为 NFA 的唯一初态。

② 令所有 LR(0)项目分别对应 NFA 的一个状态且 LR(0)项目是归约项目的对应状态为终态。

③ 若状态 i 和状态 j 出自同一文法 G 的产生式且两个状态 LR(0)项目的圆点只相差一个位置，即：

若i为　$X \to X_1X_2 \cdots X_{i-1} \cdot X_i \cdots X_n$

　j为　$X \to X_1X_2 \cdots X_i \cdot X_{i+1} \cdots X_n$

则从状态i引一条标记为X_i的弧到状态j。且有：

若$X_i \in V_N$，则从状态i引ε弧到所有$X_i \to \cdot r$的状态。

【例 5-13】 设文法(5.13)

$$G(S') : S' \to A \quad A \to aA \mid b \tag{5.13}$$

构造识别文法$G(S')$的所有可归前缀的NFA。

首先，给出文法$G(S')$的LR(0)项目：

(1) $S' \to \cdot A$　　　　(5) $A \to b \cdot$

(2) $A \to \cdot aA$　　　　(6) $S' \to A \cdot$

(3) $A \to a \cdot A$　　　　(7) $A \to aA \cdot$

(4) $A \to \cdot b$

按上述构造方法得到的NFA的状态图如图5-11(a)所示。其状态用LR(0)项目对应的编号命名后的NFA如图5-11(b)所示。

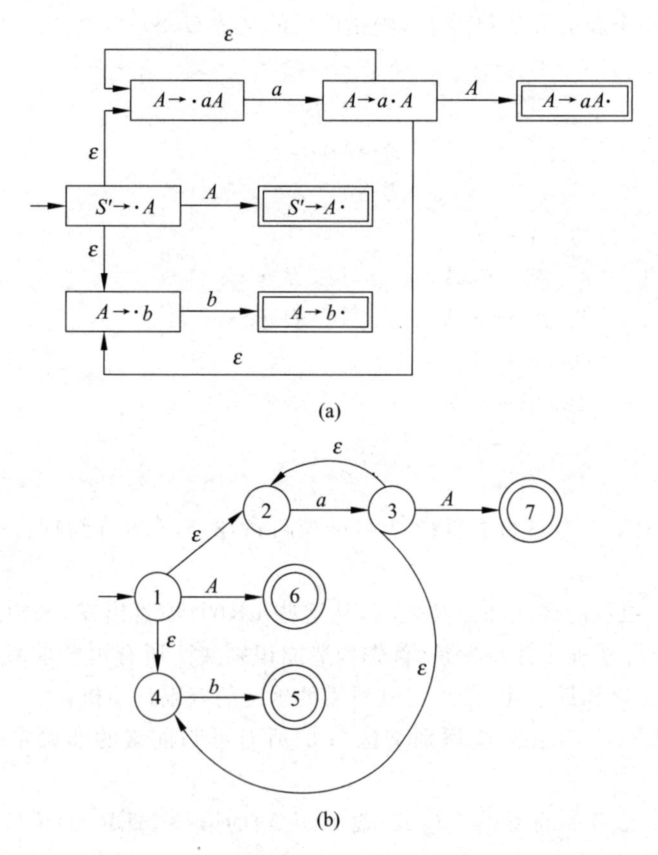

图5-11　识别文法(5.13)可归活缀的NFA

考虑这个NFA怎样识别文法(5.13)的可归前缀，即怎样知道哪个活前缀刚好含有句柄。以输入串“ab”为例，可知，句型ab归约的第一步句柄为b，则输入串ab的活前缀是ε，a，ab。因为从NFA的初态1出发经ε，a，ε，b到达状态5，此状态为NFA的终态，目前活前

缀 ab 已含有全部句柄，状态 5 对应的 LR(0)项目为归约项目。由此可见，对输入串“ab”的分析，第一步归约途经状态 2,3,4 到达状态 5，在这条路上到达任一状态时，则在到达它时所经过的弧上标记连接成的串都构成 ab 的活前缀。

下面，对例 5-13 得到的 NFA 确定化（见表 5-18）得到与其等价的 DFA 如图 5-12 所示。重新命名的 DFA 如图 5-12(a)所示。将 LR(0)项目代之以 DFA 的状态后得到 DFA 如图 5-12(b)所示。图 5-12(b)中的状态是 LR(0)项目的集合。

表 5-18　识别文法(5.13)可归前缀的 DFA

I	a	A	b
{1,2,4}	{3,2,4}	{6}	{5}
{3,2,4}	{3,2,4}	{7}	{5}
{6}	∅	∅	∅
{5}	∅	∅	∅
{7}	∅	∅	∅

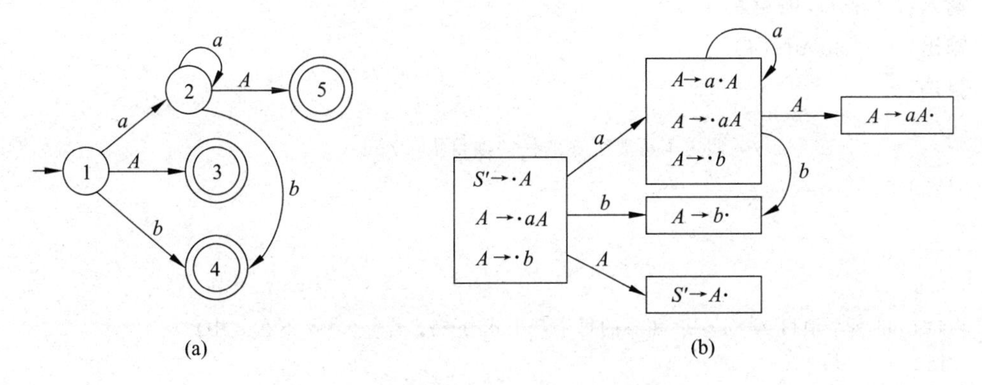

图 5-12　识别文法(5.13)可归前缀的 DFA

定义 5.14(LR(0)项目集规范族)

识别文法 G 可归前缀的 DFA 项目集的全体称为文法 G 的 LR(0)项目集规范族。如上述文法 $G(S')$ 的 LR(0)项目集规范族 C 为：

$$C=(\{S'\to\cdot A,A\to\cdot aA,A\to\cdot b\}\{A\to a\cdot A,A\to\cdot aA,A\to\cdot b\}$$
$$\{A\to b\cdot\}\{S'\to A\cdot\}\{A\to aA\cdot\})$$

由图 5-20(b)可以看出，该 DFA 由五个项目构成，其中对应状态 1,2 的项目集仅含移进项目和待约项目，而对应状态 3,4,5 的项目集仅含归约项目，请注意这个事实。

2. 构造 LR(0)项目集规范族的算法

在求出文法的全部 LR(0)项目之后，可用它来构造识别全部可归前缀的 DFA。这种 DFA 的每一个状态由若干个 LR(0)项目所组成的集合(称为项目集合)来表示，一个 DFA 的全体状态集就构成了 LR(0)项目集规范族。构造 LR(0)项目集规范族的另一种方法，可以从文法的基本项目出发，借鉴在第 2 章引进的 ε—closure 闭包运算(定义 2.28)的方法，通过对项目集施加闭包运算和求 GO 函数，来构造 LR(0)项目集规范族。

假定 I 是文法 G' 的任一项目集，则构造 I 的闭包—closure(I)的方法如下：

① I 中的每一个项目皆属于 closure(I)。

② 若形如 $A \to \alpha \cdot B\beta(B \in V_N)$ 的项目属于 I,则对文法 G' 中的任何产生式 $B \to r$ 的项目 $B \to \cdot r$ 也属于 closure(I)。

③ 重复上述步骤,直至不再有新的项目加入 closure(I)为止。

例如,对文法 $G(S')$:$S' \to A \quad A \to aA|b$

设 $I_0 = \{S' \to \cdot A\}$,则

$$\text{closure}(I_0) = \{S' \to \cdot A, A \to \cdot aA, A \to \cdot b\}$$

设 $I_1 = \{A' \to a \cdot A\}$,则

$$\text{closure}(I_1) = \{A \to a \cdot A, A \to \cdot aA, A \to \cdot b\}$$

要注意的是,在计算项目集 I 的闭包时,对 $A \to \alpha \cdot B\beta$ 这样的待约项目中的非终结符 B,若某个圆点在左边的项目 $B \to \cdot \gamma$ 加入到 closure(I)中,则非终结符 B 的所有其他圆点在左边的项目 $B \to \cdot \beta$ 也加入到同一个 closure(I)中。

算法 5.7:项目集 *I* 的 closure(*I*)

输入:文法 G,项目集 I

输出:J=closure(I)

算法:

```
                /*假定I是文法G的任一项目集*/
closure(I)
{
  J=I;
  do{
  if(J的每个项目 A→α·Bβ和 G的每个产生式 B→γ, 若 B→·γ不在 J中)
  把 B→·γ加入 J;
    }while(没有更多的项目可以加入 J);
    return J;
  }
```

下面定义 GO 函数。

定义 5.15(GO 函数)

若 I 是文法 G 的一个项目集,X 为 G 的符号,则 GO(I, X)=closure(J)。其中

$$J = \{\text{形如 } A \to \alpha X \cdot \beta \text{ 的项目} | A \to \alpha \cdot X\beta \in I\}$$

实际上,GO 函数(设 GO(I,X))反应了在 LR 分析中,若 I 中有圆点在位于 X 左边的项目:$A \to \alpha \cdot X\beta$,当分析器从输入符号串中识别出文法符号 X 后,分析器要进入的后续状态。

如对文法(5.14),设

$$I = \{S' \to \cdot A, A \to \cdot aA, A \to \cdot b\}$$

则

$$\text{GO}(I,a) = \{A \to a \cdot A, A \to \cdot aA, A \to \cdot b\}$$
$$\text{GO}(I,A) = \{S' \to A \cdot\}$$

根据 GO 函数的定义,读者可自行给出求 GO 函数的算法。

算法 5.8：基于 closure(I)和 GO 函数构造文法 G 的 LR(0)项目集规范族

输入： 文法 G 的拓广文法 G'

输出： 文法 G 的 LR(0)项目集规范族 C

算法：

```
/*设 S 是文法 G 的开始符号,则将产生式 S'→S 加入到文法 G 中构成新的文法 G',S'为文法 G'的开
   始符号,文法 G'称为文法 G 的拓广文法。拓广文法是为使接受状态易于识别*/
itemsets(G')
{
  C={closure(S'→·S)};
  do{
      if(对 C 的每个项目集 I 和文法 G'的每个文法符号 X, 若 GO(I, X) 非空且不在 C 中)
         把 GO(I , X) 加入 C 中;
     } while(没有更多的项目可以加入 C);
}
```

算法 5.8 是从文法的基本项目 $S'\rightarrow\cdot S$ 开始，求其闭包 I_0，然后通过 GO 函数求其所有的后继项目集且将其各项目集连成一个 DFA，最终求得的所有项目集存于 C 中，C 即为文法 G' 的 LR(0)项目集规范族。

3. LR(0)分析表的构造

对于一个文法，当识别其所有可归前缀的 DFA 构造出来以后，可据此直接构造 LR(0)分析表及相应的 LR 分析器，而这个 LR 分析器实质是一个带栈的确定有限状态自动机。

要提请注意的是，用前述方法所构造的 LR(0)项目集规范族中的每一个 LR(0)项目集，实际上表征了在分析过程中可能出现的一种分析状态；再据前面对 LR(0)项目的分类，则项目集中每一个项目又与另一个特定的分析动作相关。因此每一项目集中的各项目应是相容的。从项目相容的角度出发，对 LR(0)文法加以定义。

定义 5.16

若一个文法 G 的识别可归前缀的 DFA 的每一个状态不存在：① 既含移进项目又含归约项目；②含有多个归约项目；则每个状态的项目相容，称 G 是一个 LR(0)文法。

对任何一个 LR(0)文法，一定存在不含多重定义的 LR(0)分析表。下面介绍构造 LR(0)分析表的方法。

1) 从识别可归前缀的 DFA 构造 LR(0)分析表

首先通过具体例子了解识别可归前缀 DFA 与 LR 分析表的同一性。

以例 5-13 中给出的文法(5.13)为例，对识别文法(5.13)的可归前缀的 DFA(如图 5-12(b)所示)的每个项目集分别以 I_0，I_1，I_2，I_3，I_4 命名，如图 5-13 所示。

现在试用此 DFA 来代替 LR 分析表的功能来分析输入串 aab。分析初始，分析栈中压入 DFA 的初态 I_0 和字符串左界符“#”，然后从 I_0 出发，读入输入字符 a，到达 I_1 状态，状态 I_1 为移进项目，故将 a 和 I_1 压入栈，在 I_1 状态下读入 a 又到达 I_1 状态，分析动作同上一步，再从 I_1 状态读入 b 到达状态 I_2，且将 I_2 和 b 压入栈，对状态 I_2 来说，是归约状态，则说明栈中活前缀已刚好含有句柄，应进行归约。那么归约之后怎么办？回忆用分析表分析时，归约

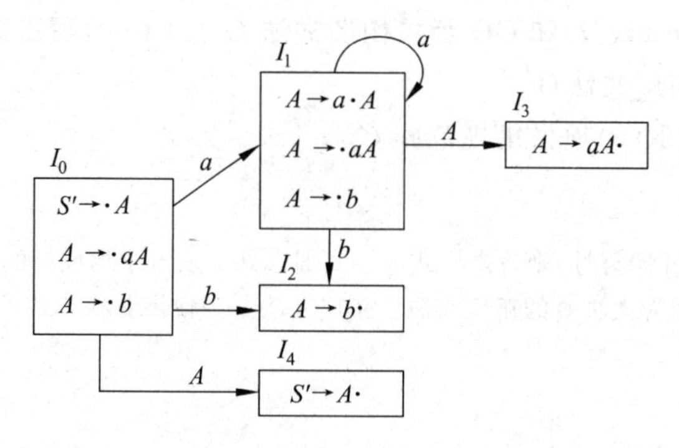

图 5-13　识别文法(5.13′)的可归前缀的 DFA

即是将栈顶若干元素退掉，将产生式左部的符号进栈，并将 goto[I,x]入栈。对此例，也应将归约的符号退掉，即将状态 I_2 和 b 退掉，压入 A。再从当前栈顶 I_1 出发经 A 到达状态 I_3，I_3入栈，I_3为归约状态，退掉 aA 和 I_3、I_1，将 A 压入栈。此时，I_1 又经 A 到达 I_3，栈顶为状态 I_3和 A，I_3为归约状态，退掉 aA 和 I_3、I_1，将 A 压入栈，此时 I_0又经 A 到达 I_4，I_4为"接受"状态，A 归约到 S'，分析成功。至此，DFA 完成了同样的 LR(0)分析工作。

下面给出从识别可归前缀活前缀的 DFA 构造 LR(0)分析表的算法 5.9。

算法 5.9：基于识别可归前缀的 DFA 构造 LR(0)分析表

输入：文法 G;文法 G 的识别可归前缀的 DFA

输出：文法 G 的 LR(0)分析表

算法：

(1) 对应分析表中 action[M,a]=S_N ($a\in V_T$)，在 DFA 中为从状态 M 出发，经过一条 a 弧到达状态 N。

(2) 对应分析表中 action[M,a]=r_n ($a\in V_T$)，在 DFA 中，应对应于归约状态，该状态中的文法产生式编号为 n。

(3) 对分析表中 goto[M,B]=S_N ($B\in V_N$)，在 DFA 中为从状态 M 出发，经过一条 B 弧到达状态 N。

(4) 对 action 表中的"acc"即对应 DFA 中的唯一终态。

2) 从 LR(0)项目集规范族和 GO 函数构造 LR(0)分析表

考虑 LR(0)项目集规范族 C 与识别可归前缀的 DFA 之间的关系，则直接从 LR(0)项目集规范族和项目集转换函数 GO 可容易地构造 LR(0)分析表。

对于 LR(0)项目集规范族 C 中的每个项目集，它对应 DFA 中的一个状态，而从 LR(0)基本项目集出发产生 C 的所有项目集是通过 GO 函数求得的，显然，GO 函数与 DFA 的关系可有：

对 GO(i, a)=j($a\in V$)，则 DFA 中有 (i) —a→ (j)。

为此，给出从 LR(0)项目集规范族 C 和 GO 函数构造 LR(0)分析表的算法 5.10。

算法 5.10：基于 C 和 GO 函数构造 LR(0)分析表

输入：文法 G;文法 G 的 LR(0)项目集规范族 C 和 GO 函数

输出：文法 G 的 LR(0)分析表

算法：

设 C={I_0,I_1,…,I_n}，每个项目集 I_k的下标 k 作为分析器的状态。

(1) 若 $GO(I_k,a)=I_j$ 且 $a\in V_T$，则置 $action[k, a]=S_j$。

(2) 若 $GO(I_k,A)=I_j$，$(A\in V_N)$，则置 $goto[k, A]=j$。

(3) 若 $A\rightarrow\alpha\cdot\in I_k$，则对所有终结符 a 和结束符"#"，置 $action[k ,a]=r_j$ 和 $action[k,\#]=r_j$。(其中假设产生式 $A\rightarrow\alpha\cdot$ 是文法第 j 个产生式)。

(4) 若 $S'\rightarrow S\cdot\in I_k$（$S'\rightarrow S$ 是文法开始符号 S′的唯一产生式），则置 $action[k, \#]=acc$。

(5) 表中空白置出错标志。

例如，对例 5-13 的文法(5.13)有 LR(0)项目集规范族为：

① $\{S'\rightarrow\cdot A, A\rightarrow\cdot aA, A\rightarrow\cdot b\}$

② $\{A\rightarrow a\cdot A, A\rightarrow\cdot aA, A\rightarrow\cdot b\}$

③ $\{A\rightarrow b\cdot\}$

④ $\{A\rightarrow aA\cdot\}$

⑤ $\{S'\rightarrow A\cdot\}$

其 GO 函数如表 5-19 所示。

表 5-19 文法(5.13)GO 函数

	a	*A*	*b*
1	2	5	3
2	2	4	3
3			
4			
5			

按算法 5.10 产生的文法(5.13)的 LR(0)分析表见表 5-20。

从表 5-20 可以看出，在 LR(0)分析中对任何归约状态，它对任何输入符号都进行归约，如表 5-20 中的状态 3,4，而且所有归约状态都只含有一个归约式，请注意此事实。

表 5-20 文法(5.13)的 LR(0)分析表

state	action 表			goto 表
	a	*b*	#	*A*
1	S_2	S_3		5
2	S_2	S_3		4
3	r_3	r_3	r_3	
4	r_2	r_2	r_2	
5			acc	

由算法 5.9 或算法 5.10 构造的分析表称为 LR(0)分析表，使用 LR(0)分析表的 LR 分析器叫做 LR(0)分析器，显然 LR(0)文法对应一无冲突的 LR(0)分析表。

【例 5-14】 设有文法(5.14)，试构造该文法的 LR(0)分析表。

$$\begin{cases} G: S\rightarrow CC & ① \\ \quad\; C\rightarrow cC & ② \\ \quad\; C\rightarrow d & ③ \end{cases} \tag{5.14}$$

文法(5.14)的识别可归前缀的 DFA 如图 5-14 所示。

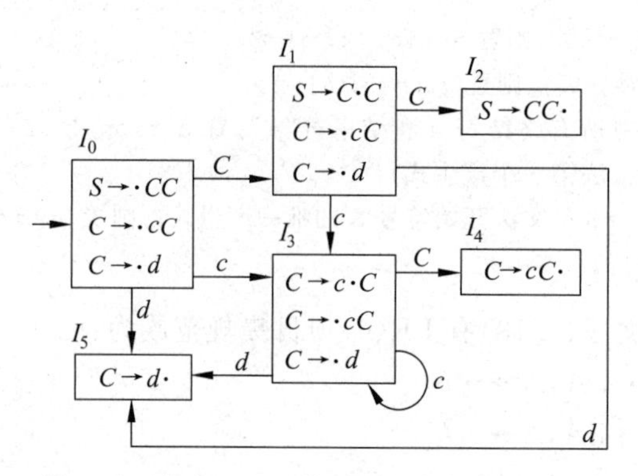

图 5-14　文法(5.14)的识别可归前缀的 DFA

文法 G 的 GO 函数和 LR(0)分析表如表 5-21 和表 5-22 所示。

表 5-21　文法(5.14)的 GO 函数

	c	d	#	C
0	3	5		1
1	3	5		2
2*				
3	3	5		4
4*				
5*				

表 5-22　文法(5.14)的 LR(0)分析表

state	action 表			goto 表
	c	d	#	C
0	S_3	S_5		1
1	S_3	S_5		2
2			acc	
3	S_3	S_5		4
4	r_2	r_2	r_2	
5	r_3	r_3	r_3	

5.3.3　SLR(1)分析及 SLR(1)分析表的构造

第 5.3.2 节讨论 LR(0)分析表的构造算法时指出，只有当文法 G 是 LR(0)文法，即文法 G 的每一项目集均不含冲突项目时，才能构造出不含冲突动作的 LR(0)分析表。对于流行的程序设计语言来说，一般都不是 LR(0)的。可见，LR(0)文法是一类非常简单的文法，其适用性受到很大的限制。

【例 5-15】 设有文法(5.15)，试构造文法 G 的 LR(0)分析表。

$$G: A\to aA\mid a \tag{5.15}$$

文法 G 拓广为文法(5.15)′

$$\begin{cases} G': S'\to A & ① \\ A\to aA & ② \\ A\to a & ③ \end{cases} \tag{5.15$'$}$$

拓广后的文法 G' 的 LR(0) 识别可归前缀的 DFA 如图 5-15 所示。文法 G'的 LR(0)分析表如表 5-23 所示。

从图 5-15 中可看到，在项目集 I_2 中，既有移进项目($A\to\cdot aA\mid\cdot a$)，又有归约项目($A\to a\cdot$)，那么按照第 5.3.2 节中给出的 LR(0)分析表的构造方法，则在分析表中必有元素 action[$(I_2,a$] $=\{S_2,r_3\}$，出现多重定义。也就是，状态 2 指明当输入符号为“a”时可将其移进栈，而 r_3 要求按文法的第三个产生式 $A \rightarrow a \cdot$ 进行归约。于是出现了移进-归约冲突。笼统地讲，在识别活前缀的DFA状态中，若既含有圆点不在最后的移进项目，又含有圆点在最后的归约项目，则称该项目集存在移进-归约冲突。若含有两个或两个以上圆点在最后的归约项目，则称该项目存在归约-归约冲突。按照LR(0)文法的定义，这类文法显然不是LR(0)文法，亦不能产生不含冲突的LR(0)分析表。但是，对多数程序设计语言来说，在整个识别可归前缀的项目集规范族中，这种含有冲突项目的项目集所占比例很小。所以只要解决含有冲突动作项目集的问题，那么，即LR(0)分析表构造算法稍加修改，仍能适用于上述所说的许多文法。其解决方法就是本节所要研究的SLR(1)分析法(简单的LR(1)分析法)。

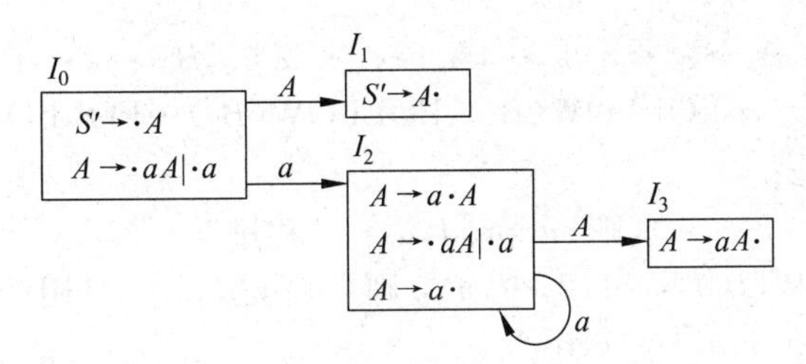

图 5-15 文法(5.15)′的LR(0)项目集规范族

表 5-23 文法(5.15)′的LR(0)分析

state	action 表		goto 表
	a	#	*A*
0	S_2		1
1		acc	
2	S_2 r_3	r_3	3
3	r_2	r_2	

通过仔细分析前面介绍的LR(0)分析表构造算法可以看出，使分析表中出现多重定义的原因在于，对含有归约项目 $A \rightarrow \alpha \cdot$ 的项目集 I_i，不管当前输入符号为何，皆把action子表相应于状态 I_i 的那一行的诸元素都指定为 r_j(j 为产生式 $A \rightarrow \alpha \cdot$ 的编号)。因此，如果该项目集 I_i 中同时还含有形如 $B \rightarrow \alpha \cdot b\beta(b \in V_T)$ 移进项目或形如 $C \rightarrow \alpha \cdot$ 的归约项目，则在分析表的 I_i 对应的一行里，势必会出现多重定义的元素。如果对于含有冲突项目的项目集，在构造分析表时，能根据不同的向前符号 a_k，将项目集中各项目对应的分析动作加以区分，则冲突就可能得到解决。因此，关键是根据什么原则来挑选 a_k 呢？

第4.4节中给出过关于非终结符的FOLLOW集合的定义(定义4.5)和算法，其定义为

$$\mathrm{FOLLOW}(A)=\{a \mid S \Rightarrow \cdots Aa \cdots, \quad a \in V_T^*\}$$

若 $S \overset{*}{\Rightarrow} \cdots A$，则令 $\# \in \mathrm{FOLLOW}(A)$。即FOLLOW(A)是所有含有A的句型中，直接跟在A之后的终结符或#所组成的集合。利用此定义，来寻找所需要的 a_k。即对含有冲突的项目集 I_i

$$I_i=\{X\to\alpha\cdot b\beta,\quad A\to\alpha\cdot,\quad B\to\alpha\cdot\}$$

考察 FOLLOW(A),FOLLOW(B)及$\{b\}$,若它们两两彼此都不相交,可采用下面的方法,对I_i中的各个项目对应的分析动作加以区分。即对任何输入符号 a 有:

① 当 $a=b$ 时,置 action $[I_i,b]$="移进"。

② 当 $a\in$FOLLOW(A)时,置 action $[I_i,a]=\{$按产生式 $A\to\alpha$ 归约$\}$。

③ 当 $a\in$FOLLOW(B)时,置 action $[I_i,a]=\{$按产生式 $C\to\alpha$ 归约$\}$。

④ 当 a 不属于上述三种情况时,置 action $[I_i,a]$="error"。

这种用于解决分析动作冲突的方法称为 SLR(1)规则,即 SLR(1)方法。

此方法的一般性是,若一个项目集 I 中含有多个移进项目(m 个)同时又含有多个归约项目(n 个),例如:

$$\mathrm{I}=\{A_1\to\alpha_1\cdot a_1\beta_1,\ A_2\to\alpha_2\cdot\ a_2\beta_2,\cdots,A_m\to\alpha_m\cdot\ a_m\beta_m,B_1\to\gamma_1\cdot,B_2\to\gamma_2\cdot,\cdots,B_n\to\gamma_n\cdot\}$$

如果集合$\{a_1,a_2,\cdots,a_m\}$与 FOLLOW(B_1)、FOLLOW(B_2)…FOLLOW(B_n)彼此不相交,则对 I 中冲突解决方法是:

① 若 $a=a_i(i=1,2,\cdots,m)$,则 action$[I,a_i]$="移进"。

② 若 $a\in$FOLLOW(B_i)$(i=1,2,\cdots,n)$, 则 action$[I,a_i]=\{$用产生式 $B_i\to\alpha$ 归约$\}$。

③ 其他则置 action$[I,a_i]$="error"。

有了 SLR(1)规则之后,只需对前述构造 LR(0)分析表算法的第三步做如下的修改:

若归约项目 $A\to\alpha\in I_i$,设 $A\to\alpha$ 为文法的第 j 个产生式,则对于任何输入符号 $a,a\in$ FOLLOW(A),置 action$[I_i,a]$="r_j"。其余规则不变。这样,即得到 SLR(1)分析表的构造算法。

定义 5.17

按照 SLR(1)方法构造的文法 G 的 LR 分析表,称为 SLR(1)分析表。如果每个入口不含多重定义,则文法 G 称为 SLR(1)文法 。使用 SLR(1)分析表的语法分析器称作 SLR(1)分析器。

例如,对例 5-15 文法 G,它的项目集

$$I_2=\{A\to a\cdot A,A\to\cdot aA\mid\cdot a,A\to a\cdot\}$$

含有冲突,但由于 FOLLOW(A)$\cap\{a\}=\{\#\}\cap\{a\}=\varnothing$,故冲突可用 SLR(1)方法得到解决,文法 G 是 SLR(1)文法,相应的分析动作分别是 action $[I_2,a]=S_2$ 及 action $[I_2,\#]=r_3$。则按 SLR(1)方法构造文法 G 的 SLR(1)分析表如表 5-24 所示。

表 5-24 文法(5.15)′的 SLR(1)分析表

state	action 表	goto 表	
	a	**#**	**A**
0	S_2		1
1		acc	
2	S_2	r_3	3
3		r_2	

5.3.4 LR(1)分析及 LR(1)分析表的构造

SLR(1)分析法是一种实用而简单的方法,可适用于许多程序设计语言。然而,也确实

存在许多非二义的文法，其项目集中的"移进-归约"和"归约-归约"冲突不能由 SLR(1)规则得到解决，因此不是 SLR(1)文法。

【例 5-16】 设有文法(5.16)

$$G(S'):\begin{cases}(1)\ S'\to S\\(2)\ S\to L=R\\(3)\ S\to R\\(4)\ L\to *R\\(5)\ L\to i\\(6)\ R\to L\end{cases}\tag{5.16}$$

文法 $G(S')$ 的 LR(0)项目集规范族 C 为：$C=\{I_0,I_1,\cdots,I_9\}$

其中，I_0：$S'\to\cdot S$
$S\to\cdot L=R$
$S\to\cdot R$
$L\to\cdot *R$
$L\to\cdot i$
$R\to\cdot L$

I_1：$S'\to S\cdot$

I_2：$S\to L\cdot=R$
$R\to L\cdot$

I_3：$S\to R\cdot$

I_4：$L\to *\cdot R$
$R\to\cdot L$
$L\to\cdot *R$
$L\to i$

I_5：$L\to i\cdot$

I_6：$S\to L=\cdot R$
$R\to\cdot L$
$L\to\cdot *R$
$L\to\cdot i$

I_7：$L\to *R\cdot$

I_8：$R\to L\cdot$

I_9：$S\to L=R\cdot$

考察项目集 $I_2=\{S\to L\cdot=R,\ R\to L\cdot\}$，存在"移进-归约"冲突，根据 SLR(1)规则求解

$$\text{FOLLOW}(R)=\{=,\#\}$$

且

$$\text{FOLLOW}(R)\cap\{=\}\neq\varnothing$$

这意味着，使用 SLR(1)方法后所得到的分析表的元素 action $[I_2,=]=\{S_6,r_6\}$，仍存在移进-归约冲突，说明 SLR(1)分析器的构造方法无法记住足够多的上下文信息，因此对例 5-16来讲，当看见了可归约到 R 的串并且面临"="时分析器应该采取什么动作？故需要更强的 LR 分析方法，来对 SLR(1)方法进行改进，引出 LR(1)方法，LR(1)方法也称规范 LR 方法。

对 SLR(1)规则进行分析可以发现，它对类似上述文法失效的原因，在于当所给的文法出现冲突的分析动作时，SLR(1)方法仅仅孤立地考察当前输入字符是否属于与归约项目 $A\to\alpha\cdot$ 相关联的集合 FOLLOW(A)，若属于则按产生式 $A\to\alpha$ 进行归约，而没有考察字符串 α 所处的规范句型的"环境"，存在一定的片面性。这是指，SLR(1)方法是当 α 一旦出现在分析栈的顶部(设分析栈当前字符串为 $\#\delta\alpha$)，且当前输入字符 $a\in$ FOLLOW(A)，就冒然地将 α 归约为 A，使分析栈中字符串变为 $\#\delta A$，但若文法中并不存在 δAa 为前缀的规范句型，那么，这种归约是无效的。如对上面文法 $G(S')$ 中的规范句型 $L=*R$，当分析呈下列格

局时

分析栈 $\begin{array}{l} I_0 I_2 \\ \# \ L \end{array}$ 输入串 =*R

若仅据当前输入符号'='∈FOLLOW(R),而将栈顶字符 L 用产生式 $R \rightarrow L$ 归约到 R,则分析格局变为

分析栈 $\begin{array}{l} I_0 I_3 \\ \# \ R \end{array}$ 输入串 =*R

但在该文法中,根本不存在以"$R=$"为前缀的规范句型,因此,执行下一动作时,分析器将报告出错。由此可见,在分析过程中当试图用某一产生式 $A \rightarrow \alpha$ 归约栈顶字符 α 时,不仅应向前展望一个输入字符 a(a 成为向前搜索符),还应把栈中的历史与 a 相关联,即只有当 δAa 确实为文法的某一规范句型的前缀时,才能使用 $A \rightarrow \alpha$ 进行归约。因此,为了让每个状态含有"展望"信息,需要重新定义项目。

定义 5.18

若文法 G 的一个 LR(1)项目$[A \rightarrow \alpha \cdot \beta, a]$对活前缀 γ 是有效的,当且仅当存在规范推导

$$S \overset{*}{\Rightarrow} \delta A \omega \overset{*}{\Rightarrow} \delta \alpha \beta \omega$$

其中:$\omega \in V_T^*$,$\gamma = \delta\alpha$,$a \in \mathrm{FIRST}(\omega)$或 a 为'#'(当 $\omega = \varepsilon$),称 a 为搜索符。

要注意的是,为了使分析的每一步都能使栈中保持一个规范句型的活前缀,必须要求每一个 LR(1)项目对应的活前缀是有效的。

例如,对于上述文法 $G(S')$,因为存在一个规范推导

$$S \Rightarrow L = R \overset{*}{\Rightarrow} L = {*}{*}R$$

所以 LR(1)项目$[L \rightarrow * \cdot R, \#]$对活前缀 $L = **$ 是有效的。这里 δ="$L = *$",$A = L$,$\alpha = *$,$\beta = R$,$\omega = \varepsilon$ 则 $a = \#$。

与 LR(0)分析的情况相类似,识别文法全部可归前缀的 DFA 的每一个状态也是用一个 LR(1)项目集合来表示,故构造有效的 LR(1)项目集规范族的办法和构造 LR(0)项目集规范族的方法在本质上是一样的,同样需要用到函数 closure(I)和 GO(I,X)。下面直接给出构造 LR(1)项目集规范族调用的两个函数计算的算法 5.11 和算法 5.12。

算法 5.11:计算 closure 函数

输入:文法 G 的项目集 I

输出:项目集 I 的 closure 函数

算法:

```
closure(I)
  {
    do {
  if(对 I 的每个项目 [A→α·Bβ, a], 文法 G'中的每个产生式 B→γ 和 FRIST(βa)
      的每个终结符 b, 如果[B→·γ,b]不在 I 中)则把[B→·γ,b]加到 I 中;
      } while(没有更多的项目可以加入 I);
  return I;
}
```

算法 5.12：计算 goto 函数

输入：文法 G 的项目集 I

输出：项目集 I 的 goto 函数

算法：

```
goto(I ,X)
  {
      令 J 是项目[A→αX·β,a]的集合,使得[A→α·Xβ,a]在 I 中;
      return closure(J);
  }
```

有了 closure(I)和 GO(I, X)，采用与 LR(0)类似的方法，可以构造出文法 G' 的 LR(1)项目集族 C 及 DFA，其构造算法 5.13 如下。

算法 5.13：构造出文法 G' 的 LR(1)项目集规范族

输入：文法 G'

输出：文法 G' 的 LR(1) 项目集规范族 C

算法：

```
items(G')
{
  C={closure({S'→·S, #})};
  do {
      if(对 C 的每个项目集 I 和每个文法符号 X, 若 goto[I, X) 非空且不在 C 中)
        把 goto[I, X) 加入 C 中;
  } while(没有更多的项目集可以加入 C 中);
}
```

对于给定的文法 G，当其 LR(1)项目集规范族 C 及 GO 函数构造出来后，其 LR(1)分析表的构造算法 5.14 如下。

算法 5.14：LR(1)分析表构造

输入：文法 G；文法 G 的 LR(1)项目集规范族 C 和 GO 函数

输出：文法 G 的 LR(1)分析表

算法：

设构造文法 G 的 LR(1)项目集规范族 C={I_0, I_1,…, I_n}，令每个 I_k 的下标 k 为分析表的状态。令含有[S'→·S,#]的项目集为分析表的初态。则有：

(1) 对于每个项目集 I_i 中形如[A→α·Xβ,b]的项目，若 GO(I_i,X)=Ij，且 X∈V_T 时，置 action[i,X] = s_j。若 X∈V_N 时，则置 goto[i,X]=j。

(2) 若归约项目[A→α·,a]∈I_j，A→α 为文法 G'的第 j 个产生式，则置 action[i,a]=r_j。

(3) 若项目[S'→S·,#]∈I_i，则置 action[i,#]=acc。

(4) 对分析表中不能按上述规则填入信息的元素，则置“出错”标志。

对一个文法而言，按上述构造的分析表不存在多重定义的元素，则称该分析表为 LR(1)分析表(或规范的 LR 分析表)。

注意,图 5-16 求出的文法(5.17)的 LR(1)项目集族中,其中 I_0项目集为:

$I_0=\{S'\rightarrow\cdot S,\#;S\rightarrow\cdot L=R,\#;S\rightarrow\cdot R,\#;L\rightarrow\cdot *R,=/\#;L\rightarrow\cdot i,=/\#;$
$R\rightarrow\cdot L,\#\}$

I_0项目集中的 LR(1) 项目($L\rightarrow\cdot *R,=/\#$)和($L\rightarrow\cdot i,=/\#$)实际上分别是两个 LR(1) 项目,只是由于其 LR(0) 项目相同,仅仅是搜索符不同,而将搜索符使用或的符号"/"将两个 LR(1) 项目合并在一起的一种简洁表示。

例如,对图 5-16 的 I_0项目集中的 LR(1) 项目($L\rightarrow\cdot *R,=/\#$),是 LR(1) 项目($L\rightarrow\cdot *R,=$) 和 LR(1) 项目($L\rightarrow\cdot *R,\#$)合并的简洁表示。其中 LR(1) 项目($L\rightarrow\cdot *R,=$)是由 I_0 项目集中的 LR(1) 项目($S\rightarrow\cdot L=R,\#$)扩展而来,而 LR(1) 项目($L\rightarrow\cdot *R,\#$)是由 I_0 项目集中的 LR(1)项目($R\rightarrow\cdot L,\#$)扩展得到的。

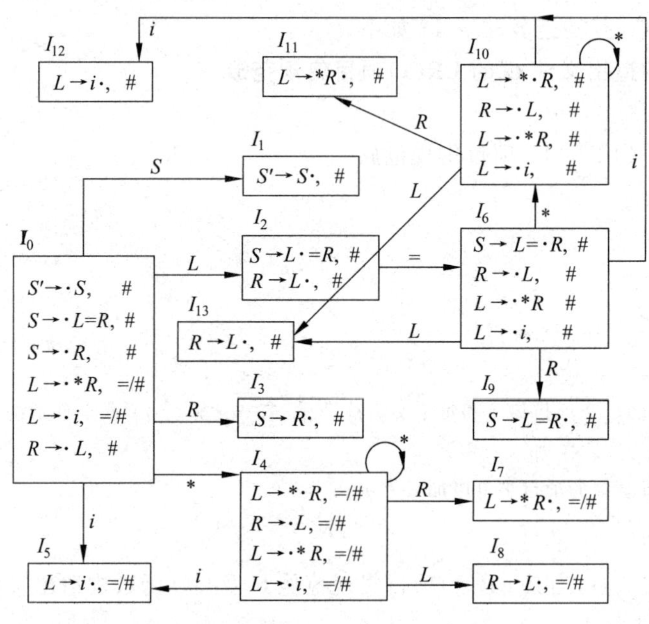

图 5-16　文法(5.16)的 LR(1)项目集族

据上述算法,求出文法(5.16)的关于 LR(1)项目的识别可归前缀的 DFA 如图 5-16 所示,构造文法(5.16)的 LR(1)分析表如表 5-25 所示。

表 5-25　文法(5.16)的 LR(1)分析表

state	action 表				goto 表		
	=	*	*i*	#	*L*	*R*	*S*
0		S_4	S_5		2	3	1
1				acc			
2	S_6			r_6			
3				r_3			
4		S_4	S_5		8	7	
5	r_5			r_5			

续表

state	action 表				goto 表		
	=	*	i	#	L	R	S
6		S_{10}	S_{12}		13	9	
7	r_4			r_4			
8	r_6			r_6			
9				r_2			
10		S_{10}	S_{12}		13	11	
11				r_4			
12				r_5			
13				r_6			

可以定义,具有无多重定义的 LR(1)分析表的文法称为 LR(1)文法。使用 LR(1)分析表的分析器称为 LR(1)分析器。

最后,不加证明地给出结论,任何 SLR(k)文法都是 LR(k)文法。但亦存在这样的 LR(1)文法,对任何的 k 来说,都不是 SLR(k)文法。

5.3.5 LALR(1)分析及 LALR(1)分析表的构造

LALR(1)分析(Look-Ahead LR)方法,是对 LR(1)分析的一种简化和改进,它使 LR 分析更为经济实用且简单。因为,倘若按照给定的文法构造 LR(1)分析表,一般是比较庞大的,对机器的存储方面也会遇到问题,其实用和推广受到限制。从形式上讲,LALR(1)分析表比 LR(1)分析表要小得多,对同一个文法,LALR(1)分析表具有和 SLR 分析表相同数目的状态,但却能胜任 SLR(1)所不能解决的问题。当然比之 LR(1)分析能力要差一点,但对目前常用的各类程序设计语言,LALR(1)分析则基本能够适用。所以从本质上讲,LALR(1)方法是一种折衷的方法。

应该注意到的是,LR(1)分析表之所以状态多,是由于 LR(1)项目中的搜索符不同,而将原来对应于 LR(0)项目集的相应状态和项目,分割成多个 LR(1)项目及 LR(1)项目集。

例如,文法(5.16)的 LR(0)项目集规范族如图 5-17 所示。由图 5-17 可知,该文法的 LR(0)项目集族含有 10 个状态。而该文法的 LR(1)项目集规范族如图 5-16 所示,有 14 个状态。从图 5-17 和图 5-16 可以观察到,LR(1)由于引进了搜索符,则 LR(1)项目集族将LR(0)项目集族中的 I_4 分割为 LR(1)项目集族的 I_4 和 I_{10},同理将 I_5 分割为 I_5 和 I_{12},将 I_7 分割为 I_{11} 和 I_7,将 I_8 分割为 I_8 和 I_{13}。

注意:*在分割后形成 LR(1)项目集规范族的每一对项目集中,LR(0)项目是相同的,仅是搜索符不同,由此引出 LR(1)同心项目集的定义。*

定义 5.19

对文法 G 的 LR(1)项目集规范族,若存在两个项目集 I_0、I_1,其中 I_0、I_1 项目集中的 LR(0)项目相同,仅搜索符不同,则称 I_0、I_1 为 G 的 LR(1)的同心项目集。或称 I_0、I_1 具有

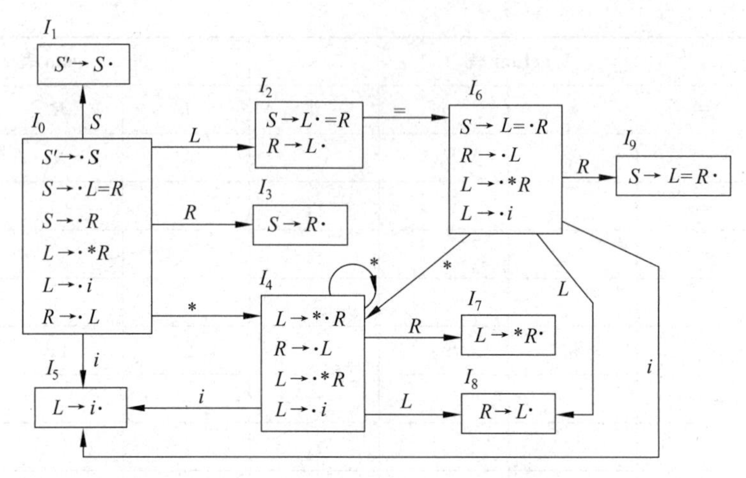

图 5-17　文法(5.16)的 LR(0)项目集族

相同的心。

LALR(1)分析的思想就是在文法的 LR(1)项目集规范族的基础上，将同心的项目集合并为一，从而得到 LALR(1)项目集规范族，若 LALR(1)项目集规范族不存在冲突，则可按这个项目集规范集族构造 LALR(1)分析表。

注意，将具有同心的项目集合并，则对应的 GO 函数亦同样变化。

例如，对文法(5.16)的 LR(1)项目集族(如图 5-16 所示)中的同心项目集合并后得到的 LALR(1) 项目集族如图 5-18 所示。

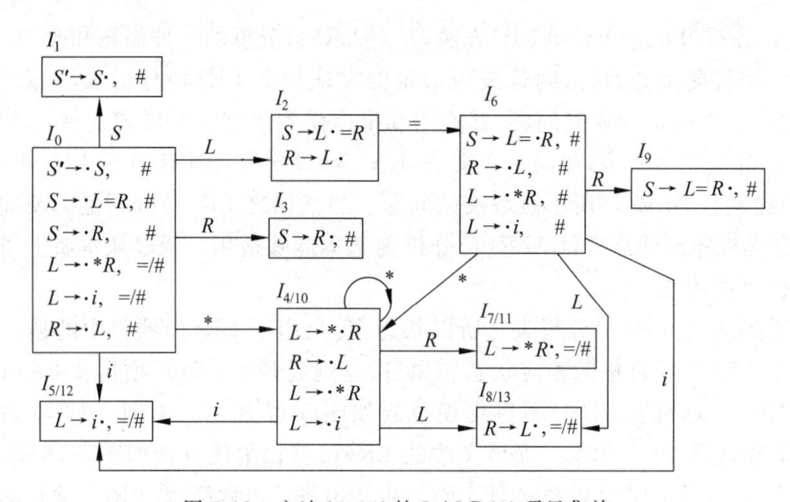

图 5-18　文法(5.16)的 LALR(1)项目集族

其中，LR(1)项目集中的 I_5 和 I_{12} 合并后在 LALR(1)项目集中为：$I_{5/12}=\{[L\to i\ \cdot, =/\#]\}$ 合并后，将原来从 I_{10} 和 I_4 导入的弧导入至 $I_{5/12}$，照此办理，将 I_4 和 I_{10} 合并为 $I_{4/10}$，将 I_8 和 I_{13} 合并为 $I_{8/13}$，将 I_7 和 I_{11} 合并为 $I_{7/11}$。

一般来说，对于某个 LR(1)文法，它的 LR(1)项目集必不存在冲突，但若把同心项目集合并，可能会导致冲突，含有冲突的 LALR(1)项目集，不能产生 LALR(1)分析表。然而这种冲突不会是“移进-归约”冲突，仅可能产生新的“归约-归约”冲突。

概括起来说，LALR(1)分析表的构造是基于对文法 G，首先构造文法 G 的 LR(1)项目集族 C，若项目集族 C 不存在冲突，就把 C 中的同心项目集合并，则产生 LALR(1)项目集族 C'，若 C' 不存在“归约-归约”冲突，则可据算法 5.15 构造 LALR(1)分析表。

算法 5.15：构造 LALR(1)分析表

输入：文法 G；文法 G 的 LALR(1)项目集规范族 C 和 GO 函数

输出：文法 G 的 LALR(1)分析表

算法：

设 $C=\{I_0, I_1, \cdots, I_n\}$为文法 G 的 LALR(1)项目集规范族

(1) 若$[A\to\alpha \cdot a\beta, b]\in I_k$且 $GO(I_k, a)=I_j$，$a\in V_T$，则置 action[k,a]=S_j。

(2) 若$[A\to\alpha \cdot, a]\in I_k$，则置 action[k,a]=$r_j$，其中 j 表示 $A\to\alpha$ 为文法 G 的第 j 个产生式。

(3) 若 $GO(I_k, A)=I_j$，$A\in V_N$，则置 goto[k,A]=j。

(4) 若$[S'\to S \cdot, \#]\in I_k$，则置 action[k,#]=acc。

(5) 分析表中不能用(1)至(4)规则填入信息的元素，则置“出错”标志。

按上述算法构造的 LALR(1)分析表，若不存在冲突，则称文法 G 是 LALR(1)文法。使用 LALR(1)分析表的分析器叫 LALR(1)分析器。

按上述算法对文法(5.16)，从其 LALR(1)项目集族和 GO 函数出发构造的 LALR(1)分析表如表 5-26 所示。

表 5-26 文法(5.16)的 LALR(1)分析表

状　态	goto 表				action 表		
	=	*	*i*	#	***S***	***L***	***R***
0		$S_{4/10}$	$S_{5/12}$		1	3	
1				acc			
2	S_6			r_6			
3				r_3			
4/10		$S_{4/10}$	$S_{5/12}$				
5/12	r_5			r_5		8/13	7/11
6		$S_{4/10}$	$S_{5/12}$			8/13	9
7/11	r_4			r_4			
8/13	r_6			r_6			
9				r_2			

上述几节介绍了 4 种 LR 分析方法，4 种 LR 分析方法可以对应 4 种 LR 文法和相应的 LR 分析器，那么对任意给出的一个非二义文法 G，如何判断 G 属于哪一类 LR 文法呢？在此，通过一个流程图给出扼要的汇总，如图 5-19 所示。

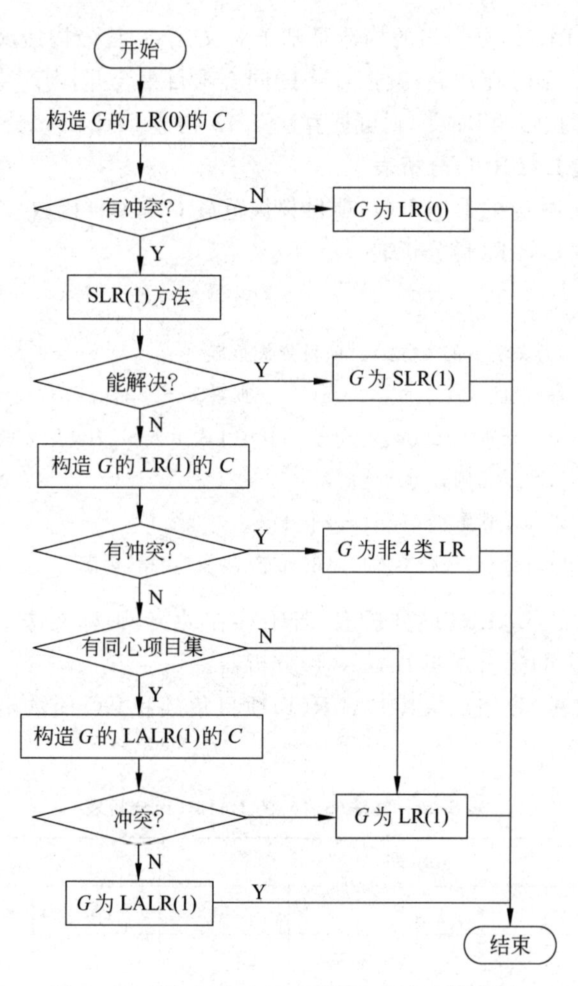

图 5-19　判定文法 G 属于哪类 LR 文法的流程

5.4　LR 分析对二义文法的应用

由定理知，任何二义文法绝不是一个 LR 文法。但是，使用 LR 分析的基本思想和实现技术，借助一些辅助规则或条件，对某些二义文法所定义的语言仍可用 LR 方法进行分析。且这种分析既简单又实用。

【例 5-17】 常见的简单算术表达式文法 $G(E)$ 可表示为

① $E \to E + E$

② $E \to E * E$

③ $E \to (E)$

④ $E \to i$

文法 $G(E)$ 显然是一个二义文法，因为它的句子 $i+i*i \in L(G(E))$ 存在不同的分析树，用改写文法的方法，可以使文法 $G(E)$ 去掉二义性；得到与文法 $G(E)$ 等价的且无二义性的文法 $G(E')$：

$$E' \to E$$
$$E \to E+T|T$$
$$T \to T*F|F$$
$$F \to (E)|i$$

从构造文法 $G(E)$ 和 $G(E')$ 的语法分析程序角度来考虑，由于文法 $G(E)$ 的分析表所含状态比文法 $G(E')$ 要少，自然分析效率高，因此更希望采用文法 $G(E)$。而且亦存在这样的二义性文法，并非一定能找到产生同一语言的非二义性文法。设想从二义文法表示的语言的内涵出发，对文法施加一定的规定或条件，来直接构造其 LR 分析表。如对上述文法 $G(E)$，从它表示的语言，算术表达式的语义考虑，只要对算符＋和 * 规定优先级和结合规则，并利用优先关系和结合规则，就可以在分析表的构造中，解决这类冲突，避开文法的二义性。

构造文法 $G(E)$ 的拓广文法的识别可归前缀的 DFA 如图 5-20 所示。

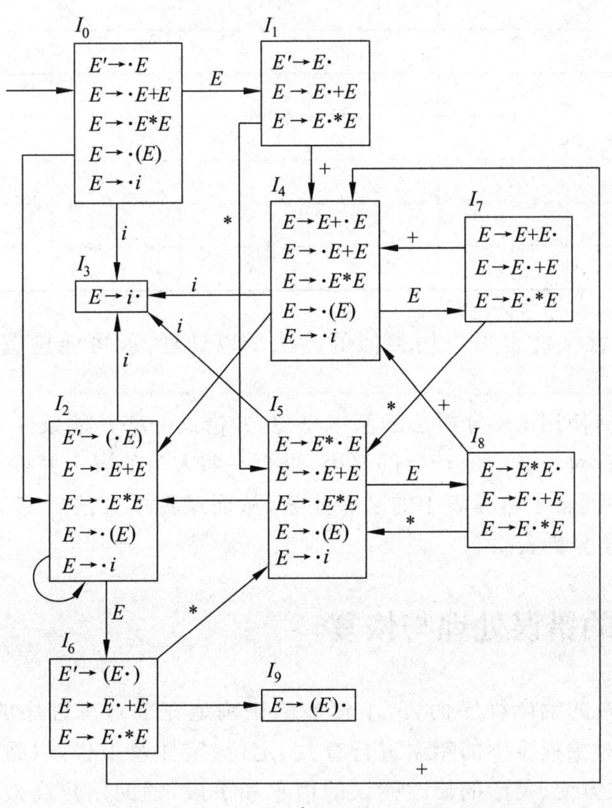

图 5-20　拓广文法 $G(E')$ 的 LR(0)项目集规范族

由图 5-20 可见，在项目集 I_1 中，存在着“移进-归约”(实际是“移进-接受”)的冲突，采用 SLR(1)方法，因为，$\text{FOLLOW}(E')=\{\#\}\cap\{+\}\cap\{*\}=\varnothing$，故当面临输入字符“#”时，“接受”是唯一的分析动作，而面临字符“＋”或“*”时，则分析动作为“移进”。该冲突得到解决。在项目集 I_7 和 I_8 中也存在“移进-归约”冲突，但无法用 SLR(1)方法解决，因为 $\text{FOLLOW}(E)=\{+,*,),\#\}\cap\{+\}\cap\{*\}\neq\varnothing$。此时，根据该语法所表示的语言的语义，来限定运算符“＋”和“*”的优先级及结合规则，来唯一确定分析动作。确定“*”的优先级高于“＋”，同时运算采用从左至右的左结合规则，这样在 I_7 状态下，当分析栈中的活前

缀为 $E+E$ 时，若当前输入符号为"＋"，利用同级运算的左结合规则，应首先将栈中的 $E+E$ 归约到 E。若当前输入符号为"＊"，利用"＊"与"＋"优先级的限定，应准备先将"＊"和它的左右运算对象归约到 E，故应把"＊"移进栈。对状态 I_8，这些限定条件及规则同样适用。为此，利用运算符"＋"和"＊"的相互关系的有关规则解决了 I_7 和 I_8 中的"移进-归约"冲突，得到如表 5-27 所示的文法 $G(E)$ 的 LR 分析表。

表 5-27　二义文法 $G(E)$ 的 LR 分析表

state	goto 表						action 表
	i	＋	＊	(	)	#	E
0	s_3			s_2			1
1		s_4	s_5			acc	
2	s_3			s_2			6
3	r_4	r_4	r_4	r_4	r_4	r_4	
4	s_3			s_2			7
5	s_3			s_2			8
6		s_4	s_5		s_9		
7		r_1	s_5		r_1	r_1	
8		r_2	r_2		r_2	r_2	
9	r_3	r_3	r_3	r_3	r_3	r_3	

对其他的二义性文法也可以用类似的方法予以处理，就可能构造出无冲突的 LR 分析表。

本节讨论了如何使用 LR 分析法的基本思想，并借助一些其他条件，来分析二义文法定义的语言。这就是针对二义文法产生的原因，进行一些人为的限定并确定相应规则，在构造分析表时，依据这些因素来填写表中的某些元素，从而避免了文法的二义性，得到可以正确进行语法分析的 LR 分析表。

5.5　LR 分析的错误处理与恢复

对一个性能良好的编译程序而言，不仅能够正确地完成对源程序的翻译，而且应该具备，在编译的同时，对源程序中的错误进行查找、定位、定性及报告，以致能自动校正或恢复的能力，为用户提供方便、灵活的修改错误的信息和手段，辅助用户高效地完成对源程序的编译和调试。因此编译程序的出错处理能力是用户鉴别编译程序的一个重要指标。

不同的编译程序实现原理和方法，错误处理的策略和方法有所不同，具体实现亦有很大差别。本节着重介绍 LR 分析中的出错处理与恢复。

LR 分析器在分析过程中的每一步，通过查 action 表可以确定源程序中的错误，在前面的章节中，分析表中元素为"空白"表示出错，应进行相应的出错处理。要提醒注意的是，LR 分析中错误的查出决不会在 goto 表中得到(尽管 goto 表中也有"空白")，为什么？根据自下而上分析的特点和实质性的分析动作，留给读者自己思考。

LR 分析器进行错误诊断的特点是源程序中一旦出现错误可以立即报告，而且错误定位准确。特别是规范 LR 分析，在归约过程中，分析栈中保存了已归约了的输入串的最充分的信息，一旦栈顶的文法符号可能构成一个句柄时，栈顶状态和未来的输入符号将唯一确定是否应该归约以及如何归约，因此它不会进行无效的归约。对 SLR(1)分析和 LALR(1)分析来说，当输入串有错误时，可能比规范的 LR 分析多进行几步不必要的归约，但是决不会多移进错误的输入字符。因此，各种 LR 分析器在错误定位方面是等效的。

在 LR 分析中，对错误处理往往采用应急模式的错误诊断和局部化处理进行错误校正，其相应的出错处理子程序的设计也比较简单。在 LR 分析中，当分析过程处在这样一种状态时，即输入字符既不能移入栈顶，栈内元素又不能归约时，就意味着输入串出现了错误。一般对错误处理方法分为两类，一类是在输入串的出错点采用插入、删除或修改的方法。例如，源程序中有错误的表达式“$a*/b$”，处理可以在 * 后面插入一个运算对象即可。另一类处理方法是，在分析到某一含有错误的短语时，该短语不能与语法任一个非终结符能推出的符号串匹配，则采取将后续的输入字符移进栈内，实际是跳过部分源程序，直至找到能推出该短语的非终结符号的跟随字符为止，其实质是将含有错误的短语局部化。一般来说，若含有错误的符号串 α 是由非终结符 A 推出，且 α 的一部分已经处理，则分析器将跳过 α 的未处理的剩余符号，直到找到一个 $a(a\in V_T)$且 $a\in \text{FOLLOW}(A)$。然后将栈顶的内容依次移去，直到找到一个状态 S，状态 S 与 A 有一个新的状态即 $\text{goto}[S,A]=S'$，将 S'压入栈，为此分析器认为 A 已经获得匹配并将其局部化，分析可以继续进行。

例如，例 5-17 给出的文法 $G(E)$，由图 5-20 可知，其拓广文法的 LR(0)项目集规范族为：

I_0: $E'\to\cdot E$
　　$E\to\cdot E+E$
　　$E\to\cdot E*E$
　　$E\to\cdot(E)$
　　$E\to\cdot i$

I_1: $E'\to E\cdot$
　　$E\to E\cdot+E$
　　$E\to E\cdot*E$

I_2: $E'\to(\cdot E)$
　　$E\to\cdot E+E$
　　$E\to\cdot E*E$
　　$E\to\cdot(E)$
　　$E\to\cdot i$

I_3: $E\to i\cdot$

I_4: $E\to E+\cdot E$
　　$E\to\cdot E+E$
　　$E\to\cdot E*E$
　　$E\to\cdot(E)$
　　$E\to\cdot i$

I_5: $E\to E*\cdot E$
　　$E\to\cdot E+E$
　　$E\to\cdot E*E$
　　$E\to\cdot(E)$
　　$E\to\cdot i$

I_6: $E\to(E\cdot)$
　　$E\to E\cdot+E$
　　$E\to E\cdot*E$

I_7: $E\to E+E\cdot$
　　$E\to E\cdot+E$
　　$E\to E\cdot*E$

I_8: $E\to E*E\cdot$
　　$E\to E\cdot*E$
　　$E\to E\cdot+E$

I_9: $E\to(E)\cdot$

对该文法考虑使用上述第一类出错处理和恢复策略，给出出错处理程序 e_i 的功能如下：

e_1：处于状态 0,2,4,5 时，要求输入符号为运算对象 i 或 E，此时若遇到＋、*、#，则调用 e_1。

e_1 功能：将假设的 i 和状态 3 入栈；

e_1 出错信息："缺少运算对象"。

e_2：处于状态 0,1,2,4,5 时，若遇到")"，则调用 e_2。

e_2 功能：删除输入的")"；

e_2 出错信息：")不配对"。

e_3：处于状态 1,6,7,8 时，期望下面输入符为运算符，但遇到"i"或"("时，则调用 e_3。

e_3 功能：将假设的"＋"和状态 4 入栈；

e_3 出错信息："缺少运算符"。

e_4：处于状态 6 时，期望下面输入符为运算符或")"，但遇到"#"时，则调用 e_4。

e_4 功能：将假设的")"和状态 9 入栈；

e_4 出错信息："缺少')'符"。

在表 5-27 基础上考虑加入错误处理程序，得到文法 $G(E)$ 的 LR 分析表如表 5-28 所示。其中：$E \to E+E, E \to E*E, E \to (E), E \to i$ 分别对应文法 $G(E)$ 的第 1 到第 4 个产生式。

表 5-28 带有出错处理程序的文法 $G(E')$ 的 LR 分析表

状 态	goto 表						action 表
	i	+	*	(	)	#	E
0	s_3	e_1	e_1	s_2	e_2	e_1	1
1	e_3	s_4	s_5	e_3	e_2	acc	
2	s_3	e_1	e_1	s_2	e_2	e_1	6
3	r_4	r_4	r_4	r_4	r_4	r_4	
4	s_3	e_1	e_1	s_2	e_2	e_1	7
5	s_3	e_1	e_1	s_2	e_2	e_1	8
6	e_3	s_4	s_5	e_3	s_9	e_4	
7	e_3	r_1	s_5	e_3	r_1	r_1	
8	e_3	r_2	r_2	e_3	r_2	r_2	
9	r_3	r_3	r_3	r_3	r_3	r_3	

5.6 语法分析程序自动生成器

本节介绍一个著名的语法分析器自动生成工具——YACC/Bison。它是以有限自动机理论为基础建立的。

5.6.1 YACC 综述与应用

YACC(Yet Another Compiler-Compiler)是一个 LALR(1)分析器自动生成器。YACC 与 Lex 一样,是贝尔实验室在 UNIX 上首先实现的,而且与 Lex 有直接的接口,是 UNIX 的标准应用程序。GNU 工程推出 Bison,是对 YACC 的扩充,同时也与 YACC 兼容。目前,YACC/Bison 与 Lex/Flex 一样,可以在 UNIX、Linux、MS-DOS 等环境运行,鉴于 YACC/Bison 的兼容,后面讨论中仅针对 YACC 进行介绍。

YACC 的功能是,为 2 型文法自动生成基于 LALR(1)的方法的语法语义分析器或简称分析器,该分析器是使用 C 语言实现的。

使用 YACC 自动构造分析器的模式及 YACC 作用如图 5-21 所示。YACC 编译器接收 YACC 源程序,由 YACC 编译器处理 YACC 源程序,产生一个分析器作为输出。在 UNIX 环境中,YACC 编译器的输出是一个具有标准文件名 y.tab.c 的 C 程序,经过 C 编译器的编译产生 a.out 文件,a.out 是一个实际可以运行的分析器。

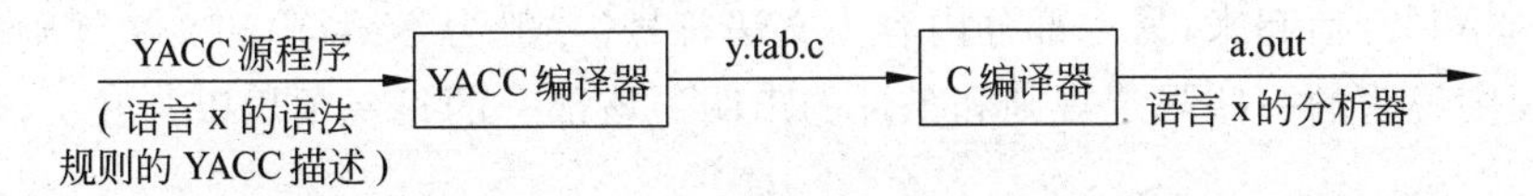

图 5-21 YACC 自动构造分析器的模式及作用

使用 YACC 步骤如图 5-22 所示。其中:

① 编辑 YACC 源程序(例如,生成文本格式的关于 PAS 语言语法的 YACC 源文件 PAS.y)。

② 使用命令 yacc PAS.y 运行 YACC,正确则输出 y.tab.c。

③ 调用 C 编译器编译 cc y.tab.c,并与其他 C 模块连接产生执行文件;调试执行文件,直至获得正确输出。

为了使 LALR(1)分析表少占空间,可以用紧凑技术压缩分析表的大小。即使用命令

```
cc y.tab.c  -ly
```

编译 y.tab.c,其中的 ly 表示使用 LR 分析器的库(名字 ly 随系统而定)。

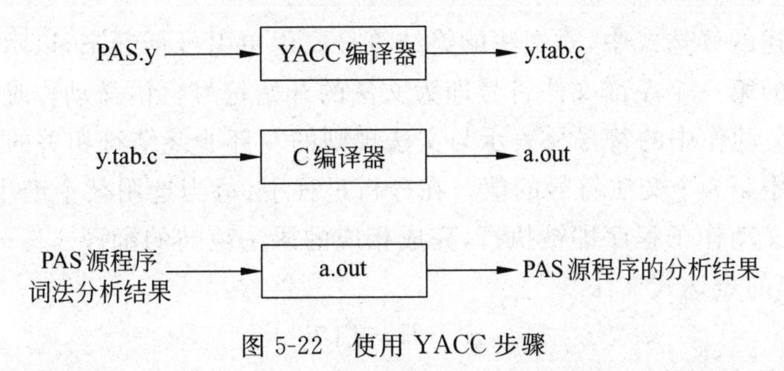

图 5-22 使用 YACC 步骤

用 BNF 对语言(设语言为 L1)的语法规则进行描述,然而 BNF 实际输入是用 YACC 语言书写的源程序 L1.y,L1.y 经 YACC 编译器翻译生成识别语言 L1 的语法分析器

y.tab.c，此分析器即能对 L1 源程序实现语法分析。

YACC 体系包括 YACC 语言和 YACC 编译器两部分。

5.6.2 YACC 语言

YACC 语言及 YACC 源程序是对语言的语法规则的描述，以解决文法规则的输入。YACC 语言作为分析器自动构造的专用语言，YACC 源程序由三部分组成，其结构为：

YACC 源程序结构：

```
        说明部分
%%
        翻译规则
%%
        辅助过程
```

其中说明部分通常包含两部分内容。一部分为通常 C 语言程序的说明，该部分说明用一对符号%{和%}括起来；另一部分内容为文法符号(一般为终结符)和文法规则的说明，以及对文法规则说明的一些限定规则和条件的声明。该部分的每一项均以%开头，其形式为：

```
%说明
```

翻译规则部分是 YACC 源程序的主体部分，它以一对百分号“%%”标志该部分的开始，其内容是文法的全部规则及与每一文法规则相关的语义动作描述。对文法中某一文法规则：

```
<左部文法符号>→<候选式 1>|<候选式 2>|…|<候选式 n>
```

用 YACC 描述的一般形式为

```
<左部文法符号>:<候选式 1>{语义动作 1}
              |<候选式 2>{语义动作 2}
              …
              |<候选式 n>{语义动作 n}
              ;
```

其中文法规则描述的候选式中，对文法的终结符号要用单引号括起来，以示与非终结符的区别。该部分描述的第一个左部文法符号即为文法的开始符号。语义动作是完成语义处理的 C 语言程序。语义动作中的符号$$表示与文法规则的左部非终结符相关的属性值，而 i 表示其右部候选式中第 i 个文法符号的值。在分析过程中，每当选用某个产生式进行归约后，其产生式后的语义动作子程序即被执行，完成相应的语法范畴的翻译。

例如，对简单的表达式文法

$$E \to E+T \mid T$$

其 YACC 源程序的翻译规则描述部分可表示为：

```
%%
E: E'+'T    {$$=$1+$3}
```

```
  |T
;
```

YACC 程序的第三部分，即辅助子程序部分，是由若干个 C 语言函数构成的，如词法分析程序及错误诊断程序都是必不可少的。

【例 5-18】 设文法 $G(A)$ 为

$$A \rightarrow E+E|E*E|\mathrm{NUMBER}$$

文法 $G(A)$ 的 YACC 源程序如下：

```
 %{
     #include <ctype.h>
     #include <stdio.h>
 %}
     %token number
%%
 lines: lines expr '\n' {printf("%g\n", $2) ;}
 ;
 expr : expr '+' expr       {$$=$1+$3;}
     |expr '*' expr         {$$=$1*$3;}
     |number
   ;
 %%
         (辅助过程)
```

程序中省略了 YACC 程序的第三部分。在实际使用 YACC 时，这部分可据 YACC 的使用说明及对文法翻译的具体要求编写所需的辅助程序。

上述 YACC 说明的文法是二义性的，LALR(1)算法将产生分析动作的冲突。YACC 会报告产生的分析动作的冲突数目。项目集和分析动作冲突的描述可以在调用 YACC 时加-v 选择项得到。这个选择产生一个附加的文件 y. output，它包含分析时发现的项目集的核、由 LALR(1)算法产生的分析动作冲突的描述。

带有冲突的 LR 分析表，显然无法正确实施语法分析，考虑 YACC 的适用性，讨论 YACC 对二义文法的处理。

5.6.3 YACC 处理二义文法

YACC 自动生成的分析程序采用的是 LALR(1)分析法，那么按照 LR 分析应用于二义文法的思想，即对二义文法施加某些限定，YACC 同样可以适用于二义文法分析器的自动生成。在 YACC 源程序的说明部分对规则给以描述，则 YACC 对二义文法也可产生 LR 分析器。

对例 5-18 的台式计算器文法 $G(A)$ 扩大其表达功能，给出如下文法 $G(A)'$：

$$A \rightarrow E+E|E-E|E*E|E/E|(E)|-E|\mathrm{NUMBER}$$

该文法是二义性文法，但只要对其中的终结符+、-、*、/、i 规定优先级和结合规则，并在 YACC 源程序的说明部分给以说明，YACC 就能自动为文法 $G(A)$ 产生 LR 分析器。文法

$G(A)'$的 YACC 源程序如下：

```
%{
    #include <ctype.h>
    #include <stdio.h>
    #define YYSTYPE double              /* YACC 栈定义为 double 类型 */
%}
    %token NUMBER
    %LEFT '+' '-'
    %LEFT '*' '/'
    %right UMINUS
%%
    lines: lines expr '\n' {printf("%g\n", $2);}
    |lines '\n'
    |            /*ε*/
    ;
   expr: expr '+' expr              {$$=$1+$3;}
    |expr '-' expr                  {$$=$1-$3;}
    |expr '*' expr                  {$$=$1*$3;}
    |expr '/' expr                  {$$=$1/$3;}
    |'(' expr ')'                   {$$=$2;}
    |'-' expr %&prec UMINUS         {$$=-$2;}
    |NUMBER
   ;
%%
yylex()
  int c;
  while((c= getchar())==' ');
  if((c=='.')||(isdigit(c)) {
    ungetc(c, stdin);
    scanf("%lf",&yylval);
    return NUMBER;
  }
  return c;
  }
```

该 YACC 程序的声明部分，为终结符指定了优先级和结合性。声明

```
%terminal '+' '-' LEFT
%terminal '*' '/' LEFT
```

使得“＋”和“－”有同样的优先级且为左结合。“*”和“/”同样。

记号的优先级按它们在声明部分出现的次序确定，先出现的记号的优先级低，同一声明中的记号有相同的优先级。这样，上述 YACC 程序的声明

```
%right UMINUS
```

使得 UMINUS 的优先级高于前面 5 个终结符。

程序中，对终结符“－”的两种语义，即单目减运算和双目减运算的优先级和结合规则都要进行说明。为加以区分，在说明部分对单目减的终结符命名为UMINUS，优先级为最高，且结合规则为右结合。因此YACC程序的翻译规则中单目减运算产生式出现的地方，要置一个与说明部分相一致的优先级标志，即

```
%prec NUMINUS
```

另外，对有些文法还可以用声明%nonassoc限制其后所跟的算符不具有结合性。如

```
%nonassoc '<' '='
```

有了以上的规定和描述，YACC解决移进-归约冲突时，要考虑引起这个冲突的产生式和终结符的优先级和结合性。如果YACC必须在移进输入符号 a 和按产生式 $A\to\alpha$ 归约这两个动作之间进行选择，那么，当这个产生式的优先级高于 a，或者优先级相同但产生式左结合时，选择归约动作，否则选择移进动作。

5.6.4 YACC的错误恢复

在YACC中，错误恢复可以采用增加出错产生式的方式。首先需要确定哪些“主要的”非终结符将伴有错误恢复，一般这些非终结符的典型选择是用于产生表达式、语句、程序块和过程的那些非终结符；其次把形如 $A\to$error α 的出错产生式加到文法上，其中 A 是“主要”非终结符，α 是文法符号串，也可能是空串，error是YACC保留字。为此，YACC将由这样的说明产生出错处理，即把出错产生式当作普通产生式处理。

当YACC产生的分析器遇到错误时，它用特别的方式处理其项目集中包含出错产生式的状态。例如，遇到错误时，YACC从栈中弹出状态，直到发现一个能回到正常处理的输入符号为止。然后分析器把虚构的记号error“移进”栈，好像它在输入中看见了这个记号一样。当文法符号串 α 为 ε 时，立即进行对 A 的归约和执行产生式 $A\to$error的语义动作(它对应说明的错误恢复例程)，然后分析器抛弃若干输入符号，直到发现一个能回到正常处理的输入符号为止。如果文法符号串 α 非空，YACC在输入串上向前寻找能够归约为 α 的子串。如果文法符号串 α 包含的都是终结符，那么它在输入上寻找这样的串，把它们移进栈，这时，分析器有error α 在它的栈顶。随后，分析器把error α 归约成 A，恢复正常分析。

例如，有出错产生式

```
stmt→error;
```

要求分析器看见错误时跳过下一个分号，好像这个语句已经处理完一样。这个出错产生式的语义子程序不需要处理输入，只需产生诊断信息和设置禁止生成目标代码的标记。

下面给出了具有错误恢复功能的台式计算器的YACC源程序。

```
%{
  #include <ctype.h>
  #include <stdio.h>
  #define YYSTYPE double      /* YACC栈定义为double类型 */
  %}
```

```
%token NUMBER
%LEFT '+' '-'
%LEFT '*' '/'
%right UMINUS
%%
lines: lines expr '\n'    {printf("%g\n", $2);}
   |lines '\n'
   |                            /*空*/
   |error '\n'    {yyerror("重新输入上一行");yyerrok;}
;
expr: expr '+' expr                  {$$=$1+$3;}
     |expr '-' expr                  {$$=$1-$3;}
     |expr '*' expr                  {$$=$1*$3;}
     |expr '/' expr                  {$$=$1/$3;}
     |'(' expr ')'                   {$$=$2;}
     |'-' expr %prec UMINUS          {$$=-$2;}
     |NUMBER
;
%%
#include "lex.yy.c"(略)
```

YACC 程序中出错产生式为：

```
lines: error '\n'
```

当输入行有语法错误时，分析器从栈中弹出，直至碰到一个状态有移进 error 的动作为止。状态 0 是唯一的这种状态，因为它的项目包含

```
lines→error '\n'
```

状态 0 总是在栈底。分析器把记号 error 移进栈，废弃输入符号，直至发现换行字符为止。分析器把换行符移进栈，把 error '\n' 归约成 lines，输出诊断信息"重新输入上一行"。YACC 程序中的函数 yyerrok 用于使分析器回到正常操作方式。

5.6.5 YACC 应用

作为对 YACC 应用的理解，给出如下实例。

【例 5-19】 编写 ANSI C 的 YACC 源程序。

ANSI C 的 YACC 源程序如下：

```
%token IDENTIFIER CONSTANT STRING_LITERAL SIZEOF
%token PTR_OP INC_OP DEC_OP LEFT_OP RIGHT_OP LE_OP GE_OP EQ_OP NE_OP
%token AND_OP OR_OP MUL_ASSIGN DIV_ASSIGN MOD_ASSIGN ADD_ASSIGN
%token SUB_ASSIGN LEFT_ASSIGN RIGHT_ASSIGN AND_ASSIGN
%token XOR_ASSIGN OR_ASSIGN TYPE_NAME
%token TYPEDEF EXTERN STATIC AUTO REGISTER
```

```
%token CHAR SHORT INT LONG SIGNED UNSIGNED FLOAT DOUBLE CONST VOLATILE VOID
%token STRUCT UNION ENUM ELLIPSIS
%token CASE DEFAULT IF ELSE SWITCH WHILE DO FOR GOTO CONTINUE BREAK RETURN

%start translation_unit
%%
primary_expression
    : IDENTIFIER
    |CONSTANT
    |STRING_LITERAL
    |'(' expression ')'
    ;

postfix_expression
    : primary_expression
    |postfix_expression '[' expression ']'
    |postfix_expression '(' ')'
    |postfix_expression '(' argument_expression_list ')'
    |postfix_expression '.' IDENTIFIER
    |postfix_expression PTR_OP IDENTIFIER
    |postfix_expression INC_OP
    |postfix_expression DEC_OP
    ;

argument_expression_list
    : assignment_expression
    |argument_expression_list ',' assignment_expression
    ;

unary_expression
    : postfix_expression
    |INC_OP unary_expression
    |DEC_OP unary_expression
    |unary_operator cast_expression
    |SIZEOF unary_expression
    |SIZEOF '(' type_name ')'
    ;

unary_operator
    : '&'
    |'*'
    |'+'
    |'-'
    |'~'
    |'!'
```

```
    ;

cast_expression
    : unary_expression
    |'(' type_name ')' cast_expression
    ;

multiplicative_expression
    : cast_expression
    |multiplicative_expression '*' cast_expression
    |multiplicative_expression '/' cast_expression
    |multiplicative_expression '%' cast_expression
    ;

additive_expression
    : multiplicative_expression
    |additive_expression '+' multiplicative_expression
    |additive_expression '-' multiplicative_expression
    ;

shift_expression
    : additive_expression
    |shift_expression LEFT_OP additive_expression
    |shift_expression RIGHT_OP additive_expression
    ;

relational_expression
    : shift_expression
    |relational_expression '<' shift_expression
    |relational_expression '>' shift_expression
    |relational_expression LE_OP shift_expression
    |relational_expression GE_OP shift_expression
    ;

equality_expression
    : relational_expression
    |equality_expression EQ_OP relational_expression
    |equality_expression NE_OP relational_expression
    ;

and_expression
    : equality_expression
    |and_expression '&' equality_expression
    ;
```

```
exclusive_or_expression
    : and_expression
    |exclusive_or_expression '^' and_expression
    ;

inclusive_or_expression
    : exclusive_or_expression
    |inclusive_or_expression '|' exclusive_or_expression
    ;

logical_and_expression
    : inclusive_or_expression
    |logical_and_expression AND_OP inclusive_or_expression
    ;

logical_or_expression
    : logical_and_expression
    |logical_or_expression OR_OP logical_and_expression
    ;

conditional_expression
    : logical_or_expression
    |logical_or_expression '?' expression ':' conditional_expression
    ;

assignment_expression
    : conditional_expression
|unary_expression assignment_operator assignment_expression
    ;

assignment_operator
    : '='
    |MUL_ASSIGN
    |DIV_ASSIGN
    |MOD_ASSIGN
    |ADD_ASSIGN
    |SUB_ASSIGN
    |LEFT_ASSIGN
    |RIGHT_ASSIGN
    |AND_ASSIGN
    |XOR_ASSIGN
    |OR_ASSIGN
    ;

expression
```

```
    : assignment_expression
    |expression ',' assignment_expression
    ;

constant_expression
    : conditional_expression
    ;

declaration
    : declaration_specifiers ';'
    |declaration_specifiers init_declarator_list ';'
    ;

declaration_specifiers
    : storage_class_specifier
    |storage_class_specifier declaration_specifiers
    |type_specifier
    |type_specifier declaration_specifiers
    |type_qualifier
    |type_qualifier declaration_specifiers
    ;

init_declarator_list
    : init_declarator
    |init_declarator_list ',' init_declarator
    ;

init_declarator
    : declarator
    |declarator '=' initializer
    ;

storage_class_specifier
    : TYPEDEF
    |EXTERN
    |STATIC
    |AUTO
    |REGISTER
    ;

type_specifier
    : VOID
    |CHAR
    |SHORT
    |INT
```

```
    |LONG
    |FLOAT
    |DOUBLE
    |SIGNED
    |UNSIGNED
    |struct_or_union_specifier
    |enum_specifier
    |TYPE_NAME
    ;

struct_or_union_specifier
    : struct_or_union IDENTIFIER '{' struct_declaration_list '}'
    |struct_or_union '{' struct_declaration_list '}'
    |struct_or_union IDENTIFIER
    ;

struct_or_union
    : STRUCT
    |UNION
    ;

struct_declaration_list
    : struct_declaration
    |struct_declaration_list struct_declaration
    ;

struct_declaration
    : specifier_qualifier_list struct_declarator_list ';'
    ;

specifier_qualifier_list
    : type_specifier specifier_qualifier_list
    |type_specifier
    |type_qualifier specifier_qualifier_list
    |type_qualifier
    ;

struct_declarator_list
    : struct_declarator
    |struct_declarator_list ',' struct_declarator
    ;

struct_declarator
    : declarator
    |':' constant_expression
```

```
    |declarator ':' constant_expression
    ;

enum_specifier
    : ENUM '{' enumerator_list '}'
    |ENUM IDENTIFIER '{' enumerator_list '}'
    |ENUM IDENTIFIER
    ;

enumerator_list
    : enumerator
    |enumerator_list ',' enumerator
    ;

enumerator
    : IDENTIFIER
    |IDENTIFIER '=' constant_expression
    ;

type_qualifier
    : CONST
    |VOLATILE
    ;

declarator
    : pointer direct_declarator
    |direct_declarator
    ;

direct_declarator
    : IDENTIFIER
    |'(' declarator ')'
    |direct_declarator '[' constant_expression ']'
    |direct_declarator '[' ']'
    |direct_declarator '(' parameter_type_list ')'
    |direct_declarator '(' identifier_list ')'
    |direct_declarator '(' ')'
    ;

pointer
    : '*'
    |'*' type_qualifier_list
    |'*' pointer
    |'*' type_qualifier_list pointer
    ;
```

```
type_qualifier_list
    : type_qualifier
    |type_qualifier_list type_qualifier
    ;

parameter_type_list
    : parameter_list
    |parameter_list ',' ELLIPSIS
    ;

parameter_list
    : parameter_declaration
    |parameter_list ',' parameter_declaration
    ;

parameter_declaration
    : declaration_specifiers declarator
    |declaration_specifiers abstract_declarator
    |declaration_specifiers
    ;

identifier_list
    : IDENTIFIER
    |identifier_list ',' IDENTIFIER
    ;

type_name
    : specifier_qualifier_list
    |specifier_qualifier_list abstract_declarator
    ;

abstract_declarator
    : pointer
    |direct_abstract_declarator
    |pointer direct_abstract_declarator
    ;

direct_abstract_declarator
    : '(' abstract_declarator ')'
    |'[' ']'
    |'[' constant_expression ']'
    |direct_abstract_declarator '[' ']'
    |direct_abstract_declarator '[' constant_expression ']'
    |'(' ')'
    |'(' parameter_type_list ')'
```

```
    |direct_abstract_declarator '(' ')'
    |direct_abstract_declarator '(' parameter_type_list ')'
    ;

initializer
    : assignment_expression
    |'{' initializer_list '}'
    |'{' initializer_list ',' '}'
    ;

initializer_list
    : initializer
    |initializer_list ',' initializer
    ;

statement
    : labeled_statement
    |compound_statement
    |expression_statement
    |selection_statement
    |iteration_statement
    |jump_statement
    ;

labeled_statement
    : IDENTIFIER ':' statement
    |CASE constant_expression ':' statement
    |DEFAULT ':' statement
    ;

compound_statement
    : '{' '}'
    |'{' statement_list '}'
    |'{' declaration_list '}'
    |'{' declaration_list statement_list '}'
    ;

declaration_list
    : declaration
    |declaration_list declaration
    ;

statement_list
    : statement
```

```
    |statement_list statement
    ;

expression_statement
    : ';'
    |expression ';'
    ;

selection_statement
    : IF '(' expression ')' statement
    |IF '(' expression ')' statement ELSE statement
    |SWITCH '(' expression ')' statement
    ;

iteration_statement
    : WHILE '(' expression ')' statement
    |DO statement WHILE '(' expression ')' ';'
    |FOR '(' expression_statement expression_statement ')' statement
    |FOR '(' expression_statement expression_statement expression ')' statement
    ;

jump_statement
    : GOTO IDENTIFIER ';'
    |CONTINUE ';'
    |BREAK ';'
    |RETURN ';'
    |RETURN expression ';'
    ;

translation_unit
    : external_declaration
    |translation_unit external_declaration
    ;

external_declaration
    : function_definition
    |declaration
    ;

function_definition
    :declaration_specifiers declarator declaration_list compound_statement
    |declaration_specifiers declarator compound_statement
    |declarator declaration_list compound_statement
    |declarator compound_statement
    ;
```

```
%%
#include <stdio.h>
extern char yytext[];
extern int column;

yyerror(s)
char * s;
{
  fflush(stdout);
  printf("\n% * s\n% * s\n", column, "^", column, s);
}
```

习题 5

5-1 选择、填空题。

(1) 自下而上语法分析的主要分析动作是________。

A) 移进　　B) 推导　　C) 归约　　D) 匹配

(2) 下列文法中，________是算符优先文法。

A) $G1$：$S \rightarrow Aa \quad A \rightarrow bB \quad B \rightarrow a$　　B) $G2$：$S \rightarrow Aa \quad A \rightarrow Bb \quad B \rightarrow a$

C) $G3$：$S \rightarrow aAB \quad A \rightarrow b \quad B \rightarrow a$　　D) $G4$：$S \rightarrow aSb|a$

(3) 设有文法(A 为开始符号)：

$$A \rightarrow A+T|T \quad T \rightarrow T*B|B \quad B \rightarrow (A)|i$$

句型 $A+B*i$ 的所有短语有 ________，________，________，________。

句型 $A+B*i$ 的所有素短语有 ________。

(4) 下面对自下而上分析描述正确的是________。

A) 自下而上分析过程是对句子实施推导的过程

B) 自下而上分析是从给定的输入串 \$ 开始，逐步进行“归约”，直至归约到文法的开始符号

C) 自下而上分析是面向目标的

D) 自下而上分析是规范归约的过程

(5) 已知文法 $G(E)$：

$$E \rightarrow ET+|T$$
$$T \rightarrow TF*|F$$
$$F \rightarrow F\uparrow|a$$

文法的句型 $FF\uparrow\uparrow*$ 中关于非终结符 F 的短语为________；直接短语为________；该句型的句柄为________；素短语为________。

(6) YACC 是用于________的工具。

5-2 判断正误。

(1) 算符优先分析法每次归约的都是句型的素短语。　　(　　)

(2) LR 分析法每次归约的是当前句型的句柄。 (　　)

(3) LR(1)和 SLR(1)中的“1”无区别。 (　　)

(4) LR 分析中的活前缀一定包含某句型的句柄的一部分或全部。 (　　)

(5) 自下而上分析 的“上”指的是被分析的源程序串。 (　　)

(6) 判断文法 G 是否是 LALR(1)文法,则文法 G 必须是 LR(1)文法。 (　　)

(7) 不同的语法分析方法仅仅是分析识别的模式不同,而扫描模式都是一样的。 (　　)

5-3 简答题。

(1) 自下而上分析技术可行的依据是什么?

(2) 简述 LR 分析器的结构。

(3) 构造一个算符优先分析器对文法有何要求?

(4)* 简述 LR(0)项目中“·”在 LR 分析中的含义。

(5)* SLR(1)与 LR(1) 中的“1”有何区别?

(6) LR(k)分析技术的基本实现思想是什么?

(7) 句型分析的概念及句型分析中要解决的基本问题。

(8) 算符优先分析法与一般自下而上分析的“可归约串”的区别。

(9) 设有文法 G 的 LR(1)项目集规范族和 GO 函数用 FA 表示如下,试判断 G 是 4 类 LR 文法的哪一类? 并简要说明理由。

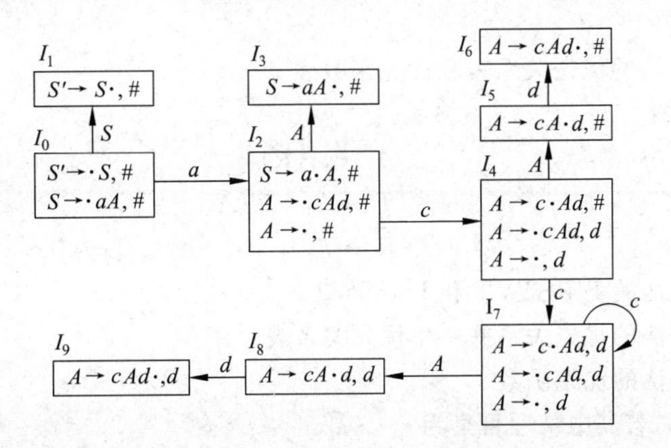

5-4 设有下列文法:

$$I \to LC \mid IC$$
$$C \to L \mid D$$
$$L \to A \mid B \mid C \mid \cdots \mid Y \mid Z$$
$$D \to 0 \mid 1 \mid \cdots \mid 9$$

用分析树表示句子 A101,PAI,ALPH02 的规范归约过程,并指出每步归约的句柄。

5-5 设有下列文法:

$$S \to S,\ E \mid E$$
$$E \to E+T \mid T$$
$$T \to T * F \mid F$$
$$F \to a \mid (E) \mid a[S]$$

(1) 指出下列字符串哪些是该文法的句子:

$$\$1: a+a[aa+[a]]$$
$$\$2: a*a, a+a[a]$$
$$\$3: a, a+a[a[S]]$$

(2) 对属于该文法的句子$\$i$画出分析树。

(3) 对属于该文法的句子$\$i$指出其所有短语、直接短语和句柄。

5-6 设有下列文法：

$$A \to abc \mid aBbc$$
$$Bb \to bB$$
$$Bc \to Cbcc$$
$$bC \to Cb$$
$$aC \to aa \mid aaB$$

说明$\$1=abc$，$\$2=abBc$，$\$3=aaabBbcc$是否为该文法的句型或句子，若是求出$\$i$全部的短语和句柄。

5-7 设有下列文法G：

$$S \to a \mid (T) \mid \wedge$$
$$T \to T,\quad S \mid S$$

(1) 指出句子$(((a,a),\wedge,(a)),a)$的规范归约及每一步的句柄，给出"移进-归约"分析的过程。

(2) 求出该文法的优先关系表和优先函数表。

5-8 设有下列文法：

$$A \to a \mid (R)$$
$$T \to A,\quad T \mid A$$
$$R \to T$$

(1) 计算该文法的FIRSTVT和LASTVT。

(2) 计算该文法的优先关系并产生优先关系表。

(3) 计算该文法的优先函数。

5-9 考虑对文法G，若其中某项目集为：

$$I=\{A \to \alpha \cdot X\beta,\ B \to \alpha \cdot,\ C \to \alpha \cdot\}$$

当$X \in V_N$时，如何构造文法G的SLR(1)分析表。

5-10 设有下列文法：

(1) $S \to aSSb \mid aSSS \mid c$

(2) $S \to AS \mid b$

$A \to SA \mid a$

(3) $S \to cA \mid ccB$

$B \to ccB \mid b$

$A \to cA \mid a$

试构造上述文法的LR(0)项目集规范族。

5-11 设有下列文法：

(1) $S \to aSb \mid bSa \mid ab$

(2) $S \rightarrow Sab|bR$

$R \rightarrow S|a$

(3) $S \rightarrow SAB|BA$

$B \rightarrow b$

$A \rightarrow aA|B$

(4) $S \rightarrow AaAb|BbBa$

$B \rightarrow \varepsilon$

$A \rightarrow \varepsilon$

试说明上述文法是否为 SLR(1)文法。若是,请构造 SLR(1)分析表。若不是,请说明理由。

5-12 设有下列文法:

$$S \rightarrow (SR|a$$
$$R \rightarrow ,SR|)$$

试说明该文法属于哪类 LR 文法?构造相应的 LR 分析表。

5-13 设有下列文法:

(1) $S \rightarrow SaSb|e$

(2) $S \rightarrow A$

$A \rightarrow AB|\varepsilon$

$B \rightarrow aB|b$

(3) $S \rightarrow (X$

$S \rightarrow E]|F)$

$X \rightarrow E)|F]$

$E \rightarrow A$

$F \rightarrow A$

$A \rightarrow \varepsilon$

证明它是 LL(1)文法吗?是哪类 LR 文法?

5-14 设有下列文法:

(1) $E \rightarrow E+T|T$

$T \rightarrow TF|F$

$F \rightarrow (E)|F*|a|b$

(2) $S \rightarrow Aa|bAc|dc|bda$

$A \rightarrow d$

试说明上述文法是 SLR(1)文法还是 LALR(1)文法?并构造相应的分析表。

5-15 设有下列文法:

$$S \rightarrow aAd|bBd|aBe|bAe$$
$$A \rightarrow g$$
$$B \rightarrow g$$

试说明该文法是 LR(1)文法,但不是 LALR(1)文法。

5-16 设有下列文法 G:

$$S \rightarrow A \mid xb$$
$$A \rightarrow aAb \mid B$$
$$B \rightarrow x$$

若已经知道文法 G 可以采用 LR(1)分析法，请判断文法 G 是否可以使用 LALR(1)进行分析，为什么？

5-17 设有下列文法：

$$S \rightarrow E$$
$$E \rightarrow \textbf{while } E \textbf{ do } E$$
$$E \rightarrow id := E$$
$$E \rightarrow E + E$$
$$E \rightarrow id$$

(1) 判定该文法具有二义性。

(2) 构造该文法的无冲突的 LALR(1)分析表。

5-18 设有如下文法 G：

$$S \rightarrow aA \quad A \rightarrow cAd \mid \varepsilon$$

试判断 G 是 4 类 LR 文法的哪一类？

5-19 设有如下文法 G(S 是 G 的开始符号)：

$$G: S \rightarrow A * B \mid B \quad A \rightarrow * B \mid * \quad B \rightarrow A$$

(1) 求文法 G 的 LR(1)初始项目集 I_0，并求出 GO(I_0, *)。

(2) 判断文法 G 是 4 类 LR 文法的哪一类？

5-20 设计一个 YACC 程序，该程序接受输入的 C 语言的逻辑表达式，输出为经转换而成的后缀表达式。

5-21 给定文法：

$$S \rightarrow \underline{\textbf{do}}\ S\ \underline{\textbf{or}}\ S \mid \underline{\textbf{do}}\ S \mid S;S \mid \underline{\textbf{act}}$$

(1) 构造识别该文法可归前缀的 DFA。

(2) 该文法是 LR(0)吗？是 SLR(1) 吗？说明理由。

(3) 若对一些终结符的优先级以及算符的结合规则规定如下：

①or 优先性大于do。

②;服从左结合。

③;优先性大于do。

④;优先性大于or。

请构造该文法的 LR 分析表。

5-22 为下面的文法构造有错误纠正的 LR 分析器：

stmt → **if** *e* **then** *stmt*

　　　| **if** *e* **then** *stmt* **eles** *stmt*

第6章　语义分析与中间代码生成

【本章导读提要】

语义分析是任何编译程序必不可少的一个阶段。作为编译程序的综合阶段，语义分析和代码生成的完成依赖于多方面、多侧面的方法和技术，其实现机制更是不尽相同。涉及的主要内容与要点是：

- 语义分析的任务和方法。
- 属性文法与属性翻译文法。
- 符号表的作用与组织。
- 类型检查。
- 中间语言的表示、应用及引入中间语言的动因。
- 流行语言中典型语句到四元式形式的中间代码生成。

【关键概念】

语法制导　综合属性　继承属性　S_属性文法　L_属性文件　符号表　中间语言

6.1　语法制导翻译

编译程序构造的第三个阶段是完成语义分析(Semantic Analysis)工作，这是编译程序最实质性的工作。语义分析程序在整个编译过程中，对源程序的语义做出解释，引起源程序发生质的变化，而词法分析和语法分析仅是对源程序在形式上进行变换处理。

语义分析的主要任务是按照语法分析器识别的语法范畴进行语义处理，翻译成相应的中间代码或目标代码。本章介绍语义分析方法——语法制导翻译及属性翻译文法。鉴于在多数编译程序的设计中，都采用独立于目标机的中间代码作为最后生成目标代码的过渡，因此本章在介绍几种流行的中间语言基础上，进一步讨论怎样把语法制导技术运用于生成中间代码，讨论语言中典型语句的中间代码生成。同时本章结合语义分析的内容，介绍编译过程中特别是在语义分析阶段使用频繁的全局数据表——符号表。考虑一些编译程序把类型检查与中间代码生成和分析组织在一起，类型检查的内容亦引入本章。

编译程序的词法分析和语法分析仅涉及程序语言的结构分析。高级程序语言结构的形式化描述已经有比较成熟的技术，例如前面章节中用BNF范式来描述程序语言的词法规则和语法规则。由于这种形式化描述的完善，使分析器的构造甚至自动构造是比较容易的。编译程序的语义分析涉及语言的语义，语义的形式化描述的研究虽然从20世纪60年代已经开始，并且在理论研究方面也有重要的进展，但在工程实现和应用方面还有一定的差距。本章中介绍的语义分析的方法，即语法制导翻译方法是比较接近形式化的一种语义描述和分析方法，亦是目前大多数编译程序实现语义分析普遍采用的一种方法。其实质是在语法分析过程中同时进行语义处理的一种翻译技术。

语法制导翻译是对上下文无关文法制导下的语言进行翻译。其实现思想是把语言结构的属性赋给代表语言结构的非终结符号上，属性值由附加到文法产生式的“语义规则”计算，而语义规则的计算可以产生代码。将语义信息与语言的结构联系起来涉及到两个概念，一种称为语法制导定义，另一种称为翻译模式。语法制导定义是关于语言翻译的抽象规格说明，其中隐去实现细节，不规定翻译顺序。翻译模式则规定实现途径和细节，指明使用语义规则进行计算的顺序。

从概念上讲，语法制导定义和翻译模式都在语法分析的基础上建立分析树，然后遍历分析树，按照分析树对语义规则进行计算。为此，可以通过生成代码、查填符号表、给出错误信息等，来完成各种翻译动作。因此，对语义规则计算的过程实际上就是对输入源程序串的翻译过程。

6.1.1 语法制导定义

语法制导定义是基于上下文无关文法，较抽象的、隐蔽了一些实现细节的翻译说明。语法制导定义中的每个文法符号都有一个与之相关的属性集合。集合中的属性分为两类，分别称为该文法符号的综合属性和继承属性。如果把分析树中表示文法符号的结点看成一个记录，其中包含若干域来存储各种信息，那么属性就相当于记录中域的名称。

一个属性可以表示指定的任何信息，比如，一个符号串、一个数、一种类型、一个存储单元或其他信息。分析树结点中的属性值要用语义规则来定义，而语义规则和相应结点的产生相关。

语义规则可以建立各属性之间的依赖关系，这种依赖关系可以用一个称为依赖图的有向图表示。根据依赖图可以为语义规则推导出计算顺序。按语义规则计算就是定义关于一个输入串的分析树结点的属性值。另外，语义规则还可能有一些其他的作用，如输出一个值或修改全局变量等。

在语法制导定义中，每个文法符号具有一组属性，文法的每个产生式 $A \rightarrow \alpha$ 都有与其相关的语义规则的集合，每条语义规则的形式为：

$$b=f(c_1,c_2,\cdots,c_k)$$

其中 f 是一个函数；b 和 c_i 可取如下两种情况之一：

(1) b 是 A 的综合属性且 $c_1,c_2,\cdots,c_k$ 是产生式右部 α 中文法符号属性。

(2) b 是产生式右部某个文法符号的继承属性且 $c_1,c_2,\cdots,c_k$ 是 A 或产生式右部任何文法符号的属性。

在这两种情况下，都说属性 b 依赖于属性 $c_1,c_2,\cdots,c_k$。每个文法符号的综合属性集和继承属性集的交集应为空集。属性文法是语义规则函数无副作用的语法制导定义。

通常，语义规则中的函数写成表达式的形式。有时，语法制导定义中的某些语义规则就是为了产生副作用，这样的语义规则一般写成过程调用或者过程段的形式。在这种情况下，可以把语义规则看成是定义相关产生式左部非终结符的虚拟综合属性。

【例 6-1】 如表 6-1 所示给出一个简单台式计算器的语法制导定义。在定义中，*val* 表示综合属性，它是一个与每个非终结符 E,T,F 相关的整数值。关于 E,T,F 的每个产生式，语义规则根据产生式右部非终结符的 *val* 值，来计算左部非终结符的 *val* 值。

表 6-1 中，符号 *digit* 的综合属性是 *lexval*，其值由词法分析器提供。关于开始非终结

符 L 的产生式 $L \to E_n$ 的语义规则只是一个过程,该过程打印由 E 生成的算术表达式的值;可以把这条规则看成是对非终结符 L 定义一个虚拟属性。

表 6-1 简单台式计算器的语法制导定义

产生式	语 义 规 则	产生式	语 义 规 则
$L \to E_n$	print($E.val$)	$T \to F$	$T.val = F.val$
$E \to E_1 + T$	$E.val = E_1.val + T.val$	$F \to (E)$	$F.val = E.val$
$E \to T$	$E.val = T.val$	$F \to digit$	$F.val = digit.val$
$T \to T_1 * F$	$T.val = T_1.val \times F.val$		

在语法制导定义中,一条语义规则完成一个计算属性值的动作。设终结符号只有综合属性,终结符号的属性值通常由词法分析器提供。因此,不需要求属性值的语义动作。此外,对文法的开始符号若不特别说明,则认为没有继承属性。

6.1.2 综合属性

将仅仅使用综合属性的语法制导定义叫做 S_属性定义。综合属性在实践中有广泛的应用。对于 S_属性定义,分析树的注释可以自底向上完成:从叶结点到根,通过计算语义规则而得到结点的属性。

【例 6-2】 例 6-1 的 S_属性定义说明一个简单台式计算器。它读入的内容可包含数字、括号、运算符+和 * 的算术表达式,表达式后面有换行记号";"。它打印表达式的值。例如,输入由换行符跟随的表达式 3 * 5+4;,该程序打印出值 19。如图 6-1 所示是输入 3 * 5+4;的注释分析树,树的根结点打印的输出是根的第一个子结点的值 $E.val$。

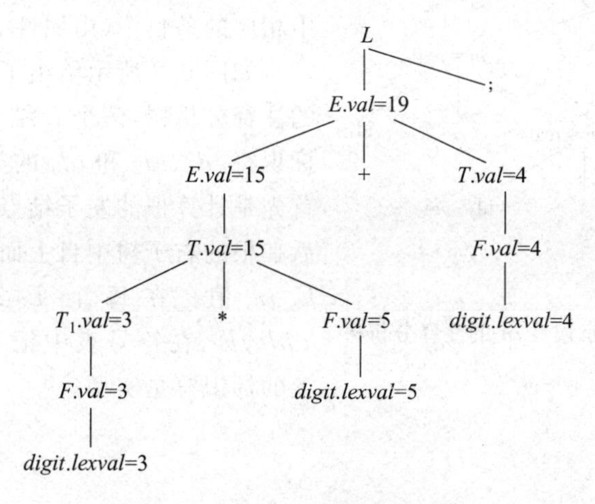

图 6-1 3 * 5+4;的注释分析树

下面说明属性值是如何计算的。考虑最左边最底层的内部结点及其对应产生式 $F \to digit$ 的引用。相应的语义规则 $F.val := digit.lexval$ 定义该结点的属性 $F.val$ 为 3,因为它的子叶结点 $digit$ 的 $lexval$ 是 3。同样地,F 结点的父结点的属性 $T.val$ 的值也为 3。

现在考虑产生式 $F \to T * F$ 的结点,这个结点的属性 $T.val$ 的值由产生式 $F \to T_1 * F$ 和语义规则 $T.val := T_1.val \times F.val$ 定义。当在这个结点应用语义规则时,子结点 T_1 的

val 为 3,子结点 F 的 val 为 5,故在此结点求得 $T.val$ 的值为 15。其余结点的属性值可以类似地计算。最后,与产生式 $L \rightarrow E_n$ 相应的规则打印 E 产生的表达式的值。

6.1.3 继承属性

在分析树中,如果一个结点的继承属性值是由该结点的父结点和(或)兄弟结点的属性定义的,则在表达程序设计语言的结构对它所在上下文的依赖性时,使用继承属性更为方便。例如,可以使用继承属性来记住标识符是出现在赋值号的左边还是右边,从而决定是需要它的地址还是需要它的值。虽然通过对语法制导定义的改写使之仅适用于综合属性是可能的,但使用带继承属性的语法制导定义更自然。

下面的例 6-3 说明了通过继承属性传递类型信息给一个声明中的各个标识符。

【例 6-3】 给出如表 6-2 所示的语法制导定义。

表 6-2 有继承属性的 L. in 语法制导定义

产生式	语 义 规 则	产生式	语 义 规 则
$D \rightarrow TL$	$L.in = T.type$	$L \rightarrow L_1, id$	$L1.in = L.in$
$T \rightarrow$ int	$T.type =$ integer		$addtype(id.entry, L.in)$
$T \rightarrow$ real	$T.type =$ real	$L \rightarrow id$	$addtype(id.entry, L.in)$

其中非终结符 D 产生的声明由关键字 int 或 real 及标识符表组成。非终结符 T 有综合属性 $type$,它的值由声明中的关键字决定。产生式 $D \rightarrow TL$ 的语义规则置继承属性为声明中的类型。这些规则用继承属性 $L.in$ 沿分析树向下传递类型。L 产生式的规则调用过程 $addtype$,把各个标识符的类型加到符号表中相应的条目中(由属性 $entry$ 指向)。

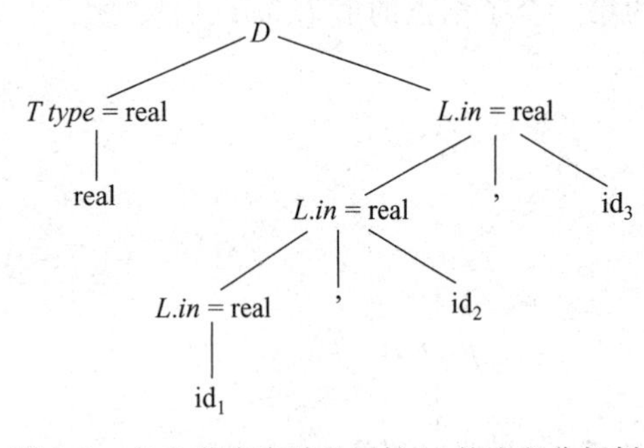

图 6-2 在 L 节点有继承属性 in 的注释分析树

如图 6-2 所示给出了句子 real id_1, id_2, id_3 的注释分析树,三个 L 结点的 $L.in$ 分别给出了标识符 id_1、id_2 和 id_3 的类型。这些值的确定,首先是计算根的左子结点属性 $T.type$ 的值,然后在根的右子树中自上而下计算三个 L 结点的 $L.in$ 值。在每个 L 结点,还调用过程 $addtype$,在符号表中记下该结点的右子结点上的标识符是实型。

6.1.4 依赖图

如果分析树中一结点的属性 b 依赖于属性 c,那么这个结点的属性 b 的语义规则的计算必须在定义属性 c 的语义规则的计算之后。分析树结点的继承属性和综合属性间的互相依赖关系可以用叫做依赖图的有向图来描绘。

在构造分析树的依赖图之前,对由过程调用组成的语义规则,引入虚拟综合属性 b,使得每条语义规则都能写成 $b = f(c_1, c_2, \cdots, c_k)$ 的形式。在图 6-2 中,每个属性有一个结点,

如果属性 b 依赖于属性 c，那么从 c 的结点到 b 的结点有一条边。给出分析树依赖图的构造方法如下：

算法 6.1(分析树依赖图构造算法)：

输入： 分析树的结点

输出： 分析树的依赖图

算法：

```
(1) for 分析树的每个结点 n do
(2)    for 结点 n 的文法符号的每个属性 a do
(3)        在依赖图中为 a 构造一个结点;
(4) for 分析树的每个结点 n do
(5)    for 结点 n 的产生式的每条语义规则 b=f(c₁,c₂,…,cₖ)do
(6)      for i=1 to k do
(7)        从 cₖ 的结点到 b 的结点构造一条边;
```

例如，设 $A.a=f(X.x, Y.y)$ 是产生式 $A\rightarrow XY$ 的语义规则，定义了依赖于属性 $X.x$ 和 $Y.y$ 的综合属性 $A.a$。如果这个产生式用于分析树，那么在依赖图中有三个结点 $A.a$，$X.x$ 和 $Y.y$，并有从 $X.x$ 到 $A.a$ 和从 $Y.y$ 到 $A.a$ 的边。

如果产生式 $A\rightarrow XY$ 有语义规则 $X.i=g(A.a, Y.y)$，那么图中有从 $A.a$ 到 $X.i$ 和从 $Y.y$ 到 $X.i$ 的边，因为 $X.i$ 依赖于这两者。

【例 6-4】 只要下列产生式在分析树中使用，就把图 6-3 的边加到依赖图中：

产生式	语义规则
$E\rightarrow E_1+E_2$	$E.val:=E_1.val+E_2.val$

图 6-3 中，由“·”标记的依赖图的三个结点代表分析树上对应结点的综合属性 $E.val$、$E_1.val$ 和 $E_2.val$。从 $E_1.val$ 到 $E.val$ 的边和从 $E_2.val$ 到 $E.val$ 的边分别表示 $E.val$ 依赖 $E_1.val$ 和 $E_2.val$。由点组成的线代表分析树，它们不属于依赖图。

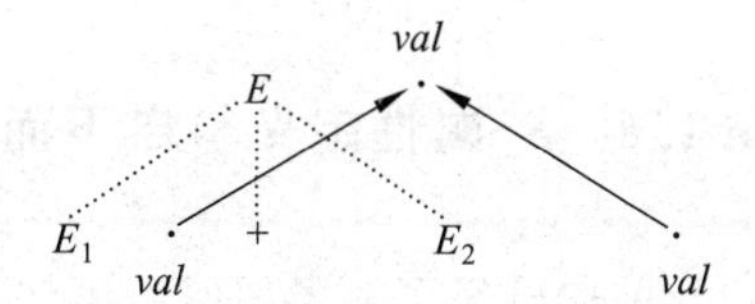

图 6-3 $E.val$ 从 $E_1.val$ 和 $E_2.val$ 中综合

【例 6-5】 图 6-4 给出了图 6-2 分析树的依赖图。

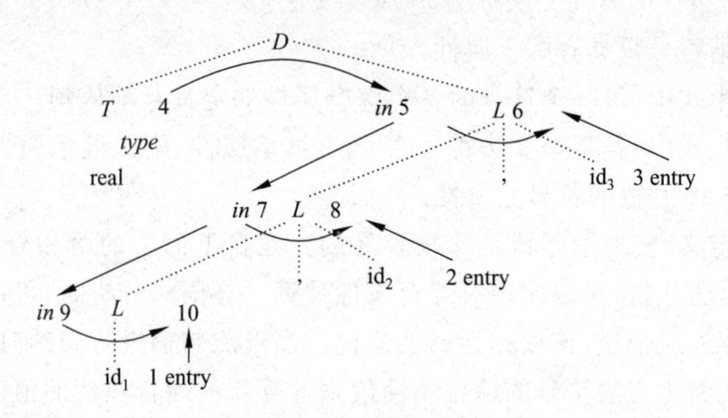

图 6-4 图 6-2 分析树的依赖图

依赖图上的结点由数标记，这些数将在后面说明。从结点 4 的 $T.type$ 到结点 5 的 $L.in$ 有一条边，因为根据产生式 $D\rightarrow TL$ 的语义规则 $L.in=T.type$，继承属性 $L.in$ 依赖于

属性 $T.type$。这两条到达结点 7 和结点 9 的向下的边的存在是因为产生式 $L \to L_1, id$ 的语义规则 $L_1.in=L.in$ 导致 $L_1.in$ 依赖于 $L.in$。L 产生式的语义规则 $addtype(id.entry, L.in)$ 导致虚拟属性的建立，结点 6,8 和 10 为这样的虚拟属性结点。

6.1.5 语法树的构造

语法树可以给出源程序的层次结构，易于构造，因此对优化的实现也非常容易。

一棵语法树对应一棵二叉树，叶结点代表操作数，非叶结点代表操作符。例如，对语句 X=(A+B)*(C/D) 的语法树表示如图 6-5 所示。

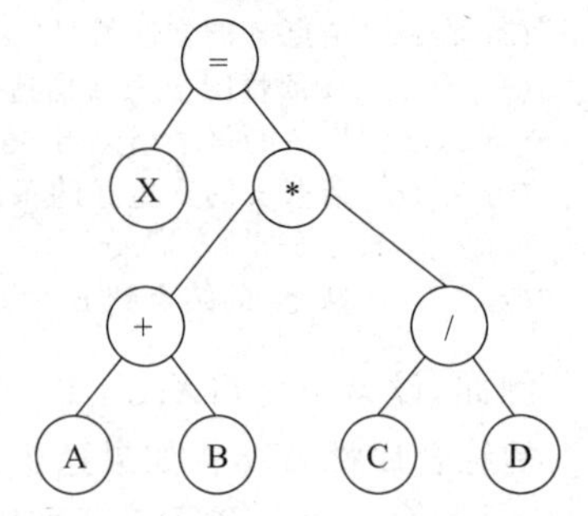

图 6-5 语句 X=(A+B)*(C/D) 的语法树表示

语法树存储结构的组织有比较成熟的技术，可以方便地用线性表或链表表示。在一些编译程序中，还使用一些不同形式的语法树作为中间代码。如在某些 Ada 语言编译系统中，使用称作 Dinna 的树结构。

树的表示形式与前面介绍的逆波兰表示和三元式、四元式表示有着密切的关系，相互间的转换很容易。三元式和逆波兰表示都是树的直接的线性表示，树的后序遍历可以产生逆波兰表示，一个三元式对应一棵二叉子树。

6.1.6 S_属性定义与自下而上计算

前述已经了解了如何用语法制导定义来说明翻译，下面将介绍如何实现这种翻译器。在第 6.1.2 节中已经提到，S_属性定义是只包含综合属性的语法制导定义。进一步给出 S_属性文法的定义。

定义 6.1

满足下面三个条件的属性文法称为 S_属性文法：

① 所有非终结符号只具有综合属性。

② 在一个产生式中，每一个符号的各个综合属性的定义互不依赖。

③ 在一个产生式中，若某个文法符号 X 具有继承属性，则此继承属性之值仅依赖于该产生式右部且位于 X 左边的符号之属性。

按照 S_属性定义，实现翻译器是比较容易的。在自下而上的语法分析过程中，随着对输入源程序串的语法分析，可以实现对综合属性计算。在语法分析时，可以把和文法符号相关的综合属性值存入一个栈，该栈称为属性值栈。当形成句柄进行归约时，根据栈中出现的关于所归约产生式右边文法符号的综合属性值来计算新的综合属性的值。

关于 S_属性定义的翻译器的实现，通常可以借助像 YACC 那样的 LR 分析生成器来实现。由一个 S_属性定义，LR 分析生成器可以构造一个翻译器，该翻译器在对输入串进行语法分析时计算属性的值。因为在 LR 分析器中，使用一个分析栈来存放已经分析过的子树的信息，可以在分析栈中再设置一个附加域来存放综合属性值，该附加域和原分析栈同步操作，如图 6-6 所示给出了带一个综合属性值附加域的分析栈示例。其中，*state* 表示分析栈中的状态，*val* 表示属性值。

假定分析栈用两个数组 *state* 和 *val* 表示，并令 *state* 中只用状态来表示所涉及的文法符号。如果第 i 个状态的文法符号为 A，则用 $val[i]$ 存放关于 A 的分析树结点的属性值。令分析栈的栈顶指针为 top。假定综合属性都在每次归约之前计算。若令产生式 $A \to XYZ$ 的语义规则为

	state	val
top→		
	Z	Z.z
	Y	Y.y
	X	X.x
	…	…

图 6-6　带有综合属性值域的分析栈

$$A.a = f(X.x, Y.y, Z.z)$$

则在把 XYZ 归约为 A 之前，属性 $Z.z$ 的值在 $val[top]$ 中，$Y.y$ 的值在 $val[top-1]$ 中，$X.x$ 的值在 $val[top-2]$ 中。归约之后，top 的值减 2，A 的状态放在 $state[top]$ 中（即原 X 的位置），综合属性 $A.a$ 的值放在 $val[top]$ 中。

【例 6-6】 以表 6-1 给出的简单台式计算器的语法制导定义为例。如图 6-1 所示带注释的分析树的综合属性，可以由 LR 分析器在对输入行 3 * 5＋4 进行自下而上语法分析过程中计算出来。如前所述，假定属性值 *digit. lexval* 由词法分析器产生，它是数字的数值。当语法分析器把 *digit* 移进栈时，*digit* 放在 $state[top]$，属性值放在 $val[top]$。

应用第 5 章介绍的技术对给定的文法构造 LR 分析器。为了计算属性值，可以对分析器进行修改，即在每次归约之前，执行如表 6-3 所示的操作。注意，可以把属性的计算和归约有机地联系起来，因为每次归约决定着所用的产生式。操作是把其中的属性值换成数组 *val* 中适当位置的值。

表 6-3　LR 分析器实现简单台式计算器

产 生 式	操　　作	注　　释
$L \to En$	print(*val*[*top*])	
$E \to E1 + T$	*val*[*ntop*]＝*val*[*top*-2]＋*val*[*top*]	此时 *val*[*top*-1]为'＋'
$E \to T$		
$T \to T1 * F$	*val*[*ntop*]＝*val*[*top*-2] * *val*[*top*]	此刻 *val*[*top*-1]为'*'
$T \to F$		
$F \to (E)$	*val*[*ntop*]＝*val*[*top*-1]	此时 *val*[*top*]为'*')'*';*val*[*top*-2]为'('
F→*digit*		

表 6-3 中的操作部分没有说明怎样管理变量 *top* 和 *ntop*。当归约产生式的长度为 r 时，新的栈顶变量 *ntop* 的值置成 $top - r + 1$。当每个操作执行之后，变量 *top* 的值置成 *ntop*。

6.1.7　L_属性定义与翻译模式

如果每个产生式 $A \to X_1 X_2 \cdots X_n$ 相关的每条语义规则的每个属性：

① 或者都是综合属性。

② 或者 X_j 的一个继承属性只依赖 X_j 左边符号 $X_1, X_2, \cdots, X_j - 1$ 的属性和 A 的继承属性。则称该语法制导定义为 L_属性定义。

由以上定义可知，每个 S_属性定义都是 L_属性定义，因为限制②只适用于继承属性。

【例 6-7】 设语法制导定义如表 6-4 所示。

表 6-4 语法制导定义不是 L_属性的，因为文法符号 Q 的继承属性 $Q.i$ 依赖它右边文法符号 R 的属性 $R.s$。

表 6-4 非 L_属性的语法制导定义

产生式	语义规则	产生式	语义规则
$A \to LM$	$L.i = l(A.i)$ $M.i = m(L.s)$ $A.s = f(M.s)$	$A \to QR$	$R.i = r(A.i)$ $Q.i = q(R.s)$ $A.s = f(Q.s)$

L_属性定义的语法制导定义，其属性总可以按深度优先顺序来计算。这里的 L 表示左(left)，因为属性信息出现的顺序是从左至右。

同样，给出 L_属性文法的定义。

定义 6.2

一属性翻译文法称为是 L_属性的，当且仅当对其中的每个产生式 p: $A \to X_1 X_2 \cdots X_n \in P$，下面的三个条件成立：

① 右部符号 $X_i (1 \leqslant i \leqslant n)$ 的继承属性之值，仅依赖于 $X_1, X_2, \cdots, X_{i-1}$ 的任意属性或 A 的继承属性。

② 左部符号 A 的综合属性之值仅依赖于 A 的继承属性或(和)右部符号 $X_i (1 \leqslant i \leqslant n)$ 的任意属性。

③ 对一动作符号而言，其综合属性之值是以该动作符号的继承属性或产生式右部符号的任意属性为变元的函数。

当在语法分析的同时进行翻译时，对属性计算的顺序要受到语法分析时建立分析树中结点的顺序的制约。概括诸多自上而下和自下而上翻译方法的自然顺序，都是按如下过程 dfvisit 从分析树的根结点开始遍历得到的次序，在遍历过程中计算属性的值，这一顺序称为深度优先顺序。这种自然的遍历顺序，既可以计算综合属性的值，也可以计算继承属性的值。

```
procedure dfvisit(n:node);
  begin
    for n 从左至右的每个儿子 m do
      begin
        对 m 的继承属性计算
        dfvisit (m)
      end
    对 n 的综合属性计算
  end
```

L_属性定义的语法制导定义，其属性总可以按深度优先顺序来计算。

下面介绍在自下而上语法分析过程中实现 L_属性定义的翻译方法。用这种方法，不仅可以处理基于 LL(1)文法的任何 L_属性定义，还可以实现许多基于 LR(1)文法的 L_属性定义。在第 6.1.5 节中介绍的自下而上翻译技术，依赖产生式右部末尾的语义动作进行翻译，但是，这种技术只能处理S_属性定义；就是说，所处理的文法符号只能具有综合属性，而不能具有继承属性。

为了适应在自下而上分析过程中进行翻译，需要在翻译过程中既要处理文法符号的综合属性，也要处理文法符号的继承属性，并且只能在归约时计算属性的值。这样，翻译模式中的语义动作必须安排在产生式的末尾。而继承属性的计算动作通常都在产生式中相关文法符号之前，而不是在末尾。所以，关于L_属性定义的翻译，关键是处理继承属性的计算动作。

为了自下而上计算属性值，需要进行一种等价变换，使翻译模式中属性的计算动作都出现在产生式的末尾。这种等价变换即引入一种非终结符，将其称作标记符，用标记符代替在产生式里的计算动作，而标记符的产生式仅生成空串 ε，并且在其后附上它所代替的动作。

例如，把接受中缀表达式翻译成后缀形式的翻译模式为：

$E \to TR$

$R \to +T$ print('+')$R \mid -T$ print('-')$R \mid \varepsilon$

$T \to num$ print($num.val$)

通过引入标记符号 M 和 N 替换在 R 产生式里的动作，转换成如下新的翻译模式：

$E \to TR$

$R \to +TMR \mid -TNR \mid \varepsilon$

$T \to num$ print($num.val$)

$M \to \varepsilon$ print('+')

$N \to \varepsilon$ print('-')

这两种翻译模式中的文法接收完全相同的语言。并且通过构造带有表示动作的结点的语法分析树，可知动作的执行顺序也完全相同。而且在变换之后的翻译模式里，动作都在产生式的后边。所以，在自下而上分析过程中，仅当归约产生式时才执行动作。

下面讨论关于继承属性的传递。假定在自下而上分析过程中用产生式 $A \to XY$ 进行归约，即从分析栈顶弹出 X 和 Y，然后将 A 压入栈。若令 X 的综合属性为 $X.s$，按照第6.1.5节介绍的方法，当归约出 X 时，把 X 和 $X.s$ 分别压入 *state* 栈和 *val* 栈。由于在归约出 Y 之前 $X.s$ 的值已经在 *val* 栈中，所以 $X.s$ 值可以被 Y 继承。这样，如果 Y 的继承属性 $Y.i$ 由复制规则"$Y.i=X.s$"定义，则在使用 $Y.i$ 的任何地方都可以使用 $X.s$ 的值。

【例 6-8】 给定如下简单变量说明语句的翻译模式：

$D \to T$	$L.in=T.type$
	L
$T \to$ int	$T.type=$integer
$T \to$ real	$T.type=$real
$L \to L,id$	$L1.in=L.in$
	$L1,id$ $addtype(id.entry, L.in)$
$L \to id$	$addtype(id.entry, L.in)$

按照此翻译模式，一个标识符的类型可以通过继承属性的复制规则进行传递。设有输入串：

```
int a, b, c
```

考察对该输入串进行自下而上分析的动态变化过程，同时考察当应用 L 的产生式时，怎样得到属性 $T.type$ 的值。暂且忽略翻译模式中的语义动作，对输入串进行自下而上语法分析时分析栈和输入串的动态变化过程如表 6-5 所示。为了便于表示，用文法符号表示栈中该文法符号所对应的状态，用实际的标识符表示 id。

表 6-5　输入串 int a,b,c 自下而上分析

输　入	state	所用产生式	输　入	state	所用产生式
int a,b,c	—		$,c$	TL,b	
a,b,c	int		$,c$	TL	$L\rightarrow L,id$
a,b,c	T	$T\rightarrow$int	c	TL	
$,b,c$	Ta			TL,c	
$,b,c$	TL	$L\rightarrow id$		TL	$L\rightarrow L,id$
b,c	TL			D	$D\rightarrow TL$

从表 6-5 可以看出，当分析栈内文法符号被归约成 L 时，T 正好在其右边的符号 L 的下面，故属性 $L.in$ 可以方便地继承属性 $T.type$。

假定像第 6.1.5 节所述那样，分析栈用两个数组 $state$ 和 val 表示。如果 $state[i]$ 是文法符号 X 所对应的状态，则 $val[i]$ 存放 X 的综合属性 $X.s$。要注意，在表 6-5 中，每次用 L 的产生式归约时，T 都恰好在栈中 L 的下边。所以，可以直接得到属性值 $T.type$，从而获得 $L.in$。鉴于属性 $T.type$ 在 val 栈中相对于栈顶的位置是已知的，故据此可以给出如表 6-6 所示的翻译模式。

表 6-6　翻译模式

产生式	操　作	产生式	操　作
$D\rightarrow TL;$		$L\rightarrow L,id$	$addtype(val[top],val[top-3])$
$T\rightarrow$int	$val[ntop]=$integer	$L\rightarrow id$	$addtype(val[top],val[top-1])$
$T\rightarrow$real	$val[ntop]=$real		

令 top 和 $ntop$ 分别为归约之前栈顶的下标和归约之后栈顶的下标。由定义 $L.in$ 的复制规则，$T.type$ 可以使用在 $L.in$ 的位置的值。

当用产生式 $L\rightarrow id$ 归约时，$id.entry$ 在 val 栈的栈顶，$T.type$ 恰好在它的下边，所以用 $addtype(val[top],val[top-1])$ 和用 $addtype(id.entry,T.type)$ 是等价的。类似地，当用产生式 $L\rightarrow L,id$ 归约时，$L\rightarrow L,id$ 的右边有三个符号，$T.type$ 位置在 $val[top-3]$。

由例 6-8 可知，要想在分析栈中找到继承属性值，就必须要求文法允许该属性值在栈中的位置是可以预测的。

6.2　符号表

编译程序在执行的过程中，为了完成源程序到目标代码的翻译，需要不断收集、记录和使用源程序中一些语法符号的类型、特征和属性等相关信息。为方便起见，一般的做法是让编译程序在其工作过程中,建立并保持一批表格,如常数表、变量名表、数组名表、过程或子程序名表及标号表等,习惯上将它们统称为符号表或名字表(简称名表)。符号表的每一登记项,将填入名字标识符以及与该名字相关联的一些信息。这些信息,将全面反映各个符号的属性及它们在编译过程中的特征,诸如名字的种属(常数、变量、数组、标号等)、名字的类型(整型、实型、逻辑型、字符型等)、特征(当前是定义性出现还是使用性出现等)、给该名字分配的存储单元地址以及与该名字的语义有关的其他信息等。根据对编译程序工作阶段的划分,符号表中的各种信息将在编译程序工作过程中的适当时候填入。对在词法分析阶段就建造符号表的编译程序,当从源程序中识别出一个单词(名字)时,就以此名字查符号表,若表中尚无此登记项,则将该名字列入表中。至于与之相关的一些信息,可视工作的方便,分别在语法分析、语义处理及中间代码生成等阶段陆续填入。几乎在编译程序工作的全过程中,都需要对符号表进行频繁的访问,查表或填表等操作,在编译程序的编译过程中是很大的一笔开销。因此,合理地组织符号表,并相应地选择好查表和填表的方法,是提高编译程序工作效率的重要一环。

6.2.1 符号表的组织

一般而言,对于同一类符号表,例如变量名表,它的结构以及表中的每一登记项所包含的内容,由于程序设计语言种类和目标计算机的不同,可能有较大的差异。然而抽象地看,各类符号表一般都具有如表 6-7 所示的形式。由表 6-7 可以看出,符号表的每一个记录项都由两个数据项组成:第一个数据项为名字,用来存放标识符或其内部码;第二个数据项为信息,一般由若干个子项(或域)组成,用来记录与名字项相对应的各种属性和特征。

表 6-7 符号表结构

名字项	信 息 项	名字项	信 息 项
name_1	*Name_1_info*	…	…
name_2	*Name_2_info*	*name_n*	*Name_n_info*

对于标识符的长度有限制或长度变化范围不大的语言来说,每一登记项名字栏的大小可按标识符的最大允许长度来确定。例如,标准 Fortran 语言规定每一标识符不得超过 6 个字符,因此可用 6 个字符的空间作为名字栏的长度。一般按两种方式来存放各类标识符。一种是将标识符中各字符的“标准值”从左到右依次直接存入名字项中,如果名字中的字符个数小于名字栏的长度,则用空格符或空白字符补全。另一种是将标识符按某种方式转换为相应的内部编码,然后再将此内部码存入名字项中。因此,对于标识符长度不限,或者标识符长度变化范围较大的语言,可另设一个特定的字符串表,把符号表中的全部标识符都集中地放在此字符串表中,而在符号表的名字栏中仅放置一个指针,该指针用来指示相应标识符的首字符在字符串表中的位置。为了指明每一标识符的长度,可在名字项中放置一个表示相应标识符所含字符个数的整数的信息。

在源程序中,由于标识对象有不同的作用,例如可以标识变量名、数组名、文件名或函数名等,因此相应于各类标识符所需记录的信息也就可能有很大的差异。如果根据标识符标识对象的不同,在编译程序中分门别类地组织多种表格,如常数表、变量名表、数组名表、过程名表、标号表等，这在表格的使用上是很方便的。但是，如果能合理组织符号表信息项各个子项所存信息的内容(例如适当增加一些标志位)，那么，在编译程序中，只为各类标识符设置一张共用的表格也是可行的。

在计算机中，符号表的每一登记项一般需占用若干个存储单元。对于一个表容为 N(即至多可存放 N 个登记项)且每项占用 K 个单元的符号表，其所需的存储总量为 $K*N$ 个单元。组织这样的符号表有如下两种方式：

(1) 把每个登记项置于连续的 K 个单元中，从而给出一张占用 $K*N$ 个单元的表。

(2) 根据对表的使用情况，将每一登记项按某种方式划分为 m 个部分，再将各登记项相应的部分组织在一起，从而给出了 m 个子表 $T_1,T_2,\cdots,T_m$。显然，每一子表也都是 N 项，设各个子表每一项占用的单元数分别为 $K_1,K_2,\cdots,K_m$，则

$$K=\sum_{i=1}^{m}K_i$$

因此，符号表第 i 项的内容也就是各子表第 i 项的内容的 $T_1[i],T_2[i],\cdots,T_m[i]$并置。

至于按什么样的次序来安排符号表中的各登记项，这与所选用的查填表的方式有关。在查填表时，一般是以匹配名字或其内部码为依据，故通常将名字或其内部码称为查询关键字。当一个符号表的表容不大时，一种常用也是最简单的造表方式是，按其在源程序出现的先后顺序，将各名字及其信息依次填入表中。因此在查表时，也应将待查的关键字与表中各登记项逐个进行比较，直至得到与关键字匹配的登记项，或查完表中现有的全部登记项为止。另一类造表方式称为散列方式，这种方式需首先建立一个以关键字 k 为自变量的函数 $H(k)$，称为散列函数或 Hash 函数，它的值域为$\{0,1,\cdots,N-1\}$，其中 N 为表容。在造表时，对于给定的关键字 k，若 $H(k)=i$，则将该关键字及其信息作为符号表第 i 项的内容。对符号表的访问可概括为如下几类基本操作：

(1) 判定一给定名字是否在表中。

(2) 在表中填入一个新的名字。

(3) 访问与给定名字相关的信息。

(4) 为给定的名字填入或更新某些信息。

(5) 从表中删除一个或一组名字。

应当特别指出的是，在很多程序设计语言中，对名字的作用域通常都有相应的规定。在源程序中的同一标识符，在不同的作用域里可能用来标识有不同属性的对象，从而也就有可能要求给它们分配不同的存储空间。因此，为了在编译过程中能够正确地使用不同作用域中的标识符，在组织符号表时，对各个标识符所处的作用域也应当有所反映。

6.2.2 分程序结构的符号表

许多高级程序设计语言具有分程序结构或嵌套过程结构。在用这种语言所写的程序单元中，可以再包含嵌套的程序单元，而且相同的标识符可以在不同的程序单元重复定义和使用。例如 Fortran 语言中的函数和子例程子程序段、Pascal 语言中的过程说明等都属于所说的分程序结构。由于程序单元的嵌套导致名字作用域的嵌套的情况，也可以视为分程序

结构。例如,C语言的函数定义中,函数体可以嵌套用花括号{和}括起来的分程序或复合语句,因而其中所涉及的各个局部变量的作用域,也具有嵌套的特征。

对于分程序结构或嵌套过程结构的语言,为了使编译程序在语义及其他相关的处理上不致发生混乱,应采用分层建立和处理符号表的方式。这样每当用到一个标识符时,可以方便地找到所对应的符号表项。下面,就以Pascal语言为例来说明构造这种符号表的方法。

在Pascal语言中,标识符的作用域是包含说明(定义)该标识符的一个最小分程序。具体地说,即:

(1) 如果一个标识符在某一分程序首部已作说明,则不论此分程序是否含有内层分程序,也不论内层分程序再嵌套多少层,只要在内层分程序未再次对该标识符加以说明,则此标识符在整个分程序中均有定义,且有相同的属性。换言之,该标识符的作用域是整个分程序。对于说明此标识符的分程序来说,此标识符为局部量,但对该分程序所包含的内层分程序来说,则为全局量。

(2) 程序中的标号局限于定义该标号的最小分程序。

(3) 由于Pascal语言中的过程(函数)可具有嵌套结构,因此,为方便起见,可将每一过程(函数)说明都视为一假想的分程序。出现在过程体(函数体)中的非形式参数,依其在相应的过程体(函数体)中被说明(定义)与否,确定其对过程(函数)而言是局部量还是非局部量,而形式参数则总是局限于相应的过程(函数)体的。

由此可见,Pascal语言中的标识符(或符号)的作用域,总是与说明(定义)这些标识符的分程序的层次相关联的。为了表征一个Pascal语言中各个分程序的嵌套层次关系,可将这些分程序按其开头符号在源程序中出现的先后顺序进行编号。这样,在从左至右扫视源程序时,就可按分程序在源程序的这种自然顺序(静态层次),对出现在各个分程序中的标识符进行处理,其方法如下:

(1) 在一个分程序首部某说明中扫视到一个标识符时,以此标识符查相应于本层分程序的符号表,如果符号表中已有此名字的登记项,则表明此标识符被重复说明,应按语法错误处理。不然,则在符号表中新登记一项,将该标识符及其相关信息(如种属、类型、给简单变量或数组所分配的内存单元地址等)填入。

(2) 在一个分程序的语句中扫视到一个标识符时,首先在该层分程序的符号表中查找此标识符,如果查不到,再在其直接外层分程序中的符号表中去查找,如此进行,一旦在某一外层的符号表中找到了标识符,则从表中取出有关的信息并作相应的处理;如果遍查所有外层分程序的符号表都找不到此标识符,则表明程序中使用了一个未经说明(定义)的标识符,此时可按语法错误处理。

为实现上述查填表功能,可按如下的方式来组织符号表:

(1) 分层组织符号表的登记项,使各分程序的符号表登记项连续地排列在一起,而不为其内层分程序的符号表登记项所割裂。

(2) 建立一个"分程序表",用来记录各层分程序符号表的有关信息。分程序表中的各登记项是在自左至右扫视源程序的过程中,按分程序出现的自然顺序依次填入的,且对每一

分程序填写一个登记项。因此,分程序表各登记项的序号也就隐含地表征了各分程序的编号。设分程序表结构为:

OUTERN	ECOUNT	POINTER

其中,OUTERN 字段用来指明该分程序的直接外层分程序的编号;ECOUNT 字段用来记录该分程序符号表登记项的个数;POINTER 字段是一个指示器,它指向该分程序符号表的起始位置。

【例 6-9】 设有如下程序:

```
PROCEDURE …
 VAR A, B, C, D:REAL;
   PROCEDURE …
       LABEL L1;
       VAR E,F:REAL;
       BEGIN
       …
       END;
   PROCEDURE …
       LABEL L2, L3;
       VAR G, H:REAL;
           FUNCTION …
               VAR A:INTEGER;
               BEGIN
               …
               END;
       BEGIN
       …
       END;
   BEGIN
   …
   END;
```

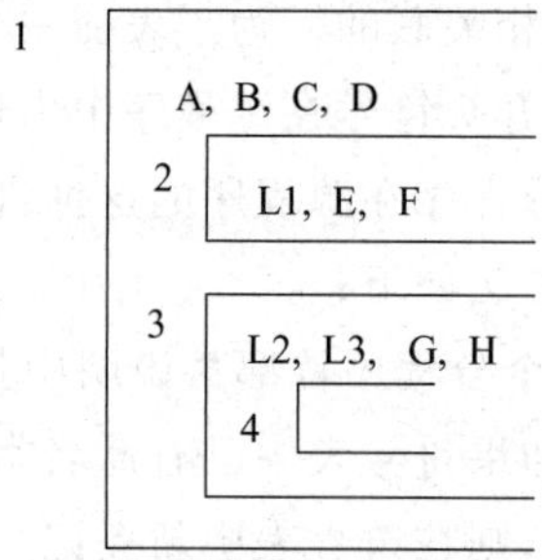

图 6-7 程序的嵌套结构图

该程序的嵌套结构如图 6-7 所示。

对于该程序,相应的分程序表和符号表如图 6-8 所示。在图 6-8 中,各分程序符号表是按 2,4,3,1 的次序排列的,这个次序是闭分程序的次序(即分程序的 END 出现的次序)。由于各分程序的符号表须连续地邻接在一起,所以形成这种次序。

为了使各分程序的符号表连续地邻接在一起,并在扫描具有嵌套分程序结构的源程序时,总是按先进后出的顺序来扫描其中各个分程序,可以设置一个临时工作栈,每当进入一层分程序时,就在这个栈的顶部预造该分程序的符号表,而当遇到该层分程序的结束符 END 时,此时该分程序的全部登记项已位于在栈的顶部,再将该分程序的全部登记项移至正式符号表中。

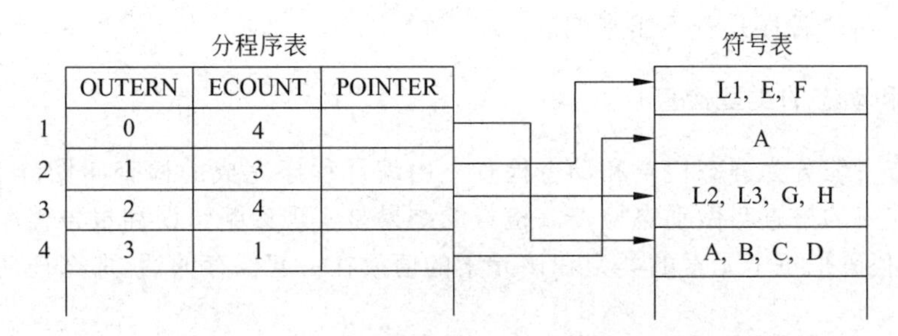

图 6-8 分程序结构的分程序表和符号表

6.3 类型检查

编译程序的主要功能之一是对源程序进行语法和语义检查。一般静态检查包括：

(1) 类型检查。例如程序中的运算符作用于不相容的运算对象,例如将数组变量和函数变量相加等,都属于编译程序进行类型检查应该报告的错误。

(2) 控制流检查。引起控制流离开一个结构的语句必须指出控制流的转移目标。例如,C 语言的 break 语句引起控制流离开最小包围的 while,for 或 switch 语句,如果这样的包围语句不存在,则是一个错误。

(3) 唯一性检查。例如,有些语言中,标识符必须唯一地声明,case 语句的标号必须有区别,枚举类型的元素不能重复等都属于唯一性问题。

(4) 关联名字检查。有的语言要求同样的名字必须出现两次或多次。例如,在 Ada 语言中,循环或程序块可以有名字出现在它的开头和结尾,编译程序必须进行这类语法、语义的合法性检查。

本节主要讨论类型检查。许多编译程序把静态检查以及中间代码生成和分析组织在一起,当然对于语言中复杂的结构,在分析和中间代码生成之间单独增加一遍类型检查可能更方便,将其称之为类型检查程序或类型检查器。

代码生成时往往用到类型检查产生的信息。例如,像“+”这样的算术符,一般可以用于整型或实型,可能还有其他类型,因此要检查“+”的上下文以决定它的含义。一个符号在不同的上下文中可以表示不同的运算,称之为“重载”。重载可能伴随类型强制,强制指的是编译程序提供把运算对象变换成上下文所期望的类型的转换。像语言中下标只能用于数组,用户定义的函数只能用于有正确的变元个数和变元类型的场合等。

6.3.1 类型体制

语言的类型检查程序设计是基于语言的语法结构、类型概念和语言结构的类型指派规则。类型检查程序实现类型体制。本节的类型体制用语法制导的方式说明。

同一语言的不同编译程序或处理器会使用不同的类型体制。例如,对于 Pascal 语言,数组的类型包括数组的下标集合,所以有数组作为变元的函数只能用于有此下标集合的数组。但是,许多 Pascal 语言的编译程序在数组作为变元传递时,允许下标集合没有指明。所以这些编译程序使用的类型体制不同于 Pascal 语言定义的体制。同样,在 UNIX 系统中,lint 命令用的类型体制比 C 编译程序本身用得更多,用来检查 C 程序的一些类型错误,而这些错误C编译程序是查不出来的。

1. 静态和动态的类型检查

类型检查一般分为静态检查和动态检查。由编译程序完成的检查叫做静态检查，目标程序运行时完成的检查叫做动态检查。检查的结果是实现诊断错误和报告程序错误。原则上，如果目标代码把每个元素的类型和该元素的值放在一起保存的话，那么任何检查都可以动态完成。

健全的类型体制可以不需要动态检查类型错误，因为它允许静态地确定这些错误是否会在程序运行时发生，即一个健全的类型体制如果把一个类型(而不是type_error)指派给程序的一部分的话，那么这部分的目标代码运行是不会出现类型错误的。如果它的编译程序能够保证它所接受的程序不会有运行时的类型错误，那么语言是强类型的。

但是实际上，有些检查只能动态完成，例如，若首先声明

```
table:array[0..255] of char;
i:integer
```

然后计算 *table*[*i*]，编译程序一般不能保证在程序执行期间i的值总在0～255的范围内。

2. 类型表达式

语言结构的类型可以用“类型表达式”来指称。非形式的，基本类型是类型的表达式，有类型构造器作用于类型表达式而形成的表达式也是类型表达式。基本类型和构造器依赖于所检查的语言。

本节使用的类型表达式定义如下：

① 基本类型是类型表达式。基本类型有boolean、char、int和float。一个特殊的基本类型type_error，标志类型检查期间的错误。基本类型void表示“空值”，以允许检查语句。

② 类型名是类型表达式。这里类型名是指类型表达式的名字。

③ 类型构造器作用于类型表达式的结果仍是类型表达式，类型构造器包括：

- 数组。如果T是类型表达式，那么array(I,T)是成分类型为T和下标集合为I的数组的类型表达式。I通常是一个整数区间。例如，Pascal语言声明

  var A:array[1..10] of integer;

  把类型表达式array(1..10,integer)和A联系起来。
- 积。如果 T_1 和 T_2 是类型表达式，那么它们的笛卡儿积 $T_1 \times T_2$ 也是类型表达式，假定×是左结合。
- 记录。记录类型从某种意义上说是它各自域类型的积，记录和积之间的区别是记录的域有名字。把类型构造器record作用于域名和它们的类型组成的元组，形成类型表达式，用这样的表达式可完成记录的类型检查。例如，Pascal语言的程序片段

```
type row=record
    address:integer;
    lexeme:array[1..15] of char
end;
```

```
var table:array[1..101] of row;
```

声明类型名 row 代表类型表达式

record((address×integer)×(lexeme×array(1..15, char)))

- 指针。如果 T 是类型表达式,那么 pointer(T)表示"指向类型 T 的对象的指针"的类型表达式。例如,在 Pascal 中,声明：var p：↑ row;声明变量 p 有类型 pointer(row)。
- 函数。从数学上讲,函数把定义域上的对象映射到值域上的对象。可以把程序设计语言的函数看成定义域类型 D 到值域类型 R 的映射,这样的函数类型由类型表达式 $D \rightarrow R$ 表示。例如,Pascal 语言内部定义的函数 mod 有定义域类型 int×int,即一对整数,其值域也是 int。所以说 mod 有类型表达式

  int×int→int　　　　＊注："×"的优先级高于"→","→"是右结合。

  另一个例子是,Pascal 的声明

  function f(a,b:char):↑integer; …

  表示函数 f 的定义域类型是 char×char,值域类型是 pointer(integer)。函数 f 的类型由类型表达式

  char×char→pointer(integer)

  表示。通常,出于第 7 章讨论的实现上的原因,对函数返回的类型有限制。例如,数组和函数不能返回。

④ 类型表达式可以包含变量,变量的值是类型表达式。

表示类型表达式的一个简单方法是用图。用语法制导定义方法,可以为类型表达式构造树或 DAG,内部结点表示类型构造器,叶结点代表基本类型、类型名或类型变量,如图 6-9 所示。

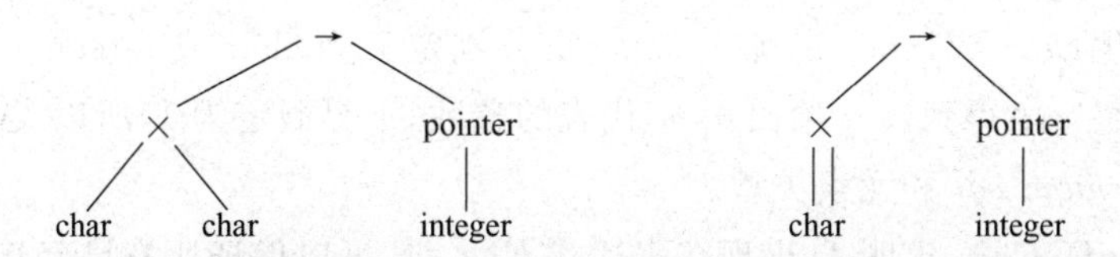

图 6-9　表示 char×char→pointer(integer)的构造树和 DAG

6.3.2　一个简单的类型检查程序

本节以一个简单语言为例,来试图说明类型检查程序。本节给出的类型检查程序是一个翻译方案,它从子表达式的类型给出表达式的类型。该类型检查程序能够处理数组、指针、语句和函数。

1. 一个简单的语言

给出一个源语言文法 G:

```
P→D; E
D→D; D|id:T
```

```
T→char|integer|array[num] of T|↑T
T→literal|num|id|E mod E|E[E]|E↑
```

文法 G 产生由非终结符 P 表示的程序，其程序结构是由一段声明 D 和随后的一个表达式 E 组成。由文法 G 产生的一个程序是：

```
key:integer;
key mod 1999
```

讨论表达式之前，先考虑该语言的类型，这个语言由两个基本类型 char 和 integer，第三个基本类型 type_error 用于报告错误。为简单起见，假定所有数组的下标都从 1 开始，例如

```
array[256] of char
```

的类型表达式是 array(1..256,char)，如 Pascal 那样，声明中的前缀算符 ↑ 用于指针类型，所以 ↑integer 的类型表达式是 pointer(integer)。

在如图 6-10 所示的翻译方案中，产生式 $D \rightarrow id$;T 的动作 addtype(*id. entry*, *T. type*) 是把类型添入符号表的标识符记录中。

$P \rightarrow D;E$	
$D \rightarrow D;D$	
$D \rightarrow id;T$	{*addtype*(*id. entry*, *T. type*)}
$T \rightarrow$char	{*T. type*=char}
$T \rightarrow$integer	{*T. type*=integer}
$T \rightarrow \uparrow T_1$	{*T. type*=*pointer*(T_1. *type*)}
$T \rightarrow$*array*[*num*] of T_1	{*T. type*=*array*(*num. val*, T_1. *type*)}

图 6-10 翻译方案中保存标识符类型的部分

如果 T 产生 *char* 或 *integer*，那么 *T. type* 分别定义为 char 或 integer。数组的上界从记号 *num* 的属性 *val* 得到，*val* 给出 *num* 代表的整数，下界假定为 1，所以类型构造器 array 作用于子界 1..*num. val* 和元素类型。

因为在 $P \rightarrow D;E$ 中，声明 D 出现在表达式 E 之前，可以保证所有已经声明的标识符的类型在由表达式 E 产生的表达式检查之前就已保存下来。事实上，适当修改文法 G，可以在自上而下或自下而上的分析期间实现本节的翻译方案。

2. 表达式的类型检查

在下面的规则中，表达式 E 的综合属性 *type* 给出了表达式 E 产生的表达式的类型表达式。下面两个规则指出由记号 *literal* 和 *num* 表示的常数分别有类型 char 和 integer：

```
E→literal    {E.type= char}
E→num        {E.type= integer}
```

用函数 *lookup*(*e*)取符号表中由 *e* 指向的条目中的类型。当标识符出现在表达式中时，从符号表中取它的类型并赋给属性 *type*：

```
E→id    {E.type= lookup(id.entry)}
```

若 mod 算符作用于两个类型为 integer 的子表达式，则结果类型也为 integer；否则，它的类型是 type_error。这个规则是：

$E \to E_1$ mod E_2　　{$E.type$=if $E_1.type$=integer and
$E_2.type$=integer then integer
else type_error}

对于数组引用 $E_1[E_2]$，下标表达式必须有 integer 类型，此时，结果类型从 E_1 的类型 $array(s,t)$ 得到元素类型 t。这里，没有用到数组的下标集合 s：

$E \to E_1[E_2]$　　{$E.type$=if $E_2.type$=integer and
$E_1.type$=$array(s,t)$ then t
else type_error}

在表达式中，后缀算符↑产生由它的运算对象指向的对象。$E\uparrow$ 的类型是由指针 E 指向的对象类型 t：

$E \to E_1\uparrow$　　{$E.type$=if $E_1.type$=$point(t)$ then t
else type_error}

关于增加产生式和语义规则以允许表达式有其他类型和运算的情况，请读者考虑。例如，为了允许标识符有 boolean 类型，可以引入产生式 $T \to$ boolean 到文法 G，把"<"的比较算符和"&"这样的逻辑算符引入表达式 E 的产生式，将允许 boolean 类型的表达式。

3. 语句的类型检查

像程序设计语言中的语句这样的语言结构不具有类型，因而特殊的基本类型 void 可以指派给它们。如果在语句中发现错误，指派给语句的类型则是 type_error。

考虑赋值语句、条件语句和当语句。语句序列由分号分隔。如果把代表完整程序的产生式改成 $P \to D;S$，则如图 6-10 所示的产生式可以并入文法 G 的产生式中。现在，程序由声明及随后的语句组成，仍然需要检查表达式的上述规则，因为语句中有表达式。

检查语句的规则在图 6-11 中给出。第一条规则检查赋值语句的两边要有相同的类型。第二条规则和第三条规则指明 if 语句和 while 语句的表达式必须有类型 boolean。错误由图 6-11 的最后一条规则传播，因为仅当每个子语句有类型 void 时，语句序列的类型才是 void。则这些规则中，类型不匹配会产生类型 type_error。当然，友好的类型检查程序还报告类型不匹配的性质和位置。

$S \to id=E$	{$S.type$=if $id.type$=$E.type$ then void else type_error}
$S \to$ if E then S_1	{$S.type$=if $E.type$=boolean then $S_1.type$ else type_error}
$S \to$ while E do S_1	{$S.type$=if $E.type$=boolean then $S_1.type$ else type_error}
$S \to S_1;S_2$	{$S.type$=if $S_1.type$=void and $S_2.type$=void then void else type_error}

图 6-11　语句的类型检查的翻译方案

4. 类型转换

考虑表达式 $x+i$，其中 x 是实型，i 是整型。因为在计算机中实数和整数有不同的表示，并且对实数和整数有不同的机器指令，因此编译程序可能首先把一个运算对象进行类型转换，以保证加的两个运算对象有同样的类型。

语言定义会指出什么变换是必须的。例如，当整数赋给实型变量时，应该把赋值号右边的对象的类型转换成左边对象的类型。在表达式中，通常是把整数转换成实数，然后在一对实型对象上进行实数运算。编译程序的类型检查程序可用来在源程序的中间标识中插入这些转换操作。例如，$x+i$ 的后缀是：

```
xi inttoreal real +
```

这里，首先由 inttoreal 算符把 i 从整数转换成实数，然后由 real＋对其结果和 x 进行实数加。

如果从一个类型转换到另一类型可以由编译程序自动完成，这样的转换称为隐式的。在许多语言中，要求隐式转换原则上不丢失信息。例如，整数可以转变为实数，但反过来则不行。不过，当实数和整数用同样多位表示时，还是有可能丢失信息的。

如果转换由程序员在程序中写出，这种转换叫做显式的。Ada 语言的所有转换都是显式的。显示转换实际是一种函数调用，因此类型检查程序不必考虑显示转换。

例如，在 Pascal 语言中，内部函数 *ord* 把字符映射到整数，而函数 *chr* 则反过来，把整数映射到字符，这些转换是显式的。而 C 语言则相反，在算术表达式中，它把 ASCII 字符强制（即隐式转换）到 0～127 之间的整数。

【例 6-10】 考虑把算术算符 op 作用于常数和标识符形成的表达式，如表 6-1 的文法那样。假定有实数和整数两个类型，必要时整数转变成实数。非终结符 E 的属性 *type* 可以是 integer 或 real，类型检查规则在表 6-8 中给出。和第 6.2.2 节一样，函数 *lookup*(e)返回 e 指向的符号表条目中的类型。

表 6-8 从整型到实型的类型检查规则

产 生 式	语 义 规 则
$E \rightarrow num$	$E.type$:＝integer
$E \rightarrow num \cdot num$	$E.type$:＝real
$E \rightarrow id$	$E.type$:＝*lookup*(*id.entry*)
$E \rightarrow E_1 \, \mathrm{p} E_2$	$E.type$:＝if $E_2.type$＝integer and $E_2.type$＝integer then integer else if $E_2.type$＝integer and $E_2.type$＝real then real else if $E_2.type$＝real and $E_2.type$＝integer then real else if $E_2.type$＝real and $E_2.type$＝real then real else type_error

6.4 中间语言

中间语言(中间代码)是一种面向语法,易于翻译成目标程序的源程序的等效内部表示代码。其可理解性及易于生成目标代码的程度介于源语言和目标语言之间。使用中间代码有许多优点,不仅仅是作为最后生成目标代码的过渡。首先,生成中间代码时可以不考虑具体目标机的特性,因此使得产生中间代码的编译程序实现更容易一些。而且,这种中间代码形式与具体目标机无关,所以编译程序便于移植到其他机器上。另外,便于在中间代码上做优化处理。

本节中,讨论三种常见的中间语言形式,它们是:逆波兰表示,N-元式表示,图表示。

6.4.1 逆波兰表示法

逆波兰表示法是由波兰逻辑学家 J. Lukasiewicz 首先提出来的一种表示表达式的方法。逆波兰表示或后缀表示是较早开发且现在仍然流行的一种中间语言形式。它是从人们习惯的以中缀表示法书写表达式的形式发展而来的。

在逆波兰表示法中,每个运算符(或操作符)直接跟在其操作数(运算对象)后面,一般来讲,对 N 目运算的算符 θ,其逆波兰表示法形式为

$$e_1\ e_2 \cdots e_n \theta \quad (n \geqslant 1)$$

表 6-9 示出所给定的中缀表达式对应的逆波兰表示。

表 6-9 中缀表达式对应的逆波兰表示

中缀表达式	逆波兰表示	中缀表达式	逆波兰表示
$a*b$	$ab*$	$(a+b)*(c+d)$	$ab+cd+*$
$-a$	a@(@表示单目一)	$a+b*(c+d)*(e+f)$	$abcd+*ef+*+$
$a+b*c$	$abc*+$	$\neg(a \vee b)$	$ab\vee\neg$

与传统的中缀表示法比较,对于在计算机上的处理,逆波兰表示法有两个明显的优点。第一,表达式中不再带有括号,仍然可以既简明又确切地表示运算符的计算顺序。第二,运算处理方便。对于源程序中的各类表达式,将其翻译成逆波兰表示形式,使表达式的求值顺序与运算符出现的先后顺序一致,这样只要用一个栈就可以很容易实现表达式的求值。具体实现的过程是,对逆波兰表达式自左至右进行扫描,遇到操作数就把它推进栈,遇到 N 目运算的运算符即从栈中弹出 N 个操作数进行运算,并将结果推进栈。

用逆波兰表示法除了可以表示表达式,还可以表达源语言中的其他成分。只要遵循在操作数后面直接跟着它们的操作符的原则即可。例如对赋值语句

<变量>=<表达式>

用逆波兰表示法表示为

<变量><表达式>=

再如考虑如下形式的 IF 语句

```
IF <expr> then <s1> else <s2>
```

可以用如下逆波兰表达式来表示

```
<expr> <lable1> BZ <s1> <lable2> BR <s2>
```

在此逆波兰表达式中引入两个操作符 BZ 和 BR。BZ 是二目操作符,如果＜expr＞的计算结果为假,则产生一个到＜lable1＞的转移。＜lable1＞是＜s2＞的头一个符号。BR 则是一个无条件转移单目操作符,它产生一个到＜lable2＞的转移。＜lable2＞是一个跟在＜s2＞后面的符号。两个转移操作符都是仅将它们的相应操作数清出栈,没有结果需压入栈。

用类似的方法可以构造出其他语言结构的逆波兰表示。

【例 6-11】 设有如下 C 程序片段:

```
{
  int k;
    k=100;
h:if(k>i+j) {k--; goto h;}
    else k=i*2-j*2;
    i=j=0;
}
```

该程序段的逆波兰表示是:

```
(1) block
(2) k100 =
(5) h:
(7) k i j+> (23) jump f
(14) k k 1-= (5) jump(32) jump
(23) k i 2*j 2*-=
(32) i j 0==
(37) blockend
```

6.4.2 N-元式表示法

N-元式表示是编译程序的中间语言比较常见的一种形式。特别是本节介绍的四元式和三元式是最流行的。

N-元式表示的一般形式为:

OP	ARG_1	ARG_2	…	ARG_n

每条指令由 N 个域组成。其中,第一个域 OP 通常表示操作符,其余的 $N-1$ 个域表示操作数或中间及最后结果。

1. 三元式与间接三元式

三元式的每个指令有三个域,一般形式是:

NO.	OP	ARG_1	ARG_2

其中NO.为产生的三元式的顺序编号，具体实现中为一指示器；OP是操作符；ARG_1和ARG_2为第一操作数和第二操作数，也可以是前面某一个三元式的编号，代表该三元式的计算结果被作为操作数。

例如，赋值语句$X=A+B*C$的三元式表示为：

NO.	OP	ARG_1	ARG_2
(1)	*	B	C
(2)	+	A	(1)
(3)	=	(2)	X

对条件语句

```
if X>Y then Z=X
else Z=Y+1
```

的三元式可以表示为：

NO.	OP	ARG_1	ARG_2
(1)	—	X	Y
(2)	BZ	(1)	(5)
(3)	=	X	Z
(4)	BR		(7)
(5)	+	Y	1
(6)	=	(5)	Z

作为对三元式缺陷的变通，可以用间接三元式来代替三元式，仅需要用一张分离的表来单独给出三元式的执行顺序，这个表称为间接码表。当三元式序列发生变化时，只需要改变该表中三元式的入口顺序(即编号)，原三元式序列不变。例如，有下列语句：

```
a=b+c*d/e; f=c*d;
```

若产生三元式可以表示为：

NO.	OP	ARG_1	ARG_2
(1)	*	c	d
(2)	/	(1)	e
(3)	+	b	(2)
(4)	=	(3)	a
(5)	*	c	d
(6)	=	(1)	f

若用间接三元式则可以表示为：

间接码表
(1)
(2)
(3)
(4)
(1)
(5)

NO.	OP	ARG_1	ARG_2
(1)	*	c	d
(2)	/	(1)	e
(3)	+	b	(2)
(4)	−	(3)	a
(5)	=	(1)	f

2. 四元式

四元式的每个指令有 4 个域,一般形式是:

OP	ARG_1	ARG_2	RESULT

其中,OP 是操作符;ARG_1 和 ARG_2 为第一操作数和第二操作数;RESULT 为计算结果操作数,通常是一个内存地址或寄存器,结果通常是一个临时变量,用 Ti 表示。

例如,对语句 $X=(A+B)*(C/D)$的四元式可表示为:

OP	ARG_1	ARG_2	RESULT
+	A	B	T_1
/	C	D	T_2
*	T_1	T_2	T_3
=	T_3		X

使用四元式表示中间代码对代码优化很方便,在生成目标代码时可以使用引入的临时变量,这将使生成目标代码比较简单。

6.4.3 图表示法

图(或语法树)是一种常用的中间代码形式,它描述了源程序的自然层次结构。

树的表示形式与前面介绍的逆波兰表示和三元式、四元式表示有着密切的关系,相互间的转换很容易。三元式和逆波兰表示都是树的直接的线性表示,树的后序遍历可以产生逆波兰表式,一个三元式对应一棵二叉子树。

6.5 中间代码生成

本节结合程序设计语言中的一些典型语句,讨论中间代码生成的基本方法。

6.5.1 说明类语句的翻译

程序设计语言中,说明类的语句较多,如常量说明、变量说明、对象说明、类型说明、标号说明及过程或函数说明等。对源程序过程(或函数或分程序)说明中说明部分的语义处理,主要是为了对局部过程中标识符表示的各种对象进行存储分配,多数说明语句并不产生中间代码(或目标代码)。因此,说明语句翻译的语义子程序功能,一般是将语句中说明的对象的有关属性,诸如名字、类型等填入符号表,给对象分配存储空间并将为其分配的空间的相对地址(或称数据区相对地址)信息也填入符号表。

1. 常量定义语句的翻译

Pascal 语言中 CONST 语句和 C 语言中的 # define 语句都是常量定义语句。例如,有如下的常量定义:

```
CONST  pi=3.1416;
       True=1;
```

或

```
#define  PRICE=32;
```

一般对常量定义的语义处理比较简单,应包括的工作为:如果语句中等号右边的常量是第一次出现,则将其填入常量表且回送常量表序号,然后将等号左边作为常量名的标识符在符号表中登记新的记录,该记录的信息包括名字,常量标志,类型,对应的常量表序号等。

考虑常量定义的一般语法规则,给出常量定义的翻译方案和非形式化描述的语义子程序如下:

```
CONST_DEF→CONST <con_list>;
<con_list>→<con_list>;CD
<con_list>→CD
CD→id=num    {num.ord=look_con_table(num.lexval);
              id.ord=num.ord;
              id.type=int; id.kind=constant;
              add(id.entry;id.ord; id.type; id.kind)}
```

其中,辅助函数 *look_con_table*(c)的功能是在常量表中查找常量 c。查找不到则将 c 填入常量表。任何情况都回送常量表序号。辅助函数 *add* 将 c 的类型、种属和序号信息填入符号表。

2. 简单数据类型变量说明语句的翻译

程序设计语言中简单的变量说明语句往往是用一个类型关键字来定义一串名字的某种性质。如 C 语言说明语句子集的语法可描述为:

```
D→int<namelist>; |float<namelist>;
namelist →<namelist>, id|id
```

考虑语法制导翻译具体实现的方便,该文法可改写成:

```
D→D, i; |int i|float i
```

根据该变量说明的简单语法规则,给出其翻译方案和非形式化描述的语义子程序如下:

```
D→int id       {fill(ENTRY(id), int); D.AT=int}
D→float id     {fill(ENTRY(id), float); D.AT=float}
D→D; id;       {fill(ENTRY(id), D1.AT); D.AT=D1.AT}
```

其中,$D.AT$ 设为非终结符 D 的语义变量,它记录说明语句所规定的量的某种性质。辅助函数 $fill(P,A)$完成把性质 A 填入 P 所指的符号表入口的相应数据项中。函数 ENTRY(i)给出 i 所代表的量在符号表中的入口。语义子程序中省略了对说明变量的地址分配的有关语义动作。

3. 记录(结构)型数据说明的翻译

在 Pascal、C 等语言中都提供了用户自定义数据类型的手段。这类由用户自定义的数据类型统称为记录型(结构型),它是由已知的数据组合起来的一种数据类型。记录型说明语句的语法规则可简单描述为:

```
T→record L D end
L→name|ε
D→D; f|f
f→TYPE name|TYPE arrayname[n]
```

其中,L 表示定义的类型名;D 为定义类型的具体说明;f 为记录段,其中的 *name* 和 *arrayname* 为记录的成员名,TYPE 为成员的类型。

记录的引用实际是对记录成员的访问。因此,在编译程序对记录说明的语义处理中,要把对记录成员进行存储分配的有用说明信息统一记录下来。采用的方法是,可以对每一个记录建立一个单独的符号表,符号表的一个记录登记一个记录成员的名字(name)、类型(TYPE)、长度(LEN)和偏移量 OFFSET 等有关信息。其中偏移量是指所在记录中前面各记录成员的长度的总和。要注意的是,记录类型与其他类型不同,语义处理对记录类型的域表内各域变量分配存储区域所指的值的确定,是相对于为记录类型变量所分配存储区域之首址的。例如,对下面的记录说明:

```
record
  int A;
  real B;
  int C[10];
  char D
end
```

可产生如下的符号表如表 6-10 所示。

表 6-10　记录类型的符号表

name	TYPE	LEN	OFFSET
A	int	4	0
B	real	8	4
C	int	40	12
D	char	1	52

表 6-10 中 LEN 以字节计，设字符型占 1 个字节，整型占 4 个字节，实型占 8 个字节。读者可以根据上述对记录类型的语义处理，自行产生相应的翻译方案和语义子程序。

6.5.2 赋值语句与表达式的翻译

赋值语句及各种类型的表达式几乎每个程序设计语言都有，是语言的核心语句及成分。本节讨论中，暂且略去赋值语句及表达式中复杂的数据类型，集中研究其整体的语义处理。

1. 赋值语句的翻译

一般的赋值语句可由下面文法描述：

```
A→i=E
```

其中，$A(A\in V_N)$代表赋值语句；i 为赋值句的左部量（暂设为简单变量或逻辑变量）；E 为算术表达式、逻辑表达式或其他类型的表达式。

赋值语句直观的语义很简单，即将赋值号右边表达式的值赋予左部量，具体语义处理时要注意赋值号两边类型一致的要求，若类型一致可直接赋值，若类型不一致、拒绝赋值或以左部量类型为准对右部表达式 E 的值产生类型转换指令。给出类型一致情况下完成赋值语句翻译的语义子程序为：

```
A→i=E  GEN(=, E.PLACE, _, ENTRY(i))
```

其中过程 *GEN*(OP，ARG_1，ARG_2，RESULT)是把四元式(OP，ARG_1，ARG_2，RESULT)填入四元式表。*E.PLACE* 表示存放 E 值的变量名在符号表的入口地址。过程 *ENTRY*(i)同前所述。

2. 算术表达式的翻译

以算术表达式和逻辑表达式为例讨论泛指的各类表达式的翻译。算术表达式的文法规则一般可简化描述为：

$$E\rightarrow E_1\ OP\ E_2\ |OP\ E_1|i$$

其中，OP 为算术运算符；E_1、E_2、i 为运算对象。完成该文法所定义的表达式翻译的语义子程序如下：

```
(1) E→E1 OP E2          {E.PLACE=NEWTEMP;
                         GEN(OP, E1.PLACE, E2.PLACE, E.PLACE)}
(2) E→OP E1             {E.PLACE=NEWTEMP;
                         GEN(OP, E1.PLACE, _, E.PLACE)}
(3) E→i                 {E.PLACE=ENTRY(i)}
```

其中函数过程 NEWTEMP 的功能是返回一个代表新临时变量 Ti 的整数码 i。算术表达式翻译中对参与双目运算的运算对象 E_1 和 E_2 同样存在赋值语句的类型的处理。

3. 逻辑表达式的翻译

程序设计语言中的逻辑表达式有两个基本作用。一是用于逻辑演算，计算逻辑值。而更多的是作控制语句中的条件。逻辑表达式的文法可描述如下：

```
E→E1 or E2|E1 and E2|not E1|(E1)|i1 relop i2|true|false
```

其中 relop 表示关系运算<,≤,>,≥,=,≠。作为用于逻辑演算的逻辑表达式，其翻译方法与算术表达式相似，故与上述文法规则相对应的语义子程序描述如下：

```
(1) E→E1 or E2          {E.PLACE=NEWTEMP;
                         GEN(or, E1.PLACE, E2.PLACE, E.PLACE)}
(2) E→E1 and E2         {E.PLACE=NEWTEMP;
                         GEN(and, E1.PLACE, E2.PLACE, E.PLACE)}
(3) E→not E1            {E.PLACE=NEWTEMP;
                         GEN(not, E1.PLACE, _, E.PLACE)}
(4) E→(E1)              {GEN(=, E1.PLACE, _, E.PLACE)}
(5) E→i1 relop i2       {E.PLACE=NEWTEMP;
                         GEN(relop, i1.PLACE, i2.PLACE,E.PLACE)}
(6) E→true              {GEN(=, '1', _, E.PLACE)}
(7) E→false             {GEN(=, '0', _, E.PLACE)}
```

对用于条件判断的逻辑表达式的具体翻译将在下节控制语句的翻译中讨论。

6.5.3 控制流语句的翻译

程序语言中的控制语句是根据一定的条件中断程序的正常执行顺序而产生转移(向前或向后)的一类语句，其转移的功能是通过语句标号和跳转语句来实现的。

1. 语句标号与拉链返填技术

众所周知，程序语言中的语句标号是标识一个语句的。程序中出现的语句标号有两种意义，一种是标号的定义性出现，其形式为：

```
L:S;
```

其中，L 为语句标号；S 为一个语句。另一种是标号的使用性出现，其形式如：

```
goto L;
```

编译程序对标号的处理是，对程序中某个标号的第一次出现(无论是定义性出现还是使用性出现)都要填标号表(也可与符号表合一)，每个标号对应标号表的一个记录，每一个记录包含的信息为：

L	D	add
标号名	定义与否标志	地址

其中标号名即标号本身或相应的内码表示；定义与否标志表示标号为定义性出现(置为 1)或使用性出现(置为 0)；地址表示，当 D=1 时，add 为标号 L 所标识的语句翻译成四元式序列的第一个四元式的地址。当 D=0 时，说明标号 L 还未定义，对于标号处于使用性出现的转移语句 goto L，此时只能产生暂缺转移地址的四元式(j,_,_,_)，而转移地址只有待 L 定

义时再填。鉴于这种情况,必须把所有以 L 为转移目标的四元式的地址全部记录下来,以便一旦 L 定义性出现时其转移地址确定就可以进行回填。利用拉链返填技术来完成上述的记录及回填工作。用例子来说明拉链返填技术的实现。例如,有下列程序:

```
…
10 goto L1
….
20 goto L1
…
30 goto L1
…
40 L1: …
```

该程序在语法制导翻译中,当处理 10 号语句时,其中的标号 L_1 第一次出现,则填入标号表使 L=L_1,D=0,add=10,用 10 表示 10 号语句产生的四元式(j,_,_,0)的地址。当处理 20 号语句时,查标号表知 L_1 为使用性出现,则将 add=10 作为 20 号语句产生的转移语句的转向目标(j,_,_,10),该四元式的地址 20 填入 L_1 的 add 中(此时 add=20),对 30 号语句处理类似,此时,标号表 L_1 对应的记录及程序产生的四元式序列如图 6-12 所示。

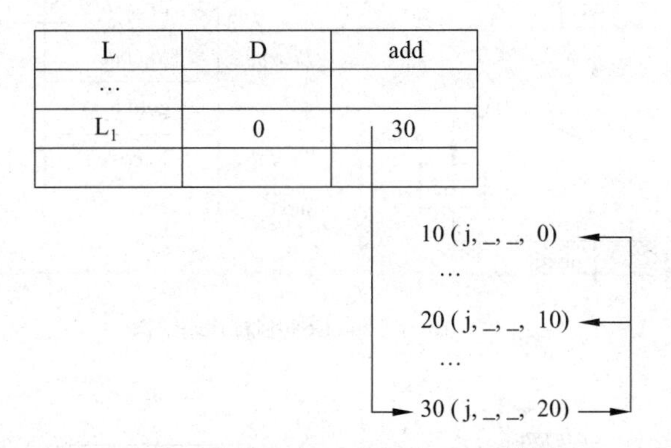

L	D	add
…		
L_1	0	30

图 6-12 对标号为 L_1 的语句引用的拉链

图 6-12 中的箭头示出了用拉链的办法完成了前述的“记录”工作。链的首地址放在标号表中 L_1 的“add”中,地址为 10 的四元式(j,_,_,0)中的转移目标为 0 表示为该链链尾。当处理 40 号语句时,标号 L_1 为定义性出现,且知此时四元式地址为 40,即为前面所拉链的转移地址,将 40 填入标号表中 L_1 的 add,置 D=1,并顺着 30→20→10→0 的链的逆序将转移地址返填到形成拉链的各四元式中。

2. 条件语句的翻译

条件语句的一般形式可用下述文法描述:

```
S→if (Er) S1 |if (Er) S1 else S2 |while (Er) S1
```

其中,Er 为逻辑表达式;S_1 或 S_2 为一个语句。这里,将语言中常见的 WHILE 型循环语句不妨列入,因为它的动态处理语义与条件语句类似。

在翻译中,作为判别条件的逻辑表达式 Er 具有两种语义值,即 $Er.True$ 和 $Er.False$。

在控制流程中，可据 Er 的值分别转向各自要继续执行的中间代码序列。因此 $Er.True$ 和 $Er.False$ 可作为中间代码的标号，标识转向各自中间代码序列的第一个四元式。不妨设语句 S_i 的四元式中间代码序列为 $S_i.code$。通过给出条件语句翻译后应得到的中间代码程序的结构，可以很方便地给出条件语句翻译的语义处理子程序。上述条件语句文法描述的三类条件语句的动态语义用流程图形式描述，并相应地给出其翻译后的代码结构分别如图 6-13(a)、(b)、(c)所示。图中的 $S.next$ 和 $S.begin$ 为中间代码的标号。

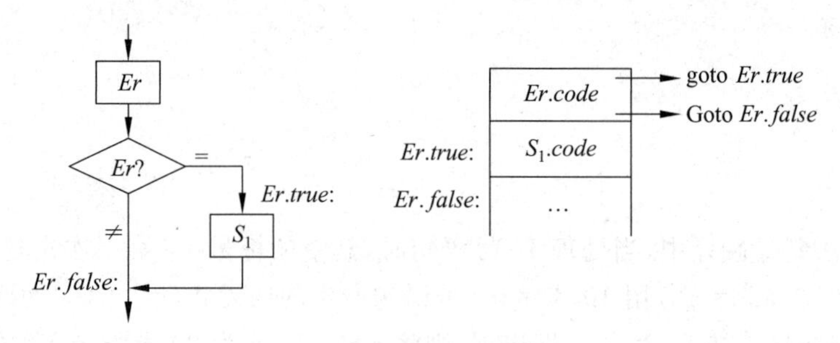

(a) if-then的目标代码结构

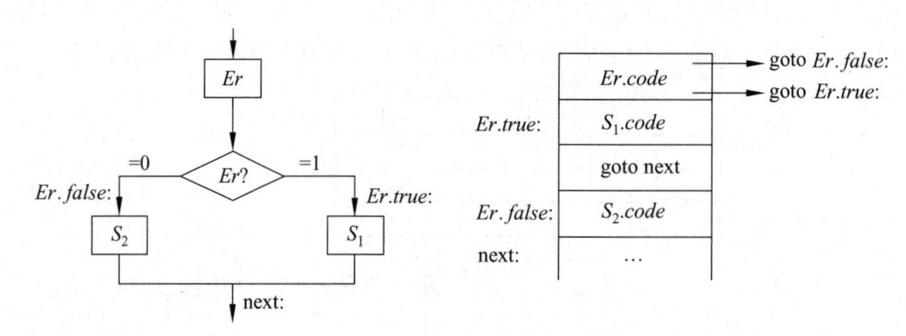

(b) if-then-else的目标代码结构

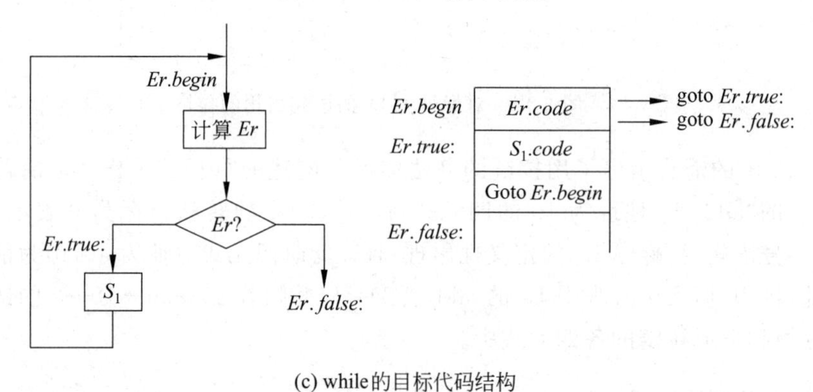

(c) while的目标代码结构

图 6-13 条件语句的目标代码结构

在两遍扫描的编译程序中，不存在标号拉链返填的情况下，根据如图 6-13 所示的条件语句的代码结构，可以直接给出条件语句翻译的语义处理子程序如下：

```
(1) S→if E then S1              {E.true=newlabel;
                                 E.false=newlabel;
                                 S.code=E.code|GEN(jT, _, _, E.true)|
```

```
                                   GEN(jF, _, _, E.false)|
                                   GEN(E.true':')|S1.code
                                   GEN(E.false':')}
(2) S→if E then S1 else S2        {E.true=newlabel;
                                   E.false=newlabel;
                                   S.next=newlabel;
                                   S.code=E.code|GEN(jT, _, _, E.true)|
                                   GEN(jF, _, _, E.false)|
                                   GEN (E.true':'|S1.code|
                                   GEN (j, _, _, S.next)|
                                   GEN (E.false':')|S2.code|GEN(S.next':')}
(3) S→while (E) S1                {E.true=newlabel;
                                   E.false=newlabel;
                                   S.begin=newlabel;
                                   S.code=GEN(S.begin':'|E.code|)
                                   GEN(jT, _, _, E.true)|
                                   GEN(jF, _, _, E.false)|
                                   GEN(E.true':')|S1.code|
                                   GEN(j, _, _, S.begin)
                                   GEN(E.false':')}
```

上述语义子程序中,假定过程 *newlabel* 可以给出合适的入口标号,如 *E.true* 为逻辑表达式成立时转向的中间代码序列的入口标号。产生的四元式的运算符 j_T,j_F 和 j 分别表示逻辑表达式为真值时的转移、为假值时的转移及无条件转移。例如,对语句

```
if (a-b)<5 then x=a*b
```

按上述语义处理子程序将可翻译成如下四元式序列:

```
10 (-, a, b, T1)
20 (<, T1, 5, T2)
30 (jT, _, _, 50)
40 (j, _, _, 70)
50 (*, a, b, T3)
60 (=, T3, _, x)
70 …
```

其中四元式标号 50 和 70 由 *newlabel* 产生。

3. 循环语句的翻译

程序设计语言中的各种形式的循环语句经提炼皆可以下述文法表示:

```
A→for (e1; e2; e3) S
```

其中 e_1、e_2 和 e_3 是循环参数,分别表示循环的初值表达式、终值和步长值表达式;S 为循环体的语句序列。

语句的动态语义用流程图形式描述，并相应地给出其翻译后的代码结构分别如图 6-14 所示。

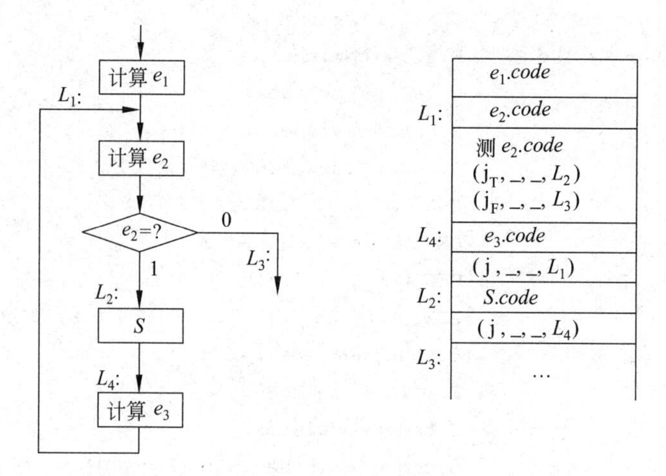

图 6-14　循环语句的目标代码结构

根据代码结构的要求，可以直接产生如下语义子程序：

```
A→for (e1; e2; e3) S     {L1=newlabe1; L2=newlabe1;
                          L3=newlabe1; L4=newlabe1;
                          A.code=e1.code|
                          GEN(L1 ':')|e2.code|
                          GEN(测 e2.code值)|
                          GEN(jT, _, _, L2)|
                          GEN(jF, _, _, L3)|
                          GEN(L4 ':')|e3.code|
                          GEN(j, _, _, L1)|
                          GEN(L2 ':')|S.code|
                          GEN(j, _, _, L4)|
                          GEN(L3 ':')}
```

4. 多分支语句的翻译

许多程序语言中含有不同形式的多分支语句。如 Pacal 语言中的 CASE 语句，C 语言中的 switch 语句，FORTRAN 语言中的计算转移语句等都属这类使程序产生多向分支的语句。以 C 语言的 switch 语句为例，给出此类语句的翻译。switch 语句的语法描述为：

```
A→switch(e)
    {case c1:S1break;
     case c2:S2break;
       ⋮
     case cn:Snbreak;
     default:Sn+1
    }
```

其中，e 为选择表达式；c_i 为常量；S_i 为语句。语句的动态语义用流程图形式描述如图 6-15 所示。

计算e值
e?
L_{2n-2}:
L_2:
L_1:
L_3:
L_{2n-1}:
…
rem:
S_1
S_2
S_n
default
L_{2n}:
S_{n+1}
next:

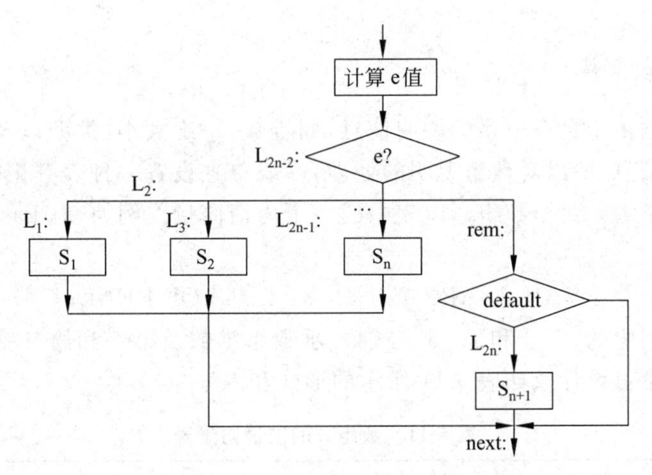

图 6-15　多分支语句的动态语义的流程图

据 switch 语句的直观语义，可以很方便地给出代码的目标代码结构如图 6-16 所示。

实现图 6-15 给出的 switch 语句的代码结构的语义子程序请读者自己给出。实际上，要考虑最终目标代码生成的高效率和高质量，可将该语句处理中的测试部分(图 6-17 中 Test 部分)提到代码的最后，如图 6-17 所示。可见，语句的代码结构并不是固定的、唯一的，在保证与语句的语义完全等价的前提下，其结构形式及翻译的实现是多种多样的。

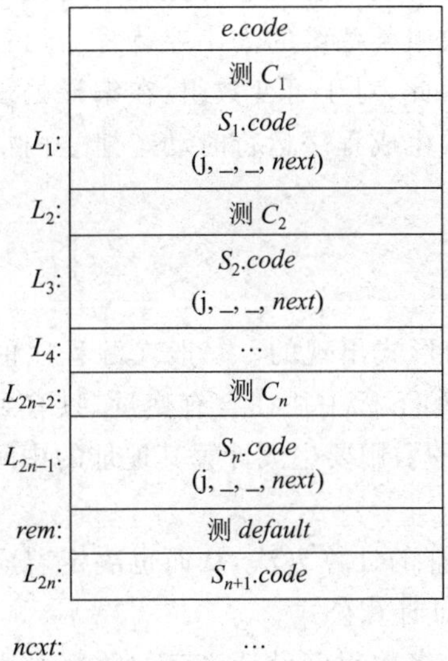

e.code
测 C_1
L_1:
S_1.code
(j, _, _, next)
L_2:
测 C_2
L_3:
S_2.code
(j, _, _, next)
L_4:
…
L_{2n-2}:
测 C_n
L_{2n-1}:
S_n.code
(j, _, _, next)
rem:
测 default
L_{2n}:
S_{n+1}.code
ncxt:
…

图 6-16　多分支语句的目标代码结构

e.code
(j,_,_, test)
L_1:
S_1.code
(j,_,_,next)
L_2:
S_2.code
(j,_,_,next)
…
L_n:
S_n.code
(j,_,_,next)
L_{n+1}:
S_{n+1}.code
(j,_,_,next)
test:
If e=c_1 goto L_1
If e=c_2 goto L_2
…
If e=c_n goto L_n
If default goto L_{n+1}
测试表
next:
…

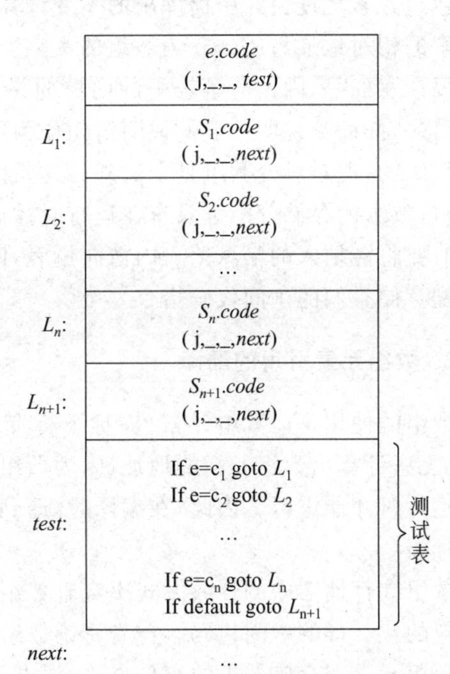

图 6-17　带测试表的 switch 语句的代码结构

6.5.4 数组说明和数组元素引用的翻译

1. 数组说明的翻译

数组这类数据由于具有较多的说明信息，如维数、每维大小、类型以及与数组元素地址计算有关的一些信息，所以对数组说明的处理，一般单独设置一种表登记数组的各种信息，称该表为内情向量表。每个数组对应表中的一个内情向量。例如，对 Pascal 语言的某数组说明形式为：

VAR A:ARRAY [1..3, 1..5] OF REAL;

其中数组下标说明中的 1..3 和 1..5，分别表示数组维数及第一和第二维上限和下限。则该数组的内情向量可设计成如表 6-11 所示的形式和内容。

表 6-11 数组 a 的内情向量表

L_1	1	3
L_2	1	5
2	C	
REAL	a	

表 6-11 中，L_i 对应的行是数组第 i 维的上下限信息；第三行的“2”是数组的维数，“C”是计算数组元素地址公式中提炼出的不变计算部分的值；第四行的“a”为数组首地址（即第一个元素的相对地址）；REAL 为数组的类型。

要注意的是，内情向量表中的内情向量的长度是不同的，这是由于说明的数组维数不同。另外，前面曾说明一般的说明语句作为给编译程序提供信息的非可执行语句是不产生中间代码的，但对可变数组是个例外。这是因为可变数组某些维的大小要待程序运行时才能知道，数组的存储分配也只有在运行时才能进行。因此，对于可变数组，在编译处理数组说明时要将能填入的信息填入内情向量表，同时还必须生成程序运行时动态建立内情向量和分配存储空间的中间代码指令。

2. 数组元素引用的翻译

数组的使用是以数组元素（亦称下标变量）引用的形式出现的。一般在源程序的编译时，还无法计算出数组元素的地址，因为数组元素引用的下标中往往含有变量，只有到目标程序运行时才能进行。因此，在编译时，遇到数组元素的引用要生成计算其地址的中间代码或目标指令。

数组在存储器中的存放方式决定着数组元素的地址的计算方法，从而也决定着应该产生相应的什么样的中间代码。首先讨论数组元素的地址计算公式。

数组元素在存储器中的存放方式，根据语言而异。多数程序设计语言的数组采用按行排序的方式，如 BASIC、Pascal、C 等语言，其特点体现在数组元素下标变换的规律是最后一个下标最先由下标说明的下限值改变到上限值，然后按此规律变化倒数第二个下标，依此类推。也有采用按列排序的方式，如 Fortran 语言，其数组元素的排列规则与按行排序相反，先从第一个下标起进行变化，依此类推。本节及后续的章节的讨论中都采用按行排序的方式，因此重点介绍按行排序的数组元素地址的计算公式。

设数组每维的下限为1，每个数组元素占一个字(或若干个字节，本节讨论限定为4个字节)。设数组的说明形式为：

$$A(d_1, d_2, \cdots, d_n)$$

其中 n 为维数，d_i 为第 i 维的大小。

数组的引用形式为：

$$A(i_1, i_2, \cdots, i_n)$$

并设 a 为数组 A 的第一个元素的地址。按照按行排序的方式，则有：

当 $n=1$ 时，表示是一维数组，其数组元素引用的地址计算公式为

$$A(i_1)addr = a + (i_1 - 1)$$

当 $n=2$ 时，表示是一维数组，其数组元素引用的地址计算公式为

$$A(i_1, i_2)addr = a + (i_1 - 1) * d_2 + (i_2 - 1)$$

当 $n=3$ 时，表示是二维数组，其数组元素引用的地址计算公式为

$$A(i_1, i_2, i_3)addr = a + (i_1 - 1) * d_2 * d_3 + (i_2 - 1) * d_3 + (i_3 - 1)$$

依此类推，对 n 维数组引用的地址计算公式为

$$\begin{aligned} & A(i_1, i_2, \cdots, in)addr \\ & = A + (i_1 - 1) * d_2 * d_3 * \cdots * d_n + (i_2 - 1) * d_3 * d_4 * \cdots * d_n \\ & \quad + \cdots + (i_{n-1} - 1) * d_n + (i_n - 1) \end{aligned}$$

将此公式进行变换有

$$\begin{aligned} & A(i_1, i_{dn}, \cdots, i_n)addr \\ & = a + i_1 d_2 d_3 \cdots d_n + i_2 d_2 d_4 \cdots d_n + \cdots + i_{n-1} d_n + i_n \\ & \quad - (d_2 d_3 \cdots d_n + d_3 d_4 \cdots d_n + d_n + 1) \end{aligned}$$

且令

$$V = i_1 d_2 d_3 \cdots d_n + i_2 d_3 d_4 \ldots d_n + \cdots + i_{n-1} d_n + i_n$$

$$C = d_2 d_3 \cdots d_n + d_3 d_4 \cdots d_n + \cdots + d_{n+1} + 1$$

则有

$$A(i_1, i_2, \cdots, in)addr = a - C + V$$

显然，数组元素的地址的计算可分为两部分，其中 $a-C$ 是计算公式的不变部分，可以在编译时一次计算出来，并填入数组的内情向量表。而计算公式中的 V 是可变部分，据某数组的不同数组元素的引用情况，需产生计算的中间代码，提交程序运行时算出。当然，这仅是对静态数组而言，对动态数组，公式中的 C 和 V 两部分皆要产生计算的中间代码。

为此，可以给出计算静态数组元素的地址计算的目标结构如图6-18所示。

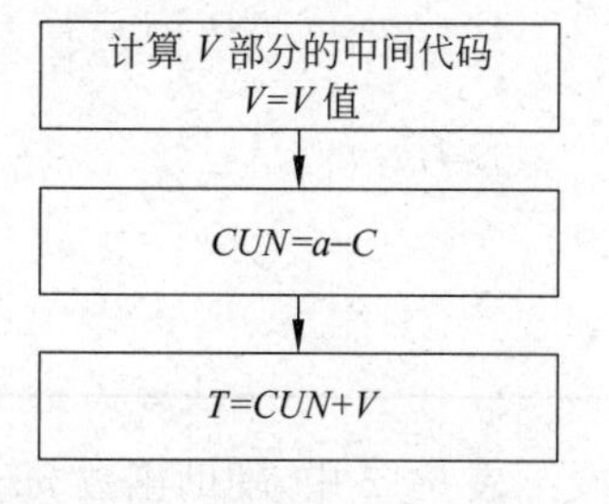

图6-18 静态数组元素的地址计算的目标结构

按照这个目标结构，可以很方便地产生计算数组元素地址的中间代码。

例如，设说明的数组为 $A(10,20)$，则生成的数组元素 $A(I,J)$ 的中间代码为：

```
(*, I, 20, T1)
(+, J, T1, T1)
(-, A, 21, T2)
(=[ ], T2[T1], -, T3)        /*变址取数指令,T2[T1]表示数组元素 A(I,J)的地址*/
```

6.5.5 过程、函数说明和调用的翻译

过程与函数(其后简称过程)是程序设计语言中重要的组成单元。过程的翻译包括过程说明和过程调用的处理。

1. 过程说明的翻译

对过程说明的语义处理,主要是为过程中说明的局部量名字分配存储,即对说明的名字建立符号表项时,登记名字和存储的相对地址,如第 6.5.1 节中所述。由于过程可以嵌套,故要解决作用域问题。简单起见,采取让每个过程说明对应一张单独的符号表。鉴于符号表的大小是可变的,可以用标识符条目的链表来实现符号表。这时为记住某个变量说明中的标识符应登录在哪个符号表中,引进符号表指针栈 *tblptr*,其栈顶指针指向当前过程的符号表之首址。每个过程都有自己的数据存储区域,相对地址都从 0 开始,自然地引进另一个栈 *offset*,其栈顶存放的是当前过程的下一个可用的相对地址。

按照上述思路,给出过程说明的文法如下:

```
P→D
D→D;D | id:T | proc id;D;S
```

其中,D 表示说明部分;S 表示语句部分。

对于上述过程说明的文法规则,给出如表 6-12 所示的翻译方案。

表 6-12 语法规则与语义动作表

语法规则	语义动作
$P \to MD$	$\{addwidth(top(tblptr),top(offset));$ $pop(tblptr);pop(offset)\}$
$M \to \varepsilon$	$\{t:=mktable(\text{NIL});$ $push(t,tblptr);push(0,offset)\}$
$D \to D_1;D_2$	$\{t:=top(tblptr);addwidth(t,top(offset));$
$D \to proc\ id;ND_1;S$	$pop(tblptr);pop(offset);$ $enterproc(top(tblptr),id.name,t)\}$
$D \to id:T;$	$\{enter(top(tblptr),id.name,T.type,top(offset));$ $top(offset):=top(offset)+T.width\}$
$N \to \varepsilon$	$\{t:=mktable(top(ablptr));$ $push(t,tblptr);push(0,offset)\}$

表 6-12 中,辅助函数 *mktable*(*outside*)的功能是创建新的符号表,并返回新符号表指针。参数 *outside* 是指向先前建立的符号表,也即最外层的符号表的指针,它的值将保存在新创建的符号表的首部 *header* 中。首部中还可以置有过程嵌套深度的信息及过程说明的

编号等。过程 *enter*(*table*,*name*,*type*,*offset*)在由 *table* 指向的符号表中为名字 *name* 建立新条目,它同样把类型 *type* 和相对地址 *offset* 填入该条目相应域中。过程 *addwidth*(*table*,*width*)把符号表 *table* 一切条目的累加宽度,即所占存储区域大小,记录在该符号表的首部。过程 *enterproc*(*table*, *name*,*newtable*)为名字是 *name* 的过程在由 *table* 指向的符号表中建立新条目,且该条目中有一个域,它的值为 *newtable*,*newtable* 是指向过程 *name* 之符号表的指针。如果为了给出是过程的标志,类似于变量说明的情况,扩充过程 *enterproc*,它把表示过程的枚举值 PROC 填入标识符表中标识符种类域中。

2. 过程调用的翻译

在编译程序中要对过程与函数的调用与返回予以专门的处理。同时过程与函数的调用与返回也影响着程序中的控制流。

对过程与函数调用的语义处理主要是:

① 检查所调用的过程或函数是否定义;与所定义的过程或函数的类型、实参与形参的数量及类型是否一致。

② 给被调过程或函数分配活动记录所需的存储空间。

③ 计算并加载实参。

④ 加载调用结果和返回地址,恢复主调用过程或函数的继续执行。

⑤ 转向相应的过程或函数。

考虑较简单的过程或函数调用的语法规则为:

```
S→call id (Elist)
Elist→Elist, E|E
```

其中 E 代表表达式。

例如,若给定过程调用

```
call p(a1, a2, …, an);
```

若 a_i 为表达式,按照上述对过程与函数调用的语义处理的主要动作,其代码结构大致如图 6-19 所示。

call 后面的四元式地址就是 p 过程调用的返回地址,根据该返回地址可以直接找到过程的各实参地址,即据第一个实参地址 $k-n-1$,按照参数的排列顺序,依次访问到每个实参。每个实参对应一个 param 语句,表示该实参存储地址。

$k-n-1$:	计算 $a_1, a_2, \cdots, a_n$的代码
	param a_1
$k-n$:	param a_2
$k-n+1$:	param a_3
$k-2$:	…
$k-1$:	param a_n
k:	call *p.place*
	…

图 6-19 过程调用 $p(a_1, a_2, \cdots, a_n)$ 的目标结构

习题 6

6-1 选择、填空题。

(1) 给定文法 G:

```
E→E+T|T
T→T*F|F
```

```
F→i|(E)
```

则 $L(G)$中的一个句子 $i+i+(i*i)*i$ 的逆波兰表示为________。

A) $iii*i++$　　B) $ii+iii**+$　　C) $ii+ii*i*+$　　D) A,B,C 都不正确

(2) 中间代码生成时所依据的是________。

A) 语法规则　　B) 词法规则　　C) 语义规则　　D) 等价变换规则

(3) 在编译程序中与生成中间代码的目的无关的是________。

A) 便于目标代码优化　　B) 便于存储空间的组织

C) 便于目标代码的移植　　D) 便于编译程序的移植

(4) 在语法制导翻译中不采用拉链-返填技术的语句是________。

A) 转向语句　　B) 赋值语句　　C) 条件语句　　D) 循环语句

6-2 判断正误。

(1) 使用语法制导翻译方法的编译程序能同时进行语法分析和语义分析。　(　　)

(2) 返填就是稍后填写转移指令的地址。　(　　)

(3) 对任何一个编译程序,产生中间代码是不可缺少的。　(　　)

(4) 三元式同间接三元式是等价的。　(　　)

(5) 语法制导翻译方法可用来产生各种中间代码,又可用来产生目标代码。　(　　)

6-3 简答题:

(1) 语义分析的主要任务和工作。

(2) 语法制导定义或翻译方案的作用与用途。

(3) 类型体制的概念。它如何应用于语义分析。

6-4 给出下面语句的逆波兰表示、三元式、树及四元式。

(1) $a*b+(c-d)/e$

(2) $-(a+b/c*d)$

(3) $A>b \wedge b>c$

(4) $A \vee (C \vee D)$

(5) $(a*b-c)**n+b*(a+d/e)$

(6) $a \leqslant b+c \wedge a>d \vee a+b \neq e$

(7) $A=(x-y)**z**(y-1)$

(8) if $A>B$ then $x=y$ else if $B>A$ then $y=0$ else $y:=x$

注:"**"表示乘幂运算。

6-5 将下面语句翻译成四元式,并给出语义子程序。

```
while (A<C)∧(B<D) do
if A=1 then C++
  else while A≤D do A=A+2
```

6-6 给出将 Pascal 语言的布尔表达式翻译成四元式的语义子程序。

6-7 给出 PL/1 说明语句的文法如下:

```
D→namelist attrlist|(D) attrilist
namelist→i, namelist|i
```

```
attrlist→A attrlist|a
A→fixed|float|binary|decimal|real|complex
```

试给出该文法的翻译算法。

6-8 构造一个语法制导翻译程序将C语言的循环语句

```
for (e1; e2; e3) s
```

翻译成四元式表示的如下语句序列。

```
begin
  e1;
  while (e2) do begin
  s;
  e3
end
```

6-9 构造一个语法制导翻译程序将Pascal语言的循环语句

```
for V:=m1 to m2 do s
```

翻译成四元式表示的如下语句序列。

```
begin
t1:=m1; t2:==m2;
if t1≤t2 then
  begin
   V:==t1;
  S
   while V≠t2 do
    begin
     V:==succ(V)
    S
    end
  end
end
```

6-10 给出下列Pascal语言源程序的形式描述：

```
   …
 L1: X:=Y;
   …
   goto L1;
   repeat
     for  i:=e1 to e2 do S1;
     if e3 then S2
       else if e4 then S3
              else S4;
     S5;
   until e5;
```

(其中：e_i 表示是表达式，S_i 是 Pascal 语言合法语句)

要求：

(1) 写出该源程序生成中间代码的目标结构。

(2) 若采用一遍编译，将产生几个不同的转移目标的链，给出最后两个链的结构(包括隐式，显示标号，所有标号用 L_n 标识，n=1,2,3,…)。

(3) 给出该源程序生成中间代码过程中转移目标的返填次序(中间代码序列自行标识顺序号)。

注：中间代码采用四元式，其中几个中间代码指令要求：

无条件转：(j,_,_,转向目标)；

条件成立转：(j_T,(e_i),_,转向目标)；

条件不成立转：(j_F,(e_i),_,转向目标)。

6-11 有下列类 C 语言的语句

```
if (a>b) x=(x+y)↑2↑(y-1);
  else if (b>a) y=0;
    else y=x;
```

(1) 用逆波兰式表示该语句。

说明：

① "↑"表示乘幂运算，在逆波兰式中直接使用。

② "+"，"−"，">"，"="运算符在逆波兰式中直接使用。

③ 无条件转移操作符用"j"表示，条件成立转移的操作符用"j_T"表示，条件不成立转移的操作符用"j_F"表示；转移目标用逆波兰式的序号(自然数表示)。

(2) 给出该语句语义处理的四元式形式的目标代码。

注意：

给出的目标代码中语句标号的定义性出现用 L_i 表示，其中 i=1,2,…,n；语句标号的使用性出现用四元式序列的序号表示，序号用①，②，…表示。

操作符使用规定同(1)中的说明。

(3) 给出该语句翻译后的标号表。标号表按以下示例内容填写：

标号名	定义否(1/0)	返填顺序
L_i	1	⑤→②→①
…		

第7章　运行环境

【本章导读提要】

经过词法分析、语法分析、语义分析及产生中间代码或目标代码，是编译程序的主要任务。而目标程序的高效、正常运行，涉及支持目标程序运行的条件，即运行时环境的结构与特征。本章涉及的主要内容与要点是：

- 目标程序运行时环境的概念。
- 目标程序运行时的组织、存储分配与活动记录的概念。
- 存储组织、分配的策略以及它们的特征及适用性。
- 典型的静态运行时环境与分配策略。
- 基于栈的运行时的动态存储分配策略。
- 基于堆的运行时的动态存储分配策略。

前面几章的讨论，主要集中在编译程序的前端，即研究对源语言静态分析的各个阶段的原理、方法与技术，其内容涉及对源语言的扫描和语法语义分析，直至生成相应形式的目标程序。上述分析过程主要取决于源语言的特性，对生成的目标程序而言，能否正常运行，还与支持目标程序的运行时环境密切相关。运行时环境指的是目标计算机（以下简称目标机）的寄存器及存储器的结构，用来管理存储器并保存执行过程所需的信息。因此，涉及到与目标机、目标语言及操作系统相关的特性。

【关键概念】

存储组织　静态存储　栈式存储　堆式存储　活动记录（AR）　访问链　嵌套层次显示表　控制链　悬空引用

7.1　程序运行时的存储组织与分配

7.1.1　关于存储组织

程序运行时存储组织要解决的问题是，把静态的源程序与其目标程序运行时的动态活动联系起来，即要搞清楚运行中的程序信息是如何进行存储和访问的。在程序运行过程中，程序中数据的存取是通过对应的存储单元来进行的。有了基于高级语言的编译程序，就可使源程序的编写者不必直接和内存地址打交道，在程序中使用的存储单元由标识符（名字）来表示，而标识符对应的存储地址，则由编译程序在编译时或在生成的目标程序运行时进行分配。所以数据空间的分配，实质上是将源程序中的名字与相应的存储位置关联起来，这种关联具有两种属性，即环境与状态。环境表示了名字到存储位置的映射函数，状态表示了存储位置到值的映射，如图7-1所示。

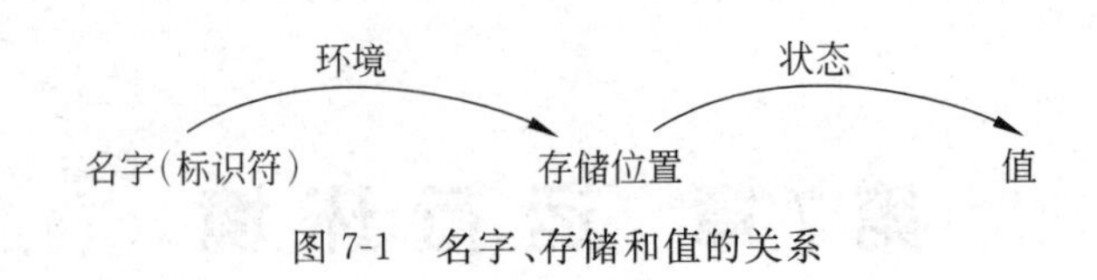

图 7-1　名字、存储和值的关系

一般来讲,假定编译器从操作系统得到一块存储区,它用于使目标程序在其上运行,通常涉及需要该存储区保存的对象包括:

(1) 生成的目标代码。

(2) 数据对象。用户定义的各种类型的数据对象,作为保存中间结果和传递参数临时工作单元,组织输入、输出所需的缓冲区等。

(3) 记录过程活动的控制栈。

一般产生的目标代码所占空间的大小在编译时可以确定,所以编译器可以把目标代码放在静态确定的区域中,比如在内存的低地址区。有些数据对象所占用的空间也可以在编译时确定,因此它们也可以放在静态确定的区域中,作为运行时存储分配的一个原则是,尽可能对数据对象进行静态分配,因此这样可以将数据对象的地址直接编译到目标代码中。例如早期的 Fortran 语言的所有数据对象都可以实施静态分配。

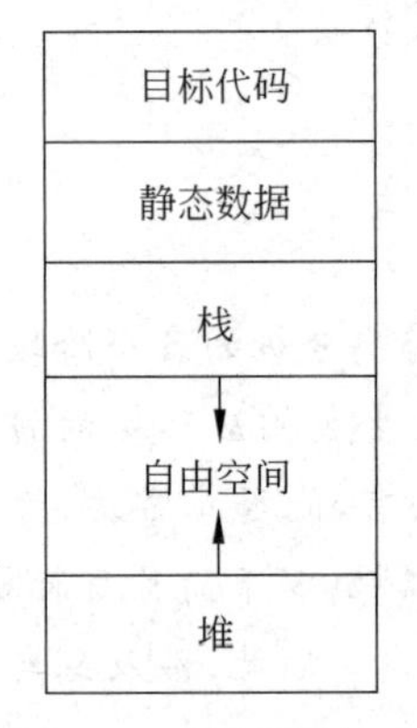

图 7-2　一般的运行时存储器组织

图 7-2 所示为一个一般的运行时存储器组织,其上部的目标代码和静态数据为静态分配区域。

Pascal 和 C 这样的语言实现通常用拓广的控制栈来管理过程的活动。当程序执行中过程或函数的调用出现时,一个过程活动的执行被中断,有关机器状态的信息,如程序计数器和机器寄存器的值,就保存在这个栈中。当控制从调用返回时,在恢复了有关寄存器的值和把程序计数器置到紧接该调用的下一点后,被中断的活动继续执行。过程或函数的生存期包含的数据对象,也可以分配在这个栈中,与其他的有关信息放在一起。

如图 7-2 所示,运行时内存的另一个单独区域叫做堆,它用于保存其他信息。Pascal 和 C 语言允许数据在程序控制下分配,这种数据的存储空间可以分配在堆区。对活动的生存期不能用活动树表示的语言,其实现可以用堆来保存活动的信息。数据放在栈上比放在堆上开销要小些,这是由它们对数据的分配和释放方式决定的。程序执行时,栈的长度和堆的长度都会改变,所以图 7-2 把它们分放在内存的两端,需要时,它们向对方增长。Pascal 和 C 语言都需要运行栈和堆,但不是所有的语言都这样。

7.1.2　过程的活动记录

存储分配的基本单元——过程的活动记录(Procedure Activation Record,AR),实际是一块连续的存储区,被用来存放过程或函数的一次调用执行所需要的信息。当调用、激活过程或函数时,过程的活动记录包含了为其局部数据所分配的存储器。因此,过程的活动记录至少应该包含如图 7-3 所示的各部分。

不是所有的语言,也不是所有的编译程序都需要使用图 7-3 中的各组成部分的信息。

像 Pascal 和 C 这样的语言的做法通常是,在过程调用时把它的活动记录压入运行栈,在控制返回调用时把这个活动记录从栈中弹出。

活动记录的各个部分的用途简要描述如下:

自变量实参空间(域)
局部数据空间(域)
局部临时变量空间(域)
机器状态信息
返回地址
存取链
控制链

图 7-3 过程的活动记录

(1) 变量实在参数域。用于调用过程或函数,向被调用过程或函数提供实参的值(或实参的地址)。可以把参数空间放在过程的活动记录中,但实际上常常用机器寄存器传递参数,以提高效率。

(2) 局部数据域。保存过程或函数的局部变量。

(3) 局部临时变量域。它保存编译程序中设置的临时变量,这些临时变量用于在计算表达式过程中存放中间结果。

(4) 机器状态域。保存在过程或函数调用前的机器状态信息,包括程序计数器的值和控制从该过程或函数返回时必须恢复的机器寄存器的值。

(5) 返回地址 RA 域。用于存放该被调用过程或函数返回后的地址。

(6) 存取链 SL(可选)。用它来存取非局部变量,这些变量存放于其他活动记录中。并不是所有语言皆需要该域,如像 Fortran 语言不需要存取链,因为非局部数据保存在固定的地方;而对 Pascal 语言来说是需要的。

(7) 控制链 DL(可选)。指向调用该过程的那个过程的活动记录。

活动记录的每个域的长度基本都可以在过程调用时确定。作为例外,如果过程中包含体积的大小由实际参数值决定的可变数组时,只有运行到调用这个过程时才能确定局部数据区域的大小。

7.1.3 存储分配策略

源语言的结构特点,源语言的数据类型,源语言中决定名字作用域的规则等因素会影响存储空间组织的复杂程度,决定数据空间分配的基本策略。

实际上,几乎所有的程序设计语言都采用 3 种分配策略之一或 3 种分配策略的混合形式。这 3 种分配策略如下。

1. 静态存储分配策略

静态存储分配是指在编译时进行的存储分配。由静态存储分配产生的数据区称为静态数据区。静态存储分配适用于不允许递归过程或递归调用,不允许可变体积的数据结构的语言。静态存储分配策略的特点是,在编译时能确定目标程序运行中所需的数据空间的大小,并在编译时分配好运行时的全部固定的数据空间,确定每个数据对象的存储位置。在整个程序运行过程中,这类数据区是固定不变的。静态存储分配简单且易于实现。

例如,像 Fortran77 语言,它所有的数据都属于这一类。

2. 栈式存储分配策略

栈式存储分配属于动态存储分配。栈式存储分配是指,在内存中开辟一个栈区,按栈的特性来管理运行时的存储空间。这种在编译时生成的目标程序运行阶段分配的数据区,称为动态数据区。

栈式存储分配的实质是活动记录的分配与释放。在运行时,一个动态数据区不是固定不变的,它随着过程或函数的调用和返回,有时进入有时退出。当退出数据区,该数据区中的所有值就失去了意义。例如,当一个过程调用发生时,表示过程的一次活动开始,把该过程的活动记录压入栈,当活动结束时,把活动记录从栈中退出。

栈式存储分配适用于像 Pascal、C 之类的典型过程式语言。

3. 堆式存储分配策略

堆式存储分配属于动态存储分配。如果一个高级程序设计语言存在下列情况中任何一种情况,就必须应用堆式存储分配策略。

(1) 供用户自由的申请和释放存储空间,即数据对象可以随机地创建和撤销。例如 C 语言、Pascal、Lisp 等语言中的 malloc,free,new,delete。

(2) 当过程的活动结束时,局部变量的值还需要保存下来。

(3) 被调用过程活动的生存期比调用过程活动的生存期更长。

这类由于存储的分配和释放不能按照任何标准的或事先确定的顺序来实现的情况,栈式存储分配策略是不能适用的,必须应用堆式存储分配策略。在运行时根据要求对数据区域分配存储空间和释放存储空间。

本章中将这些分配策略用于活动记录,并描述过程的目标代码怎样访问结合到局部名字的存储单元。

作为存储分配组织的一个原则,能在编译时完成的存储分配尽量采用静态分配方案,避免目标程序中携带许多用于存储分配的指令,以提高目标代码的效率。

本章后续各节中,将顺序讨论上述三种分配策略。

7.2 静态运行时环境与存储分配

由第 7.1.3 节可知,在编译时能够确定目标程序运行时所需的全部数据空间的大小,即在编译时就可以将程序中的名字关联到存储单元,确定其存储位置,这种分配策略称为静态存储分配。静态存储分配不需要运行时的支持程序,因为运行时不改变这种关联,且每次活动时,它的名字都关联到同样的存储单元。这种性质允许局部名字的值在过程停止活动后仍然保持,即当控制再次进入过程时,局部名字的值和控制上一次离开时一样。

根据名字的类型,编译器可以确定该名字所需的存储空间。例如,一个基本数据对象,如字符型可以用一个字节保存,整型可以用两个或 4 个字节保存,实型用 8 个字节保存,而且可以用几个连续字节保存。但对于数组或记录这样的数据集合体,因为一般是占用连续的存储空间,所以它的存储区必须大到足以存放它的所有成分。为便于访问它的成分,这种集合体的存储空间的典型分配是使用一块连续的字节区。这个存储空间的地址由相对于该过程活动记录一端的偏移表示，编译器最后必须确定活动记录在目标程序中的位置，如相对于目标代码的位置。一旦这一点确定下来，每个活动记录的位置以及活动记录中每个名字的存储位置都固定了。所以编译时在目标代码中能添上所要操作的数据对象的地址。同样，过程调用时保存信息的地址在编译时也是已知的。

Fortran 语言是典型适用于静态存储分配的语言。Fortran 程序由主程序、子例程和函数(实际上都可以看做过程)组成，各个过程中定义的名字一般也是彼此独立的(公共块和等价语句说明的名字例外)，即各过程中的数据对象名的作用域局限于各自的过程，同名的数据对象在不同的过程中表示不同的存储单元，不会引起过程间相互引用、定值的混乱。因此，一个完整的 Fortran 程序所需的数据空间在编译时完全可以确定，对应的每个数据对象名的地址则可以静态进行分配。下面通过一个实例来了解静态存储分配。

【例 7-1】 给出 Fortran77 程序。

```
(1) PROGRAM CNSUME
(2)     CHARACTER * 80 BUF
(3)     INTEGER NEXT
(4)     CHARACTER C, PRDUCE
(5)     DATA NEXT /1/, BUF/''/
(6)     C=PRDUCE()
(7)     BUF(NEXT:NEXT)=C
(8)     NEXT=NEXT+1
(9)     IF(C.NE. '') GOTO 6
(10)    WRITE(*, '(A)') BUF
(11)    END
(12)   CHARACTER FUNCTION PRDUCE()
(13)    CHARACTER * 80 BUFFER
(14)    INTEGER NEXT
(15)    SAVE BUFFER, NEXT
(16)    DATA NEXT /81/
(17)    IF (NEXT.GT.80) THEN
(18)    READ (*, '(A)') BUFFER
(19)    NEXT=1
(20)    END IF
(21)    PRDUCE=BUFFER(NEXT:NEXT)
(22)    NEXT=NEXT+1
(23)    END
```

按照静态存储分配策略，该程序的目标代码和活动记录的组织如图 7-4 所示。在主程序 CNSUME 的活动记录中，有局部变量 BUF，NEXT 和 C 的空间。函数子例程 PRDUCE 中也有局部变量 NEXT 的声明，但不会引起问题，因为分别局部于这两个过程的局部变量 NEXT 在各自过程的活动记录中都得到空间。它的结果取决于过程活动后局部变量的值。Fortran77 的 SAVE 语句指出，一个活动开始时的局部量的值必须与上一个活动结束时的值一样，这些局部量的初值可以用 DATA 语句指定。

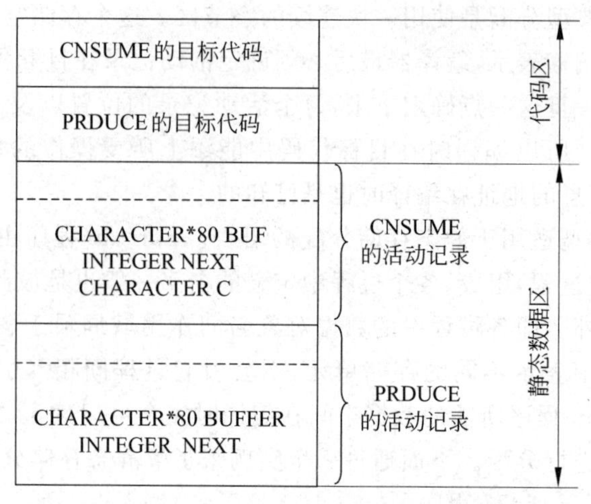

图 7-4 一个 Fortran77 程序局部标识符的静态存储

因为可执行目标代码的长度和活动记录的长度在编译时已知，所以用其他存储方式也是容易实现的。例 7-1 中，Fortran 编译器是将一个程序的各个过程的目标代码和各个过程的活动记录集中存放，也可以把每个过程的活动记录和该过程的代码放在一起。在某些计算机系统中，留下活动记录的相对位置不予指定，而让连接程序去连接活动记录和可执行代码也是可行的。使用静态分配对语言是有限制的，例如：

(1) 数据对象的长度和它在内存中的位置的限制必须在编译时知道。

(2) 不允许递归过程，因为一个过程的所有活动使用同样的局部名字结合。

(3) 数据结构不能动态建立，因为没有运行时的存储分配机制。

7.3 基于栈的运行时环境的动态存储分配

基于栈的运行时环境的动态存储分配，是将整个程序运行时使用的存储空间都安排在一个栈里。每当调用一个过程(或函数)时，它所需的数据空间就分配在栈顶，每当过程结束时就释放这部分空间。过程所需的数据空间包括两部分：一部分是生存期在本过程本次活动中的数据对象，如局部变量、参数单元、临时变量等；另一部分则是用以管理过程活动的记录信息，即当一次过程调用出现时，调用该过程的那个过程的活动即被中断，当前机器的状态信息，诸如程序计数器(返回地址)、寄存器的值等，也都必须保留在栈中。当控制从调用返回时，便根据栈中记录的信息恢复机器状态，使该过程的活动重新开始。

下面讨论栈式存储分配的实现。

7.3.1 简单的栈式存储分配的实现

简单的栈式存储分配是基于这样一种最简单的程序设计语言结构，即语言中没有分程序结构，过程定义不允许嵌套，但允许过程递归调用，图 7-5 示出了这类程序的结构。

对于这种类型的程序，适宜采用栈式动态分配策略。所谓栈式动态分配是在程序运行时，每当进入一个过程，就为该过程分配一段存储区，当一个过程工作完毕返回时，它所占用的存储区予以释放。程序运行时的存储空间(栈)中在某一时刻可能会包含某个过程的几个活动记录(例如某个过程递归调用的情况)。另外,同样的一个存储位置,可能不同运行时刻分配给不同的数据对象。例如,在图 7-5 所示的程序结构中,若主程序调用了过程 Q,过程 Q 又调用了过程 R,则在过程 R 进入运行后的存储结构如图 7-6(a)所示。若主程序调用了过程 Q,过程 Q 递归调用自己,则在过程 Q 第二次进入运行后的存储结构如图 7-6(b)所示。若主程序先调用过程 Q,然后主程序接着调用过程 R,且过程 Q 不调用其自身和过程 R,这时过程 Q 和过程 R 进入运行后的存储结构分别如图 7-6(c)和图 7-6(d)所示。

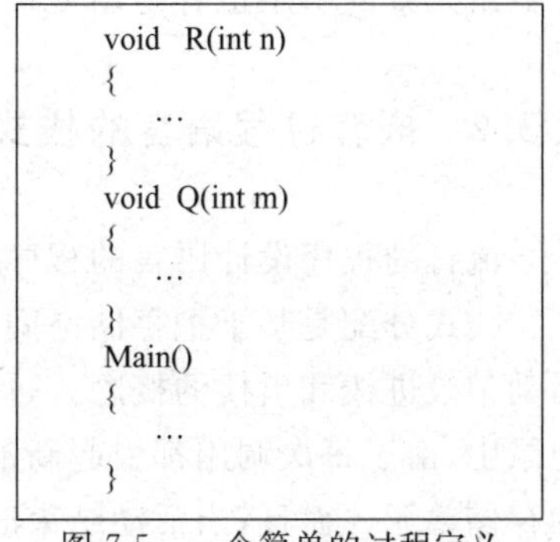

图 7-5 一个简单的过程定义(不嵌套的程序结构)

一般常使用两个指针指示栈最顶端的数据区,一个称为 SP,它指向现行过程活动记录的起点;另一个称为 TOP,它则始终指向已占用的栈顶单元。

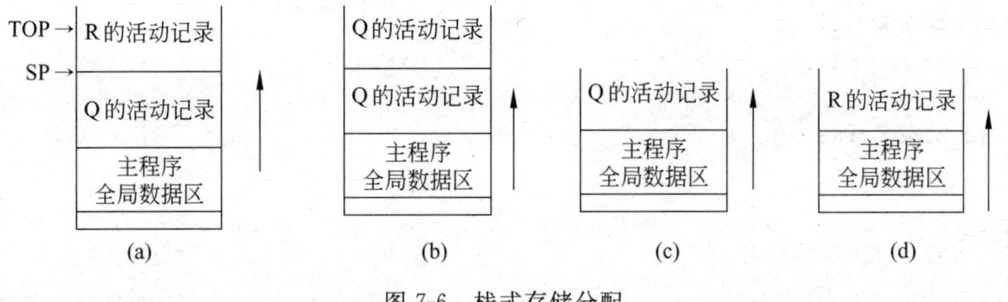

图 7-6 栈式存储分配

这种类型结构的语言若含有可变数组,则其过程活动记录的内容如图 7-7 所示。图中的控制链也称作老 SP,是指调用该过程的那个过程的最新活动记录的起点。若假定图 7-8 所示为图 7-6(a)中现行过程 R 的活动记录,SP 为此过程活动记录的起点,TOP 指向为此过程创建的活动记录的顶端,并假定过程 R 含有可变数组,则在分配了数组之后 TOP 就指向数组区(整个运行栈)的顶端。图 7-8 表明分配数组区之后的运行栈的情况,可以与图 7-6(a)对照。

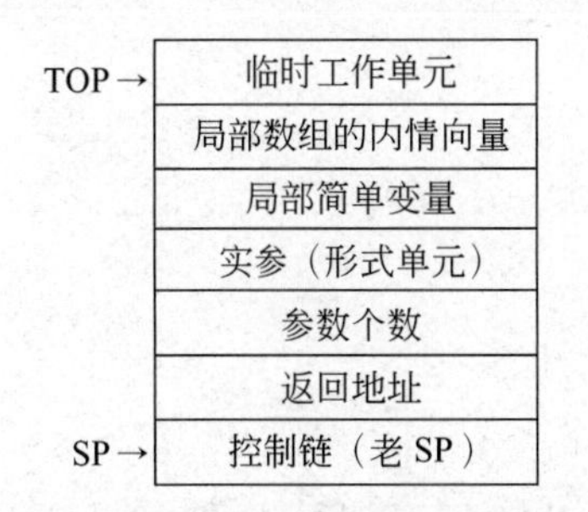

图 7-7 无嵌套定义的过程活动记录内容

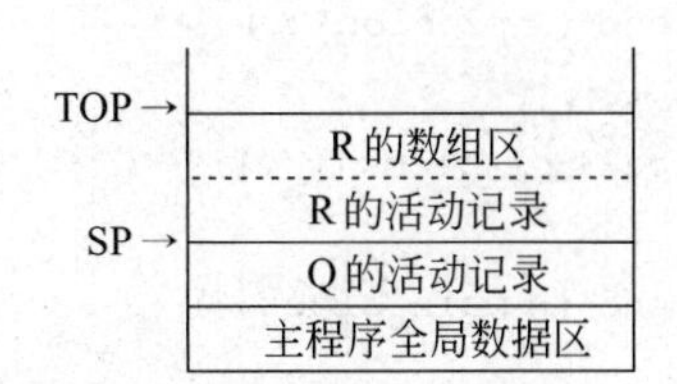

图 7-8 分配了数组之后的运行栈

过程段中对任何局部变量 x 的引用可表示为变址访问 x[sp],此处 x 代表变量 x 的相对数,也就是相对于活动记录起点的地址。这个相对数在编译时可完全确定下来。过程的局部数组的内情向量表中的相对地址在编译时也同样可以确定下来。数组空间分配之后，对数组元素的引用也容易用变址访问的方式来实现。

7.3.2 嵌套过程语言的栈式存储分配的实现

流行的程序设计语言的程序结构一般都允许过程的嵌套定义。

栈式分配是基于把存储空间组织为栈及活动记录，在过程活动的开始和终止时分别使活动记录进栈和出栈的概念。过程每次调用的局部变量的存储空间包含在该次调用的活动记录中，由于每次调用都引起新的活动记录进栈，所以每次活动开始时局部变量都结合到新的存储单元。而且，当活动结束时，局部变量的值丢失，这是因为活动记录弹出栈时局部变量的存储空间已经被释放。

下面通过一个实例讨论嵌套过程语言的栈式存储分配的实现。

【例 7-2】 设有如下程序，为了简化和直观，该程序以非标准的语言形式给出，其过程嵌套和各过程中局部量作用域同 Pascal 语言。

```
main_block ()
  float x, y; string name;
  …
  p1_block (int id)
    int x;
    …
    call p2_block(id+1);
    …
  end (*p1_block*)
  p2_block (int j)
    …
    p3_block ()
      int array f[j];
      logical test;
      …
    End (*p3_block*)
      …
    call p3_block ();
      …
  end (*p2_block*)
    …
  call p1_block(x/y);
    …
  end (*main_block*)
```

该程序中共定义了 4 个过程，即 main_block、p1_block、p2_block 和 p3_block。为了后面叙述的方便，按照过程定义的先后顺序，给每个过程一个编号，即 main_block 为过程 1；p1_block 为过程 2；p2_block 为过程 3；p3_block 为过程 4。其后描述中说到过程 1 即指 main_block，说到过程 4 即指 p3_block。由程序可知这几个过程的嵌套定义关系是，过程 1

中定义了过程 2 和过程 3，过程 3 中定义了过程 4。

该程序中，过程的调用关系是：main_block 调用 p1_block，p1_block 调用 p2_block，p2_block 调用 p3_block。即可以直观地表示为：

$$过程 1 \xrightarrow{\text{call}} 过程 2 \xrightarrow{\text{call}} 过程 3 \xrightarrow{\text{call}} 过程 4$$

按第 7.3.1 节中栈式分配的原则，该程序执行时，运行栈的变化情况如图 7-9 所示(图中省略了 AR 的另外一些信息)。图 7-9(a)是初始进入过程 1 时运行栈的情况，其中 AR_1 表示过程 1 的活动记录；依此类推，图 7-9 的(d)是进入过程 4 时运行栈的情况。当过程 4 执行完，释放过程 4 的活动记录，此时运行栈如图 7-9(e)所示。按照运行时过程进入相反次序，依次返回到过程 1 时，运行栈如图 7-9(g)所示。

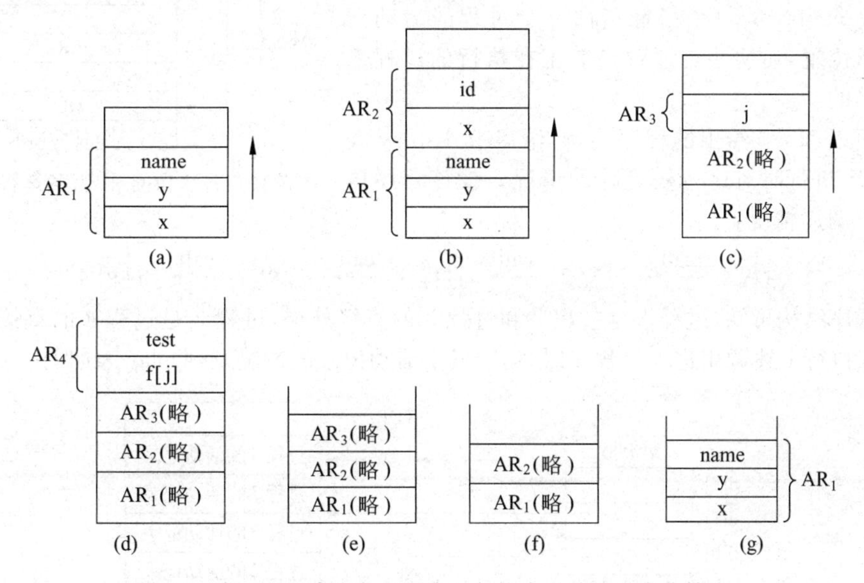

图 7-9　例 7-2 程序运行过程中运行栈中活动记录变化情况

对于嵌套过程语言来说，仅采用上述简单的栈式分配尚有不足。例如，上例中如果在过程 2 中引用的变量 x 是其外层过程 1 中的 x，而不是自身的局部变量，怎样从过程 1 的活动记录中找到 x 来引用？为了解决对非局部量的存取问题，必须设法跟踪外层过程的最新记录的位置。下面介绍两种常用的有效方法。

1. 访问链 SL(静态链)

引入一个访问链的信息添加到活动记录中，其指向代表过程的定义环境，而不是调用环境，与控制链相似。

图 7-10 显示了将图 7-9(d)中的运行栈修改之后包括了访问链的情况。

2. 嵌套层次显示表 display

每当进入一个过程后，在建立该过程的活动记录的同时，建立一张嵌套层次显示表，该表命名为 display。此处提及的嵌套层次是指过程定义的层次，假设主程序层为 0 层，则在主程序中定义的过程为一层，依此类推。如例7-2中，过程1为0层，过程2和过程3为1层，过程4为2层。这样，编译程序处理过程说明时，把过程的层数作为一个重要的属性登记在符号表中。过程层数的计算很容易，只要设置一个计数器，初值设为0，每当遇到过程说明自增1，过程说明结束则自减1即可。

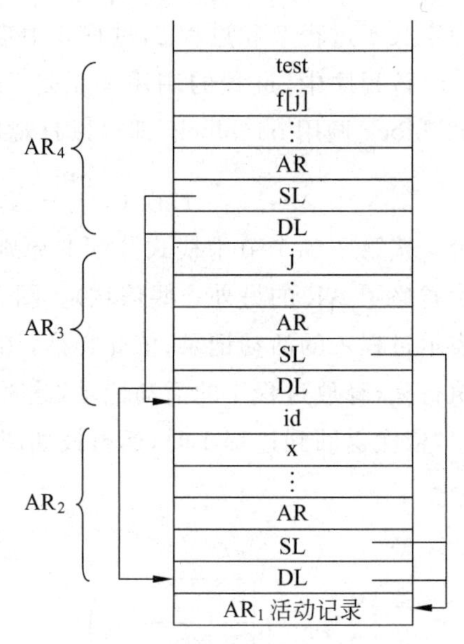

图7-10 包含访问链SL的运行栈情况

由上述可知，display表是用来保存对当前正在执行的过程来说属于全局量所必需的信息。display可设为指针数组d，类似栈自顶向下依次存放现行层，直接外层，……，直至0层等每层过程的最新活动记录的地址。display的每个指针指向一个过程的活动记录的开始位置，而这些过程对当前正在执行的过程来说是全局的。

下面以例7-2给出的程序为例，给出带display表时，该程序执行时对运行栈追踪的情况。设该程序执行有如下调用情况：

$$过程1 \xrightarrow{call} 过程2 \xrightarrow{call} 过程3 \xrightarrow{call} 过程3 \xrightarrow{call} 过程4$$

从程序结构可知，过程1是过程2和过程3的直接外层，过程3是过程4的直接外层，因此当程序执行上述调用进入过程4时，运行栈中活动记录的情况及display表如图7-11所示。

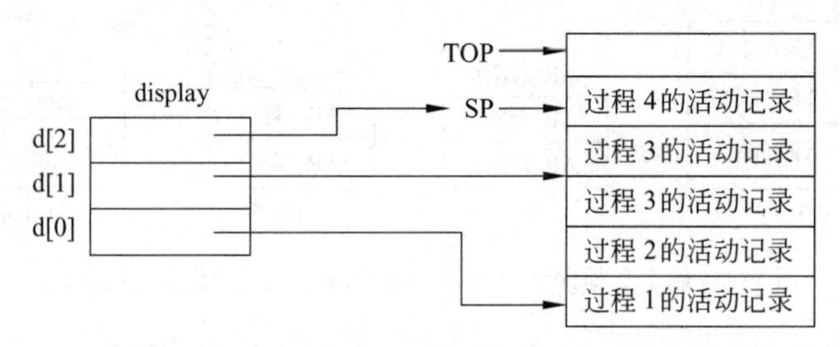

图7-11 运行栈中活动记录情况及display表

综上所述，构造display区的规则如下所示。

假定从i层过程进入第j层过程，则有：

(1) 如果j=i+1(即调用当前块局部说明的过程块)，则复制第i层的display，然后增加一个指向第i层过程活动记录基的指针。

(2) 如果j≤i(即调用对当前过程来说属于全程说明的过程)，则对来自i层过程活动记录中的display区前面j−1个入口将组成第j层display。

7.4 基于堆的运行时环境的动态存储分配

7.4.1 基于堆的运行时环境的动态存储分配的实现

如果程序设计语言允许用户动态地申请和释放存储空间，而且申请和释放之间不是遵循“后申请先释放,先申请后释放”的原则,即可以在任何时间以任意的顺序来进行,则栈式动态存储分配方案显然不适用,通常采用堆式动态存储分配。

堆式动态存储分配方法的基本思想是:假设程序运行时有一个大的空闲存储区,称之为堆。每当程序提出申请时,就按某种分配原则在堆的可使用区中,寻找一块能满足需求的存储空间分配给它。而对于释放操作,则是将程序不再占用的存储空间归还给堆,使之变为空闲区。

例如,在C语言中,处理链表、树和图等数据结构时,需要根据程序运行的具体情况,随机地插入或删除一些结点,可以利用C语言提供的指针和结构的数据类型,通过对指针变量的操作,通过对标准C函数malloc和free的调用,实现相应动态变量的创建和撤销,分别进行存储空间的分配和释放。

设有C结构

```
struct node
{
    char data;
    struct node * next;
}
```

该结构定义了一个具有两个域的结点,其中指针next可以方便地建立和撤销动态链表。例如,下面的C函数功能是在链表的末尾添加一个新的结点。

```
void append(head,ch)
struct node * head;
char ch;
{
  struct node * p;
  p=head;
  while (p→!=NULL)
    p=p→next;
    p→next=malloc(sizeof(struct node));
    p→next→data=ch;
    p→next→next=NULL;
}
```

上面函数append中,通过调用标准函数malloc建立一个新的结点(同时申请了一块新的存储空间),然后将参数ch的值填入该结点的data域中,并将该结点作为链表的末尾结点。如果需要删除链表中由指针p所指示的结点,则在程序中可以通过调用标准函数free来撤销相应的动态变量,撤销后将所占用空间归还给堆的空闲区。

由上述讨论可知,链表的长短在程序运行时动态可变,而且这种变化是随机的,故不能使用栈式存储策略实现存储空间的分配。此外,有些程序设计语言还有进程或线程的程序结构,它们在存储空间的使用上也不适合用栈式存储分配策略。概括之,如果程序设计语言允许用户在程序中自由申请和释放存储空间,或者存在过程(或线程)的两次活动的生存期可能出现交叉的情况,宜采用堆式存储分配。

具体而言,堆式存储管理的实现是:首先将堆的存储空间划分为若干个存储块,块可以等长也可以不等长。当用户程序运行时,随机地根据活动的开始和完成,分别对堆申请或释放一个或多个存储块。当程序运行一段时间后,堆中的存储块会动态地分为两组,一组是被占用的存储块,称之为使用块,另一组是暂时未被分配的存储块,称之为空闲块。这种情况如图 7-12 所示。图 7-12 中将空闲块组成一条自由链,用指针 free 指示链头,以便于分配存储时查找空闲块。

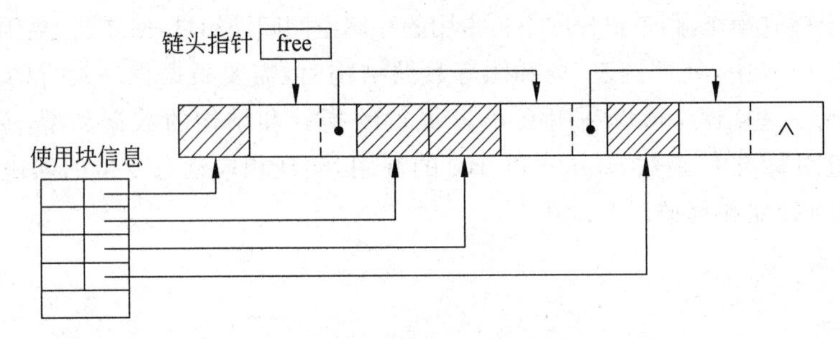

图 7-12 堆式存储管理示意图

如果设当前堆中空闲块总长为 M,程序需要申请的存储空间为 n,则堆式存储管理可按下列步骤进行。

(1) 若当前有若干空闲块的长度均大于或等于 n,则直接按照下列策略之一进行存储分配:

① 从指针 free 所指的首结点开始,查找出一个其长度为 m 且满足 $m \geqslant n$ 的空闲块,并将该空闲块长度为 n 的子块分配给用户程序,而将长度为 $m-n$ 的剩余部分仍放在自由链中,修改链指针和长度信息。

② 在链中查找一个长度满足需求的最大空闲块进行存储分配,具体实现同①。

③ 在链中查找一个长度满足需求,且其长度最接近 n 的空闲块进行存储分配,具体实现同①。

(2) 若链中所有空闲块的长度均小于 n,但这些空闲块的总长 M 满足 $M \geqslant n$,此时可将空闲块在堆中进行汇集和重组,以便形成一个长度满足需求的新的空闲块去参加分配。

(3) 当 $n \geqslant M$ 时,即当前堆中的空闲区已经不能满足存储分配的需求,则要采取另外的策略解决堆的管理问题。在此不予赘述。

释放一个存储块很简单,只要将它作为新的自由块插入自由链中,并删除使用块信息中的记录即可。

由此可见,由于程序动态运行中,申请和释放堆区的时间先后不一致,经过一段时间运行之后,堆区中可能包含交错出现的正在使用的和已经释放的存储块。为了后续申请的分配,因此系统要记录所有使用情况,并记住所有空闲区域,而且应尽量把相连的空闲区汇集成较大的存储空间,避免使碎块无限制地增加,这种对堆区存储进行管理的代价,势必增加存储分配系统的开销。

7.4.2 关于悬空引用

堆的运行时环境的动态存储分配会引起悬空引用的问题。这是由于,在堆式分配中,存储空间可以释放,对已释放的存储的引用称为悬空引用。而使用悬空引用将导致程序出现逻辑错误，这是因为对于大多数程序设计语言来说，被释放的存储的值是没有定义的。当所释放的存储可能随后又分配给其他数据对象时，这种悬空引用就可能引起难以理解的错误。下面是悬空引用的例子。

【例 7-3】 给出 C 语言程序。

```
main()
{
    int*p
    p=dangle();
}
int*dangle()
{
    int i=23;
    return &i;
}
```

函数 dangle 返回时，指向结合到局部名 i 的存储单元的指针。这个指针是由运算符 & 作用于局部名 i 产生的。当控制从函数 dangle 返回到函数 main 时，使局部名 i 所指向对象的存储空间被释放，而且可能已另外分配给其他数据对象。在函数 main 中指针 p 引用这个存储单元，所以指针 p 的使用为悬空引用。

当然，在避免悬空引用的同时，也应该注意不要产生无用单元而造成信息的丢失。所谓无用单元，指的是动态分配时引起的不可到达的存储字。下面通过例子说明无用单元的产生。

【例 7-4】 给出 Pascal 语言程序。

```
PROGRAM linktable(input, output);
  TYPE link=↑cell;
    cell=RECORD
      info:integer;
      next:link
    END;
  VAR head:link;
  PROCEDURE insert(i:integer);
    VAR p:link;
      BEGIN
        new(p); p↑.info:=i;
        p↑.next:=head; head:=p;
      END;
    BEGIN
      head:=NIL;
      insert(1);insert(2);insert(3);
    END.
```

该程序的运行结果将建立如图 7-13 所示的链表。

如果在调用三次过程 insert 之后执行语句

```
head↑.next:=NIL;
```

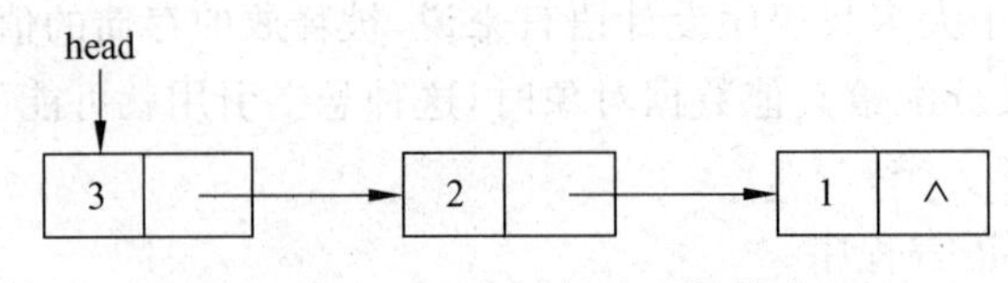

图 7-13　例 7-4 程序运行建立的链表 NIL

则图 7-13 中最左边的表元 next 域将包含 NIL，而不再指向中间的链表结点，这时，中间和最右的两个链表结点的存储字便成为无用单元，它们再也无法引用了，这种状况将一直保持到程序运行结束。

悬空引用与无用单元往往是相关的。例如，假如在调用三次过程 insert 之后，执行下面语句：

```
dispose(head↑.next);
```

则图 7-13 中的链表将如图 7-14 所示。

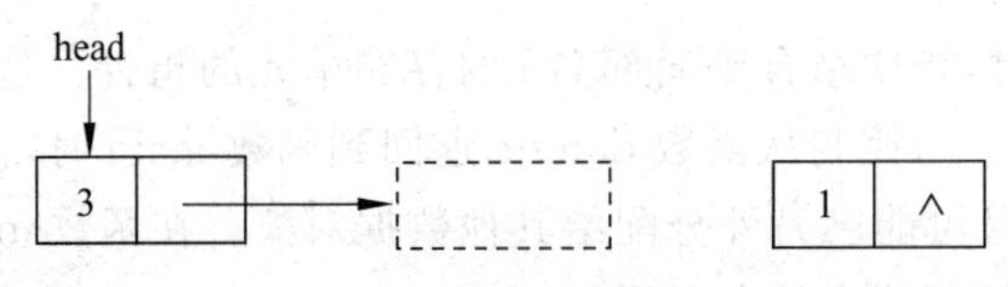

图 7-14　执行 dispose(head↑.next)；后的链表结构

如果此后执行语句：

```
writeln (head↑.next↑.info);
```

则会出现悬空引用，这时图 7-13 中最右的链表结点的存储单元也是无用单元。无用单元的产生同悬空引用一样，也会带来程序的逻辑错误，应予以避免。

习题 7

7-1　选择、填空题。

(1) 动态存储分配可采用的分配方案是________。

A) 队式存储分配　　B) 栈式存储分配
C) 线性存储分配　　D) 链式存储分配

(2) 静态存储分配允许程序出现________。

A) 递归过程　　B) 可变体积的数据项目
C) 静态变量　　D) 待定性质的名字

(3) 在 C 语言的活动记录中不包含________存储空间。

A) 返回地址　　B) 自动变量
C) 0 层活动记录地址　　D) 上一个活动记录地址

(4) 过程的 DISPLAY 表记录了________。

A) 过程的连接数据　　B) 过程的嵌套层次
C) 过程的返回地址　　D) 过程的入口地址

(5) 堆式动态分配申请和释放存储空间遵守________原则。

A）先请先放　　B）先请后放　　C）后请先放　　D）任意

7-2 判断正误。

(1) DISPLAY 表用来记录每层过程的最新活动记录地址，因此它的体积在运行时确定。（　）

(2) 由于 C 语言的函数允许递归调用，因此对 C 程序中的所有变量的单元分配一律采取动态分配方式。（　）

(3) 动态数组的存储空间在编译时就可完全确定。（　）

(4) 在 C 语言和 PASCAL 语言中，由于允许用户动态申请和释放内存空间，所以必须采取栈式存储分配技术。（　）

(5) 静态数组的存储空间可以在编译时确定。（　）

7-3 为以下的 Fortran 程序构造一个可能的运行时环境的组织结构。

```
      REAL A(SIZE), AVE
      INTEGER N, I
10    READ * , N
      IF (N.LE.0.OR.N.GT.SIZE) GOTO 100
      READ * , (A(I), I=1, N)
      PRINT * , 'AVE=', AVE(A, N)
      GOTO 10
99    CONTINUE
      END
      REAL FUNCTION AVE(B, N)
      INTEGER I, N
      REAL B(N), SUM
      SUM=0.0
      DO 20 I=1, N
20    SUM=SUM+B(I)
      AVE=SUM/N
      END
```

7-4 为以下的 C 程序构造一个可能的运行时环境的组织结构。

```
int a[10];
char * a="hello";
int f(int i, int b[])
{int j=1;
  A:{int i=j;
    char c=b[i];
    ⋮
    }
}
void g(char * s)
{char c=s[10] ;
  B:{int a[5];
  ⋮
    }
}
```

```
main ()
{int x=1;
 x=f(x, a);
 g(a);
 return 0;
}
```

(1) 在进入函数 f 中的块 A 之后。

(2) 在进入函数 g 中的块 B 之后。

7-5 设有 Pascal 程序：

```
  program p_7_3
  var a, b, c:integer;
L1: procedure p1(var z:integer);
    var a, x, y:integer;
    b:array[1..5, 1..10]of real;
    function f(var t:integer):boolean;
      var x:integer;
L2: begin
      x:=a+t;
      f:=x+2
    end;
    begin
      ⋮
L3: ...f(y) ...
      ⋮
    end;
L4: procdure p2(var y:integer);
    var x, z:real;
    begin
      ⋮
L5: p1(x)
      ⋮
    end;
    begin
      ⋮
L6: p2(a)
      ⋮
L7: end.
```

试用图示法说明，在程序执行过程中，当控制直达各标号处时数据空间栈的存储分配情况。

7-6 为以下的 Pascal 程序画出活动记录的栈，并在对过程 c 的第二次调用之后表示出控制链和访问链。描述如何在过程 c 中访问变量 x。

```
PROGRAM env;
PROCEDURE a;
VAR x:Integer ;
```

```
PROCEDURE b;
  PROCEDURE c;
  BEGIN
    x:= 2;
    b;
  END;
BEGIN (*b*)
    c;
  END;

BEGIN (*a*)
  b;
END;

BEGIN (*main*)
  a;
END.
```

7-7 为以下的 Pascal 程序画出活动记录的栈。

(1) 对 p 的第一次调用中对 a 的调用之后。

(2) 在对 p 的第二次调用中对 a 的调用之后。

(3) 程序打印出什么？为什么？

```
PROGRAM closureEx (Output);
VAR x:Integer;

PROCEDURE one;
BEGIN
  Writeln(x);
END;

PROCEDURE p(PROCEDURE a);
BEGIN
  a;
END;

PROCEDURE q;
VAR x:Integer;
  PROCEDURE two;
  BEGIN
    Writeln(x);
  END;
BEGIN
  x:=2;
  p(one);
  p(two);
END;(*q*)
```

```
BEGIN (*main*)
  x:=1;
  q;
END.
```

7-8 执行以下的C程序并用运行时环境解释其输出。

```
#include <stdio.h>

void g(void)
{
  {int x;
   printf("%d\n", x);
   x=3;}
{int y;
  printf("%d\n", y);}
}

int * f(void)
{int x;
  printf("%d\n", x);
  return &x;
}

void main ()
{int * p;
  p=f();
  *p =1;
  f();
  g();
}
```

7-9 对下面的Pascal程序：

```
PROGRAM ex76;
  var k:Real;
  FUNCTION f(n:integer):Real;
    BEGIN
      IF n=0 THEN f:=1
        ELSE f:=n * f(n-1)
      END;
    BEGIN
      k:=f(10);
      Write(k)
    END.
```

试指出：当递归调用函数f(n)时，在第二次进入f之后，数据空间栈所存放的内容是什么？

第8章　代码优化

【本章导读提要】

本章讨论对源程序进行进一步的等价变换，以期获得更高效的目标代码，这种对代码实施的改进变换，即所谓代码优化。代码优化可以在编译的各个阶段进行，本章重点讨论与目标机无关的代码优化，即在语义分析生成中间代码的基础上实施的优化。本章涉及的主要内容与要点主要包括：

- 代码优化的基本概念。
- 代码优化的目的。
- 优化技术分类。
- 控制流分析和数据流分析。
- 局部优化技术。
- 循环优化技术。

【关键概念】

代码优化　局部优化　循环优化　常量合并　函数内嵌　循环转换　控制流分析　数据流分析　基本块 程序控制流图　引用-定值链　定值-引用链　活跃变量　DAG　数据流方程　强度削弱

8.1　代码优化概述

8.1.1　代码优化的概念

所谓代码优化，是指在不改变程序运行效果的前提下，对被编译的程序进行变换，使之能生成更加高效的目标代码。这里所说的高效是指空间效率和时间效率。它是针对提高目标程序生成的质量而言，而质量通常是指目标程序所占的存储空间的大小和运行时间的长短。优化的目的是要使存储空间减小而又尽可能使程序的运行速度提高，常常更关注后者。这里所指的变换，是通过重排、删除、合并或改变程序等手段，使程序产生形式上的变动。

一般对同一个源程序来讲，进行优化与不进行优化产生的目标程序的质量可以相差很大。所以优化及优化的效果是编译器的一个重要性能指标。当然，在实施优化时还必须考虑优化实施的代价，否则也会影响编译器的质量。总之，代码优化应遵循等价、有效与合算的原则。

当然，要改进、提高程序的运行效率，还有许多途径，例如通过改进算法、在源程序级上等价变换或充分利用系统提供的程序库等。但是编译阶段的优化是其他途径不可替代的。因为我们无法苛求方方面面的计算机用户对源语言的掌握程度，编写程序时的技巧和在源程序级上的优化。

8.1.2 优化技术分类

由于优化原则上讲可以在编译的各个阶段进行，而且涉及的面很广，存在许多优化方法和技术，本节讨论一些常用的具体优化功能和对优化技术的分类。

从优化所涉及的源程序的范围而言，可以把优化分为局部优化、循环优化和全局优化。其中，局部优化一般是在基本块上实施的优化，其特点是基本块是一个线性的程序序列，而且有唯一的入口和出口。循环优化是在程序中隐式或显示的循环体范围内的优化。全局优化是在非线性程序块上实施的优化，全局优化涉及的程序块比基本块要大，需要分析该程序块及其相关的其他程序块，以致整个源程序的控制流和数据流，考虑和涉及的因素多，处理比较复杂。

从优化相对于编译逻辑功能实现的不同阶段及与目标机的关系而言，可以把优化分为中间代码级和目标代码级上的优化，或称之为与机器无关的优化和与机器有关的优化。与机器有关的优化是在目标代码级上实施的优化，例如寄存器优化、窥孔优化、并行分支的优化等。与机器无关的优化可以在源程序级或中间代码级上进行，是在目标代码生成之前实施的优化，其特点是不依赖于具体的目标机环境，这种优化更具普遍性，一般多在中间代码级上进行。中间代码级上的局部优化和循环优化是本章的重点。

从优化具体实现的角度，涉及对源程序可以进行哪些具体的优化，它包括以下内容。

1. 常量合并与传播

表 8-1 给出了优化前和经过常量合并与传播的优化后的中间代码，说明了常量合并与传播的概念。

2. 公共子表达式删除

表 8-2 给出了优化前和经过公共子表达式删除的优化后的中间代码，说明了公共子表达式删除的概念。

表 8-1 常量合并与传播的优化示例

优化前代码	优化后代码
X=2；	X=2；
Y=X+10；	Y=12；
Z=2 * Y；	Z=24；

表 8-2 公共子表达式删除的优化示例

优化前代码	优化后代码
d=e+f+g；	t1=e+f；
y=e+f+z；	d=t1+g；
	y=t1+z；

在表 8-2 中，通过将公共子表达式 e+f 一次计算得到的值赋给临时变量 t1，其后的出现公共子表达式计算之处，直接引用 t1 的值。

3. 无用赋值的删除

表 8-3 给出了优化前和经过无用赋值的删除优化后的中间代码，说明了无用赋值删除

的概念。

在对变量 a 定值的赋值语句 a=5 之后，对变量 a 的第二次定值语句 a=7 之前的程序控制路径上，没有对 a 的第一次定值的引用，故 a=5 实际是无用赋值，可直接删除。

4. 死代码删除

表 8-4 给出了优化前和经过死代码删除的优化后的中间代码，说明了死代码删除的概念。对于字符变量 c，c>300 是一个永假值，所以直接给出条件表达式为假值时的语句。

表 8-3 无用赋值删除的优化示例

优化前代码	优化后代码
a=5; a=7;	a=7;

表 8-4 死代码删除的优化示例

优化前代码	优化后代码

char c;
if (c>300) a=1;
else a=2;
	char c;
	
	a=2;

5. 无用转移语句的删除

表 8-5 给出了优化前和经过无用转移语句删除的优化后的中间代码，说明了无用转移语句删除的概念。

优化前代码的实际执行路径无论 x 是否为真值，都转移到 J2，因此删去 x 为真值时的转移，使其悬空，而将为假值的间接转移到 J2 改变成直接转移到 J2。

6. 循环不变量或不变代码外提

表 8-6 给出的优化前和经过循环不变量或不变代码外提的优化后的中间代码，说明了循环不变量或不变代码外提的概念。

表 8-5 无用转移语句删除的优化示例

优化前代码	优化后代码
if (x) J1:goto J2; else goto J1;	goto J2;

表 8-6 循环不变量或不变代码外提的优化示例

优化前代码	优化后代码

b=c;
for(i=0;i<3;i++)
d[i]=2*b+1;
	b=c;
	z=2*b+1;
	for(i=0;i<3;i++)
	d[i]=z;

表 8-6 中 2*b+1 是与循环控制变量无关的不变计算，为避免在循环体内反复计算，将其提到循环外仅计算一次即可。

7. 函数内嵌

表 8-7 给出的优化前和经过函数内嵌的优化后的中间代码，说明了函数内嵌的概念。

程序中的函数调用，需要执行转出和返回的开销，对于简洁的函数可以直接嵌入到调用处。

表 8-7　函数内嵌的优化示例

优化前代码	优化后代码

int Check(int x)
{
return (x>10);
}
void main()
{
if check(y)
a=5;
}
	void main()
	{
	if (y>10)
	a=5;
	}

8. 循环转换

循环是重复执行的代码，因此对循环实施优化将会带来更高的优化效率。循环优化根据不同的循环结构和语义，会涉及各种优化情况，下面通过一些循环转换的优化示例给以简要说明。

(1) 简单循环内的运算强度削弱

给出如下 C 程序片段：

```
int table[100];
step=1;
for(i=0; i<100; i+=step)
  table[i]=0;
```

假设整型数据用 4 个字节表示，该程序对应的中间代码及对循环内实施的运算强度削弱优化后的代码见表 8-8。表 8-8 给出的优化前和经过循环内的运算强度削弱的优化后的中间代码，说明了循环内的运算强度削弱的概念。这种循环转换，是将原来处于循环体内多次乘法运算用强度较低的加法运算替代，这种优化的效果随着循环体执行次数的增加而提升。

表 8-8　循环内的运算强度削弱的优化示例

优化前代码	优化后代码

i=0;
L1: t1=i*4;
table[t1]=0;
i++;
if(i<100) goto L1
	i=0;
	t1=i*4;
	L1: table[t1]=0;
	t1=t1+4;
	i++;
	if(i<100) goto L1

(2) 动态循环内的运算强度削弱

给出如下 C 程序片段：

```
step=step_table[1];
for(i=0; i<MAX; i+=step)
table[i]=0;
```

该程序对应的中间代码及对循环内实施的运算强度削弱优化后的代码见表 8-9。在循环中，如果有一个或多个循环控制参数是变量，且变量的值在编译时是未知的，则称为动态循环。本例中，循环控制变量的增量是变量，属于动态循环。表 8-9 给出的优化前和经过循环内的运算强度削弱的优化后的中间代码。这种循环转换，是将原来处于循环体内的乘法运算用强度低的加法运算替代。

表 8-9　动态循环内的运算强度削弱的优化示例

优化前代码	优化后代码

step=step_table[1];
i=0;
L1：t1= i * 4;
table[t1]= 0;
i=i+step;
if(i<MAX) goto L1;
	i=0;
	step=step_table[1];
	t1=i * 4;
	t2=step * 4;
	L1：table[t1]=0;
	t1=t1+t2;
	i=i+step;
	if(i<MAX) goto L1;

(3) 多步循环内的循环归纳变量外提

给出如下 C 程序片段：

```
int table[10];
for(i=0; i<10; i++)
{
    table[i]=i;
    i++;
    table[i]=0;
}
```

该程序对应的中间代码及对循环内实施的循环归纳变量外提优化后的代码见表 8-10。在每次循环迭代时，如果循环迭代增量的改变多于一次，则称这种类型的循环为多步循环。本例的循环中，循环增量 i 在循环体中改变两次，且其值的改变是线性的，具有这种性质的循环控制变量称为循环归纳变量。循环归纳变量可以外提到循环体外，表 8-10 给出的优化前和经过循环归纳变量外提的优化后的中间代码，使循环体内的负担大大减弱。

表 8-10　多步循环内的循环归纳变量外提的优化示例

优化前代码	优化后代码

i=0;
L1：t1=i * 4;
table[t1]=i;
i=i+1;
t2=i * 4;
table[t2]=0;
if(i<10) goto L1;
	i=0;
	t1=i * 4;
	t2=i * 4+4;
	t3=i;
	Repeat 5 times：
	table[t1]=t3;
	table[t2]=0;
	t1=t1+8;
	t2=t2+8;
	t3=t3+2;

(4) 复合变量循环的转换

给出如下C程序片段：

```
int table[100];
for(i=0, j=0; i<10; i++, j++)
  table[10*i+j]=i;
```

将具有一个以上的循环控制变量或迭代增量，而且这些量之间存在某种线性关系，这样的循环称为复合变量循环。本例的循环中，循环控制变量i和j属于这种情况，且i和j是循环归纳变量，可以参照(3)中的优化思路，尽量外提循环归纳变量并同时完成强度削弱的优化。该程序对应的中间代码及优化后的代码见表8-11。

表8-11 复合变量循环内的优化示例

<table>
<tr><th>优化前代码</th><th>优化后代码</th></tr>
<tr><td><pre>
    i=0;j=0;
    t1=i*10;
L1: t2=t1+j;
    t3=t2*4; /*address*/
    table[t3]=i;
    i=i+1;
    t1=t1+10;
    j=j+1;
    if(i<10) goto L1
</pre></td><td><pre>
i=0;j=0;
t1=i*10;
t2=t1+j;
t3=t2*4;
Repeat 10 times:
table[t3]=i;
i=i+1;
t3=t3+44;
</pre></td></tr>
</table>

9. 其他

除了从优化涉及的源程序的范围，以及优化实施于编译的不同阶段等方面，对优化技术有各种分类，往往还要考虑时间和空间效率的侧重，甚至不同目标机体系结构的特点等方面。例如，有如下源程序片段：

```
int x, y, z;
x=1;
y=x;
z=1;
```

如果考虑具有精简指令系统的RISC处理器的目标机，由于RISC处理器一般都使用了多阶段流水线的体系设计思想和技术，因此在该平台下的编译器应该支持流水线结构的优化，生成更高效的优化代码，这种优化变换也称为指令调度。所谓指令调度，就是通过对不相关指令的重新排列，使可以同拍执行(即并行执行)的指令尽可能相邻，则可以提高处理器的吞吐量，实际也是提高了目标程序的性能。像上述的源程序实施指令调度的优化后，变换为如下代码段：

```
x=1;
z=1;
y=x;
```

使得同拍指令相邻,不同拍指令有次序。这种指令调度还可以用于循环展开的优化,其算法也是依赖于 RISC 系统流水线的特性,实际是通过不间断流水来缩减执行时间。

由上述讨论可知,对程序进行优化的种类繁多,具体到设计一个编译器能实现多少优化功能,也取决于很多因素,比如优化引起的程序变换的代价与收益的比率,涉及的额外开销等,因此并非所有的编译程序都有尽善尽美的各种优化功能,这也是不现实的,重要的是针对具体问题以求合理地解决。

8.1.3 优化编译程序的组织

前述可知,程序可以在编译的几个阶段上实施优化。但是分析和变换程序需要的技术不因编译阶段和优化级别不同而发生较大变化,通常代码优化阶段由控制流分析、数据流分析和代码变换三部分组成,如图 8-1 所示。

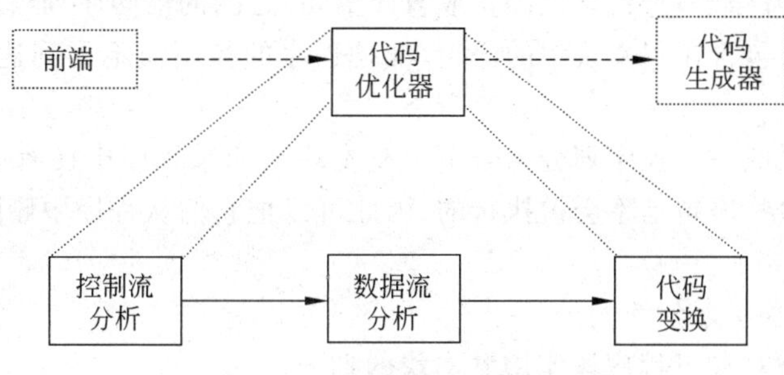

图 8-1 代码优化程序的组织

控制流分析是实施循环优化的必要步骤,它通过对程序的扫描和分析识别出程序中的循环,控制流分析是基于程序流图进行的。数据流分析是将源程序作为一个整体来采集数据流信息,并将这些信息分配给流图的各个基本块,不同类型的优化需要采集的数据流信息不同,但是各种类型优化的具体实施都依赖于控制流和数据流分析的结果。代码变换是对源程序的中间表示形式进行分析,并基于控制流分析和数据流分析得到的信息进行等价变换,完成局部优化、循环优化乃至全局优化。

8.2 局部优化

本节所讨论的局部优化,是指在程序的一个基本块内进行的优化。鉴于本章介绍的局部优化、循环优化乃至全局优化都是在基本块的基础上进行的,所以本节将展开讨论基本块的定义、划分和基本块内具体实施优化的技术。因为基本块内的语句是顺序执行的,没有转进转出 ,分叉汇合等问题,所以处理起来较简单。

8.2.1 基本块的定义与划分

所谓基本块是指程序中的一组顺序执行的语句序列,它只有一个入口和一个出口,入口就是它的第一个语句或称为入口语句,出口就是它的最后一个语句或称为出口语句。对一个基本块而言，执行时只能从它的入口进入，从出口退出。这表明基本块的结构特点是：在块内，语句是顺序地无转移的执行。对于一个给定的程序，按照下述方法和步骤来确定基本块。

第一步，确定每个基本块的入口语句。根据基本块的结构特点，它的入口语句是下述三种类型的语句之一：

① 程序的第一个语句。

② 由条件转移语句或无条件转移语句转移到的语句。

③ 紧跟在条件转移或无条件转移语句后面的语句。

第二步，根据确定的基本块的入口语句，构造其所属的基本块。即：

① 由该入口语句直到下一个入口语句(不包含下一个入口语句)之间的所有语句构成一个基本块。

② 由该入口语句到一转移语句(含该转移语句)之间的所有语句构成一个基本块；或者到程序中的停止或暂停语句(包含该停止或暂停语句)之间的语句序列组成的。

第三步，凡是未包含在基本块中的语句，都是程序的控制流不可到达的语句，直接从程序中删除。

为此，可以实现把一个程序划分为若干个基本块。如果程序中还有些语句不属于任何一个基本块，那么这些语句是不会被执行的，因此可以把它们从程序中删除并不影响程序执行的结果。

下面是一个基本块划分的例子。

【例 8-1】 考虑对如下程序段实施基本块的划分。

```
(1) read(limit);
(2) i=1;
(3) if i>limit goto(11);
(4) read(j);
(5) if i=1 goto (8);
(6) sum=sum+j;
(7) goto(9);
(8) sum=j;
(9) i=i+1;
(10) goto(3);
(11) write(sum);
```

根据划分基本块的步骤，首先确定基本块的入口语句。由入口语句定义的条件①，可以确认(1)为入口语句，由入口语句定义的条件②，确认(3)，(8)，(9)，(11)为入口语句，由入口语句定义的条件③，确认(4)，(6)，(8)，(11)为入口语句。因此，该四元式程序段的入口语句为(1)，(3)，(4)，(6)，(8)，(9)，(11)。其后，根据基本块划分的第二步，构造属于每个入口语句的基本块。由基本块的构造规则知，语句(1)和(2)、语句(3)、语句(4)和(5)、语句(6)和(7)、语句(8)、语句(9)和(10)、语句(11)，分别为一个基本块，该程序共有 7 个基本块。

8.2.2 程序的控制流图

把一个程序划分成若干基本块后，可以按照程序的执行过程用有向边把基本块连接起

来,这就构成了程序的控制流图,简称为流图。流图是一个具有唯一首结点的有向图。流图 G 可以表示为

$$G=(N,E,n_0)$$

其中,N 是流图的所有的结点组成的集合,流图中的结点为基本块,因此结点 B 和基本块 B 的含义是一样的;n_0 是流图的首结点;E 是流图的所有的有向边组成的集合。

流图中的有向边 e_i 是这样形成的:

设有结点 i 到结点 k(或说从结点 i 到结点 k 由有向边 e_i 相连)可表示为

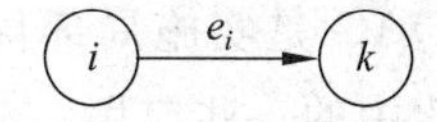

其条件是:

① 基本块 k 在流图中的位置紧跟在基本块 i 之后且 i 的出口语句不是无条件转移语句或停语句。

② 基本块 i 的出口语句是 goto(s)或 if…goto(s)且(s)是基本块 k 的入口语句。

通常,称 i 为 k 的前趋结点,k 为 i 的后继结点。一个结点的所有后继结点,后继结点的所有后继结点等等,统称为这个结点的子结点;一个结点的所有前驱结点,前驱结点的所有前驱结点等等,统称为这个结点的父结点。

下面给出例 8-1 的程序的流图,如图 8-2 所示。图中设语句(1)和(2)构成的基本块为结点 1;语句(3)构成的基本块为结点 2;语句(4)和(5)构成的基本块为结点 3;语句(6)和(7)构成的基本块为结点 4;语句(8)构成的基本块为结点 5;语句(9)和(10)构成的基本块为结点 6;语句(11)构成的基本块为结点 7。

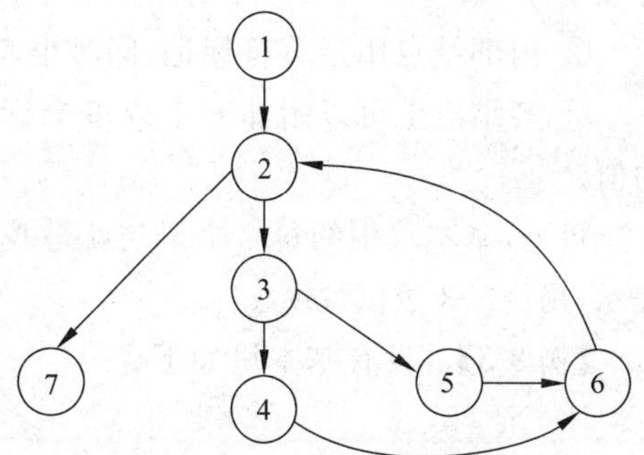

图 8-2 例 8-1 中程序的控制流图

8.2.3 基本块的 DAG 表示及应用

1. DAG 定义与基本块的 DAG 表示

DAG 是英文 Directed Acyclic Graph 的缩写,含义是无环路的有向图。下面定义 8.1 说明什么样的有向图是无环路的有向图。

定义 8.1

设 G 是由若干结点构成的有向图,从结点 n_i 到结点 n_j 的有向边用 $n_i \to n_j$ 表示。

① 若存在有向边序列 $n_{i1} \to n_{i2} \to \cdots \to n_{im}$,则称结点 n_{i1} 与结点 n_{im} 之间存在一条路径,或称 n_{i1} 与 n_{im} 是连通的。路径上有向边的数目为路径的长度。

② 如果存在一条路径,其长度$\geqslant 2$,且该路径起始和结束于同一个结点,则称该路径是一个环路。

③ 如果有向图 G 中任一条路径都不是环路,则称 G 为无环路有向图。

【例 8-2】 图 8-3 表示了无环路有向图(a)与环路有向图(b)。

DAG 在局部优化中作为一种数据结构,类似于树结构。每一个基本块都可以用一个

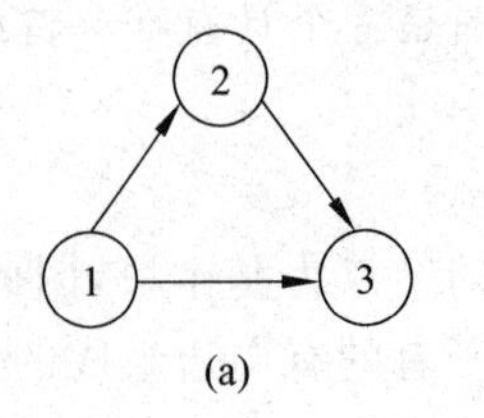

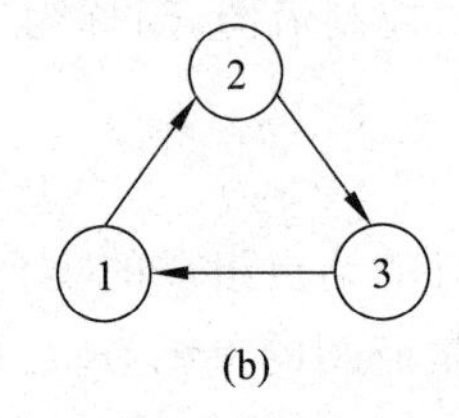

图 8-3 无环路有向图与环路有向图

DAG 表示，称它为基本块的 DAG。DAG 是实施局部优化的某些技术的一种有效手段，在本节中，将介绍 DAG 和它在局部优化中的一些应用。

前述已知基本块是由一顺序执行的语句序列组成的，而基本块又可以用 DAG 来表示，但是基本块的 DAG 与通常的 DAG 又有所不同。基本块的 DAG 是结点上带有下列标记的 DAG：

① 叶结点用标识符或常量作为其唯一的标记，当叶结点是标识符时，代表名字的初值可加下标 0。

② 内部结点用运算符标记，同时也表示计算的值。

③ 各结点上可以附加一个或多个标识符，附加在同一结点上的多个标识符具有相同的值。

可见，基本块中的每一个语句就是基本块的 DAG 的一部分。为了说明基本块的 DAG 表示，用例 8-3 予以说明。

【例 8-3】 设有基本块如下：

＋ a b c

－ c d a

＋ a b b

－ c d d

构造该基本块的 DAG 如图 8-4 所示。同时为了记录 DAG 中结点建立的顺序及结点之间的关系，建立如表 8-12 所示的信息记录表。

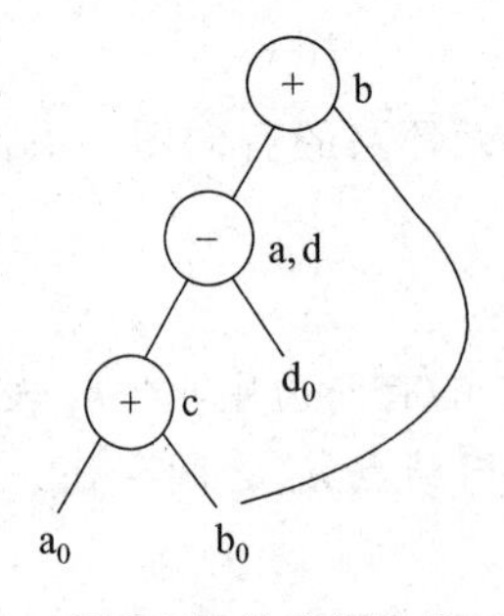

图 8-4 例 8-3 的基本块的 DAG 表示

表 8-12 信息记录表

0	a_0		
1	b_0		
2	＋	0	1
3	d_0		
4	－	2	3
5	＋	4	1

下面讨论为基本块构造 DAG 的具体实现。首先将基本块中几种常见的语句（用四元式表示）形式分类并给出它们在基本块的 DAG 中相应的表示如表 8-13 所示。

表 8-13 DAG 结点的类型

类 型	四 元 式	DAG 结点
0 型	A=B (=,B,,A)	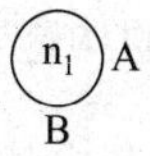 n_1 A B
1 型	A=OP B (OP,B,,A)	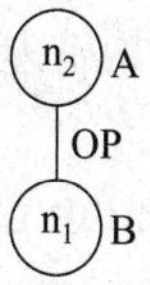 n_2 A OP n_1 B
2 型	A=B OP C (OP,B,C,A)	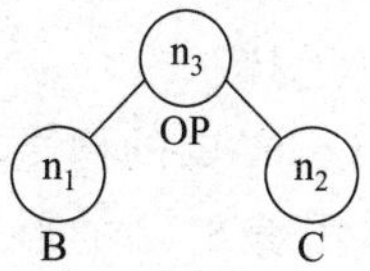 n_3 OP n_1 n_2 B C
	A=B[C] (=[ ],B,C,A)	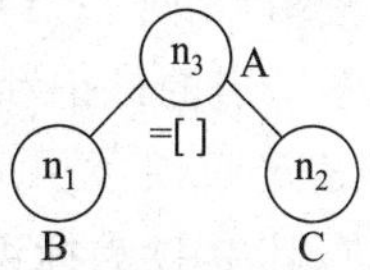 n_3 A =[ ] n_1 n_2 B C
	if B rop C go to (s) (jrop, B, C, (s))	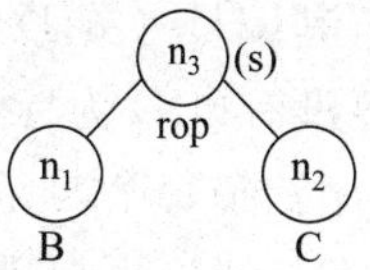 n_3 (s) rop n_1 n_2 B C

下面对表 8-13 进行说明。

对于 0 型的四元式在 DAG 中仅对应一个结点,它不含运算符,在基本块的 DAG 中的表示也只有一个结点,其含义是:把 B 赋给标识符 A。无条件转向语句也可以表示成这种形式。

对于 1 型的四元式在 DAG 中有两个结点,它在基本块的 DAG 中的表示的含义类似于四元式 0 型,只是 op 是单目运算符,所以内部结点只有一条有向边指向叶子结点。

对于 2 型的四元式在 DAG 中有三个结点。2 型中的第一种形式,在基本块的 DAG 中的表示的含义是:两个运算对象 B,C 为两个叶子结点(即没有后继结点),运算符号 op 或 rop 为内部结点(即有后继结点),我们把运算对象 B,C 和运算符号 op 或 rop 写在相应结点的下面,作为相应结点的标记。结点中的编号是在构造基本块的 DAG 的过程中,赋给各个结点的编号。由内部结点伸出两条有向边,指向两个叶子结点,表示这两个运算对象应进行内部结点下面的运算符号所指出的操作。内部结点右边带有标识符,由运算符号的性质决定运算的结果对内部结点右边的标识符所产生的影响:对于运算符号 op,运算的结果将赋给内部结点右边的标识符 A;对于运算符号 rop,运算的结果将转向内部结点右边标出的语句(S)。

2 型中的第二种形式,在基本块的 DAG 中的表示的含义是:B 是数组,C 是数组下标变量地址,内部结点下面的运算符=[]表示对数组 B 中下标变量地址为 C 的元素进行运算,运算的结果是把数组 B 中的下标变量地址为 C 的元素的内容赋给标识符 A。这种情况还可以有四元式是 D[C]=B 的形式,其中 D 是数组,C 是数组下标变量地址,B 是常数或变量，内部结点下的运算符[]=表示先取数组 D 中下标变量地址为 C 的元素 D[C]，然后把 B 赋给 D[C]。2 型中的第三种形式可以从表中直接看到其对应表示的含义。

2. DAG 的构造与局部优化

本节介绍基本块的 DAG 的构造算法及在 DAG 的构造过程中完成的局部优化。

为了掌握构造基本块的 DAG 的基本方法，仅对下面三种四元式情况的基本块来进行讨论。

(1) A=B OP C

(2) A=OP B

(3) A=B

为讨论 DAG 的构造算法，给出以下约定。

① 采用表 8-12 的形式记录 DAG 中结点建立的顺序及结点之间的关系。该数据结构能建立一些结点，这些结点有一个或两个后继结点，在有两个后继结点时，用左右相区分；用它存放各结点的标记和建立各结点标识符的链表。

② 该表还反映了一个标识符和运算符与结点的对应关系，描述这种对应关系使用函数 NODE(D)，其中 D 为标识符或运算符。当 NODE(D)=n 时，表明基本块的 DAG 中已存在一个结点，其编号为 n，D 是它的标记或附加标记符；当 NODE(D)无定义时，表明基本块的 DAG 中还没有以 D 为标记或附加标记符的结点。在构造基本块的 DAG 时，是按基本块中语句的顺序扫描每个四元式。对每个四元式，先扫描其右端的标识符(如果有两个标识符，是从左至右扫描)，再扫描运算符(如果有的话)，最后扫描左端的标识符。

算法 8.1：基本块的 DAG 的构造算法。

输入：基本块 i(基本块 i 中的语句用四元式表示)

输出：基本块 i 的 DAG

算法：初始化，置 DAG 为空。对基本块中每一四元式依次执行以下步骤：

(1) 如果 NODE(B)无定义，则建立一标记为 B 的叶子结点。

① 对情况(3)，则令 NODE(B)=n，即叶子结点 B 编号为 n，转(4)。

② 对情况(2)，转(2)的①。

③ 对情况(1)，如果 NODE(C)无定义，则建立一标记为 C 的叶子结点，并转(2)的②。

(2) 按如下步骤做：

① 如果 NODE(B)是标记为常数的叶子结点，则转(2)的③，否则转(3)的①。

② 如果 NODE(B)和 NODE(C)都是标记为常数的叶子结点，则转(2)的④，否则转(3)的②。

③ 执行 op B(即常量合并)，设得到的新常数为 P。如果 NODE(B)是处理当前四元式时新建立的结点，则删除它。如果 NODE(P)无定义，则建立一标记为 P 的叶子结点，令 NODE(P)=n，转(4)。

④ 执行 B op C(即常量合并)，设得到的新常数为 P。如果 NODE(B)或 NODE(C)是处理当前四元式时新建立的结点，则删除它。如果 NODE(P)无定义，则建立一标记为 P 的叶子结点，令 NODE(P)=n，转(4)。

(3) 按如下步骤做:

① 检查DAG中是否有一结点,其唯一后继为NODE(B)且标记为OP(即找公共子表达式)。如果没有,则建立该结点,并令NODE(OP)=n;否则,为了叙述方便,也认为NODE(OP)=n。转(4)。

② 检查DAG中是否有一结点,其左后继为NODE(B),右后继为NODE(C)且标记为OP(即找公共子表达式)。如果没有,则建立该结点,并令NODE(OP)=n;否则,为了叙述方便,也认为NODE(OP)=n,转(4)。

(4) 如果NODE(A)无定义,则把A附加在结点n右边,并令NODE(A)=n;否则,若把A从NODE(A)结点的附加标识符表中删除需要根据数据流信息决定,如果NODE(A)是叶子结点,则其标记A不删除,把A附加在结点n的右边,并令NODE(A)=n。转处理下一四元式。

下面按照算法8.1来构造一个基本块的DAG。

【例8-4】 设有一个基本块的语句序列如下。

(1) $T_0=3.14$

(2) $T_1=2*T_0$

(3) $T_2=R+r$

(4) $A=T_1*T_2$

(5) $B=A$

(6) $T_3=2*T_0$

(7) $T_4=R+r$

(8) $T_5=T_3*T_4$

(9) $T_6=R-r$

(10) $B=T_5*T_6$

试用算法8.1构造上述基本块的DAG。

解:构造DAG的过程如下:

对四元式(1),利用算法的第(1)步和第(4)步,得到这时DAG已构成的部分如图8-5所示。

对四元式(2),先利用算法的第(1)步,接着利用算法的第(2)步的②、④和第(4)步,得到这时DAG已构成的部分如图8-6所示。

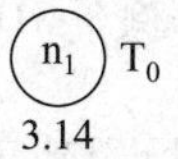

n_1 T_0
3.14

图8-5 例8-4 DAG子图

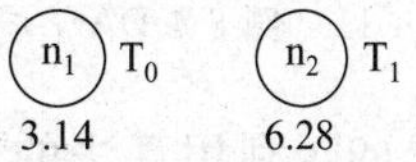

n_1 T_0 n_2 T_1
3.14 6.28

图8-6 例8-4 DAG子图

由此可见,算法的第(2)步的④具有常量合并的作用。

对四元式(3),利用算法的第(1)步、第(2)步的②、第(3)步的②和第(4)步得到,这时DAG已构成的部分如图8-7所示。

对四元式(4),利用算法的第(1)步、第(2)步的②、第(3)步的②和第(4)步,得到这时DAG已构成的部分如图8-8所示。

由此可见,算法的第(3)步的②具有检查一个表达式是否为公共子表达式的作用。

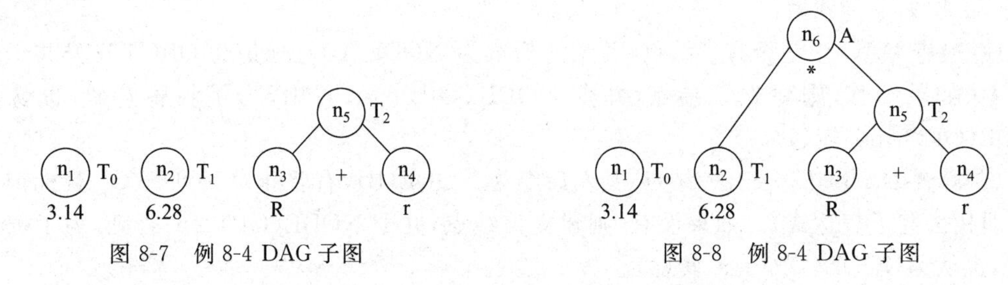

图 8-7　例 8-4 DAG 子图　　　　图 8-8　例 8-4 DAG 子图

对四元式(5)，利用算法的第(1)步和第(4)步，得到这时 DAG 已构成的部分如图 8-9 所示。

对四元式(6)，利用算法的第(1)步、第(2)步的②、第(3)步的②和第(4)步，得到这时 DAG 已构成的部分如图 8-10 所示。

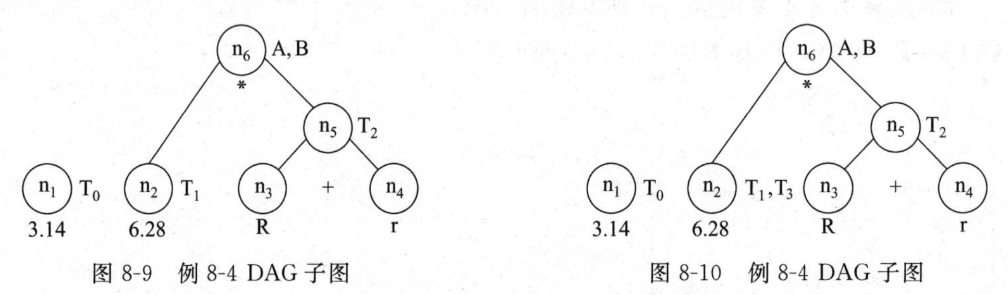

图 8-9　例 8-4 DAG 子图　　　　图 8-10　例 8-4 DAG 子图

对四元式(7)，利用算法的第(1)步、第(2)步的②、第(3)步的②和第(4)步，得到这时 DAG 已构成的部分如图 8-11 所示。

对四元式(8)，利用算法的第(1)步、第(2)步的②、第(3)步的②和第(4)步，得到这时 DAG 已构成的部分如图 8-12 所示。

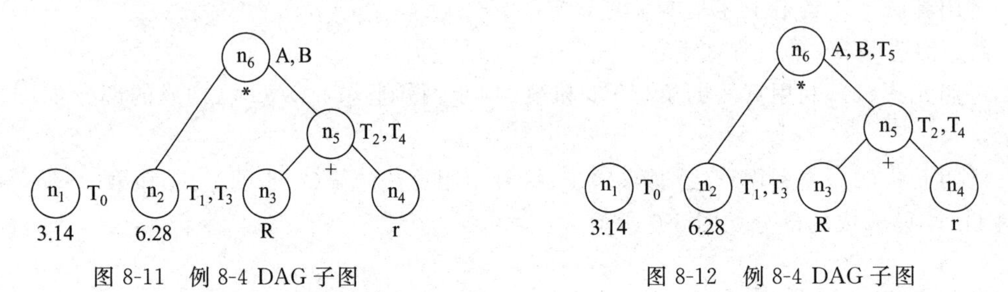

图 8-11　例 8-4 DAG 子图　　　　图 8-12　例 8-4 DAG 子图

对四元式(9)，利用算法的第(1)步、第(2)步的②、第(3)步的②和第(4)步，得到这时 DAG 已构成的部分如图 8-13 所示。

对四元式(10)，利用算法的第(1)步、第(2)步的②、第(3)步的②和第(4)步，得到这时 DAG 已构成的部分如图 8-14 所示。

在此，使用算法的第(4)步，把标识符(变量)B 从结点 n_6 删去，再附加到结点 n_8 上。这表明算法的第四步的作用是，在引用 B 之前又对 B 重新赋值时，可把前一次的无用赋值删去。

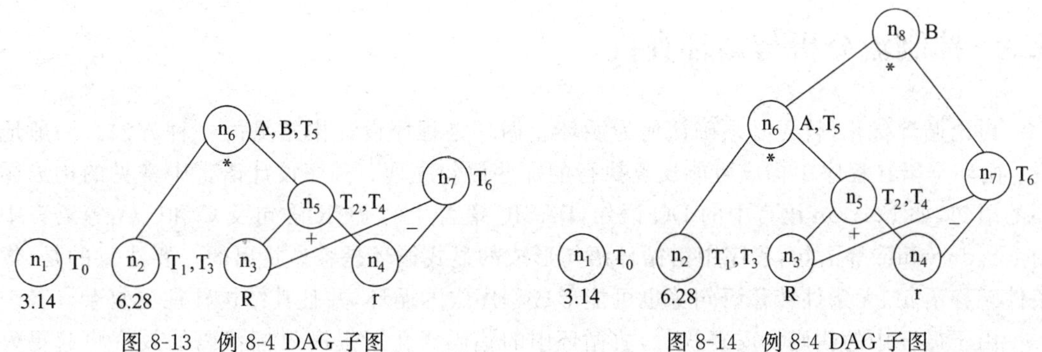

图 8-13 例 8-4 DAG 子图　　　　图 8-14 例 8-4 DAG 子图

从算法 8.1 和例 8-4 可知，在构造某一基本块 DGA 的过程中就完成了对该基本块的优化。算法 8.1 可以实现的局部优化主要有合并已知量，删除公共子表达式，删除无用赋值。如对例 8-4，从直观上可观察到，四元式(1)，(2)，(6)中的运算对象皆为已知量，则在构造相应语句的 DAG 时，执行算法的第(2)的④时完成了合并已知量的优化工作。而语句(3)和(7)为公共子表达式，在对语句(7)进行处理时，算法第(3)步完成对公共子表达式的检查和确认，并对具有公共子表达式的所有语句只产生一个计算该表达式值的内部结点。而把那些被赋值的变量标识符附加到该内部结点上。这样，在由基本块产生一个优化的代码程序时，对 DGA 中带有附加标识符的内部结点，只对第一个标识符生成计算该结点值的表达式并将值赋予该标识符，而对其他的附加标识符，则用第一个标识符直接赋值，达到了删除公共子表达式的目的。而语句(5)对标识符 B 产生无用赋值，则算法第(4)步将完成该无用赋值的删除。

为此，按图 8-14 的 DAG 的结点顺序，重新生成优化后的程序如下：

(1) $T_0=3.14$

(2) $T_1=6.28$

(3) $T_3=6.28$

(4) $T_2=R+r$

(5) $T_4=T_2$

(6) $A=6.28*T_2$

(7) $T_5=A$

(8) $T_6=R-r$

(9) $B=A*T_6$

该程序与例 8-4 的程序相比，其运行结果无疑是等价的，而且具有较高的质量。

利用算法 8.1 构造 DAG 除了可进行上述的局部优化外，还可以从基本块的 DAG 中得到一些其他的优化信息，如：

① 基本块外被定值并在基本块内被引用的所有标识符，是作为叶结点上标记的那些标识符。

② 基本块内被定值且该值能在基本块后面被引用的所有标识符，是 DAG 各结点上的附加标识符。

这些信息对循环优化、全局优化是有用的。

8.3 控制流分析与循环查找

讨论循环优化，首先必须确认何为循环。循环是程序设计中常见的一种方法。一般地说，循环是指在程序中构成可能反复执行的那些语句序列。程序设计语言中常见的构成循环的语句，如 Fortran 语言中的 DO 语句，BASIC 语言中的 FOR 语句及 C 和C++ 等语言中的 for、do-while 等语句，程序中由循环语句形成的显式循环是容易找出的。要注意的是，像条件转移语句、无条件转移语句等也可能形成程序中的循环，并且其结构往往更复杂。

由于循环中的代码要反复执行，故循环中的代码优化对提高目标代码的效率将起更大的作用，比之局部优化的效果也更为显著。

本节将在前述程序进行控制流程分析产生流图的基础上，来查找、确认循环；在对程序进行数据流分析的基础上完成具体的循环优化工作。

本章第 8.2.2 节中给出了程序的控制流程图的定义，即控制流图是具有唯一首结点的有向图。现在，从流图出发，来讨论循环结构的定义。

在程序控制流图中，若存在具有如下性质的结点序列，则该结点序列构成一个循环。

(1) 结点序列是强连通的。这是指该序列中的任意两个结点之间，一定存在一条通路，且该通路上的所有结点都属于该结点序列。特别是如果该序列只包含一个结点，则必有一条有向边从该结点引到其自身。

(2) 结点序列中有一个且只有一个是入口结点。其入口结点一定具有，从序列外某个结点有一条有向边引到它或它是程序控制流图的首结点的性质。

因此可以说，程序流图中的循环结构一定具有强连通性和入口结点的唯一性。这是理论上对循环的定义。

例如，在图 8-15 所示的程序流图中，结点序列{2,3}是程序中的一个循环。因为，结点序列中的两个结点相互间是可到达的，强连通性成立，并且结点 2 是该序列的唯一入口结点。

又如，在图 8-16 所示的程序流图中，结点序列{6}，{4,5,6,7}及{2,3,4,5,6,7}都是程序中的循环，它们符合上述循环定义中的两个性质。而结点序列{2,4}，{2,3,4}，{4,5,7}和{4,6,7}虽然强连通性成立，但由于入口结点皆不唯一，所以都不能确认为循环。

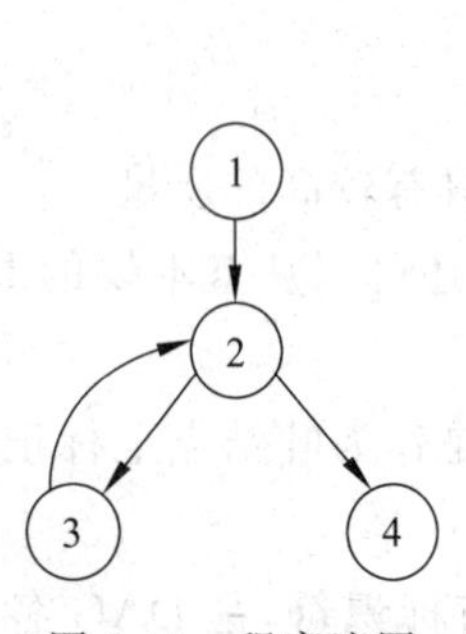

图 8-15 程序流图

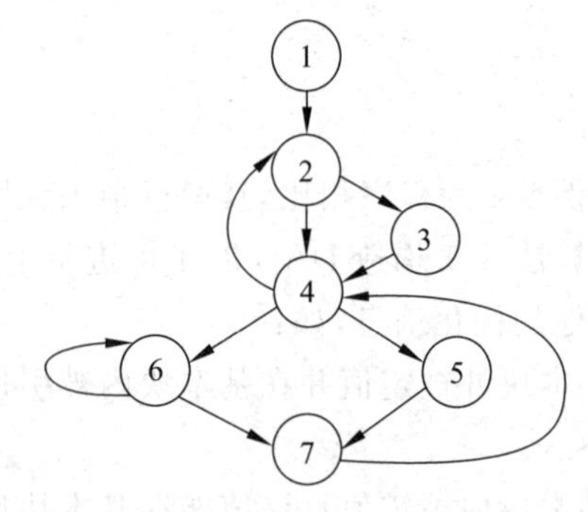

图 8-16 程序流图

为了具体实现查找程序中的循环，引入必经结点和必经结点集的定义，来进一步分析流图中结点间的控制关系，并进而给出回边的定义和利用必经结点集求得回边，最终达到由回边确定循环的目的。

定义 8.2（必经结点）

在程序流图 G 中，n_i 和 n_j 为任意结点。若从 n_0 出发，到达 n_j 的任何一条通路都必经过 n_i，则称 n_i 是 n_j 的必经结点，记做 n_iDOM n_j。

定义 8.3（必经结点集）

在程序流图 G 中，结点 n 的全部必经结点，称为结点 n 的必经结点集，记做 D(n)。

如果把 DOM 看成程序流图的结点集上定义的一个关系，它显然是一个偏序关系，因此它具有自反性、传递性和反对称性这些代数性质。而且可知，任何结点 n 的必经结点集是个有序集。从循环和必经结点的定义，显然循环的入口结点是构成循环的结点序列中所有结点的必经结点。

对给定的流图 G，可以从定义 8.2 和定义 8.3 及 DOM 的性质出发，直接求出 G 中所有结点的必经结点集。下面进一步给出求流图中所有结点的必经结点集的算法 8.2。

算法 8.2：求流图中所有结点的必经结点

输入： 流图 $G=(N,E,n_0)$

输出： 所有节点的必经结点集

算法：

```
(1) D(n0)={n0};
(2) for (n∈N-{n0}) D(n)=N;          /* 对除 n0 外的各结点赋初值 */
(3) CH=TRUE;
(4) while (CH)
    {
(5)   CH=FALSE;
(6)    for (n∈N-{n0})
       {
(7)    NEWD={n}∪ ∩(p∈P(n)) D(p);
(8)    if(D(n)≠NEWD)
        {
(9)         CH=TRUE;
(10)        D(n)=NEWD;
        }
       }
    }
```

注意，该算法中 P(n)表示结点 n 的前驱结点集，可从流图 G 的有向边求出。该算法的实现思想是，若 $P_1, P_2, \cdots, P_k$ 是 G 中结点 n 的所有前驱且 $d \neq n$，则 d DOM n 当且仅当对所有 $i(1 \leqslant i \leqslant k)$，都有 d DOM P_i。

对 n_0 显然存在 $D(n_0)=\{n_0\}$。对除 n_0 外其他各结点的 D(n)的求解采用迭代的方法，由算法 8.2 中语句(4)～(10)实现。对每一结点 n，依次执行一次(7)～(10)来修改 D(n)。NEWD 代表每次修改后的 D(n)。如果在某次迭代过程中，对每一结点 n，迭代后的 NEWD

都等于迭代前的 D(n)，则此时布尔变量 CH 值为 FALSE，迭代结束，算法亦结束。否则在语句(9)中将 CH 置为 TRUE。于是，迭代还要继续。

由定义出发或据算法 8.2，求得图 8-16 中各结点 n 的 D(n)为：

D(1) = {1}

D(2) = {1,2}

D(3) = {1,2,3}

D(4) = {1,2,4}

D(5) = {1,2,4,5}

D(6) = {1,2,4,6}

D(7) = {1,2,4,7}

下面将进一步涉及循环的查找。

定义 8.4(回边)

设 a→b 是流图 G 中一条有向边，如果 b DOM a，则称 a→b(可记做＜a,b＞)是流图 G 中的一条回边。

因此，对给定的流图 G，只要求出 G 中各结点 n 的 D(n)，就可以直接求出流图 G 中的所有回边。例如，对图 8-16 的流图中存在有向边 6→6，7→4 和 4→2。并且有

D(6)={1,2,4,6}，则 6 DOM 6；

D(7)={1,2,4,7}，则 4 DOM 7；

D(4)={1,2,4}，则 2 DOM 4。

所以可以判定有向边 6→6，7→4 和 4→2 都是流图中的回边。

利用回边，可以直接求出流图中的循环。即：若＜n,d＞是一回边，则由结点 d、结点 n 以及所有通路到达 n 而该通路不经过结点 d 的所有结点序列构成一个循环 L，结点 d 是循环 L 的唯一入口。这种确定循环的方法之所以成立，是因为：

① L 一定是强连通的。为充分说明这一点，令 M=L−{d,n}。由 L 的组成成分知，M 中每一结点 n_i 都可以不经过结点 d 而到达结点 n，又因 d DOM n，故必有 d DOM n_i。若不然，则从首结点就可以不经过 d 而到达 n_i，从而也可以不经过 d 到达 n，与 d DOM n 矛盾。因 d DOM n_i，所以结点 d 必有通路到达 M 中任一结点 n_i，且 M 中任一结点又可以通过 n 到达 d，从而 M 中任意两结点之间必有一条通路。所以 L 中任意两个结点之间必有一条通路。此外，由 M 中结点性质知，结点 d 到 M 中任一结点 n_i 的通路上所有结点都应属于 M，n_i 到 n 的通路上所有结点也都属于 M，所以，L 中任意两结点间通路上所有结点都属于 L，可见 L 是强连通的。

② 因为对所有 $n_i \in L$，存在 d DOM n_i，所以 d 必为 L 的一个入口结点。且可以断定 d 必是 L 的唯一入口结点。否则，必有另一入口结点 $d_i \in L$，$d_i \neq d$。d_i 不可能是首结点，否则，d DOM n 不成立。若设 d_1 不是首结点，并设 d_1 在 L 外的前驱是 d_2，那么，d_2 和 n 之间必有一条通路 $d_2 \rightarrow d_1 \rightarrow \cdots \rightarrow n$，且该通路不经过 d，从而 d_2 应属于 M，这与 $d_2 \notin L$ 矛盾。所以 d_1 不存在，L 的唯一结点是 d。

这与循环的定义是一致的。

例如，图 8-16 的流图，回边 6→6 构成的循环显然是{6}。对回边 7→4，从图 8-16 中可见，凡是不经结点 4 有通路到达结点 7 的结点是 5 和 6，所以回边 7→4 构成的循环是

{4,5,6,7}。同样,回边 4→2 构成的循环是{2,3,4,5,6,7}。

8.4 数据流分析

为了进行循环优化和全局优化,编译程序需要收集整个程序范围内的有关信息及分布在程序流程图每个基本块的信息,这些信息是程序中数据流的信息,这一工作称为数据流分析。它是具体实施优化必要的准备工作。

8.4.1 程序中的点与通路

在一个程序流图的基本块中,认为前后相继的两个语句之间为一个"点",用 P_i 表示。同样,流图中两个前后相继的基本块 B_i 和 B_{i+1},其 B_i 的最后一个语句之后和 B_{i+1} 的第一个语句之前亦分别为程序的一个点。如图 8-17 所示的流图,在开始的基本块 B_1 中有 4 个点,即 d_1 位置的语句之前和 d_1,d_2,d_3 位置的语句之后。

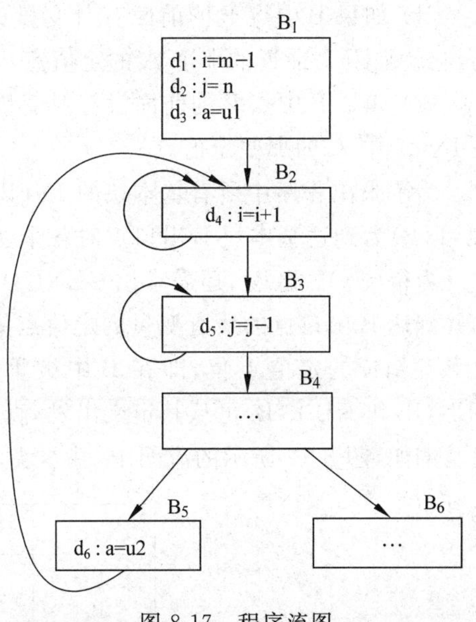

图 8-17 程序流图

从全局的观点出发,来考察一个流图的所有基本块中的点和点集及其关系。

设点的序列 $P_1,P_2,\cdots,P_n$,则对 1 到 $n-1$ 之间的每一个 i 若存在:

① P_i 是某语句 d_i 之前最近的一个点且 P_{i+1} 是同一基本块中语句 d_i 之后的一个点。

② P_i 是 B_i 的最后一个点(出口点),P_{i+1} 是 B_i 的后继基本块 B_{i+1} 的第一个点(入口点)。则从 P_i 到 P_{i+1} 为程序的一条通路。

如图 8-17 中,从基本块 B_5 的入口块到基本块 B_6 的入口是一条通路。该通路经过 B_5 的出口点及基本块 B_2,B_3,B_4 的全部点而到达 B_6 的入口点。

8.4.2 到达-定值数据流方程及其方程求解

到达-定值是数据流分析中的一个重要概念。它描述了程序中所有变量在某点定值的有关特性。

所谓变量 A 在某点 d 的定值到达另一点 u,是指流图中从 d 有一通路到达 u 且该通路上没有对变量 A 的再定值。这里指的对变量的定值实际是程序中变量出现的两种情形之一。程序中的变量出现的两种情形即定义性出现和引用性出现。如表达式中变量的出现均为引用性出现。变量的这种出现位置称为变量的引用点。而赋值语句的左部变量为变量的定义性出现,变量的这种出现位置为变量的定值点。

例如,在下列语句中

```
X=1;
Y=X*X+4*X+4;
If (Y>X) Z=Y-X;
else Z=Z-Y;
```

第一个语句左部的X是定义性出现，而第二、第三语句中的X都是引用性出现。第二个语句中的Y是定义性出现，其他语句中的Y是引用性出现。第三个语句中Z有两次定义性出现，一次此引用性出现。要注意的是，变量的定义性出现有时并不都像赋值语句、输入语句那样直观，如过程调用中的实际参数和指针等，对变量的定值往往是隐式的。

通过研究到达-定值数值流方程来求出到达某点P变量的定值点。

首先令定值点集IN(B)为到达基本块B入口点时的各个变量的所有定值点集，只要我们能求出程序中所有基本块B的IN(B)，就可以按下述规则求出到达B中某点P的任一变量A的所有定值点：

(1) 如果B中点P的前面有对变量A的定值，则到达点P的变量A的定值点是唯一的，它就是距P最近的那个A的定值点。

(2) 如果B中点P的前面没有对变量A的定值，则到达点P的变量A的所有定值点就是IN(B)中A的那些定值点。

为了求出程序中所有基本块的IN(B)，相对应的还需要求出所有基本块的OUT(B)。OUT(B)为到达基本块B出口点时各个变量的定值点集。

为得到OUT(B)，还需求出GEN(B)和KILL(B)。其中GEN(B)为在基本块B中定值的并到达B出口点的所有变量的定值点集，即在B中生成的定值点集。KILL(B)为被基本块B注销掉的定值点集，即在B中被重新定值的那些变量在IN(B)中的定值点集。对GEN(B)和KILL(B)可从其定义出发，直接从给定的流图求出。

例如，图8-17所示的流图中，基本块B_2，B_3，B_5的GEN(B)和KILL(B)为

	GEN(B)	KILL(B)
B_2	$\{d_4\}$	$\{d_1\}$
B_3	$\{d_5\}$	$\{d_2\}$
B_5	$\{d_6\}$	$\{d_3\}$

其中d_i表示流图各基本块中语句相应位置d_i之后的点。

有了如上的有关定义和概念，可以看出，对于OUT(B)，可由以下条件得到：

① 如果某定值点d在IN(B)中，而且被d定值的变量在B中未被重新定值，则d也在OUT(B)中。

② 如果定值点d在GEN(B)中，则它一定在OUT(B)中。

③ 除以上两种情况外，没有其他定值点$d \in OUT(B)$。而对于IN(B)，则可知，某定值点d到达基本块B的入口点，当且仅当它到达B的某一前驱基本块的出口点。

为此，对任一基本块B，可以给出IN(B)和OUT(B)的线性联立方程式(8.1)，即：

(1) $OUT(B)=IN(B)-KILL(B) \cup GEN(B)$

(2) $IN(B)=\bigcup_{p \in P(B)} OUT(p)$ (8.1)

其中，P(B)表示 B 的所有前驱基本块的集合。式(8.1)称为到达-定值数据流方程，对式(8.1)的到达-定值数据流方程，我们用迭代法求解。其求解算法如下：

设流图含有 N 个结点，且已知 GEN(B)和 KILL(B)，则数据流方程式(8.1)是 2N 个变量的 IN(B)和 OUT(B)的线性联立方程。对该方程的求解算法给出如下程序：

算法 8.3：计算变量的定值点信息

输入：流图 G，GEN(B)，KILL(B)

输出：OUT(B)

```
FOR(i=1; i<=N; i++)
{
    IN(Bi)=Φ;                                /*迭代初值*/
    OUT(Bi)=GEN(Bi);                         /*迭代初值*/
}
    Change=TRUE;
    While (change)
    {
change=FALSE;
FOR (i=1; i<=N; i++)                         /*备注*/
{
    NEWIN= ∪ OUT(p)
         p∈P(Bi)
    IF (NEWIN≠IN(Bi))
    {
        Change=TRUE;
        IN(Bi)=NEWIN;
        OUT(Bi)=IN(Bi)-KILL(Bi) ∪GEN(Bi);
    }
  }
}
```

算法带“/*备注*/”的行中，其循环语句的初值为 1，终值为 N，是按流图中各结点的深度为主次序计算各基本块的 IN 和 OUT。所谓深度为主次序，是指对 N 个结点某一特定次序进行选取的方法。

对于给定的流图 G，沿着从首结点 n_0 开始的通路访问各个结点的过程中，始终沿着某通路尽量前进，直到访问不到新结点时，才回退到其前驱结点。然后再由前驱结点沿另一通路(若存在的话)尽量前进，直到又访问不到新结点时，则再回退到其前驱结点。按此步骤，直到回退到首结点且再也访问不到新结点为止。这种尽量向通路深处访问新结点的过程，称为深度为主查找。按深度为主查找中所经过的结点序列的逆序，依次给各结点排序，则称这个次序为结点的深度为主次序。令 DFN(n)的值为结点 n 的深度为主次序的序号。

因此，算法中设 $DFN(B_i)=i$。另外，change 使用来判断循环结束的布尔变量。每当对所有基本块迭代一次后就测试 change 的当前值，若 change＝FALSE，则迭代结束。NEWIN 是集合变量，对每一基本块 B_i，如果前后迭代计算出的 NEWIN 的值不等，则置 change＝TRUE，表示还需进行下一次迭代。

8.4.3 引用-定值链(ud链)

假设在程序中某点P引用了变量A的值,则把能到达P的A的定值点的全体,称为A在引用点P的引用-定值链(即ud链)。在循环优化中,利用各变量引用点的ud链信息可以求出循环中的不变运算。

可以应用到达-定值信息来计算各个变量在任何引用点的ud链。计算规则为:

(1) 如果在基本块B中,变量A的引用点P之前有A的定值点d,并且A在点d的定值到达P,那么,A在点P的ud链即为{d}。

(2) 如果在基本块B中,变量A的引用点P之前没有变量A的定值点,那么,IN(B)中A的所有定值点均到达P,它们均是变量A在点P的ud链。

例如图8-17中,变量i的引用点为d_4,由于B_2中i的引点d_4前没有变量i的定值点,所以其ud链是$IN(B_2)$中i的所有定值点,即$\{d_1, d_4\}$。

引用-定值链是数据流分析中的一个重要概念。

8.4.4 活跃变量与数据流方程

前面讨论了在整个程序范围内所有变量定值和引用之间的关系,我们将进一步讨论程序中各基本块出口后的变量引用情况,即活跃变量信息。活跃变量信息的采集和分析将为寻找程序中的无用赋值提供信息。

在程序中对某变量A和某点P,如果存在一条从P开始的通路,其中引用了变量A在点P的值,则称A在点P是活跃的,否则称变量A在点P是死亡的。

为此,令活跃变量集$IN_L(B)$为到达基本块B入口点时所有活跃变量的集合。令活跃变量集$OUT_L(B)$为到达基本块B的出口点时所有活跃变量的集合。令变量集$DEF_L(B)$为在基本块B中定值的,但定之前未曾在B中引用过的变量的集合。令变量集$USE_L(B)$为在基本块B中引用的,但引用前未曾在B中定值的变量集。对变量集$DEF_L(B)$和$USE_L(B)$,从其定义出发,我们可以从流图中直接求出。而要求得各基本块的活跃变量集,则对基本块B的OUT_L,是由B的所有后继基本块的IN_L的并集得到。而对基本块B的IN_L,根据其定义可由下列条件得到:

① 如果一个变量在$OUT_L(B)$中,且该变量在基本块B中被引用但在引用之前没有对该变量的定值,则该变量也在$IN_L(B)$中。

② 如果一个变量在$USE_L(B)$中,则它一定在$IN_L(B)$中。

为此,我们可以给出计算所有基本块B的$IN_L(B)$和$OUT_L(B)$的线性联立方程式(8.2):

$$\begin{cases}(1)\ IN_L(B) = OUT_L(B) - DEF_L(B) \cup USE_L(B) \\ (2)\ OUT_L(B) = \bigcup_{s \in S(B)} IN_L(s)\end{cases} \tag{8.2}$$

其中S(B)代表B的所有后继基本块的集合。可见,活跃变量的分析依赖于从程序的流图相反的方向计算得到的信息。式(8.2)称为活跃变量数据流方程。设流图中结点数为N,则它是 2N 个变量的线性联立方程组。该方程也可用迭代法求它的解。其算法如下所示。

设流图含有 N 个结点，且已知 $DEF_L(B)$和 $USE_L(B)$。

算法 8.4：计算活跃变量信息

输入：流图 G，$DEF_L(B)$和 $USE_L(B)$

输出：$OUT_L(B)$

```
FOR (i=1; i<=N; i++)
    IN_L(B_i)=USE_L(B_i);
change=TRUE;
While (change)
{
    change=FALSE;
    FOR (i=N; i>=1; i--)
    {
        OUT_L(B_i)= ∪(s∈S(B)) IN_L(s);
        NEWIN=OUT_L(B_i)-DEF_L(B_i) ∪USE_L(B_i);
        IF (IN_L(B_i)≠NEWIN)
        {
            Change=TURE;
            IN_L(B_i)=NEWIN;
        }
    }
}
```

该算法中 change 和 NEWIN 的作用与式 8.1 的求解算法相同。但在迭代过程中各基本块的计算次序则相反，是按深度为主次序的逆序来依次计算个基本块的活跃变量信息。这是由于在计算某基本块的活跃变量信息时，要利用该基本块的所有后继基本块的信息，是一个由后向前的计算过程。

8.4.5 定值-引用链(du 链)与 du 链数据流方程

假设在程序中某点 P 对一个变量 A 定值，则把该定值能到达的 A 的引用点的全体，称为变量 A 在定值点 P 的定值 - 引用链(即 du 链)。du 链是与 ud 链相对应的。

已知，活跃变量方程的解 $OUT_L(B)$给出的信息是，在离开基本块 B 时，那些变量的值在基本块 B 的后继中还会被引用。在此基础上，若同时能给出它们在 B 的后继中哪些点会被引用，则可以计算基本块 B 中任一变量 A 的定值点 P 的 du 链。即：对基本块 B 中的点 P 之后的程序进行扫描，若点 P 之后没有对变量 A 的定值点，则点 P 之后的 A 的所有引用点加上 $OUT_L(B)$中变量 A 的所有引用点即为 A 在点 P 的 du 链。若基本块 B 中点 P 之后有变量 A 的其他定值点，则从点 P 到与 P 相距最近的那个变量 A 的定值点之间的对变量 A 的所有引用点，即为变量 A 在定值点 P 的 du 链。欲求出带有这类引用点信息的活跃变量集，只要将式 8.2 的活跃变量数据流方程中的变量集 USE 和 DEF 所表示的信息扩充为：$USE_L(B)$代表所有(S,A)的集，其中 S 是基本块 B 中的某一点，点 S 引用变量 A 的值，且在

B中的点S前未曾有变量A的定值点;DEF_L(B)代表所有(S,A)的集,其中点S不是基本块B中的某一点,在点S引用变量A,但变量A在基本块B中被重新定值。在这种意义下扩充后的式(8.2)即为du链数据流方程。利用该方程,可以求出在离开或进入基本块B时,哪些变量A的定值,能到达基本块B及其基本块B的后继块中哪些A的引用点。那么,利用这些信息就可以确定哪些变量的定值在某一范围内不被引用,则在此范围内的定值也就为无用赋值。

8.4.6 可用表达式数据流方程

在全局优化中,要完成删除公共子表达式的优化工作,首先必须找出公共子表达式和欲删除的多余的公共子表达式。

一般多余的公共子表达式满足条件:设某基本块B中的某表达式X OP Y多余公共子表达式,则必存在从首结点到基本块B的任一通路上皆有计算表达式X OP Y,且从它们到B中表达式X OP Y之间的任一通路上,变量X和Y都未被重新定值。对上述的条件,可归为一个数据流分析问题。

首先,设程序中某表达式X OP Y及某点P,若从程序流图的首结点到点P的每条通路上皆要计算表达式X OP Y,且每条通路上最后出现的表达式X OP Y到点P之前没有对X和Y的重新定值,则每条表达式X OP Y在点P是可用的。因此,只要计算出各基本块B入口点前的所有可用表达式集,就可据上述定义寻找出B中任一点上的表达式是否为多余的公共子表达式。为此,我们定义基本块B入口点前的可用表达式集为IN_E(B)。为求出程序中所有可用表达式集,就可据上述定义寻找出B中任一点上的表达式是否为多余的公共子表达式。为此,我们定义基本块B入口前的可用表达式集为IN_E(B)。为求出程序中所有基本块入口点前的IN_E,我们定义:OUT_E(B)为基本块B出口点后的可用表达式集。GEN_E(B)基本块B中生成表达式集。$KILL_E$(B)为对程序中所有表达式集来说,在基本块B中注销掉的表达式集。与到达一定值数据流方程相类似,各基本块入口点前的可用表达式集的计算是一个由前向后的计算过程,GEN_E(B)和$KILL_E$(B)作为已知数据,可从程序流图中直接得到。

由此,我们可以给出计算所有基本块B的入口点前的可用表达式集IN_E(B)和出口点后的可用表达式集OUT_E(B)的线性联立方程式(8.3)。

$$\begin{cases} IN_E(B) = \bigcap\limits_{p \in P(B)} OUT_E(p) & p \in P(B) \text{ 且 B 不是首结点} \\ IN(B_0) = \Phi & (B_0 \text{ 为首结点}) \\ OUT_E(B) = IN_E(B) - KILL_E(B) \cup GEN_E(B) \end{cases} \tag{8.3}$$

式(8.3)是可用表达式数据流方程。其中P(B)代表B的不含首结点的所有前驱基本块。首结点B_0的IN_E之所以为空,是因为在B_0的入口点前,程序中所有表达式集和任何表达式对它来说不是可用的。方程式(8.3)的求解方法与方程式(8.1)类似,请读者自己给出求解算法。

8.5 循环优化

循环优化是指对循环中的代码进行优化。第8.3节中介绍的通过对程序的控制流程的分析来确定循环，第 8.4 节中通过对程序的数据流程的分析来确定构成循环的语句序列中变量的定值和引用的关系，以及活跃变量等信息，为循环优化作了充分的准备。对循环中的代码，可以实行强度削弱、代码外提、变换循环控制条件、循环展开与合并、数组线性化等优化工作。本节仅就其中的几类循环优化展开讨论。

在实行具体循环优化中，许多优化过程对循环中代码进行变换时需要将其中的某些语句提到循环外。提到循环外的何种位置呢？我们规定提到循环的前置结点中。循环的前置结点是在循环的入口结点前建立的一个新结点(基本块)，它以循环的入口结点为其唯一后继，并将原程序流图中从循环外引至循环入口结点的有向边改引至循环前置结点。由于循环的入口结点是唯一的，故前置结点也是唯一的。循环前置结点的建立如图 8-18 所示。

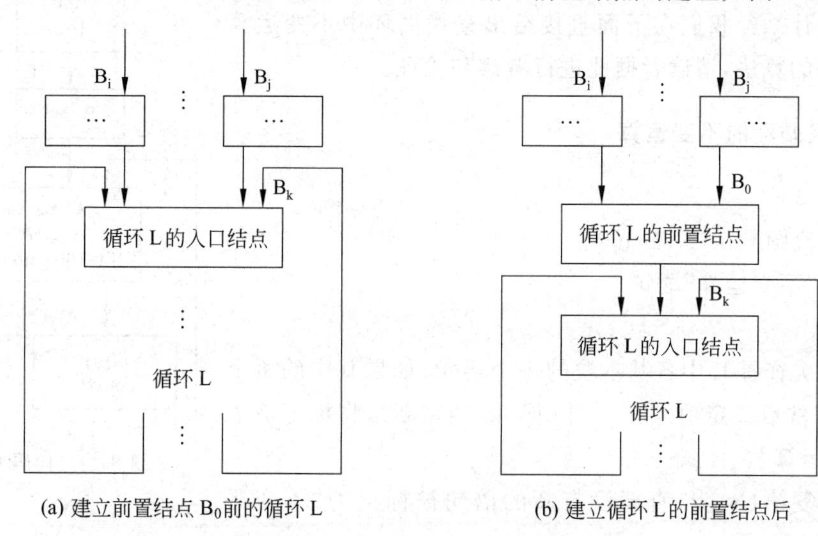

图 8-18 循环前置结点的建立

8.5.1 代码外提

代码外提就是将循环中的不变运算提到循环的前置结点中。这里所指的不变运算，是指与循环执行次数无关的运算或不受循环控制变量影响的那些运算。例如，设循环 L 中有形如 A＝B op C 的语句，如果 B 和 C 是常数，或者 B 和 C 虽然是变量，但到达 B 和 C 的定值点皆在循环 L 外，则在循环中每次计算出的 B op C 的值始终不变。

【例 8-5】 给出以下源程序及该程序的流图如图 8-19 所示。

```
      A=0;
      I=1;
L1:   B=J+1
      C=B+I
      A=C+A
```

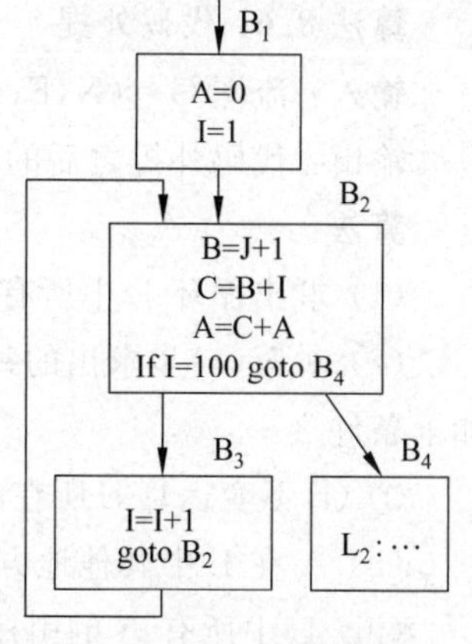

图 8-19 例 8-5 的程序流图

```
    if I=100 goto L2
    I=I+1
    goto L1
L2: …
```

从图 8-19 所示的流图中可知，$B_3 \to B_2$ 是一条回边，所以$\{B_2, B_3\}$构成一个循环，B_2 是循环的入口结点。在循环中，B_2 中的语句 B=J+1，由于循环中没有对 J 的定值点，所以 J 的所有引用的定值点都在循环外，它是循环的不变运算，可提到循环的前置结点 B_0 中(如图 8-20 所示)。

要提请注意的是，并非在任何情况下，都可把循环不变运算外提。为什么？我们在下面直接给出查找循环中不变运算及代码外提的算法，请读者据此进行考察和验证。

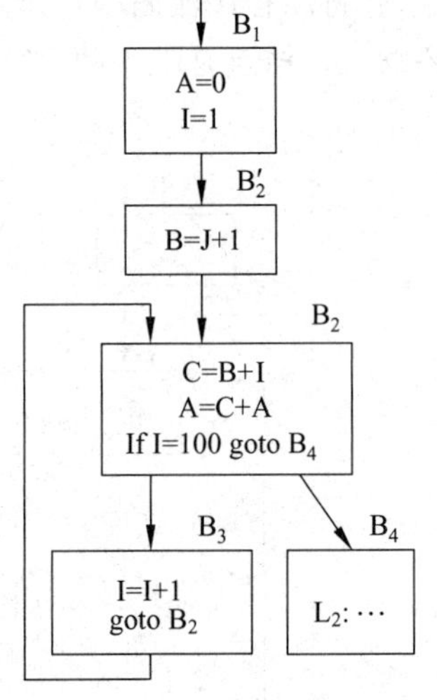

图 8-20　代码外提

1. 查找循环的不变运算

算法 8.5

输入：流图 $G=(N, E, n_0)$；

输出："不变运算"语句

算法：

(1) 依次查看 L 中各基本块的每个语句，如果其中的每个运算对象为常数或定值点在 L 外(据 ud 链判断)，将标记该语句为"不变运算"。

(2) 重复第(3)步，直至没有新的语句被标记为"不变运算"为止。

(3) 依次查看未被标记为"不变运算"的语句，如果其运算对象为常数或定值点在 L 外，或只有一个到达-定值点，且该点上的语句已标记为"不变运算"，则将被查看的语句标为"不变运算"。

2. 代码外提算法

算法 8.6：代码外提

输入：流图 $G=(N, E, n_0)$；

输出：代码外提之后的流图

算法：

(1) 求出循环 L 中所有不变运算。

(2) 对第(1)步求出的每一不变运算 S：A=B op C 或 A=op B 或 A=B，检查是否满足如下条件之一：

① (i)不变运算 S 所在的结点是 L 的所有出口结点的必经结点。

(ii) A 在 L 中其他地方未再定值。

(iii) L 中所有 A 的引用点只有 S 中变量 A 的定值才能到达。

② 变量 A 在离开 L 后不再是活跃的，且条件①的(ii)和(iii)成立。这里所说的变量 A

在离开 L 后不再是活跃的是指，变量 A 在 L 的任何出口结点的后继结点(指不属于 L 的后继)的入口处不是活跃的。

(3) 按第(1)步找出的不变运算的顺序，依次把符合(2)的条件之一的不变运算 S 外提到 L 的前置结点中。但若 S 中的运算对象(B 或 C)是在 L 中定值的，那么，只有当这些定值语句都提到前置结点中后，才可把 S 也外提。

8.5.2 强度削弱

从本章第 8.1 节的讨论可知，强度削弱是为了提高程序的执行速度，而将程序中执行时间较长的运算替换成执行时间较短的运算。

一般在循环中，如果存在对变量 I 的递归赋值形式的语句 I=I±C(C 为循环不变量)，并且循环中对某变量 T 的定值运算可化为 $T=K*I\pm C_i$(K 和 C_i 为循环不变量)的形式，即 T 和 I 之间保持一种线性关系，那么对 T 的定值运算可以进行强度削弱。如第 8.1.2 节中表 8-8 所示的程序中，语句 t1=4*i 与 i++表明对 t1 的定值呈线性关系，即 t1=4*i−4，因此可以用语句 t1=t1+4 代替 t1=4*i，并把 t1=4*i 的运算提到循环的入口语句之前，则乘法运算只进行一次，故为强度削弱。

8.5.3 变换循环控制变量(删除归纳变量)

在循环中删除归纳变量的优化工作可达到在时间和存储空间两方面提高程序运行效率的目的。而且往往在删除归纳变量后，循环中常存在有对归纳变量定值的无用赋值，可再进行删除无用赋值的优化工作。

定义 8.5

如果循环中变量 I 仅有唯一的 I=I±C 形式的赋值，其中 C 为循环不变量，则称 I 为循环中基本归纳变量。

如果 I 是循环中一基本归纳变量，变量 J 在循环中的定值总可化为 I 的同一线性函数的形式：$J=C_1*I\pm C_2$，其中 C_1，C_2 是循环不变量，则称 J 是归纳变量，并称 J 与 I 同族。

实际上，一个基本归纳变量也是一个归纳变量。其实质是，循环中某个变量 i 的值随着循环的每次重复都是增加或减少某个固定的常量，则变量 i 为循环的归纳变量。

【例 8-6】 设计算大小为 20 的两个向量(一维数组表示)a 与 b 的内积公式为：

$$prod=a_1\times b_1+a_2\times b_2+\cdots+a_{20}\times b_{20}$$

实现计算的源程序片段如下：

```
prod=0; i=1;
repeat
  prod=prod+a[i]*b[i];
  i++;
until i>20
```

其中的变量 i 起着计数器的作用。i 的值从 1 开始，每重复一次，它的值增加 1，直到超过 20 为止。如果静态模拟追踪变量的值，如图 8-21(a)所示，可以发现：i 的值增加 1，t_1 与 t_3 等的值便增加 4,换言之,i 和 t_1 等的值与循环步伐一致地在变化着,其中 i 和 t_1 等便是归纳变量。

将上述的源程序翻译成图 8-21(a)中表示的四元式序列,试考察对该四元式序列进行归纳变量删除优化后的结果。

该四元式序列有 B_1 和 B_2 两个基本块组成,入口四元式为第一和第三个四元式,其程序流图如图 8-21(a)所示。现在考察基本块 B_2 的情况。

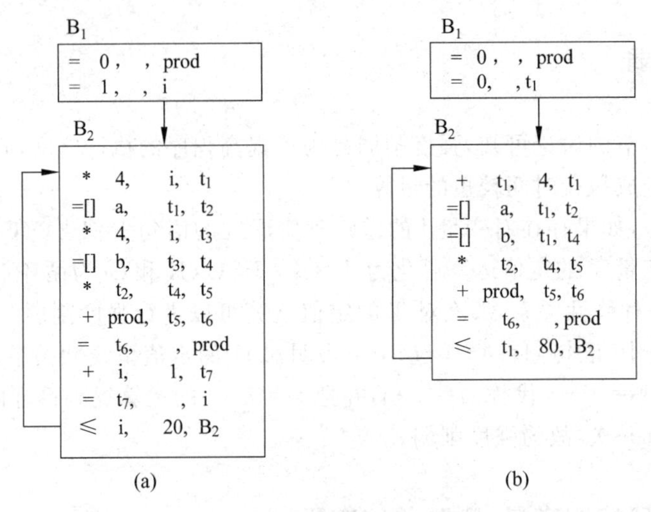

图 8-21 优化前后的代码

基本块 B_2 形成一个循环,在该循环的入口处,关系式 $t_1=4*i$ 在计算入口四元式之后始终保持成立。设在某次循环达到入口处后 t_1 与 i 之值分别为 t_1' 与 i',则在此后对 i 增加 1 之后 i 值为 $i'+1$,相继一次进入该循环达到入口时,为使 $t_1=4*i$ 成立,即,$t_1=4*(i'+1)$,则只需是 t_1 之值增加 4,因此可以把四元式($*$ 4,i,t_1)改写成四元式($+$ t_1,4,t_1),这时便使得削弱了计算强度:用加法代替了乘法。这时在进入循环前需对 t_1 置初值 0,即在基本块 B_1 中将四元式

$$\leqslant i, 20, B_2$$

代之以

$$\leqslant t_1, 80, B_2$$

显然,对循环次数的控制已经不需要变量 i 了,其在整个 B_2 中不再被引用,成为无用变量,可以直接删除。进而考虑到公共子表达式的删除,优化的结果如图 8-21(b)所示。

从上述删除归纳变量的变换可知,删除归纳变量的优化,首先是查找循环中的归纳变量,然后实施删除。而且,删除归纳变量应在强度削弱之后进行,因为经强度削弱后,可能会产生新的归纳变量。

本章上述几节讨论了局部优化、循环优化等有关优化技术,研究了一些全局优化的前驱准备工作。要将各种优化技术具体应用于一个编译程序,还需要注意如下一些问题:

(1) 在何种形式的中间代码基础上进行优化。

(2) 施加各种优化的次序。一般在进行程序的控制流程分析和数据流分析之后开始优化。先进行循环优化,然后可进行某些全局优化,主要是合并已知量与常数的复写传播。接着进行基本块优化。最后再进行全局性的复写传播,把循环优化及删除全局和局部公共子

表达式后新产生的不必要的复写删除。复写传播后可能产生新的公共子表达式，所以某些优化可能要重复进行。

(3) 进行优化所花费的代价。应考虑既取得较好的优化效果又保持编译程序花费的代价适当。这方面的平衡，要从具体情况出发。

习题 8

8-1 选择、填空题。

(1) 从优化所涉及的源程序的范围而言，可以把优化分为________、________和________。

(2) 通常代码优化阶段由________、________和________三部分组成。

(3) 基本块 DAG 构造的过程中可以完成的优化工作包括________、________和________。

(4) 程序流图中的循环结构一定具有________性和________性。

(5) 循环优化中可以实施的具体优化措施包括________和(或)________。

A) 代码外提　　B) 强度削弱　　C) 函数内嵌　　D) 寄存器优化

(6) 下列说法表述错误的是________。

A) 控制流分析是数据流分析的基础

B) 程序流图中的循环结构一定具有强连通性和入口结点的唯一性

C) 活跃变量信息的采集和分析将为寻找程序中的无用赋值提供信息

D) 循环优化中，利用个变量引用点的 du 链信息可以求出循环中的不变运算

(7) 在语句 Z＝X＊Y－H 中，属于定义性出现的是________。

A) Z　　B) X　　C) Y　　D) H

(8) 对下面的语句序列

```
X=1;
X=2;
Y=X*X+4*X+4;
IF Y>X THEN
  Z=Y-X
ELSE
Z=Z-Y
```

可以进行的优化措施不包括________。

A) 常量合并　　B) 代码外提　　C) 死代码删除　　D) 无用赋值删除

8-2 判断正误。

(1) 优化是对被编译的程序进行变换，使之能生成更加高效的目标代码。　　(　　)

(2) 编译阶段的优化是可以通过改进算法、在源程序级上的等价变换或充分利用系统提供的程序库等途径替代的。　　(　　)

(3) 构造基本块 DAG 的过程就是对该基本块进行优化的过程。　　(　　)

(4) 要确定一个赋值是否有用仅考虑一个基本块就可以了。　　(　　)

(5) 一定可以在有限次的迭代内使数据流方程达到一个不变状态。 ( )

8-3 简答题。解释下列名词：
代码优化、基本块、程序流图、DAG、ud链、du链、循环基本归纳变量、归纳变量、活跃变量和深度为主次序。

8-4 简答题。请简要叙述循环查找的步骤和方法。

8-5 简答题。从优化具体实施的角度可以进行哪些具体的优化。

8-6 给出以下程序的控制流图。

```
(1)  read(A,B)
     F=1
     C=A*A
     D=B*B
     if C<D goto L1
     E=A*A
     F=F+1
     E=E+F
     Write (E)
     stop
L1:  E=B*B
     F=F+2
     E=E+F
     Write (E)
     if E>100 goto L2
     STOP
L2:  F=F-1
     goto L1
(2)  read (C)
     A=0
     B=1
L1:  A=A+B
     if B≥C goto L2
     B=B+1
     goto L1
L2:  write (A)
     STOP
```

8-7 对以下程序，给出四元式形式的中间代码，并进行可能的代码优化，给出优化后的代码程序。

```
(1) D=D+C*B
    A=D+C*B
    C=D+C*B
(2) J=1
    B=(5*J-2)+J
(3) for I=1 to 10 do x=2*J+I
```

8-8 给出基本块 B_1 和 B_2：

```
B1: A=B*C          B2: B=3
    D=B/C              D=A+C
    E=A+D              E=A*C
    F=2*E              F=D+E
    G=B*C              G=B*F
    H=G*G              H=A+C
    F=H*G              I=A*C
    L=F                J=H+I
    M=L                K=B*5
                       L=K+J
                       M=L
```

分别应用 DAG 对其进行优化，并按以下两种情况由 DAG 图写出优化后的代码程序：

(1) 假设基本块中只有变量 G,L,M 在基本块后将被引用。

(2) 假设基本块中只有变量 L 在基本块后将被引用。

8-9 给出源程序如下：

```
L1:  A=B+C
     C=C-1
     B=B+1
L2:  if B<0 goto L1
     D=A*3
     if D=0 goto L3
     E=C*D
L3:  F=D
     A=B+C
     if A≤5 goto L2
```

(1) 划分基本块，并给出程序流图。

(2) 确定流图中每个结点 n_i 的必经结点集 $D(n_i)$ 及所有回边和循环。

8-10 试将以下的源程序翻译成四元式形式的代码程序，并对其进行局部和循环优化（x，y 都是 10＊20 的数组）。

```
FOR m=1 to 10 do
    FOR n=1 to 20 do
    x[m, n]=y[m, n]*5
```

8-11 对以下的程序，求出其中的循环并进行循环优化。

```
    read (J, K)
    I=1
L:  A=K*I
    B=J*I
    C=A*B
    write (C)
    I=I+1
```

```
if I<100 goto L
STOP
```

8-12 试对以下源程序,生成四元式形式的中间代码,求出其中的循环,并进行各种可能的循环优化。程序(1)中 A,B 是长度为 N 的一维数组,C 是长度为 2N 的一维数组。程序(2)中 A,B 是体积为 M * N 的二维数组。

```
(1)      I=1; J=1; K=1
    L1:  if I>N goto L2
         if J>N goto L3
         if A(I)≤B(J) goto L3
    L2:  C(K)=B(J)
         J=J+1
         goto L4
    L3:  C(K)=A(I)
         I=I+1
    L4:  K=K+1
         if K≤2 * N goto L1
         STOP
(2) FOR i=1 to M do
      FORj=1 to N do
      A(i, j)=B(i,j)
```

8-13 对图 8-22 所示的流图计算:

(1) 各基本块的到达-定值集 IN(B)。

(2) 各基本块中变量引用点的 ud 链。

(3) 各基本块的活跃变量集 OUT(B)。

(4) 各基本块中变量定值点的 du 链。

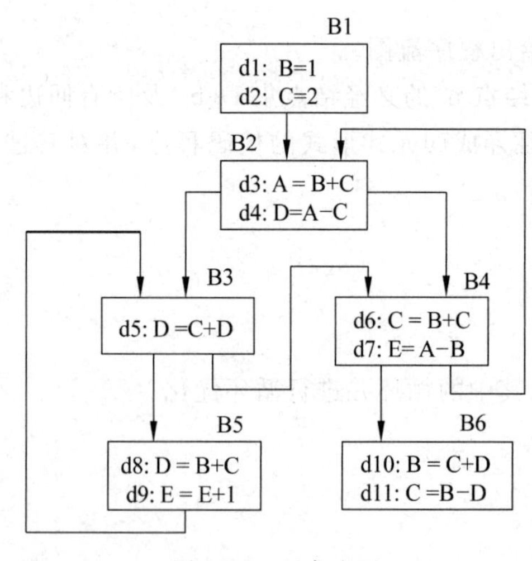

图 8-22 程序流图

第9章 代码生成

【本章导读提要】

代码生成产生编译程序的最后输出，涉及到对目标机特别是目标机指令系统的了解与熟悉，目标代码的结构与代码生成的映射，目标代码级上的优化等。涉及的主要内容与要点包括：

- 代码生成器的设计要点。
- 指令选择策略。
- 寄存器分配策略。
- 目标代码级上的优化技术——窥孔优化。

【关键概念】

代码生成　指令选择　寄存器分配　窥孔优化

9.1　代码生成器设计中的要点

编译程序经典划分模型的最后一个阶段是代码生成。它将源程序的中间表示作为输入，产生等价的目标代码作为输出，如图9-1所示。将完成这种功能的程序称为代码生成器(code generator)。

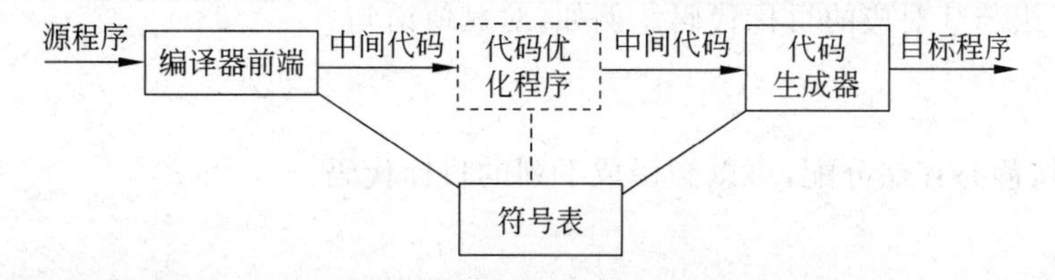

图9-1　代码生成器的位置

无论代码生成是源于直接的中间代码还是优化后的中间代码，本章提出的代码生成技术皆可使用。对代码生成器的要求是严格的，要求代码生成器是高质量的且输出的目标代码必须正确，高质量的含义是指应该能有效地利用目标机资源，以及代码生成器自身亦应高效率地运行。

实际上，代码生成器的具体实现细节依赖于目标机和目标程序运行的环境，但是设计代码生成器的一些公共问题是所有代码生成器所固有的，本节侧重考察如指令选择、寄存器分配和存储管理等问题。其次，代码生成器的设计还要考虑易于设计、测试和维护等因素。

9.1.1　代码生成器的输入与输出

代码生成器的输入主要是中间代码，还有符号表中的有关信息，其中符号表信息用于决定程序中名字所代表的数据对象的运行地址。如第 6 章所述,中间代码可以选择不同的表示形式,如逆波兰表示、三元式、四元式及图形表示等。本章讨论的目标代码的翻译采用四元式形式的中间代码,但其所涉及的技术也可以用于其他形式的中间代码。

代码生成器的输出是最终的目标程序。尽管编译程序所生成的目标程序最终都必须在实际计算机上运行,但目标程序可以像中间代码那样有不同的形式,如绝对机器代码,汇编代码或可再定位的相对机器代码等。绝对机器代码作为输出的好处是,它可以放在机器内存中的固定地方并且可以立即执行,对小的程序可迅速编译和执行。产生可再定位的相对机器代码作为输出的好处是,它允许分别对子程序进行编译,根据需要可将一组可再定位的模块由连接装配程序连接并装入执行,体现出较好的灵活性。产生汇编代码作为输出的好处是,使代码生成过程更加容易,可以利用汇编器来帮助生成代码,是很常用的形式。

本章中,采用汇编代码作为目标代码,这种目标代码只要根据符号表中的偏移量和其他有关信息,就可以方便地生成绝对机器代码或可再定位的机器代码。可知,代码生成阶段是比较机械的一步,主要是依据事先设计好的目标代码结构,将相应的源代码或中间代码映射成目标代码,目标机的指令系统越丰富,代码生成的工作越容易。

9.1.2 指令的选择

目标机的指令系统和指令集合决定指令选择的难易程度。指令集合的统一性和完整性是要考虑的重要因素。如果所选定的目标机不能以统一的方式支持语言的每种数据类型,则对每种不符合的情况要专门处理。另外,目标机的性能和指令的执行速度也是需考虑的重要因素。这直接关系到目标程序的优化和执行效率。一般应对源语言的每一类四元式型的语句设计一组与其对应的目标代码。例如,对赋值语句

```
C=A+B
```

其中 A,B,C 按静态存储分配,可以翻译成下列的目标代码:

```
MOV R0, A
ADD R0, B
MOV C, R0
```

这是对一个赋值语句翻译的目标代码的直接映射。如果对源程序中连续出现的赋值语句按这种对应模式直接翻译则代码质量很差。例如,对赋值语句

```
A=B+C
D=A+E
```

将翻译成下列的目标代码:

```
MOV R0, B
ADD R0, C
MOV A, R0
MOV R0, A
ADD R0, E
MOV D, R0
```

对指令集合比较完善的目标机，对给定的操作可以提供各种实现方式。不同的实现方式间，开销可能差异很大。因此对中间代码采用笨办法直译过来是可以的，但其效率差。如，若目标机指令集合有“递增”指令(INC)，则对语句 A＝A＋1(或A++)仅用一条指令：INC A 即可实现，效率很高，否则按照前述的对应关系翻译将产生如下效率差的目标代码，即：

```
MOV R0, A
ADD R0, #1
MOV A, R0
```

由此可见，为了提高程序执行速度，缩短目标代码的长度，要注意设计更合理的指令序列。因此，对目标机指令系统的熟悉程度，是指令选择的关键。

9.1.3 寄存器分配

代码生成与具体的目标机有着密切的关系，应注意开发和利用目标机本身的资源来提高编译程序的质量。寄存器是目标机重要的资源之一，它用途广泛、使用方便。但是任何目标机的寄存器的数量总是十分有限的，所以合理、有效及充分地使用寄存器资源，将会有效地提高所生成的目标代码的质量。寄存器分配就是为解决这一问题提出的。

寄存器的分配一般是指：在计算一个表达式时，如何使所需要的寄存器个数最少。表达式的内部形式可以用树结构表示，对树进行扫描的同时为每个运算确定各个运算对象所需要的寄存器个数，并标记每个运算结点，用以指示首先应该计算的运算对象，然后生成相应的代码。

另外，对寄存器分配可以认为：已知有 n 个寄存器 R_1，R_2，…，R_n 可提供使用，计算表达式时如何使所需的存取指令的条数最少？为解决此问题，不妨假定：

① 不允许重新排列子表达式。

② 表达式中的每个值必须先取到某个寄存器后才能使用。

为此，当计算一个表达式时，在某一时刻需要使用变量 v 的值，则会出现如下几种可能的情况：

(i)变量 v 的值已在寄存器 R_i 中，则可以直接使用寄存器 R_i。

(ii) 还没有给变量 v 分配寄存器，且此时有可用的空寄存器(或存在某个寄存器，其内容已经不再需要了)，此时就把变量 v 值存入该寄存器中。

(iii) 还没有给变量 v 分配寄存器，且此时所有的寄存器都被占用，应该暂时保存某个寄存器的内容(保存的目的是为了后续的恢复)，然后把变量 v 值存入该寄存器中。

对于情况(iii)，需要考虑选择寄存器的方法。通常的做法是，把运算序列中下次使用位置距离现行位置最远的寄存器的内容保存起来，该寄存器分配给量 v。可以证明，这种寄存器的分配方案在一定条件下是最优的。但是要实现此方案，需要采集每个临时变量下一次要在何处引用的信息，所以要通过建立一张寄存器使用线索表，采集和记录目标代码中引用寄存器的全部信息。

9.1.4 存储管理

存储管理实际是一个地址映射问题。把源程序中用标识符表示的名字映射到运行时数据对象的地址,这在生成中间代码时已经做好了准备工作。在分析和翻译过程中对名字建立的符号表,已由说明语句中的类型确定了名字所对应的存储空间的大小,因此根据符号表中登记的相应名字的信息可直接确定该名字在数据区的相对地址。在代码生成中,则要把中间代码形式的名字转换成目标代码。

设计实现一个代码生成器,要充分顾及到代码生成器的性能和质量,其涉及的因素是多方面的和复杂的,除上述要考虑的诸因素外,还要充分兼顾硬件环境和软件环境的合理应用等方面。

9.2 简单代码生成器的构造

本节以变通的四元式形式的代码序列作为代码生成器的输入,来讨论生成目标代码的基本方法。在生成目标代码时,关于对寄存器充分利用问题的考虑,不妨假定:在一个基本块内,计算出的结果尽可能保留在寄存器中,只有当其他计算、过程调用、跳转等原因需要寄存器时,才把计算的结果存入内存。另外,后续的目标代码应尽量使用已在寄存器中的变量的值。

为简单起见,假定变通的四元式形式代码中的每个运算符,在目标代码中都有运算符与之对应。其次,代码生成器还要考察许多情况,例如,对变通的四元式形式的语句

```
A=B+C
```

如果寄存器 Ri 中存有 B,寄存器 Rj 中存有 C,且 B 在该语句后不再被引用,则可以生成一条指令:

```
ADD Ri, Rj
```

该指令代价为 1,结果存在寄存器 Ri 中。如果 B 存在寄存器 Ri 中,C 存在主存单元,且 B 不再被引用,则可以生成一条指令:

```
ADD Ri, C
```

该指令代价为 2。

指令代价是与指令的长度相对应的,寄存器地址方式代价为 0,一个直接地址方式代价为 1,因此通过缩短指令的长度可以减少指令的执行时间。在实际实现中,代码生成器需要根据所扫描的中间代码的上下文,综合考虑各种可能的情况,生成较为合理的目标代码。

作为目标代码生成算法的准备,为了记录寄存器的内容和名字所对应的地址,引入寄存器描述符和地址描述符。寄存器描述符用于记录每个寄存器的内容,当需要一个新的寄存器时,要检查寄存器描述符。在初始状态,设定寄存器描述符指示的所有寄存器都为空。地址描述符用于记录在运行时一个名字当前值的存放位置(一个或多个),其位置可能是寄存器地址、栈地址、存储单元地址或这些地址的集合。这些信息可以加入到符号表中,用于确

定对相应名字的存取方式。

给出一个简单代码生成器的算法 9.1。

算法 9.1：目标代码生成算法

输入：基本块的四元式形式的代码

输出：基本块的目标代码

算法：对每个四元式形式的语句 x=y op z 按下列步骤操作：

(1) 以四元式形式的语句 x=y op z 为形参，调用函数 getreg(x=y op z)，当从函数 getreg 返回时，得到一个地址 L，用于存放 y op z 的计算结果。此处地址 L 可以是寄存器，也可以是存储单元。

(2) 检查 y 的地址描述符以确定当前 y 的存储单元 y′。若存储单元和寄存器中都有 y 的值，则选用寄存器作为 y′最好。如果 y 的值不在 L 中，则生成指令：

```
MOV L, y'
```

(3) 生成指令 OP L,z',其中 z'为当前 z 的存放位置。若存储单元和寄存器都有 z 的值，则选用寄存器。然后，修改 x 的地址描述符为地址 L。若 L 是寄存器，则修改该寄存器描述符，以将 x 记录于该寄存器中。

(4) 如果 y 和(或)z 的当前值不再被引用，到所在基本块的出口也不是活跃的，且值在寄存器中，则修改寄存器描述符，并指出在执行完 x=y op z 后，存放 y 或 z 的寄存器被释放。对单目运算的指令可以仿照此处理。

其中，函数 getreg(x=y op z)的功能是给出一个寄存器或内存单元的地址 L，用于存放 x 的当前值。为了对 L 做出最佳选择，在函数 getreg 中要做许多工作。下面根据标识符的引用信息来讨论函数 getreg 的简单实现算法。

算法 9.2：选择工作单元 L 的函数 getreg

输入：关于变量名的寄存器描述符和地址描述符

输出：工作单元 L(可为寄存器或存储单元)

算法：

(1) 若 y 的当前值在一个寄存器中，且该值没有其他标识符，并且当 x= y op z 执行后，y 是不活跃的和不再被引用的，则返回 y 的寄存器 L。

(2) 若(1)不能实现且存在空寄存器，返回一个空寄存器为 L。

(3) 若(2)不能实现，则当 x 在本基本块中还要再引用或 OP 是一个需要使用寄存器的运算符时，找一个当前被占用的寄存器 R 并生成指令：

```
MOV M, R
```

将寄存器 R 中的值存入存储单元 M 中，同时修改 R 中变量的地址描述符，返回寄存器 R,如果在寄存器 R 中存有 N 个变量的值，则要产生 N 条 MOV 指令来保存 N 个变量的值。

(4) 如果 x 不在本基本块引用，或找不到一个合适的被占用的寄存器，则选一个存储单元作为 L。

【例 9-1】 对赋值语句 d=(a-b)+(a-c)+(a-c)生成目标代码。

首先，给出该赋值语句的变通四元式形式的中间代码如下：

```
t=a-b
t1=a-c
t2=t+t1
d=t1+t2
```

将此段代码看成一个基本块,并设在基本块的末尾,变量 d 是活跃的。按照算法 9.1 生成的目标代码如表 9-1 所示。

表 9-1 生成语句 d=(a−b)+(a−c)+(a−c)的目标代码

中间代码	目标代码	寄存器描述符的变化	地址描述符的变化
		所有寄存器为空	
$t=a-b$	MOV R0,a	R0 含 t	
	SUB R0,b		t 在 R0 中
$t_1=a-c$	MOV R1,a		
	SUB R1,c	R1 含 t_1	t_1 在 R1 中
$t_2=t+t_1$	ADD R0,R1	R0 含 t_2	t_2 在 R0 中 t 不在 R0 中
$d=t_1+t_2$	ADD R1, R0	R1 含 d	d 在 R1 中 t_1 不在 R1 中
	MOV d,R1		d 在 R1 和存储器中

9.3 目标代码的窥孔优化

第 8 章中讨论了中间代码级上的代码优化。中间代码级上的优化完成之后,编译程序目标代码生成部分只能按一般情况——共性来生成目标代码。鉴于目标代码的生成多采用逐句对应翻译的代码生成策略,故在所产生的目标代码中仍然经常会存在一些冗余的指令和可以再优化的成分。因此必要时,应该在无需花费太大代价的前提下对目标代码进行优化。许多简单的优化变换就可以大大改进目标程序运行的效率。

目标代码级上的优化可以采用一种简单而有效的优化技术——窥孔优化,由于对优化对象进行线性扫描,所以也称为线性窥孔优化。窥孔优化就是对目标代码进行局部改进的简单而有效的技术,它仅考虑目标代码中很短的指令序列,只要有可能,就把它代之以更短或更快的指令序列,从而达到优化的目的。所谓"孔"可以看成目标代码上的一个小的活动窗口,孔中的代码根据优化的需要可以连续也可以不连续。目标代码上的窥孔优化可以进行多遍,每遍优化后可能会引起新的优化因素,因此可以对目标代码重复扫描,以达到更好的优化效果。实际上,窥孔优化既可以在目标代码级上进行,也可以在中间代码级上进行。

窥孔优化有如下几类典型的优化:

(1) 冗余指令删除。

(2) 控制流优化。

(3) 代数化简。

(4) 特殊指令的使用。

本节中,涉及一些较典型和实施简单的窥孔优化技术。

9.3.1 冗余指令序列

1. 多余的存取指令删除

假使在源程序中有下列语句序列：

```
a=b+c;  c=a-d;
```

编译程序为它们生成的目标代码很可能是下列指令序列：

```
MOV  R0, b
ADD  R0, c

MOV  a, R0
MOV  R0, a
SUB  R0, d
MOV  c, R0
```

前三条指令对应于第一个语句，后三条指令对应于第二个语句。显然，它们在语义的等价上和代码映射上是正确的。然而，不难发现第四条指令是多余的，因为第三条指令已表明a的值在寄存器R0中。可以把第四条指令删除。当然，要注意第四条指令是否有标号，如果有的话，可能有转移指令从其他指令转移过来执行第四条指令，这时不执行第四条指令就不能保证a的值在寄存器R0中。不过，如果上述两个赋值语句在同一个基本块中，则删除第四条指令是安全的。

2. 死代码删除

所谓死代码是指程序的控制流程永远不能到达的代码，对这样的代码可以直接删除。例如，目标代码中有一条无条件转移指令，紧随其后的下一条指令若没有标号，则可以删去。显然没有控制转移会转到并执行下一条指令，该条指令便是不可能被执行的死代码。删除后若其后的指令仍没有标号，则仍是死代码，可以删除。

产生死代码的典型情况是打印调试信息。

为了对程序进行调试，获得有利于发现错误的信息，往往引进调试逻辑变量debug，当设变量debug为1(true)时表示是调试态，需打印调试信息，为0(false)则表示是正常运行态，不打印调试信息。设有如下C语言源程序片段：

```
# define debug 0
    …
  if (debug) {
    输出调试信息
  }
…
```

当非调试态时，该源代码生成的类似四元式形式中间代码为：

```
  ≠ debug  1  L
```

```
    输出调试信息
L:…
```

考虑将常数直接代入,因变量 debug 初值置为 0,则可有如下代码:

```
  ≠ 0  1  L
  输出调试信息
L:…
```

由于 0≠1 恒为真,第一个四元式可直接变为 goto L 。这样标号 L 前的语句序列为死代码,可以删除。中间代码可以直接映射到目标代码,其实现思想是一样的。

9.3.2 控制流优化

由于源程序书写的任意性和随机性,在生成的目标代码中经常会带来多重跳转的 GOTO 语句,例如转移到转移指令、转移到条件转移指令或条件转移到转移指令等情况出现。控制流的窥孔优化指的是在目标代码中删除不必要的转移,以提高程序执行的时间效率。

下面讨论几种典型的控制流优化,为易读起见,在此不给出目标代码,而是用源程序形式表示。

1. 转移到转移

假定有如下代码序列:

```
    GOTO  L1;
    …
L1: GOTO  L2
```

很明显,可代之为:

```
    GOTO  L2;
    …
L1: GOTO  L2
```

如果不会再有控制转移到 L1,并且 L1 的前面是无条件转移指令,那么,指令 L1: GOTO L2 也可以删除。

2. 转移到条件转移

假定有如下代码序列:

```
L0: GOTO  L1;
    …
L1: IF b THEN GOTO L2;
L3:
```

如果只有一个转移到 L1,且 L1 的紧前面是无条件转移指令,那么,上述转移序列可以被代之为：

```
L0: IF b THEN GOTO L2;
    GOTOL3;
    …
L3:
```

尽管改变前后的指令一样多，但是改变后的转移更直接了，当 b 为 true 时节省了一次无条件转移。

3. 条件转移到转移

假定有如下代码序列：

```
    IF b THEN  GOTO  L1;
    …
L1: GOTO  L2
```

它可以代之为：

```
    IF b THEN GOTO L2;
    …
L1: GOTO L2
```

改变之后，可节省一次控制转移。

9.3.3 代数化简

在窥孔优化时，也可以利用代数化简来对目标代码优化，即利用代数恒等式进行等价的变换。考虑到代价和效果，通常仅对经常出现的一些进行化简。例如出现：

$$x=x+0 \quad 或 \quad x=x\times 1$$

形式的代码，则可以直接删除。

例如，乘以 2 的 n 次方运算可以用左移来替换，即把耗时的乘法运算代之以位移。例如，X＊8 可替换为 X≪3。在 X 大于 0 时，X/8 可替换为 X≫3。因为在多数机器上，左移或右移运算的速度比乘法或除法运算的速度快。类似的还有：以 2 的 n 次方运算为除数的取模运算可用按位与来替换。例如，X%8 可替换为 X&7。推而之，X%N 可替换为 X&(N－1)。这类代数化简实际是削减了计算强度。

9.3.4 窥孔优化实例

本节以一个简单例子说明窥孔优化的实现过程。

对下面的 C 语言源程序片段：

```
int i;
…
i=5;
```

```
++i;
return i+1;
```

编译器将产生如下的C_code形式的中间代码：

```
i=5;
++i;
T1= i;              /*对++i的翻译结果*/
T1=i;               /*对return i+1的翻译结果*/
T1+=1;
ret_reg=T1;         /*ret_reg用于存放回送的值的寄存器*/
ret;                /*返回*/
```

这一段代码的执行效率很低，利用窥孔优化技术，可以删去那些低效或无用的指令。例如第三条和第四条赋值语句可以删除其中之一。

优化程序从头至尾扫描每一条指令，尽可能完成各种优化操作。首先，建立一张以变量名为关键字的符号表，其中每个变量名的登记项含有当前可确定的内容。

第一遍优化扫描完成计算表达式的值，并修改该符号表相关登记项的内容。同时，将全部对相关变量的引用替换为对该变量之值的直接引用。对于本例，当优化程序扫描到第一条代码时，在符号表中建立变量i的一个登记项，其初始值为5。然后，扫描第2行。此时，在符号表中已有变量i的登记项，只需修改变量i的值，以反映加1操作的结果。因此，变量i的值由5改为6，修改后的代码如下：

```
i=5;
→i=6;
```

现在，优化程序扫描第3行与第4行，此时变量i的值为6，于是将代码中对i的引用修改为对常数6的引用，得到：

```
i=5;
i=6;
→T1=6;
→T1=6;
```

现在，在符号表中为临时变量 T_1 建立一个登记项，其值为6。再扫描第5行，其中对变量 T_1 再定值（T_1 +=1），因而，修改符号表 T_1 登记项的内容并输出，得到

```
i=5;
i=6;
T1=6;
T1=6;
→T1=7;
```

当扫描第6行时，由于 T_1 的当前值为7，进行相应的替换之后，产生

```
i=5;
i=6;
T1=6;
```

```
T1=6;
T1=7;
→ret_reg=7;
```

由于最后一行不含任何变量，故不作任何修改，所得的代码为：

```
i=5;
i=6;
T1=6;
T1=6;
T1=7;
ret_reg=7;
→ret;
```

这一遍优化扫描虽然未减少指令的数目，但是将全部代码均改为简单赋值。窥孔优化的第二遍扫描完成代码段中所有无用变量的删除，处理过程如下：

首先清除符号表的全部登记项，然后扫描上面经第一遍优化之后所得到的代码段，并对作为源操作数形式出现的每个变量，在符号表中建立相应的登记项。显然，将代码段扫描完毕后，所有以目的操作数形式出现，且在符号表中又无登记项的变量都是无用变量，相应的赋值操作指令即可删去。当然，为删去对无用变量的赋值，需要对代码段再作一次扫描。对本例来说，T_1 显然是无用变量，相应地，所有对 T_1 的赋值操作均可删除，从而得到下面的代码：

```
i=5;
i=6;
ret_reg=7;
ret;
```

其中，i 看来似乎为无用变量，但因为它是用户定义的变量，此处还不能断定它在程序的后面不被访问，因此，不能把它作为无用变量处理。

最后再进行一遍优化以消去无用赋值。从空符号表开始，检测并删除无用赋值的过程可描述如下：

(1) 扫描代码中的每一条指令。

(2) 若当前扫描的是一条赋值指令，则考察指令中以目的操作数形式出现的变量：

① 若变量不在表中，则将其加进符号表，并将该指令所在行的行号记入相应的登记表中。

② 若变量在表中，且其间无引用，则根据符号表中该项所记录的行号，删去该行指令，然后，将本项原来记录的行号改为当前行号。

按照这一算法，本例中第 1 个对变量 i 的赋值为无用赋值，将其删去后，得到最后的优化结果如下：

```
i=6;
ret_reg=7;
```

习题 9

9-1 选择、填空题。

(1) 代码生成器的输入主要是________和________;输出是________。

(2) 存储空间分配与地址映射是在下列哪一项工作中完成的________。

A) 指令选择　　B) 寄存器分配　　C) 存储管理　　D) 代码优化

(3) 下列关于指令选择说法错误的是________。

A) 对目标机不支持的数据类型要进行特殊处理

B) 将中间代码直接映射翻译为目标代码会导致生成代码的质量比较差

C) 对同一指令集来说,给定操作的不同实现方式导致的开销相差不大

D) 对目标机指令系统的熟悉程度是指令选择的关键

(4) 下列关于寄存器选择的说法错误的是________。

A) 合理有效地利用目标机上提供的寄存器资源将会提高所生成目标代码的质量

B) 当寄存器不够用时,需要将一个最近最少使用的寄存器内容保存起来

C) 变量的值已经在寄存器中时可以直接使用

D) 当寄存器不够用时,程序将无法运行

9-2 判断正误。

(1) 目标机的指令系统越丰富,代码生成的工作越困难。　(　　)

(2) 窥孔优化只能在目标代码上进行,且只需扫描一遍目标代码就可完成。　(　　)

(3) 只有通过数据流分析才能找到并删除程序中的死代码。　(　　)

(4) X 为整型变量,X=X×1.0 可以利用代数化简直接从目标代码中删除。　(　　)

9-3 简答题。解释下列名词:

寄存器分配、指令选择、窥孔优化和代数化简。

9-4 简述目标代码生成的要点与相关问题。

9-5 简述运行环境与代码生成的关系。

9-6 设 R0、R1、R2 为目标机的可用寄存器,对以下表达式生成较优的目标代码。

(1) a+(b+(c*(d+e/f+g)*h))+i*j

(2) (a*(b−c))*(d+(e*f))+((g+(h*i))+(j*(k+l)))

9-7 对下面给出的四元式序列,应用简单的代码生成算法为其生成目标代码。假设可用寄存器为 R0、R1,考虑寄存器的合理调度,并给出代码生成过程中的寄存器描述和地址描述。

$T_1=a+b$

$T_2=T_1-c$

$T_3=d+e$

$T_3=T_2*T_3$

$T_4=T_1+T_3$

$T_5=T_3+e$

$F=T_4*T_5$

第 10 章　编译程序实现范例

【本章导读提要】

为了弥补编译原理与编译程序具体实现的鸿沟以及将本书前面各章中介绍的编译原理、技术与工程实现有机地结合，本章推荐世界著名计算机科学家 N. Wirth 先生编写的"PL/0 语言的编译程序"。涉及的主要内容与要点是：

- PL/0 语言描述。
- PL/0 语言的编译程序的结构。
- PL/0 语言的编译程序的词法分析、语法分析。
- PL/0 语言的编译程序的代码结构、代码生成、语法错误处理及存储分配。
- PL/0 语言编译程序文本。

PL/0 语言是 Pascal 语言的子集，它具备一般高级程序设计语言的典型特点。PL/0 语言编译程序结构清晰、可读性强，充分体现了一个高级语言编译程序实现的基本组织、技术和步骤，是一个非常合适的小型编译程序的教学模型。

PL/0 语言的编译程序原版本实现的宿主语言是 Pascal 语言，本书作者将其修改为 C 语言。并在此基础上对其设计框架、实现过程作了概括的分析说明，作为读者阅读 PL/0 语言编译程序文本的提示，以帮助读者对编译程序的整体规划和实现建立起整体概念。

10.1　PL/0 语言描述

本节用扩充的巴科斯-诺尔范式(EBNF)给出 PL/0 语言的语法描述。

1. PL/0 文法描述的元语言(EBNF)符号说明

<>：用左右尖括号括起来的文字表示语法构造成分，或称语法单位，为 PL/0 语言非终结符。

→：该符号的左部由右部定义，可读作"定义为"。

|：表示"或"，意为左部可由多个右部定义。

{}：表示花括号内的语法成分可以重复。在不加上下界时可重复 0 到任意次数，有上下界时为可重复次数的限制。

[]：表示方括号内的成分为任选项。

()：表示提取公因子。

2. PL/0 语言文法的 EBNF 表示

<程序>→<分程序>

<分程序>→[<常量说明部分>][<变量说明部分>] [<过程说明部分>]<语句>

＜常量说明部分＞→const＜常量定义＞{,＜常量定义＞};

＜常量定义＞→＜标识符＞=＜无符号整数＞

＜无符号整数＞→＜数字＞{＜数字＞}

＜变量说明部分＞→var＜标识符＞{,＜标识符＞};

＜标识符＞→＜字母＞{＜字母＞|＜数字＞}

＜过程说明部分＞→＜过程首部＞＜分程序＞{;＜过程说明部分＞};

＜过程首部＞→procedure＜标识符＞;

＜语句＞→＜赋值语句＞|＜条件语句＞|＜当型循环语句＞|＜过程调用语句＞|＜读语句＞|＜写语句＞|＜复合语句＞|＜空＞

＜赋值语句＞→＜标识符＞:=＜表达式＞

＜复合语句＞→begin＜语句＞{;＜语句＞}end

＜表达式＞→[+|-]＜项＞{＜加法运算符＞＜项＞}

＜项＞→＜因子＞{＜乘法运算符＞＜因子＞}

＜因子＞→＜标识符＞|＜无符号整数＞|'('＜表达式＞')'

＜加法运算符＞→+|-

＜乘法运算符＞→*|/

＜关系运算符＞→=|#|＜|＜=|＞|＞=

＜条件语句＞→if＜条件＞then＜语句＞

＜条件＞→＜表达式＞＜关系运算符＞＜表达式＞|odd＜表达式＞

＜过程调用语句＞→call＜标识符＞

＜当型循环语句＞→while＜条件＞do＜语句＞

＜读语句＞→read'('＜标识符＞{,＜标识符＞}')'

＜写语句＞→write'('＜表达式＞{,＜表达式＞}')'

＜字母＞→*a*|*b*|…|*X*|*Y*|*Z*

＜数字＞→0|1|2|…|8|9|

10.2 PL/0编译程序的结构

PL/0语言编译程序是一个编译解释系统。PL/0的目标语言为假想栈式计算机的汇编语言,与具体目标机无关。PL/0语言编译过程采用一遍扫描,以语法分析程序为核心,词法分析程序和代码生成程序都作为一个独立的过程,当语法分析中需要读单词时就调用词法分析程序,而当语法分析正确需要生成相应的目标代码时,则调用代码生成程序。此外,PL/0语言编译程序用表格管理程序建立变量、常量和过程标识符的说明与引用之间的信息联系。其出错处理程序对词法和语法分析遇到的错误给出在源程序中出错的位置和错误性质。当源程序编译正确时,PL/0编译程序自动调用解释执行程序,对目标代码进行解释执行,并按用户程序要求输入数据和输出运行结果。其编译程序和解释执行的结构图分别如图10-1(a)和图10-1(b)所示。

PL/0编译程序是用C语言书写的,整个编译程序(包括主程序)由21个函数组成,下面分别简要给出这些函数的功能,如表10-1所示。

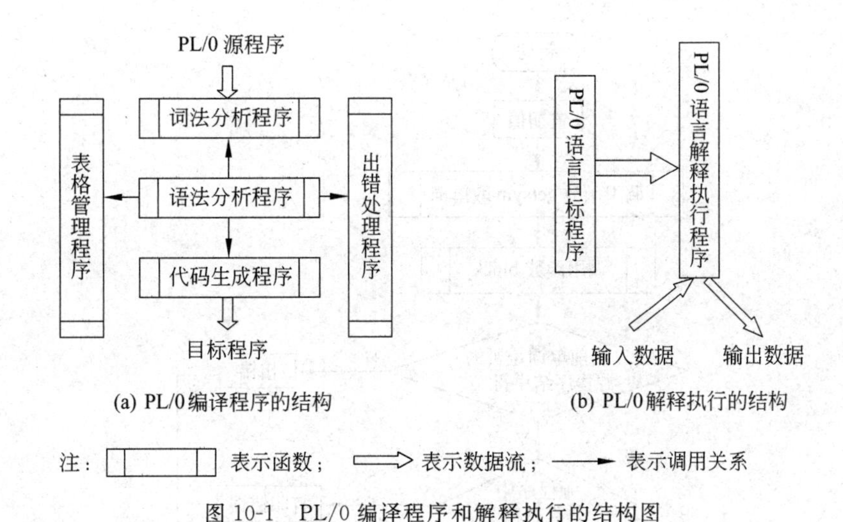

图 10-1　PL/0 编译程序和解释执行的结构图

表 10-1　PL/0 编译程序的函数描述

函　数　名	简要功能说明
main	主程序
error	出错处理,打印出错位置和错误编码
getsym	词法分析,滤掉空格,读取一个单词
get_ch	读取文件的一行到缓冲区,并返回读取的缓冲区中的一个字符
gen	生成目标代码,并送入目标程序
test	测试当前单词符号是否合法
block	分程序分析处理
in	判字符串是否属于数组中的某个元素
add	求两个数组中元素的并
enter	登录名字表
position	查找标识符在名字表中的位置
constdeclaration	常量定义处理
vardeclaration	变量说明处理
listcode	列出目标代码清单
statement	语句分析处理
expression	表达式分析处理
term	项分析处理
factor	因子分析处理
condition	条件分析处理
interpret	对目标代码的解释执行程序
base	通过静态链求出数据区的基地址

由于 PL/0 编译程序采用一遍编译,所以分程序的语法分析函数 block 是整个编译过程的核心。下面在图 10-2 中先给出编译程序的总体流程,以弄清函数 block 在整个编译程序中的作用。在流程图 10-2 中可以看出,主程序置初值后先调用读单词函数 getsym 读取一个单词,然后再调用语法分析函数 block,直到遇源程序的结束符“.”为止。

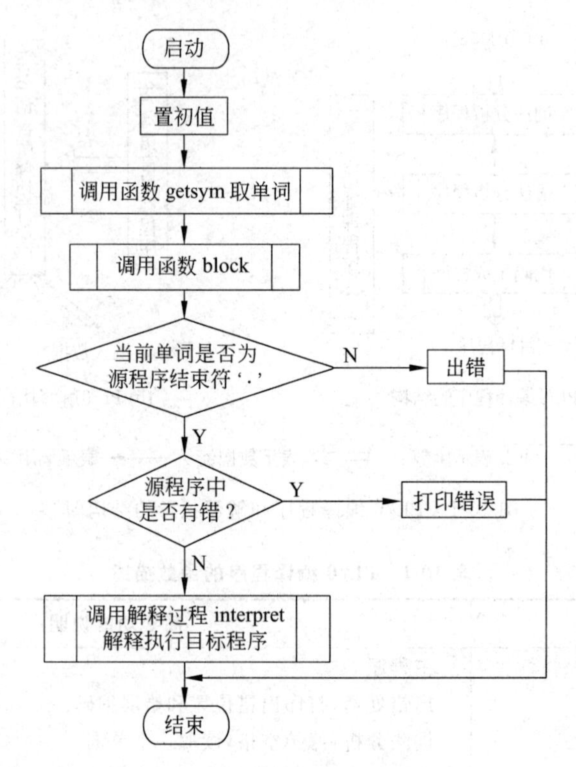

图 10-2 PL/0 编译程序总体流程图

10.3 PL/0 编译程序的词法分析

PL/0 的词法分析程序 getsym 是一个独立的函数，该函数的功能描述的流程如图 10-3 所示。它的功能是为语法分析提供单词，是语法分析的基础，它把输入的字符串形式的源程序识别为一个个单词符号，为此在 PL/0 编译程序中设置了 3 个全局变量，如下。

- sym：存放每个单词的类别，用内部编码形式表示。
- id：存放用户所定义的标识符的值，即标识符字符串的机内表示。
- num：存放用户定义的数。

单词的种类有以下 5 种。

- 保留字：也可称为关键字，如 begin，end，if，then 等。
- 运算符：如＋、－、*、/、:＝、#、>＝、<＝等。
- 标识符：用户定义的变量名、常数名和过程名。
- 常数：如 10，25，100 等整数。
- 界限符：如“，”“；”“（”“）”等。

如果把保留字、运算符、界限符称为语言固有的单词，而对标识符、常数称为用户定义的单词。那么经词法分析程序识别出的单词，对语言固有的单词只给出类别并存放在 sym 中，而对用户定义的单词（标识符或常数）既给类别又给值，其类别放在 sym 中，值放在 id 或 num 中，全部单词种类由编译程序定义的字符指针数组 symbol 给出，也可称为语法的词汇

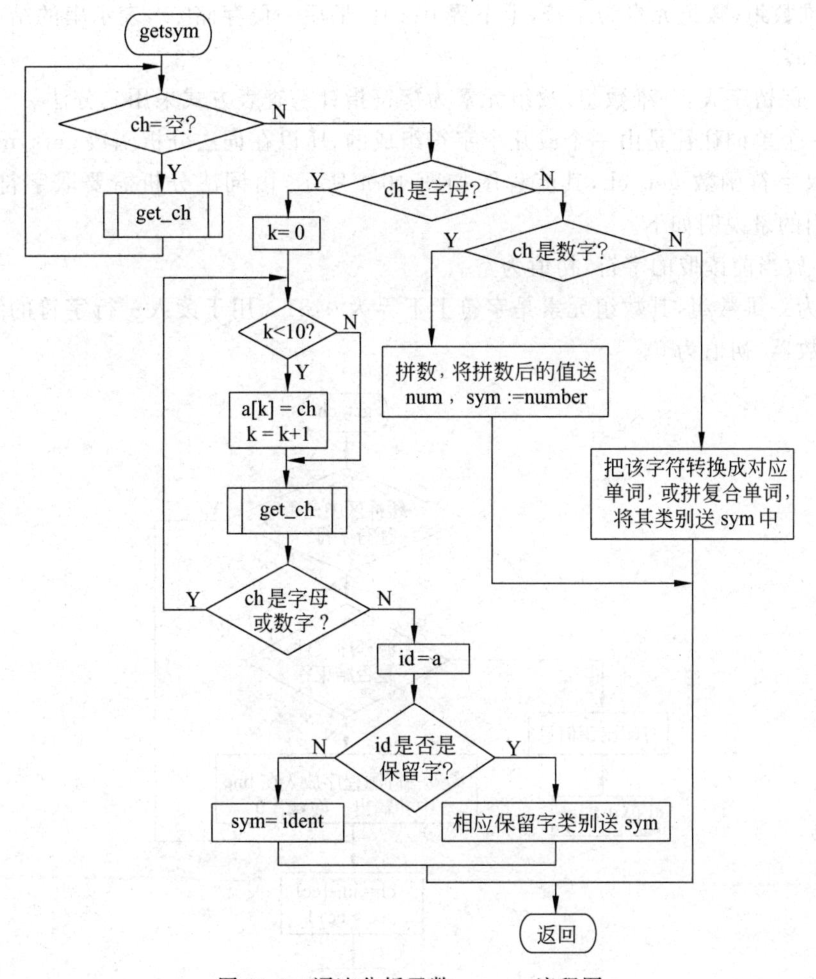

图 10-3　词法分析函数 getsym 流程图

表。如下面提到的 ifsym，thensym，ident，number 均属 symbol 中的元素。

由图 10-3 可知，词法分析程序 getsym 完成如下任务：

(1) 识别保留字。设有一张保留字表。对每个字母打头的字母、数字字符串要查此表。若查出则为保留字，将对应的类别放在 sym 中。如 if 对应值 ifsym，then 对应值为 thensym。若查不着，则认为是用户定义的标识符。

(2) 识别标识符。对用户定义的标识符将 ident 放在 sym 中，标识符本身的值放 id 中。

(3) 拼数。当所取单词是数字时，将数的类别 number 放在 sym 中，数值本身的值存放在 num 中。

(4) 拼复合词。对两个字符组成的算符，如＞＝、：＝、＜＝等单词，识别后将类别送 sym 中。

(5) 识别单字符单词。识别出单一运算符及界限符。

(6) 滤空格。空格在词法分析时是一种不可缺少的界限符，而在语法分析时则是无用的，所以必须滤掉。

getsym 流程图中涉及的量说明如下：

a：一维数组，数组元素为字符，上下界 0:10。最后一位存储'\0'，表示串的结束。

id：同 a。

word：保留字表，一维数组，数组元素为字符指针。查表方式采用二分法。

由于一个单词往往是由一个或几个字符组成的，所以在词法分析函数 getsym 中又定义了一个读取字符函数 get_ch，其流程图如图 10-4 所示，由词法分析需要取字符时调用。get_ch 所用的量说明如下。

ch：存放当前读取的字符，初值为空。

line：为一维数组，其数组元素是字符上下界为 0:81。用于读入一行字符的缓冲区。ll 和 cc 为计数器，初值为 0。

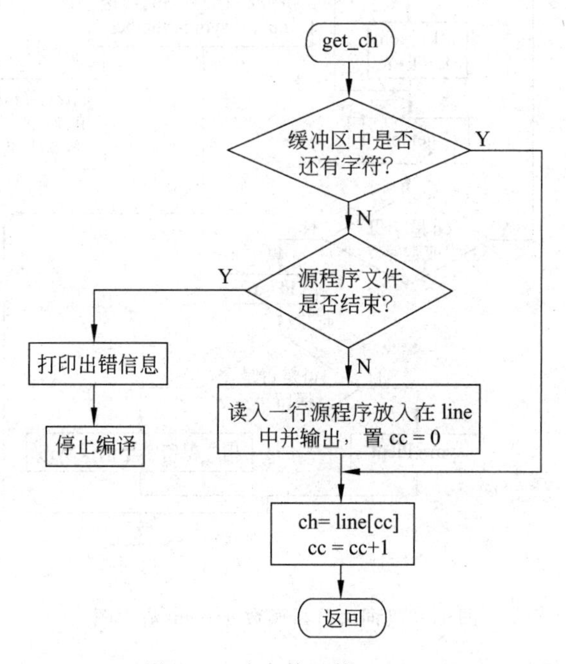

图 10-4　取字符函数 get_ch

10.4　PL/0 编译程序的语法分析

语法分析的任务是，识别由词法分析给出的单词符号序列在结构上是否符合给定的文法规则。PL/0 语言的文法规则已在第 10.1 节中给出。本节将给出自上而下的递归下降语法分析器的实现思想。

PL/0 编译程序的语法分析采用了自上而下的递归下降子程序法。递归下降子程序法的基本思想是对文法的每一个非终结符的语法范畴，编写一个独立的处理函数。根据前面的 PL/0 语言的语法描述，利用第 4.3.2 节的知识，可以设计出关于 PL/0 语言语法分析的递归下降分析器的状态转换图。这里我们只给出与后面递归下降分析器相对应的经过化简的状态转换图如图 10-5 所示。

语法分析从读入第一个单词开始分析作为开始符号的非终结符“程序”，即从其相应的状态转换图的开始状态出发开始分析。当分析器处于某一状态 q_i，且在状态图上从状态 q_i

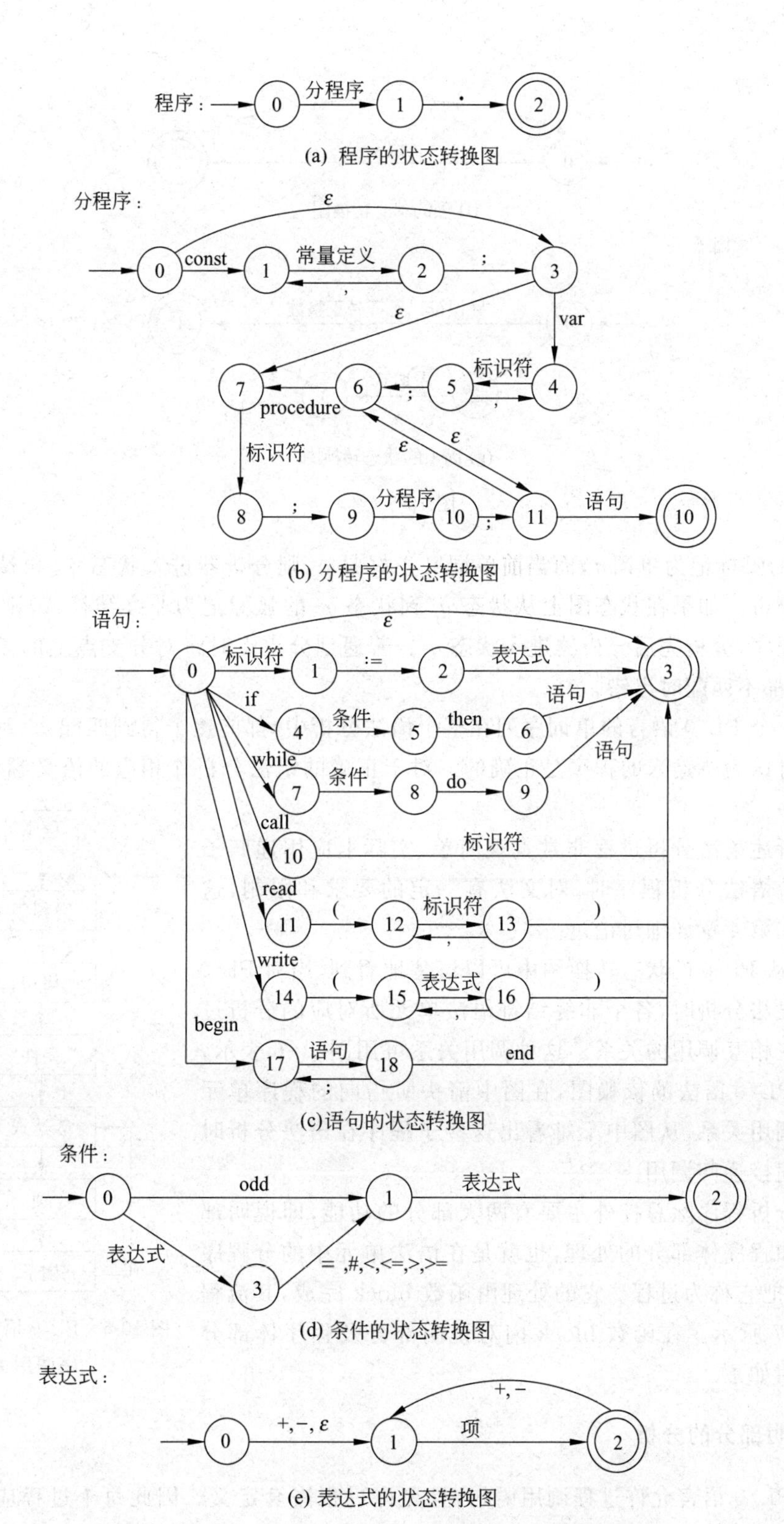

(a) 程序的状态转换图

(b) 分程序的状态转换图

(c) 语句的状态转换图

(d) 条件的状态转换图

(e) 表达式的状态转换图

图 10-5　PL/0 语言的递归下降分析器的状态转换图

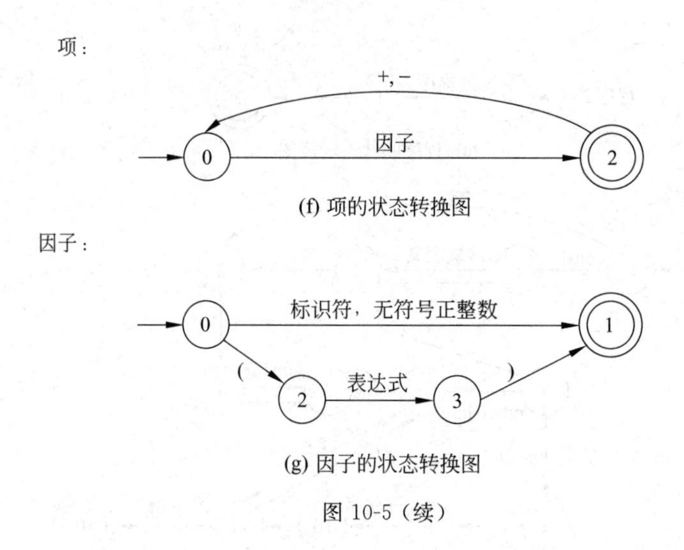

图 10-5(续)

到状态 q_j 的弧标记为单词 a,而当前单词又正好是 a,则分析器进入状态 q_j,再读取下一个单词继续分析。如果在状态图上从状态 q_i 到状态 q_j 的弧标记为非终结符 A,则调用 A 相应的处理程序,分析完后分析器进入状态 q_j。若遇到分支点时将对分支点上的多个符号逐个分析,若都不匹配时出错。

如果一个 PL/0 语言的单词序列在整个语法分析中,都能逐个得到匹配,直到程序结束符“.”,这时认为所输入的程序是正确的。对于正确的语法分析作相应的语义翻译,最终得出目标程序。

以上所述语法分析过程非常直观简单,实际上应用递归子程序法构造语法分析程序时,对文法有一定的要求和限制,这个问题已在第 4 章详细讨论过。

此外,从 PL/0 的状态转换图中可以清楚地看到,当对 PL/0 语言进行语法分析时,各个非终结符语法单元所对应的分析过程之间存在相互调用的关系。这种调用关系可用图 10-6 表示,也可称为 PL/0 语法的依赖图,在图中箭头所指向的程序单元表示存在调用关系,从图中不难看出这些子程序在语法分析时被直接或间接递归调用。

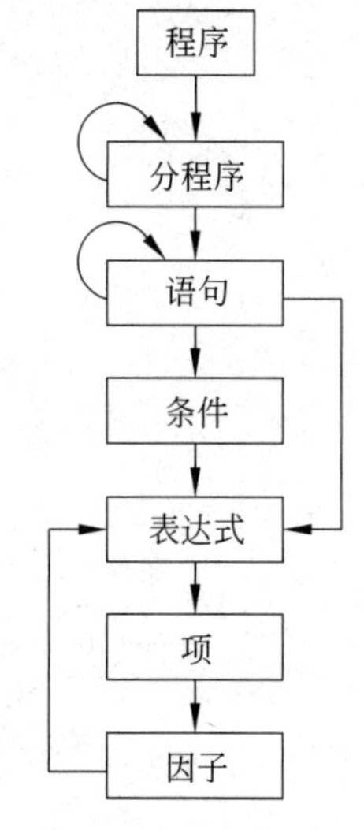

图 10-6 PL/0 语法分析程序调用关系

语法分析程序除总控外主要有两大部分的功能,即说明部分的处理和程序体部分的处理,也就是在语法单元中的分程序部分,通常把它称为过程。它的处理由函数 block 完成,其流程图如图 10-7 所示。在函数 block 内对说明部分及程序体部分的分析说明如下。

1. 说明部分的分析

由于 PL/0 语言允许过程调用语句,且允许过程嵌套定义。因此每个过程应有过程首部以定义局部于它自己过程的常量、变量和过程标识符,也称局部量。每个过程所定义的局部量只能供它自己和它自己定义的内过程引用。对于同一层并列过程的调用是先定义的可

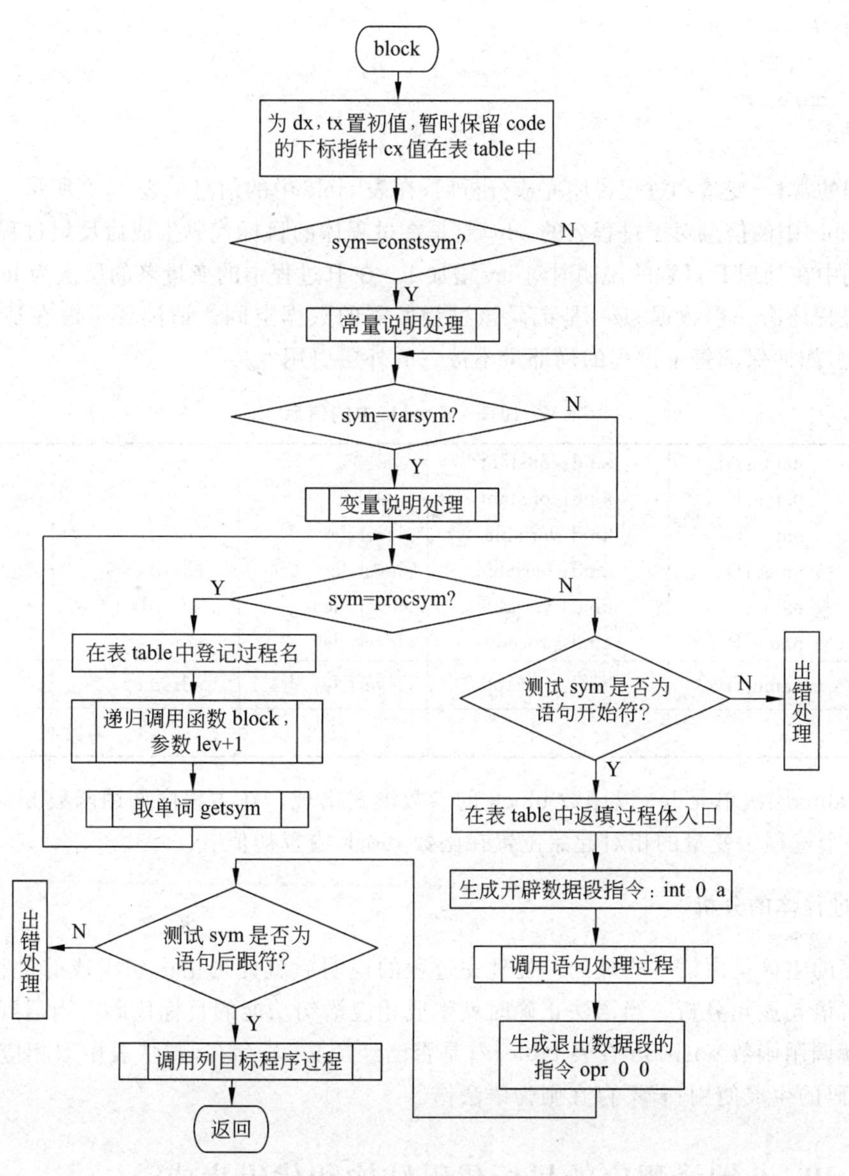

图 10-7 函数 block 的流程图

以被后定义的引用，反之则不行。

说明部分的处理任务就是对每个过程（包括主程序，也可看成是一个主过程）的说明对象填写名字表，填写所在层次（主程序为第零层，主程序中定义的过程为第一层，随着嵌套的深度增加而层次数加大。PL/0 最多允许三层）、标识符的属性和分配的相对位置等。标识符的属性不同时，所需要填的信息也不同。将这些信息填入名字表是由函数 enter 完成的。

所创建的表放在全局变量一维数组表 table 中。tx 为索引表的指针，表中的每个元素为记录型数据。lev 给出层次，dx 给出每层局部量当前已分配到的相对位置（可称地址指示器），每说明完一个变量后 dx 指示器加 1。

例如：一个过程的说明部分为：

```
const A=35, B=49;
var C, D, E;
procedure P;
var G;
```

对此过程的常量、变量和过程说明完成分析后，在表 table 中的信息如表 10-2 所示。在说明处理后表 table 中的信息对于过程名的 adr 域，是在过程体的目标代码生成后反填过程体的入口地址。例中在处理 P 过程的说明时对 lev 增加 1。在 P 过程中的变量名的层次为 lev+1 后的值。对过程还有一项数据 size，是记录该过程所需的数据空间。请读者考虑在造表和查表的过程中，如何保证每个过程的局部量不被它的外层引用？

表 10-2　表 table 中的信息

	name:A	kind:constant	val:35		
	name:B	kind:constant	val:35		
	name:C	kind:variable	level:lev	adr:dx	
	name:D	kind: variable	level:lev	adr:dx+1	
	name:E	kind: variable	level: lev	adr :dx+2	
	name:P	kind:procedur	level: lev	adr :	size:
tx ⟶	name:G	kind: variable	level: lev +1	adr:dx	
	⋮	⋮	⋮	⋮	

表 table 层次单元 lev 以函数 block 的参数形式出现。在主程序调用函数 block 时实参值 0。每个过程中变量的相对起始位置在函数 block 内置初值 dx:=3。

2. 过程体的分析

程序的主体是由语句构成的。处理完过程的说明后就处理由语句组成的过程体，从语法上要对语句逐句分析。当语法正确时就生成相应语句功能的目标代码。当遇到标识符的引用时就调用函数 position 查表 table，看是否已经定义，若存在，则从表中取相应的有关信息，供代码的生成使用；若不存在则为语法错。

10.5　PL/0 编译程序的目标代码结构和代码生成

PL/0 编译程序所产生的目标代码是一个假想栈式计算机的汇编语言，称之为 PCODE 指令代码，它不依赖任何实际计算机，其指令集很简单，指令格式如下：

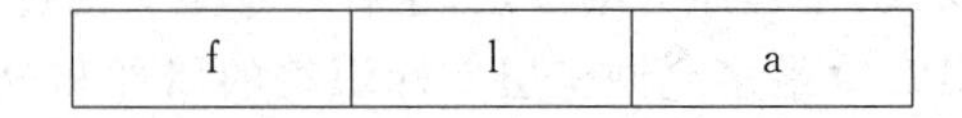

f	l	a

其中 f 代表功能码，l 表示层次差，也就是变量或过程被引用的分程序与说明该变量或过程的分程序之间的层次差。a 的含义对不同的指令有所区别，对存取指令表示位移量，而对其他的指令则分别有不同的含义，见下面对每条指令的解释说明。

目标指令集有以下几种。

① lit：将常量值取到运行栈顶。a 域为常数值。

② lod：将变量放到栈顶。a 域为变量在所说明层中的相对位置，l 为调用层与说明层的层差值。

③ sto：将栈顶的内容送入某变量单元中。a，l 域的含义同 lod 指令。

④ cal：调用过程的指令。a 为被调用过程的目标程序入口地址，l 为层差。

⑤ int：为被调用的过程(或主过程)在运行栈中开辟数据区。a 域为开辟的单元个数。

⑥ jmp：无条件转移指令，a 为转向地址。

⑦ jpc：条件转移指令，当栈顶的布尔值为假时，转向 a 域的地址，否则顺序执行。

⑧ opr：关系运算和算术运算指令。将栈顶和次栈顶的内容进行运算，结果存放在次栈顶，此外还可以是读写等特殊功能的指令，具体操作由 a 域值给出，详见解释执行程序。

编译程序的目标代码是在分析程序体时生成的，在处理说明部分时并不生成目标代码，而当分析程序体中的每个语句时，若语法正确，则调用目标代码生成过程以生成与 PL/0 语句等价功能的目标代码，直到编译正常结束。

PL/0 语言的代码生成是由函数 gen 完成的。函数 gen 有三个参数，分别代表目标代码的功能码、层差和位移量(对不同的指令含义不同，详见上述说明)。生成的代码顺序放在数组 code 中。code 为一维数组，数组元素为记录型数据。每一个记录就是一条目标指令。cx 为指令的指针，由 0 开始顺序增加。实际上目标代码的顺序是内层过程的排在前边，主程序的目标代码在最后。下面给出一个 PL/0 源程序和对应的目标程序清单。

```
Input file? TEST
List object code?     Y

    const a=10;
    var b, c;
    procedure    p;
        begin
          c:=b+a
        end;
2  int  0  3  }
3  lod  1  3  }
4  lit  0  10 }过程 p 的目标代码
5  opr  0  2  }
6  sto  1  4  }
7  opr  0  0  }
    begin
      read (b);
      while b#0 do
        begin
          call p;write (2 * c);read (b)
        end
    end.
```

```
8  int  0 5
9  opr  0  16
10  sto  0  3
11  lod  0  3
12  lit  0  0
13  opr  0  9
14  jpc  0  24
15  cal  0  2
16  lit  0  2
17  lod  0  4
18  opr  0  4
19  opr  0  14
20  opr  0  15
21  opr  0  16
22  sto  0  3
23  jmp  0  11
24  opr  0  0
start  p10
? 2
        24
? 4
          28
? 0
End p10
```

10.6 PL/0编译程序的语法错误处理

编写一个程序,往往难于一次成功,常常会出现各种类型的错误。一般有语法错误、语义错误及运行错误。出错的原因是多方面的,这就给错误处理带来不少困难。就语法错误来说,任何一个编译程序在进行语法分析遇到错误时,不会就此停止工作,而是希望能准确地指出出错位置和错误性质并尽可能进行校正,以便使编译程序能继续工作。但对所有的错误都做到这样的要求是很困难的,主要困难在校正上,因为编译程序不能完全确定程序人员的意图。例如在一个表达式中,圆括号不配对时,就不能确定应补在何处。有时由于校正的不对反而会影响到后边的处理,导致出错。因此编译程序只能采取一些措施,对源程序中的错误尽量查出,加以修改,以便减少程序调试。

PL/0编译程序对语法错误的处理采用两种办法:

① 对于一些易于校正的错误,如丢了逗号、分号等,则指出出错位置,并加以校正。校正的方式就是补上逗号或分号。

② 对某些错误,编译程序难于确定校正的措施,为了使当前的错误不致影响整个程序的崩溃,把错误尽量局限在一个局部的语法单位中。这样就需要跳过一些后面输入的单词符号,直到读入一个能使编译程序恢复正常语法分析工作的单词为止。具体做法是:当语

法分析进入以某些关键字(保留字)或终结符集合为开始符的语法单元时,通常在它的入口和出口处,调用一个测试函数 test,如图 10-8 所示。例如,语句的开始符是 var,const,procedure;因子的开始符是"(",ident,number。当语法分析进入这样的语法单元前,可用测试程序检查当前单词符号是否属于它们开始符号的集合,如不是则出错。另外由于 PL/0 编译程序采用自顶向下的分析方法,一个语法单元分析程序调用别的语法单元的分析程序时,以参数形式(文本中以 fsys 定义为单词符号集合作为形参)给出被调用的语法分析程序出口时合法的后继单词符号集合(如表 10-3 所示),在出口处也调用测试函数。若当前单词符号属于所给集合,则语法分析正常进行,否则出错。单词符号集合 fsys 参数是可传递的,随着调用语法分析程序层次的深入,fsys 的集合逐步补充合法单词符。

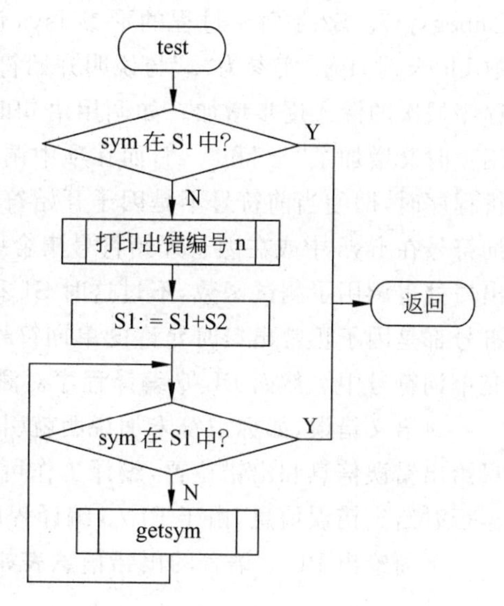

图 10-8 函数 test 流程图

表 10-3 PL/0 文法非终结符的开始符号与后继符号集合表

非终结符名	开始符号集合	后继符号集合
分程序	const var procedure ident if call begin while read write	. ;
语句	ident call begin if while read write	. ; end
条件	odd + − (ident number	then do
表达式	+ − (ident number	. ; (rop end then do
项	ident number (	. ;) rop + − end then do
因子	ident number (	. ;) rop + − * / end then do

注:表中"rop"表示关系运算符集合,如=,#,<,<=,>,>=。

测试函数 test 有三个参数,它们的含义如下所示。

① S1:当语法分析进入或退出某一语法单元时,当前单词符号应属于的集合,它可能是个语法单元开始符号的集合或后继符号的集合。

② S2:在某一出错状态时,可恢复语法分析继续正常工作的补充单词符号集合。因为当语法分析出错时,即当前单词符号不在 S1 集合中,为了继续编译,需跳过后边输入的一些单词符号,直到当前输入的单词符号属于 S1 或 S2 集合。

③ n:整型数,出错信息编号。

为了进一步明确 S1、S2 集合的含义,现以因子(factor)的语法分析程序为例,在函数

factor 的入口处调用了一次函数 test，它的实参 S1 是因子开始符号的集合（文本中的 facbegsys）。S2 是每个过程的形参 fsys 调用时实参的传递值。当编译程序第一次调用函数 block 时，fsys 实参为“.”与说明开始符和语句开始符集合的和。以后随着调用语法分析程序层次的深入逐步增加。如调用语句时增加了“;”和“endsym”，在表达式语法分析中调用项时又增加了“+”和“-”，而在项中调用因子时又增加了“*”和“/”，这样在进入因子分析程序时，即使当前符号不是因子开始符，出错后只要跳过一定的符号，遇到当时输入的单词符号在 fsys 中或在因子开始符号集合中，均可继续正常进行语法分析。而在因子过程的出口处也调用了测试函数，不过这时 S1 和 S2 实参恰恰相反。说明当时的 fsys 集合的单词符号都是因子正常出口时允许的单词符号。而因子的开始符号为可恢复正常语法分析的补充单词符号中。然而 PL/0 编译程序对测试函数 test 的调用有一定的灵活性。

对语义错误，如标识符未加说明就引用或虽经说明，但引用与说明的属性不一致。这时只给出错误信息和出错位置，编译工作可继续进行。而对运行错误，如溢出、越界等，只能在运行时给出错误信息，由于 PL/0 编译程序的功能限制无法指出源程序的错误位置。

下面给出 PL/0 语言的出错信息表如表 10-4 所示。

表 10-4　PL/0 语言出错信息表

出错编号	出错原因
1	常数说明中的“＝”写成“:＝”
2	常数说明中的“＝”后应是数字
3	常数说明中的表示符后应是“＝”
4	const，var，procedure 后应是标识符
5	漏掉了“.”或“;”
6	过程说明后的符号不正确（应是语句开始符或过程定义符）
7	应是语句开始符
8	程序体内语句部分的后跟符不正确
9	程序结尾丢了句号“.”
10	语句之间漏了“;”
11	标识符未说明
12	赋值语句中，赋值号左部标识符属性应是变量
13	赋值语句左部标识符后应是赋值号“:＝”
14	call 后应为标识符
15	call 后标识符属性应为过程
16	条件语句中丢了“then”
17	丢了“end”或“;”
18	while 型循环语句中丢了“do”
19	语句后的符号不正确
20	应为关系运算符
21	表达式内标识符属性不能是过程
22	表达式中漏掉右括号“)”
23	因子后的非法符号
24	表达式的开始符不能是此符号
31	数越界
32	read 语句括号中的标识符不是变量

10.7 PL/0编译程序的目标代码解释执行时的存储分配

当源程序经过语法分析，未发现错误时，由编译程序调用解释程序，对存放在数组 code 中的目标代码 code[0]开始进行解释执行。当编译结束后，记录源程序中标识符的表 table 已没有作用。因此存储区只需以数组 code 存放的只读目标程序和运行时的数据区 S。S 是由解释程序定义的一维整型数组。由于 PL/0 语言的目标程序是一种假想的栈式计算机的汇编语言，仍用 C 语言解释执行。解释执行时的数据空间 S 为栈式计算机的存储空间。遵循后进先出规则，当每个过程(包括主程序)被调用时，才分配数据空间，退出过程时，则分配的数据空间被释放。

解释程序定义了 4 个寄存器。

① I：指令寄存器。存放着当前正在执行的一条目标指令。

② P：程序地址寄存器。指向下一条要执行的目标程序的地址(相当目标程序数组 code 的下标)。

③ T：栈顶寄存器。每个过程当它被运行时，给它分配的数据空间(下边称数据段)可分成静态部分和动态部分两部分。

静态部分：包括变量存放区和三个存储单元(存储单元的作用见后)。

动态部分：作为临时工作单元和累加器用。需要时随时分配，用完后立即释放。栈顶寄存器 T 指出了当前栈中最新分配的单元(T 也是数组 S 的下标)。

④ B：基址寄存器。指向每个过程被调用时，在数据区 S 中给它分配的数据段起始地址，也称基地址。

为了实现对每个过程被调用时给它分配数据段，也就是对即将运行的过程所需数据段进栈；过程运行结束后释放数据段，即该数据段退栈；以及嵌套过程之间对标识符引用的寻址问题。每个过程被调用时，在栈顶分配三个存储单元，这三个单元存放的内容如下。

① SL：静态链。它是指向定义该过程的直接外过程(或主程序)运行时最新数据段的基地址。

② DL：动态链。它是指向调用该过程前正在运行过程的数据段基地址。

③ RA：返回地址。记录调用该过程时目标程序的断点，即当时的程序地址寄存器 P 的值。也就是调用过程指令的下一条指令的地址。

PL/0 编译程序给变量分配的地址只是确定变量在数据段内的相对位置。对每个过程从 3 开始顺序增加。3 以前的三个单元为上面指出的三个存储单元。因此静态链的作用是当一个过程引用定义它的外层过程(或主程序)所定义的标识符时，首先沿静态链跳过个数为层差的数据段，找到定义该标识符过程的数据段基地址，再加上给此标识符(一般是变量标识符)分配的相对位置，就得到该标识符在整个数据区栈中的绝对位置。动态链和返回地址是当一个过程运行结束后，为了恢复调用该过程前的执行状态而设置的。

下面举例说明解释执行时数据区的变化过程，程序示例及该示例运行时数据栈 S 的变化分别如图 10-9(a)和(b)所示。

在图 10-9 中可以看到，当例中程序执行进入到过程 C 后，在过程 C 中又调用过程 B 时，数据区栈中的情况，这时过程 B 的静态链是指向过程 A 的基地址，而不是指向过程 C 的基地址。因为过程B是由过程A定义的,它的名字在A层的名字表中,当在过程C中调用过程B时,层次差为2,所以这时应沿过程C数据段静态链,跳过两个数据段后的基地址值,才是当前被调用的过程B的静态链之值。这里也可看出不管过程B在何时被调用,它的数据段静态链总是指向定义它的过程的最新数据段基地址。

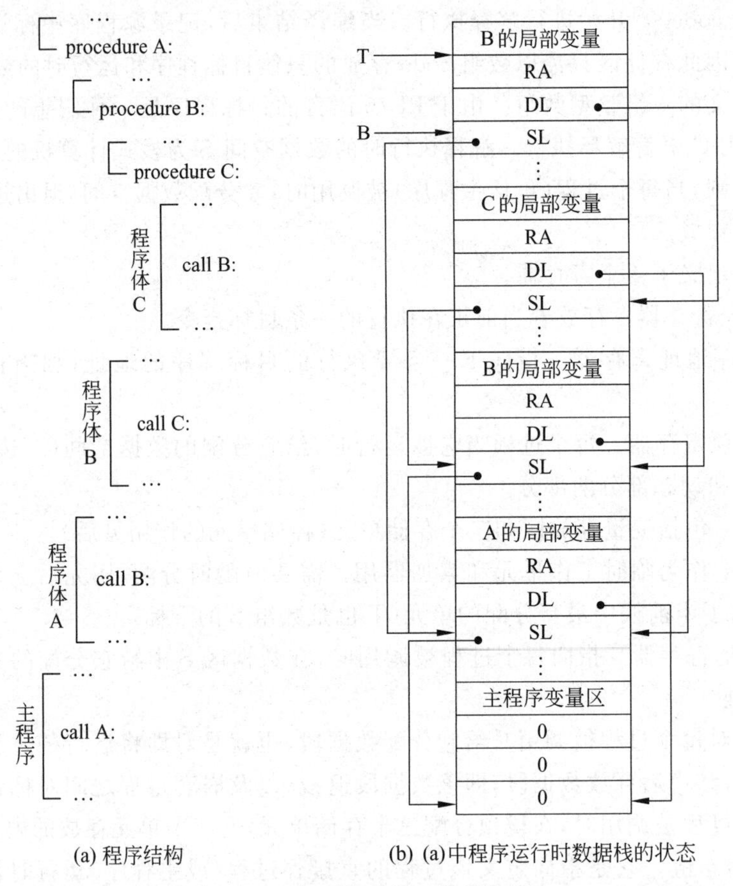

(a) 程序结构　　(b) (a)中程序运行时数据栈的状态

图10-9　运行时数据栈S的变化状态

具体的过程调用和结束,对上述寄存器及三个联系单元的填写和恢复由下列目标指令完成。

(1) int　0　a;是每个过程目标程序的入口都有的一条指令,用以完成开辟数据段的工作。a域的值指出数据段的大小,即为局部变量个数+3(联系单元个数为3)。由编译程序的代码生成给出。开辟数据段的结果是改变栈顶寄存器T的值,即T:=T+a;。

(2) opr　0　0;是每个过程出口处的一条目标指令。用以完成该过程运行结束后释放数据段的工作,即退栈工作。恢复调用该过程前正在运行的过程(或主程序)的数据段基地址寄存器的值和栈顶寄存器T的值,并将返回地址送到指令地址寄存器P中,以使调用前的程序从断点开始继续执行。

(3) cal　L　A;

为调用过程的目标指令,其中:

L为层次差,它是寻找静态链的依据。在解释程序中由函数base(L)来计算,L为参数,实参为所给层差。

A 为被调用过程的目标程序入口。

cal 指令还完成填写静态链、动态链、返回地址,给出被调用过程的基地址值,送入基址寄存器 B 中,目标程序的入口地址 A 的值送指令地址寄存器 P 中,使指令从 A 开始执行。

最后为了使读者弄清 PL/0 编译程序各阶段的任务;源程序和目标程序的等价功能;解释执行目标程序时数据栈的变化情况,建议读者参看第 10.5 节中的例子,在阅读 PL/0 编译程序文本时,可按例子对照学习。

另外由于 PL/0 编译程序是用 Turbo C 语言编写的(若文件名为 PL0. c),所以要对 PL/0 语言的源程序进行编译。

10.8 PL/0 编译程序文本

```
#include<stdio.h>
#include<stdlib.h>
#include<string.h>

#define NORW 13                     /* of reserved words */
#define TXMAX 100                   /* length of identifier table */
#define NMAX 14                     /* max number of digits in numbers */
#define AL 10                       /* length of identifiers */
#define AMAX 2047                   /* maxinum address */
#define LEVMAX 3                    /* max depth of block nesting */
#define CXMAX 200                   /* size of code array */
#define STACKSIZE 500

char * symbol[32]={"nul","ident","number","plus","minus","times","slash","oddsym",
                  "eql","neq","lss","leq","gtr","geq","lparen","rparen","comma",
                  "semicolon","period","becomes","beginsym","endsym","ifsym",
                  "thensym","whilesym","writesym","readsym","dosym","callsym",
                  "constsym","varsym","procsym"};    /* type of symbols */

char * word[NORW]={"begin","call","const","do","end","if","odd","procedure",
                  "read","then","var","while","write"};
                                        /* table of reserved words */

char * wsym[NORW]={"beginsym","callsym","constsym","dosym","endsym","ifsym","oddsym",
                  "procsym","readsym","thensym","varsym","whilesym","writesym"};

char * mnemonic[8]={"lit","opr","lod","sto","cal","ini","jmp","jpc"};

char ch;                                /* last char read */
char id[AL+1];                          /* last identifier read */
char sym[10];                           /* last symbol read */
```

```
char line[81];
char a[AL+1],fname[AL+1];

enum object{constant,variable,procedur};
enum object kind;
enum fct{lit,opr,lod,sto,cal,ini,jmp,jpc};
enum listswitcher{false,true};             /* true set list object code */
enum listswitcher listswitch;

FILE * fa;
FILE * fa1, * fa2;
FILE * fin, * fout;

int num;                                   /* last number read */
int cc;                                    /* character count */
int ll;                                    /* line length */
int cx;                                    /* code allocation index */
int err;
int lev=0,tx=0,dx=3;
int linecnt=0;

struct instruction
{enum fct f;                               /* function code */
int l;                                     /* level */
int a;                                     /* displacement addr */
};                                         /* lit 0,a:load constant a */
             opr 0,a:execute opr a
             lod l,a:load variable l, a
             sto l,a:store variable l, a
             cal l,a:call procedure a at level l
             int 0,a:increment t-register by a
             jmp 0,a:jump to a
             jpc 0,a:jump conditional to a

struct instruction code[CXMAX+1];
struct table1
{char name[AL+1];
enum object kind;
int val,level,adr,size;
};

struct table1 table[TXMAX+1];

struct node{
char * pa[32];
```

```
} * declbegsys, * statbegsys, * facbegsys, * tempsetsys;

int in(str, set)
char * str;
struct node * set;
{
int i=0;
while(set->pa[i]!=NULL){
    if(strcmp(str,set->pa[i])==0)
        return(1);
    else
        i++;
}
return(0);
}

struct node * add(set1,set2)
struct node * set1, * set2;
{
int i=0,j=0,k=0,cnt;
struct node * pt;
pt=(struct node * )malloc(sizeof(struct node));

for(cnt=0; cnt<32; cnt++)
    pt->pa[cnt]=(char * )malloc(10 * sizeof(char));

while(set1->pa[i]!=NULL)
    strcpy(pt->pa[j++],set1->pa[i++]);

while(set2->pa[k]!=NULL){
    if (in(set2->pa[k],set1)==0)
        strcpy(pt->pa[j++],set2->pa[k++]);
    else
        k++;
}
pt->pa[j]=NULL;
return(pt);
}

error(int n)
{
int i;
printf ("***");
fputs ("***", fa1);
for (i=0;i<cc;i++){
```

```
    printf ("");
  }
  for (i=0;i<cc;i++){
      fputs ("",fa1);
  }
  printf ("error%d\n",n);
  fprintf (fa1, "error%d\n",n);
  err=err+1;
  }

  void get_ch()
  {
  if (cc==ll+1){
      if (feof(fin)){
          printf ("program incomplete");
      }
      ll=0;
      cc=0;
  while ((!feof(fin)) && ((ch=fgetc(fin))!='\n')){
          putchar(ch);
          fputc(ch,fa1);
          line[ll++]=ch;
      }
      printf ("\n");
      line[ll]=ch;
      fprintf (fa1,"\n");
  }
  ch=line[cc++];
  }

  void getsym()
  {
  int i,j,k;
  while(ch==''||ch=='\t'||ch=='\n')
      get_ch();
  if (ch>='a'&&ch<='z'){              /* id or reserved word */
      k=0;
      do {
          if(k<AL){
              a[k]=ch;
              k=k+1;
              }
          get_ch();
      }while((ch>='a'&&ch<='z')||(ch>='0'&&ch<='9'));
      a[k]='\0';
```

```
        strcpy(id,a);
        i=0;
        j=NORW-1;
        do {                              /* look up reserved words by binary search */
            k=(i+j)/2;
            if(strcmp(id,word[k])<=0)j=k-1;
            if(strcmp(id,word[k])>=0)i=k+1;
        }while(i<=j);
        if(i-1>j)strcpy(sym,wsym[k]);
        else strcpy(sym,"ident");
    }
    else if (ch>='0'&&ch<='9'){          /* number */
        k=0;
        num=0;
        strcpy(sym,"number");
        do {
            num=10*num+(int)ch-'0';
            k=k+1;
            get_ch();
        }while(ch>='0'&&ch<='9');
        if(k>NMAX) error(30);
    }
    else if (ch==':'){
        get_ch();
        if (ch=='='){
            strcpy(sym,"becomes");
            get_ch();
        }
        else strcpy(sym,"nul");
    }
    else if (ch=='<'){
        get_ch();
        if (ch=='='){
            strcpy(sym,"leq");
            get_ch();
        }
        else strcpy(sym,"lss");
    }
    else if (ch=='>'){
        get_ch();
        if (ch=='='){
            strcpy(sym,"geq");
            get_ch();
        }
        else strcpy(sym,"gtr");
```

```
}
else {
    switch(ch){
        case'+':strcpy(sym,"plus");break;
        case'-':strcpy(sym,"minus");break;
        case'*':strcpy(sym,"times");break;
        case'/':strcpy(sym,"slash");break;
        case'(':strcpy(sym,"lparen");break;
        case')':strcpy(sym,"rparen");break;
        case'=':strcpy(sym,"eql");break;
        case',':strcpy(sym,"comma");break;
        case'.':strcpy(sym,"period");break;
        case'#':strcpy(sym,"neq");break;
        case';':strcpy(sym,"semicolon");break;
    }
    get_ch();
}
}

void gen(x,y,z)
enum fct x;
int y,z;
{
if (cx>CXMAX){
    printf("program too long");
}
code[cx].f=x;
code[cx].l=y;
code[cx].a=z;
cx++;
}

void test(s1,s2,n)
struct node *s1, *s2;
int n;
{
if (in(sym,s1)==0){
    error(n);
    s1=add(s1,s2);
    while(in(sym,s1)==0) getsym();
}
}

void enter(k)                          /* enter object into table */
enum object k;
```

```
{
tx=tx+1;
strcpy(table[tx].name,id);
table[tx].kind=k;
switch(k){
    case constant:if (num>NMAX){
        error(31);
        num=0;
        }
        table[tx].val=num;
        break;
    case variable:table[tx].level=lev;
        table[tx].adr=dx;
        dx++;
        break;
    case procedur:table[tx].level=lev;
        break;
}

}

int position(id)                    /* find identifier in table */
char id[10];
{
int i;
strcpy(table[0].name,id);
i=tx;
while (strcmp(table[i].name,id)!=0)
    i--;
return i;
}

void constdeclaration()
{

if (strcmp(sym,"ident")==0){
    getsym();
    if (strcmp(sym,"eql")==0||strcmp(sym,"becomes")==0){
        if (strcmp(sym,"becomes")==0) error(1);
        getsym();
        if (strcmp(sym,"number")==0){
            enter(constant);
            getsym();
        }
        else error(2);
```

```
    }
    else error(3);
}
else error(4);
}

void vardeclaration()
{
if (strcmp(sym,"ident")==0){
    enter(variable);
    getsym();
}
else error(4);
}

void listcode(int cx0)              /* list code generated for this block */
{
int i;
if (listswitch==true){
    for(i=cx0;i<=cx-1;i++){
        printf("%2d  %5s  %3d  %5d\n",
            i,mnemonic[(int)code[i].f],code[i].l,code[i].a);
        fprintf(fa,"%2d  %5s  %3d  %5d\n",
            i,mnemonic[(int)code[i].f],code[i].l,code[i].a);
    }
}
}

void factor(fsys)
struct node * fsys;
{
void expression();
int m=0,n=0,i;
char * tempset[ ]={"rparen",NULL};
struct node * temp;
temp=(struct node * )malloc(sizeof(struct node));
while(tempset[m]!=NULL)
    temp->pa[n++]=tempset[m++];
temp->pa[n]=NULL;
test(facbegsys,fsys,24);
while(in(sym,facbegsys)==1){
    if (strcmp(sym,"ident")==0){
        i=position(id);
        if (i==0) error(11);
        else switch(table[i].kind){
```

```
            case constant:gen(lit,0,table[i].val);
            break;                  /* some thing error here(lev) */
            case variable:gen(lod,lev-table[i].level,table[i].adr);
                                    /* must use para pass in */
            break;
            case procedur:error(21);
               break;
        }
        getsym();
    }
    else if (strcmp(sym,"number")==0){
          if (num>AMAX){
            error(31);
            num=0;
          }
          gen(lit,0,num);
          getsym();
    }
    else if (strcmp(sym,"lparen")==0){
          getsym();
          expression(add(temp,fsys));
          if (strcmp(sym,"rparen")==0) getsym();
          else error(22);
        }
        test(fsys,facbegsys,23);
    }
    }

    void term(fsys)
    struct node * fsys;
    {
    int i=0,j=0;
    char mulop[10];
    char * tempset[ ]={"times","slash",NULL};
    struct node * temp;
    temp= (struct node * )malloc(sizeof(struct node));
    while(tempset[i]!=NULL)
        temp->pa[i++]=tempset[j++];
    temp->pa[i]=NULL;
    factor(add(temp,fsys));
    while (in(sym,temp)==1){
        strcpy(mulop,sym);
        getsym();
    factor(add(temp,fsys));
        if (strcmp(mulop,"times")==0) gen(opr,0,4);
```

```
    else gen(opr,0,5);
}
}

void expression(fsys)
struct node * fsys;
{
int m=0,n=0;
char addop[10];
char * tempset[ ]={"plus","minus",NULL};
struct node * temp;
temp=(struct node * )malloc(sizeof(struct node));

while(tempset[m]!=NULL)
    temp->pa[n++]=tempset[m++];
temp->pa[n]=NULL;

if(in(sym,temp)==1){
    strcpy(addop,sym);
    getsym();
    term(add(fsys,temp));
    if (strcmp(addop,"minus")==0) gen(opr,0,1);
}
else term(add(fsys,temp));
while (in(sym,temp)==1){
    strcpy(addop,sym);
    getsym();
    term(add(fsys,temp));
    if (strcmp(addop,"plus")==0) gen(opr,0,2);
    else gen(opr,0,3);
}
}

void condition(fsys)
struct node * fsys;
{
int i=0,j=0;
char relop[10];
char * tempset[ ]={"eql","neq","lss","leq","gtr","geq",NULL};
struct node * temp;
temp=(struct node * )malloc(sizeof(struct node));
while(tempset[i]!=NULL)
    temp->pa[j++]=tempset[i++];
temp->pa[j]=NULL;
if (strcmp(sym,"oddsym")==0){
```

```
        getsym();
        expression(fsys);
        gen(opr,0,6);
    }
    else {
        expression(add(temp,fsys));
        if (in(sym,temp)==0) error(20);
        else {
            strcpy(relop,sym);
            getsym();
            expression(fsys);
            if(strcmp(relop,"eql")==0)gen(opr,0,8);
            if(strcmp(relop,"neq")==0)gen(opr,0,9);
            if(strcmp(relop,"lss")==0)gen(opr,0,10);
            if(strcmp(relop,"geq")==0)gen(opr,0,11);
            if(strcmp(relop,"gtr")==0)gen(opr,0,12);
            if(strcmp(relop,"leq")==0)gen(opr,0,13);
        }
    }
    }

    void statement(fsys,plev)
    struct node * fsys;
    int plev;
    {
    int i,cx1,cx2,m=0,n=0;
    char * tempset1[]={"rparen","comma",NULL};
    char * tempset2[]={"thensym","dosym",NULL};
    char * tempset3[]={"semicolon","endsym",NULL};
    char * tempset4[]={"semicolon",NULL};
    char * tempset5[]={"dosym",NULL};
    char * tempset6[]={NULL};

    struct node * temp1, * temp2, * temp3, * temp4, * temp5, * temp6;
    temp1=(struct node * )malloc(sizeof(struct node));
    temp2=(struct node * )malloc(sizeof(struct node));
    temp3=(struct node * )malloc(sizeof(struct node));
    temp4=(struct node * )malloc(sizeof(struct node));
    temp5=(struct node * )malloc(sizeof(struct node));
    temp6=(struct node * )malloc(sizeof(struct node));

    while(tempset1[m]!=NULL)
        temp1->pa[n++]=tempset1[m++];
    temp1->pa[n]=NULL;
```

```
m=0;n=0;
while(tempset2[m]!=NULL)
    temp2->pa[n++]=tempset2[m++];
temp2->pa[n]=NULL;

m=0;n=0;
while(tempset3[m]!=NULL)
    temp3->pa[n++]=tempset3[m++];
temp3->pa[n]=NULL;

m=0;n=0;
while(tempset4[m]!=NULL)
    temp4->pa[n++]=tempset4[m++];
temp4->pa[n]=NULL;

m=0;n=0;
while(tempset5[m]!=NULL)
    temp5->pa[n++]=tempset5[m++];
temp5->pa[n]=NULL;

m=0;n=0;
while(tempset6[m]!=NULL)
    temp6->pa[n++]=tempset6[m++];
temp6->pa[n]=NULL;

m=0;n=0;
if (strcmp(sym,"ident")==0){
    i=position(id);
    if (i==0)error(11);
    else {
        if (table[i].kind!=variable){
            error(12);
            i=0;
        }
    }
    getsym();
    if (strcmp(sym,"becomes")==0) getsym();
    else error(13);
    expression(fsys);
    if (i!=0)
        gen(sto,plev-table[i].level,table[i].adr);
}
else if (strcmp(sym,"readsym")==0){
    getsym();
    if (strcmp(sym,"lparen")!=0) error(24);
```

```
        else {
            do{
                getsym();
                if (strcmp(sym,"ident")==0) i=position(id);
                else i=0;
                if (i==0) error(35);
                else {
                    gen(opr,0,16);
                    gen(sto,plev-table[i].level,table[i].adr);
                }
            getsym();
        }while(strcmp(sym,"comma")==0);
        }
        if (strcmp(sym,"rparen")!=0) {
            error(22);
            while(in(sym,fsys)==0) getsym();
        }
        else getsym();
    }
    else if (strcmp(sym,"writesym")==0){
        getsym();
        if (strcmp(sym,"lparen")==0){
            do{
                getsym();
                expression(add(temp1,fsys));
                gen(opr,0,14);
            }while(strcmp(sym,"comma")==0);
            if (strcmp(sym,"rparen")!=0) error(33);
            else getsym();
        }
        gen(opr,0,15);
    }
    else if (strcmp(sym,"callsym")==0){
        getsym();
        if (strcmp(sym,"ident")!=0) error(14);
        else {
            i=position(id);
            if (i==0) error(11);
            else {
                if (table[i].kind==procedur)
                    gen(cal,plev-table[i].level,table[i].adr);
                else error(15);
            }
            getsym();
        }
```

```
    }
else if (strcmp(sym,"ifsym")==0){
    getsym();
    condition(add(temp2,fsys));
    if (strcmp(sym,"thensym")==0) getsym();
    else error(16);
    cx1=cx;
    gen(jpc,0,0);
    statement(fsys,plev);
    code[cx1].a=cx;
}
else if (strcmp(sym,"beginsym")==0){
    getsym();
    statement(add(temp3,fsys),plev);
    while(in(sym,add(temp4,statbegsys))==1){
        if (strcmp(sym,"semicolon")==0) getsym();
        else error(10);
        statement(add(temp3,fsys),plev);
    }
    if (strcmp(sym,"endsym")==0) getsym();
    else error(17);
}
else {
    if (strcmp(sym,"whilesym")==0){
        cx1=cx;
        getsym();
        condition(add(temp5,fsys));
        cx2=cx;
        gen(jpc,0,0);
        if (strcmp(sym,"dosym")==0) getsym();
        else error(18);
        statement(fsys,plev);
        gen(jmp,0,cx1);
        code[cx2].a=cx;
    }
}
test(fsys,temp6,19);
}

void block(plev,fsys)
int plev;
struct node * fsys;
{
int m=0,n=0;
int dx0=3;                                  /* data allocation index */
```

```
int tx0;                                    /* initial table index */
int cx0;                                    /* initial code index */
char * tempset1[ ]={"semicolon","endsym",NULL};
char * tempset2[ ]={"ident","procsym",NULL};
char * tempset3[ ]={"semicolon",NULL};
char * tempset4[ ]={"ident",NULL};
char * tempset5[ ]={NULL};

struct node * temp1, * temp2, * temp3, * temp4, * temp5;
temp1=(struct node * )malloc(sizeof(struct node));
temp2=(struct node * )malloc(sizeof(struct node));
temp3=(struct node * )malloc(sizeof(struct node));
temp4=(struct node * )malloc(sizeof(struct node));
temp5=(struct node * )malloc(sizeof(struct node));
while(tempset1[m]!=NULL)
    temp1->pa[n++]=tempset1[m++];
temp1->pa[n]=NULL;
m=0;n=0;
while(tempset2[m]!=NULL)
    temp2->pa[n++]=tempset2[m++];
temp2->pa[n]=NULL;
m=0;n=0;
while(tempset3[m]!=NULL)
    temp3->pa[n++]=tempset3[m++];
temp3->pa[n]=NULL;
m=0;n=0;
while(tempset4[m]!=NULL)
    temp4->pa[n++]=tempset4[m++];
temp4->pa[n]=NULL;
m=0;n=0;
while(tempset5[m]!=NULL)
    temp5->pa[n++]=tempset5[m++];
temp5->pa[n]=NULL;
m=0;n=0;
lev=plev;
tx0=tx;
table[tx].adr=cx;
gen(jmp,0,1);
if (plev>LEVMAX) error(32);
do{
    if (strcmp(sym,"constsym")==0){
        getsym();
        do{
            constdeclaration();
            while(strcmp(sym,"comma")==0){
```

```
                getsym();
                constdeclaration();
            }
            if (strcmp(sym,"semicolon")==0) getsym();
            else error(5);
        }while(strcmp(sym,"ident")==0);
    }
    if (strcmp(sym,"varsym")==0){
        getsym();
        do{
            dx0++;
            vardeclaration();
            while (strcmp(sym,"comma")==0){
                getsym();
                dx0++;
                vardeclaration();
            }
            if (strcmp(sym,"semicolon")==0) getsym();
            else error(5);
        }while(strcmp(sym,"ident")==0);
    }
    while (strcmp(sym,"procsym")==0){
        getsym();
        if (strcmp(sym,"ident")==0){
            enter(procedur);
            getsym();
        }
        else error(4);
        if (strcmp(sym,"semicolon")==0) getsym();
        else error(5);
        block(plev+1,add(temp3,fsys));
        lev=lev-1;
        if (strcmp(sym,"semicolon")==0){
            getsym();
            test(add(statbegsys,temp2),fsys,6);
        }
        else error(5);
    }
    test(add(statbegsys,temp4),declbegsys,7);
}while(in(sym,declbegsys)==1);
code[table[tx0].adr].a=cx;
table[tx0].adr=cx;
table[tx0].size=dx0;
cx0=cx;
gen(ini,0,dx0);
statement(add(temp1,fsys),plev);
gen(opr,0,0);
```

```
test(fsys,temp5,8);
listcode(cx0);
}

int base(l,b,s)
int l;
int * b;
int s[STACKSIZE];
{
    int b1;
    b1= * b;                              /* find base l level down */
    while(l>0){
        b1=s[b1];
        l=l-1;
    }
    return b1;
}

void interpret()
{
int p=0;                                  /* p:program register */
int b=1;                                  /* b:base register */
int t=0;                                  /* t:topstack registers */
struct instruction i;
int s[STACKSIZE];                         /* datastore */
printf("start pl0\n");
s[0]=0;
s[1]=0;
s[2]=0;
s[3]=0;
do{
    i=code[p];
    p=p+1;
    switch(i.f){
        case lit:t=t+1;
            s[t]=i.a;
            break;
        case opr:switch(i.a){             /* operator */
                case 0:  t=b-1;           /* return */
                    p=s[t+3];
                    b=s[t+2];
                    break;
                case 1:  s[t]=-s[t];
                    break;
                case 2:  t=t-1;           /* plus */
                    s[t]=s[t]+s[t+1];
                    break;
```

```
case 3:  t=t-1;                /*minus*/
    s[t]=s[t]-s[t+1];
    break;
case 4:  t=t-1;                /*times*/
    s[t]=s[t]*s[t+1];
    break;
case 5:  t=t-1;
    s[t]=s[t]/s[t+1];
    break;
case 6:  if (s[t]%2==0) s[t]=0;
    else s[t]=1;
    break;
case 8:  t=t-1;
    if (s[t]==s[t+1]) s[t]=1;
    else s[t]=0;
    break;
case 9:  t=t-1;
    if (s[t]==s[t+1]) s[t]=0;
    else s[t]=1;
    break;
case 10:  t=t-1;
    if (s[t]<s[t+1]) s[t]=1;
    else s[t]=0;
    break;
case 11:  t=t-1;
    if (s[t]>=s[t+1]) s[t]=1;
    else s[t]=0;
    break;
case 12:  t=t-1;
    if (s[t]>s[t+1]) s[t]=1;
    else s[t]=0;
    break;
case 13:  t=t-1;
    if (s[t]<=s[t+1]) s[t]=1;
    else s[t]=0;
    break;
case 14:  printf("%d",s[t]);
    fprintf(fa2,"%d",s[t]);
    t=t-1;
    break;
case 15:  printf("\n");
    fprintf(fa2,"\n");
    break;
case 16:  t=t+1;
    printf("?");
    fprintf(fa2,"?");
    scanf("%d",&s[t]);
```

```
                fprintf(fa2,"%d",s[t]);
                break;
            }
            break;
        case lod:t=t+1;
            s[t]=s[base(i.l,&b,s)+i.a];
            break;
        case sto:s[base(i.l,&b,s)+i.a]=s[t];        /* ptrintf("%d",s[t]) */
t=t-1;
            break;
        case cal:s[t+1]=base(i.l,&b,s);             /* generate new block mark */
s[t+2]=b;
            s[t+3]=p;
            b=t+1;
            p=i.a;
            break;
        case ini:t=t+i.a;break;
        case jmp:p=i.a;break;
        case jpc:if (s[t]==0) p=i.a;
            t=t-1;
            break;
    }
}while(p!=0);
fclose(fa2);
}

main()
{
int m=0,n=0;
char * declbeg[ ]={"constsym","varsym","procsym",NULL};
char * statbeg[ ]={"beginsym","callsym","ifsym","whilesym",NULL};
char * facbeg[ ]={"ident","number","lparen",NULL};
char * tempset[ ]={"period","constsym","varsym","procsym",NULL};
declbegsys=(struct node * )malloc(sizeof(struct node));
statbegsys=(struct node * )malloc(sizeof(struct node));
facbegsys=(struct node * )malloc(sizeof(struct node));
tempsetsys=(struct node * )malloc(sizeof(struct node));
while(declbeg[m]!=NULL)
    declbegsys->pa[n++]=declbeg[m++];
declbegsys->pa[n]=NULL;
m=0;n=0;
while(statbeg[m]!=NULL)
    statbegsys->pa[n++]=statbeg[m++];
statbegsys->pa[n]=NULL;
m=0;n=0;
```

```
while(facbeg[m]!=NULL)
    facbegsys->pa[n++]=facbeg[m++];
facbegsys->pa[n]=NULL;
m=0,n=0;
while(tempset[m]!=NULL)
    tempsetsys->pa[n++]=tempset[m++];
tempsetsys->pa[n]=NULL;

if((fa1=fopen("fa1.txt","w"))==NULL){
    printf("Cannot open file\n");
    exit(0);
}
printf("Input file?\n");
fprintf(fa1,"Input file?\n");
scanf("%s",fname);
fprintf(fa1,"%s",fname);
if((fin=fopen(fname,"r"))==NULL){
    printf("Cannot open file according to given filename\n");
    exit(0);
}

printf("list object code?\n");
scanf("%s",fname);
fprintf(fa1,"list object code?\n");

if (fname[0]=='y')
    listswitch=true;
else
    listswitch=false;
err=0;
cc=1; cx=0; ll=0;
ch='';
getsym();
if((fa=fopen("fa.txt","w"))==NULL){
    printf("Cannot open fa.txt file\n");
    exit(0);
}
if((fa2=fopen("fa2.txt","w"))==NULL){
    printf("Cannot open fa2.txt file\n");
    exit(0);
}
block(0,add(statbegsys,tempsetsys));
fclose(fa);
fclose(fa1);
if (strcmp(sym,"period")!=0)
```

```
    error(9);
if (err==0)
    interpret();
else
    printf("%d errors in PASCAL program\n",err);
fclose (fin);
}
```

习题 10

10-1 将变量、常量和过程名在表 Table 中的数据结构提炼出来，并说明各数据项内容。

10-2 给出 PL/0 语言的过程说明，条件语句 if，循环语句 while 经过 PL/0 编译程序翻译后所产生的目标结构。

10-3 试说明子函数 test 的功能。

10-4 已知如下程序：

```
var x,y;
procedure p;
  var a;
  procedure q;
    var b;
    begin (q)
      b:=10;
    end(q);
procedure s;
    var c,d;
    procedure r;
      var e,f;
      begin (r)
        call q;
      end(r);
  begin (s)
      call r;
      end(s);
  begin (p)
      call s;
  end(p);
begin (main)
  call p;
end(main);
```

(1) 若 PL/0 编译程序运行时的存储分配策略采用栈式动态分配，并用动态链和静态链的方式分别解决递归调用和非局部变量的引用问题，试给出该程序执行到赋值语句 b:=10 时运行栈的布局示意图。

(2) 给出当程序编译到 r 的过程体时，名字表 table 的内容。

表 table

name	kind	level	adr	size

(3) 指出(1)中各指针当前最新值及每个指针(栈顶指针 T，最新活动记录基地址指针 B，动态链指针 DL，动态链指针 SL)的作用，返回地址 RA 的用途。

第 11 章 编译技术高级专题

【本章导读提要】

本章作为选修或自学的内容，旨在结合编译技术的一些新的研究成果和研究热点及问题进行综述和探讨。如新的程序设计方法和语言，高性能体系结构计算机等，这些都对编译技术的研究和发展提出了挑战。本章从面向对象程序设计语言的主要概念出发，讨论面向对象语言的编译程序的实现思想。另外，高性能体系结构的发展与技术对编译技术提出了新的问题和挑战，本章针对主流并行处理器体系结构及与之相关的编译优化技术进行简要介绍，如并行优化技术、存储层次及其优化技术等。本章最后对通用 LR(GLR)分析方法进行了简单介绍。涉及的主要内容包括：

- 面向对象程序设计语言的主要概念和特点。
- 面向对象程序设计语言中继承性的翻译。
- 面向对象程序设计语言中方法的翻译。
- 高性能计算机体系结构及发展。
- 指令级并行优化技术。
- 存储层次及其优化技术。
- GLR 分析。

11.1 面向对象语言的翻译

11.1.1 面向对象程序设计语言的概念

近 20 多年来，面向对象方法的兴起和发展，给计算机科学带来了多方面的变革。软件工程的一个基本原则是信息隐蔽，在面向对象方法中常称为封装。面向对象程序设计语言是为支持信息隐蔽而设计的。它除了具有一般过程式语言众所周知的概念外，还引入了一些新的概念。

1. 类与对象

面向对象程序设计语言中最基本的概念是类和对象。一个对象由其状态和操作该状态的过程组成。对象的状态由一组属性值表示，过程通常称为方法。所以，属性和方法共同反映了对象的特征，在语法上也将方法视为对象的域。方法类似于函数，具有参数和实现体。对于面向对象程序设计语言，设有对象 o 和该对象的方法 f，其最重要的基本操作是激活对象 o 的方法 f，记做 o.f。在某些语言中，对象与抽象数据类型相似，不同之处在于对象中只有方法是外部可见的，而对象的属性只能通过方法的调用去访问。

类则是面向对象程序设计语言中引入的新的类型，它是对象的类型。类描述了一组具有相同特性和相同行为的对象。类形成了面向对象程序设计语言的基本单元模块。

2. 继承性

面向对象程序设计语言的一个重要特性是扩展或继承。继承性是指，若类 B 继承类 A，则类 B 具有类 A 的所有特性和行为，且类 B 还可以包括比类 A 多的自定义的一些其他特征。通常，如果类 B 继承类 A，那么类 B 叫做类 A 的派生类，类 A 叫做类 B 的基类。实际上，继承表示了基本类型和派生类型之间的相似性。一个基本类型具有所有由它派生出来的类型所共有的特性和行为。

为了说明编译面向对象程序设计语言的技术，本章中使用类似C++ 的基于类的面向对象程序设计语言。下面给出对类说明的语法：

```
dec→classdec
classdec→class class-id extends class-id {claasfield}
classfield→[vardec] method
method→method id (tyfields)=exp|method id (tyfields):type-id=exp
```

【例 11-1】 下面是符合该语法的一个程序。

```
start:=10
  class Vehicle extends Object {
    var position:=start
    method move(int x)=(position:=position+x)
}
  class Car extends Vehicle {                 // 类 Car 是 Vehicle 的子类
    var passengers:=0
    method await (v:Vehicle)=
        if (v. position<position)
            then v.move (position-v. position)
        else self.move (10)
}

class Truck extends Vehicle {
    method move(int x)=
        if x<=55 then position:=position+x
}
var t:=new Truck          //说明 new Truck:生成一个 Truck 类型的新对象 t
var c:=new Car            //说明 new Car:生成一个 Car 类型的新对象 c
var v:Vehicle             //变量 v 显式声明为 Vehicle 类型的新对象
c.passengers:=2;
c.move(60);
v.move(70);
c.await(t);
end
```

例 11-1 程序中，类 Truck 重写 Vehicle 的 move 方法，因此任何想 move 一个 Truck 大

于55的情况都是无效的。在 c.await(t)调用中，Truck t 绑定到 await 方法的参数 v 中，当调用 v.move 时，将激活 Truck_move 方法体，而不是 Vehicle_move。这里使用 A_m 形式的表示，来指定类 A 中声明的方法实例 m，方法的每个不同声明是一个不同的方法的实例，两个不同的方法实例可以有同一个方法名，例如当一个方法重写另一个方法时。

注意，上述的说明与C++ 的语义是一致的，但不是C++ 语法的子集。

11.1.2 面向对象语言的翻译

1. 简单继承性的编译方案

对于只有简单继承性(或单继承)的语言来说，每个类最多只对一个父类直接继承。以数据域的单继承为例，可以采用简单的预置技术。以下面类的说明为例，所谓预置技术，即说明中类 B 继承类 A 的情况，在类 B 继承类 A 处，类 B 中从类 A 继承的那些域的开始起，按照它们在类 A 记录中出现的顺序，依次展示在类 B 记录中，而对类 B 中不是从类 A 继承的域则随后放置，类 C 和类 D 类似，如图 11-1 所示。

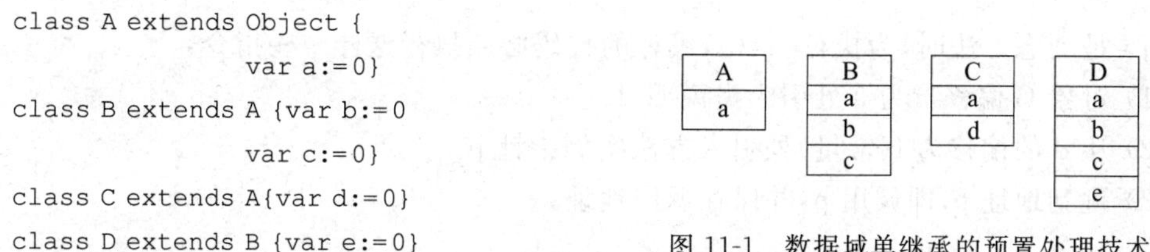

```
class A extends Object {
                var a:=0}
class B extends A {var b:=0
                var c:=0}
class C extends A{var d:=0}
class D extends B {var e:=0}
```


图 11-1 数据域单继承的预置处理技术

2. 方法的翻译

一个方法实例的编译类似于函数，它被转变成驻留在指令空间中特定地址的机器码。例如，例 11-1 中 Truck_move 在机器码标识 Truck_move 处有个入口，在编译的语义处理生成代码阶段，每个变量的环境入口包含一个指向其类型说明的指针，每个类说明包含一个指向其父类的指针和一系列的方法实例，每个方法实例对应一段机器码标识。

某些面向对象语言允许某些方法的声明为静态，对于静态方法，例如调用 c.f()时执行的机器码依赖于变量 c 的类型，而不是 c 所持有的对象类型，这样为了编译 c.f()形式的方法调用，编译程序要寻找类 C，然后在类 C 中寻找方法 f，如果没有找到，则查找 C 的父类即 B 中的方法 f，然后是 B 的父类，依此类推。假设在某个祖先类 A 中找到一个静态方法 f，则它能编译一个函数调用标识为 A_f。

但是该技术对动态方法是无效的。如果类 A 中的方法 f 是个动态方法，它可能会被 C 子类中的某个类 D 所重写，如图 11-2 所示。但是在编译期间无法告诉变量 c 是指向一个类 D 的对象(此种情况下 D_f 被调用)还是类 C 的对象(此种情况下 A_f 被调用)。为了解决这个问题，类说明必须包含一个矩阵，其中每个方法实例为方法名(非静态)。当类 B 从类 A 继承时，方法表从类 A 所知道的所有方法名的入口开始，接下来是类 B 中所声明的新方法。这很类似于继承对象中域的排列。图 11-2 中显示出类 D 重写方法 f 发生的情况。

```
class A extends Object {
        var x:=0
    method f ()}
class B extends A {method g ()}
class C extends B{method g ()}
class D extends C {var y:=0
        method f ()}
```

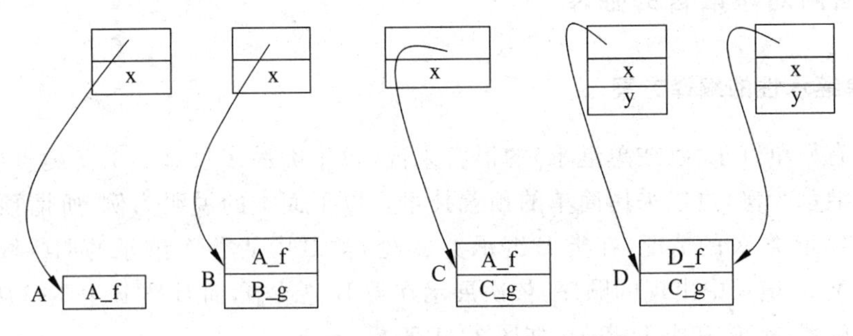

图 11-2　类 D 重写方法 f 发生的情况

当 f 是动态方法时，为执行 c. f()，编译的代码必须执行这样一些指令：

(1) 对象 C 偏移量为 0 处引入类说明 d。

(2) 从 d 的偏移为 f(常量)处引入方法实例指针 p。

(3) 跳到地址 p，即调用 p，并保存返回地址。

3. 多继承的翻译方案

前述可知，单继承性很容易编译。然而，多继承性对于面向对象语言定义和编译器设计则更具有普遍性和更强的适应性。

在有多继承性的语言中，一个类可以从多个类继承，即一个类可以有多个直接的超类，因此，继承谱系不再是树，而是无环有向图。

与多继承性有关的问题和可能的解决办法可以通过双继承性来阐明。如果假定类 C 同时从类 B1 和 B2 派生。以下的讨论引出了语言定义的问题，在某种程度上也引出了编译器设计的问题：

(1) 类 B1 和 B2 之间的冲突及矛盾。例如，在两个基类中，同样的名字用于方法或属性，那么继承将会引起冲突。

(2) 重复继承。图 11-3 是重复继承的示例。从图中可看出类 B1 和 B2 都直接从类 A 继承，那么类 C 将从类 A 重复继承，这会引起有趣的冲突局面。

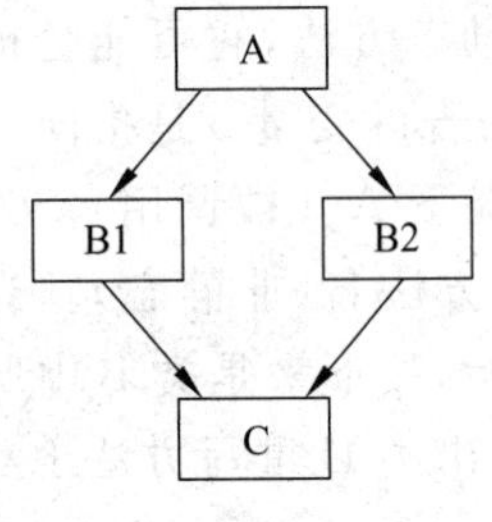

图 11-3　重复继承示例

对(1)而言基本上是一个语言定义问题。下面的一些解决办法可以用于语言设计，也可以把它们组合运用。

① 把类 B1 定义为主要后代，解决冲突即类 B1 优先。这种办法实际是通过预先定义的次序查找继承谱系来动态将名字结合，以最先找到为准。在图 11-3 所示的例子中，即先查找类 C，然后查找类 B1，最后查找类 B2。

这种办法并非没有危险，因为可能的冲突并非都是显式的。因此，当使用这种策略解决冲突时，并非所有的冲突对程序开发者来说总是清楚的。

② 对允许继承特征被重新命名的语言，允许程序员通过显式的干预来解决可能存在的冲突。

③ 由语言提供一些方式来解决冲突。例如，如果名字 n 在类 B1 和 B2 中的定义矛盾，那么 B1::n 或 B2::n 无歧义地指明应该使用类 B1 还是类 B2 的定义，C++ 语言即是如此。

对于从语言定义给出的这些解决办法，实现起来没有什么困难，只涉及到编译器符号表的组织和管理问题，在此不展开讨论。

就前面的问题(2)而言，存在下面两种截然相反的解决方法，两种方法各有优缺点。

可以看到，在有些场合下需要重复继承的多个实例，而在另一些场合下只需要重复继承的单个实例，在某种情况下，甚至会有这样的需求：对重复继承的某些特征需要单个实例，而对另一些特征需多个实例。

下面仅考虑允许重复继承的多个实例的编译方案。这些方案比同时还允许单个实例的编译方案要简单些，产生的代码效率也高一些。下面讨论独立的重复继承的编译。

在独立的重复继承的情况下，来自基类的继承是相互独立的。相应地，继承类 C 的对象包含基类 B1 和 B2 的完整副本。要注意的是，重复继承在下述情况下导致冲突和二义：

① 当多实例的特征被用于访问、调用和覆盖时。

② 当类 C 对象的类 A 视图被建立时(因为类 C 对象包含几个类 A 子对象)。

可见性规则可以在某些情况下帮助避免这些问题。例如，C++ 语言允许一个类对它的继承者隐藏它自己的继承性。比如，类 B1 可以隐蔽地从类 A 继承，而类 C 并不知道这一点，此时类 B1 不是类 A 的子类，并且类 C 中不会由于类 A 的多个实例而出现二义，在可见性规则不足以消除二义性的地方，需要引入额外的语言规定。比如在C++ 语言中，受限算符::可以用于 B1::f 的形式，以表示特性 f 属于类 B1。此外，还可以使用类型转换，如显式地把类 C 的对象转换成类 B1 的对象。

现在把简单继承性的编译方案扩充到独立的双继承性场合。在简单继承性的情况下，为了有效地实现方法的动态结合，在每个对象中，加入了一个指针作为该类的第一个成分，该指针指向方法表，下面仍使用这种方式。

需要注意的是，对于类 C 的每个超类 B，编译器必须能够产生类 C 对象的类 B 视图。因为类 B1 子对象是处在类 C 对象的开头，因而对于类 B1，仍可以使用简单继承性的办法，即类 C 对象的类 B1 视图是类 C 视图的开头部分(对象成分和方法表都是这样)。但不能用类 C 视图的开头部分作为类 B2 视图，因为一个对象的类 B2 视图必须有一个方法表指针作为它的第一个成分，该方法表的内容是依据类 B2 和类 C 确定的，跟随该指针的是类 B2 的属性值。这就导致了下面的方法：在类 C 对象中，在类 B2 属性值的前面加上指向另一方法表的指针。这个方法表由类 B2 方法表的副本经类 C 中重新定义的方法覆盖而产生。于是，类 B2 视图由一个类 B2 引用表示，它指向类 B2 子对象的开始。类 B2 子对象的第一个成分是指向类 B2 子对象方法表的指针。对于超类 A 的每个实例，编译器知道类 C 对象中对应子对象的偏移。编译器通过把这个偏移加到类 C 引用而产生相应的类 A 引用。

类 C 中定义的方法期望它为之激活的对象的 C 视图。如果这样的方法覆盖超类 A(更精确地说，覆盖超类 A 的一个实例；类 C 可以含类 A 的几个实例)的方法表中的一个入口，那么在该方法激活时,只有类 A 的视图是可用的。运行时,必须能够从它计算所需的类 C 视图,如果类 A 和类 C 都是已知的,那么这很容易:视图可由相应的引用表示,并且对于每个类 C 对象,类 A 引用和类 C 引用间的差 d 是一个常数,即在类 C 对象中类 A 子对象的偏移。因此,类 C 引用可以由类 A 引用减去差 d 计算出来。但在该方法调用被编译和运行时,类 C 是未知的。基于这个原因,编译器把用于确定所需视图的偏移存于方法表中下面紧邻该方法指针的地方。于是,方法表中的每个入口有两个成分:方法和偏移,使得方法所期望的视图可以从方法活动时的可用视图中生成。注意,两个视图由对应子对象的引用表示。

上面描述的办法有一个缺陷,即类 C 的两个方法表包含类 B2 方法表的两个副本。结果,存放类 C 的方法表所需的存储空间可能会随类 C 定义的复杂度的增加而呈现指数性增长。这是因为一般类定义的复杂度,指的是类的展开定义的大小,而类的展开定义由类的定义经基类的展开定义代替基类而派生出来。

为了避免指数性增长,可以考虑只使用类 B2 方法表的一个副本。

11.1.3 面向对象语言中的动态存储

对面向对象的语言中的对象、方法、继承以及动态绑定等特性,在运行时环境要求具有特殊的机制。本节将给出有关这些特征的实现技术。

不同的面向对象语言对运行时环境方面的要求差异很大。例如,Smalltalk 和C++ 语言是这种差异的典型代表。Smalltalk 语言要求几乎是完全动态的环境,而C++ 语言则因为保持了 C 语言的基于栈的环境,它并不需要自动动态存储器管理。在这两种语言中,存储器中的对象可被看做是记录结构和活动记录之间的交叉,而且带有作为记录域的实例变量(即数据成员)。这个结构与传统记录在对方法和继承特征的访问上有着一定的差别。

一般实现对象的一个简单方法是,初始化代码将所有当前的继承特征(和方法)直接地复制到记录结构中(将方法当作代码指针),这样做很浪费空间。另外一种方法是在执行时将类结构的一个完整的描述保存在每个点的存储器中,并由超类指针维护继承性。然后同用于它的实例变量的域一起,每个对象保持一个指向其定义类的指针,通过这个类就可找到所有(局部和继承的)的方法。此时,只在类结构中记录一次方法指针,而且对于每个对象并不将其复制到存储器中。由于是通过类继承的搜索来找到这个机制的,所以该机制还实现继承性与动态联编。这种方法的缺点在于:虽然实例变量具有可预测的偏移量,正如在标准环境中的局部变量一样,但方法却没有,而且它们必须由带有查询功能的符号表结构中的名字维护。对 Smalltalk 这类高度的动态语言,这种结构是合理的,其中对于类结构的改变可以发生在执行中。

将整个类结构保存在运行环境中的另一种方法是:计算出每个类的可用方法的代码指针列表,并将其作为一个虚拟函数表存放在静态存储器中。这种方法的优点是,可以方便地作出安排,以使每个方法都有一个可预测的偏移量,而避免用一系列表查询遍历类的层次结构。这样每个对象都包括了一个指向相应的虚拟函数表而不是类结构的指针(当然,这个指针的位置必须也有可预测的偏移量)。注意,这种简化仅在类结构本身是固定在执行之前的情况下才成立。它是C++ 语言中选择的方法。

【例 11-2】 设有如下的C++语言类的声明

```
class A
{public:
double x,y;
void f();
virtual void g();
};
class B:public A
{public:
double z;
void f();
virtual void h();
};
```

类 A 的一个对象应出现在存储器中(带有它的虚拟函数表),如图 11-4 所示。

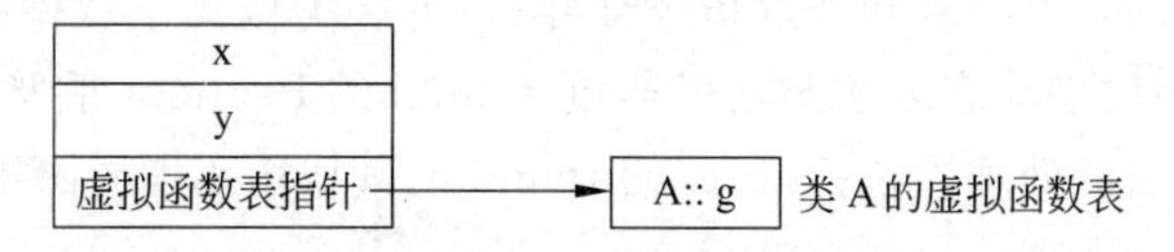

图 11-4 带有虚拟函数表的类 A 的一个对象的存储

而类 B 的一个对象则应如图 11-5 所示。

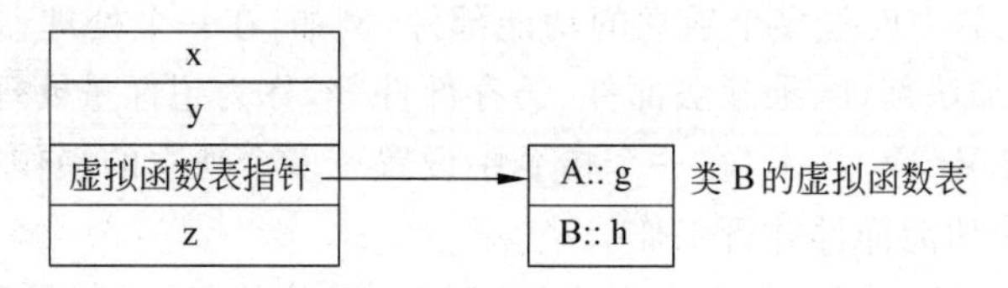

图 11-5 带有虚拟函数表的类 B 的一个对象的存储

每次增添对象结构时,注意虚拟函数指针如何保留固定的地址,这样就可在执行之前知道它的偏移量。还应注意(由于函数 f 没有声明"虚拟"),它并不遵守C++语言的动态联编,因此也就不出现在虚拟函数表,对函数 f 的调用是在编译时决定的。

11.2 高性能计算机体系结构及发展趋势

高性能体系结构技术的不断发展对编译技术提出了新的要求和挑战。因此利用编译技术,针对具体的计算机体系结构进行优化,能够大幅度提高目标程序的运行效率。就目前的情况看来,编译器和硬件能够充分挖掘和利用指令级并行机制,使得程序的运行效率得到大幅的提高;相比起来,线程级并行和数据级并行目前还处于显式并行的阶段,仍然需要程序员手动编写并行代码以改善系统性能。

从第一块微处理器芯片 Intel 4004 诞生 30 多年来,微处理器取得飞速发展,其性能以每 18 个月翻一番的惊人速度不断提升。1985 年以来,几乎所有的处理器都采用流水线方式,这种方式使指令的执行可以重叠进行,大大提高了微处理器的性能。到 2001 年,高端微处理器可以包含近1亿多只晶体管，时钟频率达到了2GHz。此后的几年里，由于受到功耗消耗和制造工艺的制约，仅仅靠提高处理器时钟频率来提高处理器性能的方法已经行不通。2004年，Intel取消了其高性能单核处理器的研究计划，并宣称将通过在同一芯片上集成多个处理器来进一步提高计算机系统的性能。这标志着一个历史性转折，即处理器性能的改进不再依赖于指令级并行技术，而是更加关注线程级并行和数据级并行。

本节首先简要回顾现有的主流并行处理器体系结构，然后介绍与这些体系结构相关的编译优化技术。

11.2.1 支持指令级并行的处理器简介

20世纪80年代中期以后，几乎所有的处理器都采用流水线执行方式，这样可以使多条指令同时重叠执行。由于可以将指令间的关系看做是并行的，因此将指令间的这种重叠称为指令级并行ILP(Instruction Level Parallelism)。开发指令级并行的方法大致有两类：一类方法依赖于硬件，动态地发现和开发指令级并行；另一类依赖于软件技术，在编译阶段静态地发现并行。使用硬件动态方法的处理器包括Intel的Pentium系列，在市场上占据主导地位；而采用静态方法的处理器包括Intel的Itanium，其适用范围局限于科学领域和特定的应用环境。

从实现的角度，指令级并行有3种基本方法：

(1) 采用流水技术，称为流水线处理器或超流水线处理器。

(2) 在一个处理器中设置多个独立的功能部件，例如，在一个处理器中设置独立的定点算术逻辑部件、浮点加法部件、乘除法部件、访存部件等，称为超标量处理器。

(3) 超长指令字VLIW技术，在一个指令中设置有多个独立的操作字段，每个字段可以分别独立地控制各个功能部件并行工作。

无论采用哪一种技术，都是从两方面来挖掘指令级的并行性，一是所谓空间并行性，即在一个处理器内部设置多个独立的操作部件，并让这些操作部件并行工作；二是所谓时间并行性，就是采用流水技术。同时，不管是依赖于硬件的技术和依赖于软件的技术，都需要编译器的辅助工作。在编译和生成目标代码的过程中，针对具体的处理器结构实施优化，才能真正发挥这些处理器的性能优势。因此在了解针对于这些结构的编译优化技术之前，先简述这类处理器结构。

1. 简单的流水处理器

流水技术是一种非常经济，且对提高处理机的运算速度非常有效的技术，采用流水线技术可以不增加硬件或只需要增加少量硬件就能够把处理器的运算速度提高几倍。流水线方式是把一个重复的过程分解为若干个子过程，每个子过程可以与其他子过程同时进行。由于这种方式与工厂中的生产流水线十分相似，因此，把它称为流水线工作方式。20世纪60年代初期，一些高端机器中首次采用了流水线，到20世纪80年代，流水线技术已成为RISC处理器设计方法中最基本的技术之一。常见的流水技术包括指令流水技术、部件流水技术和处理机流水技术。

指令流水技术把一条指令的执行过程分解为几个有联系的子过程，每个子过程称为一个流水段，由一个专门的功能部件来实现。因此，流水线实际上是把一个大的功能部件分解为多个独立的功能部件，并依靠多个功能部件并行工作来缩短指令的执行时间。每个功能部件后面有缓冲寄存器，用于保存本段的执行结果。流水线中各段的执行时间应尽量相等，否则会引起"堵塞"、"断流"等情况。执行时间较长的一段将成为整个流水线的瓶颈。

常用时空图描述流水线，即用横坐标表示时间，纵坐标表示空间，当流水线中的各个功能部件的执行时间相等时，横坐标被分割成相等长度的时间段。例如DLX机器采用5级指令流水线，包括取指(IF)、译码(ID)、执行(EX)、存储访问(MEM)和写回(WB)5个阶段，其执行指令的过程可以用图11-6表示。

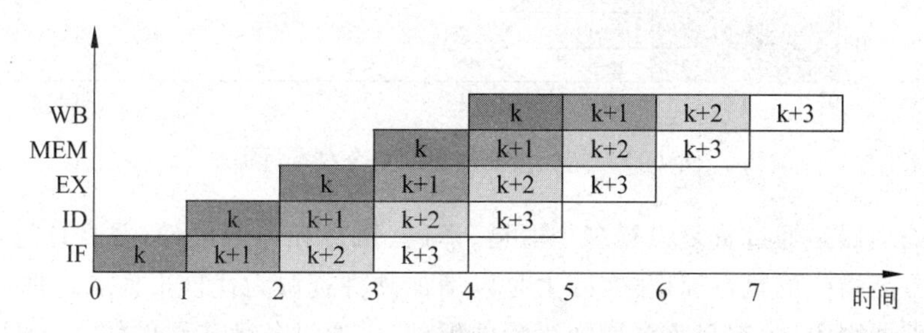

图11-6 DLX处理器5级流水线时空图

从图11-6中可清楚看到，指令在流水线各个段中流动的过程。从横坐标看，流水线中的各个功能部件在逐个连续地完成自己的任务；从纵坐标看，在同一时间段内有多个功能段在同时工作。若不采用流水线方式，处理器5个时钟周期才能执行完一条指令；采用5级流水方式，在理想情况下，可以每个周期执行完一条指令。为了充分发挥流水线的效率，要尽量保证流水线中的任务是连续的。实际上，流水线也需要有"装入时间"和"排空时间"，只有流水线完全充满时，整个流水线的效率才能得到充分发挥。

2. 超流水处理器

超流水处理器是相对于流水级数较少的处理器而定义的，这类处理器具有更高的流水度。如果将上述5级流水中的每个流水段再细分，例如，将每一段再分解为两级延迟时间更短的流水线，则每一条指令的执行就要经过10级流水线。这样，在原来5级流水的一个基本时钟周期内就能完成两条指令的执行。超流水线处理器的时钟周期要比普通的流水处理器的短。目前通用处理器中普遍采用的是超深度流水线技术，流水线的深度已经从不到10级增加到甚至超过20级。

3. 超标量处理器

通常把一个时钟周期内能够同时发射多条指令的处理机称为超标量处理机。超标量处理机最基本的要求是必须有两套以上完整的指令执行部件，在有些超标量处理器中，功能部件的个数要多于每个周期发射的指令条数。例如，在许多单时钟周期发射两条指令的超标量处理器中，通常有4个或4个以上独立的操作部件，甚至有的超标量处理器中有16个独立的操作部件。为了能够在一个时钟周期内同时发射多条指令，超标量处理机必须有两条或两条以上能够同时工作的指令流水线。目前，在多数超标量处理机中，每个时钟周期发射两条指令,通常不超过4条。

超标量处理器的执行过程如图11-7所示。

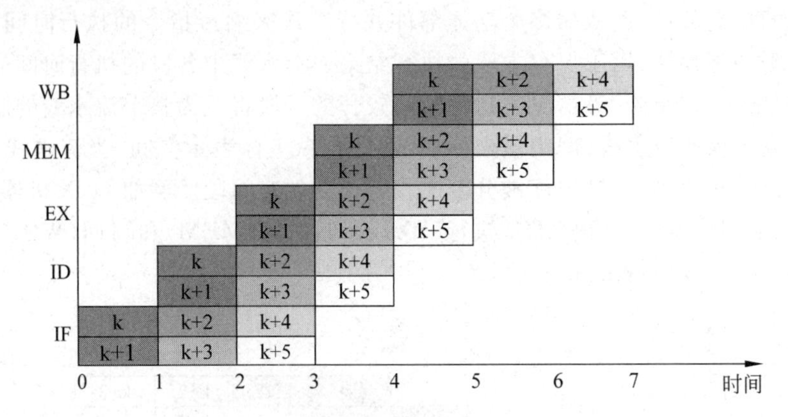

图11-7　超标量处理器的指令执行过程

超标量处理器是通过重复设置多个取指、译码、执行和写回部件,并且让这些功能部件同时工作来提高指令的执行速度,实际上是以增加硬件资源为代价来换取处理器性能的;而超流水线处理器则不同,它只需要增加少量的硬件,是通过各部分硬件的充分重叠工作来提高处理器性能的。从流水线的时空图上看,超标量处理器采用的是空间并行性,而超流水线处理器采用的是时间并行性。

4. 超标量超流水处理器

从开发程序的指令级并行性来看,超标量处理器主要开发空间并行性,通过设置多个操作部件同时发射执行多条指令以提高程序的执行速度;而超流水线处理器则主要开发时间并行性,把一个功能段细分为几个流水级。因此二者并不冲突,可以将超标量技术和超流水技术结合起来,就构成了超标量超流水处理器。

5. 超长指令字处理器

超长指令字VLIW(Very Long Instruction Word)处理器的实现意图以及性能目标与超流水处理器和超标量处理器非常相似,主要的区别在于动静态界面的确定。在超标量处理器中,究竟哪些指令被发射到执行段是在运行时决定的;而VLIW处理器则在编译时刻决定哪些指令将被同时发射到执行段,并将这些指令组合为一个超长指令字存放到程序存储器中。VLIW处理器每个周期用执行单条“宽指令”的办法发射多条指令,一条宽指令装有几条常规指令,如图11-8所示。编译程序负责正确地调度组装超长指令字。

因为大多数应用程序开发者不是用机器语言书写程序,实现指令组装和调度的任务实际上是由编译程序完成的。所以编译程序必须识别操作之间的依赖关系,并合理地调度指令,使其需要的时钟周期数尽可能地少。VLIW处理器的指令执行过程如图11-9所示。

VLIW采用多个独立的功能单元,将满足某种约束条件的指令打包成一条长指令。为了使功能单元始终处于工作状态,代码序列必须含有足够的并行度,以填满功能单元的可用运算槽。代码序列中的并行度是通过将循环展开,在每个单独的、更大的循环体中进行代码

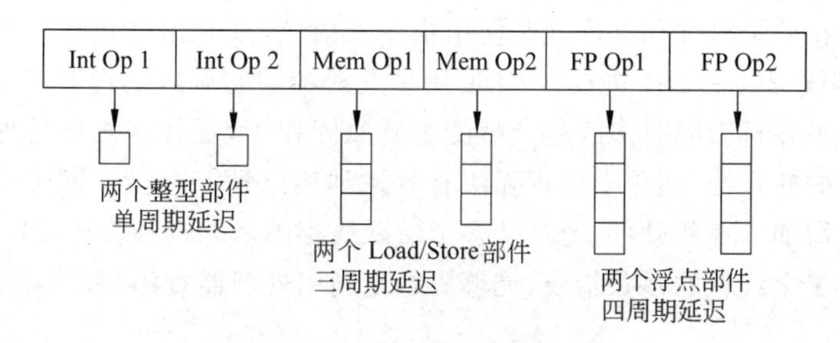

图 11-8 超长指令字示意图

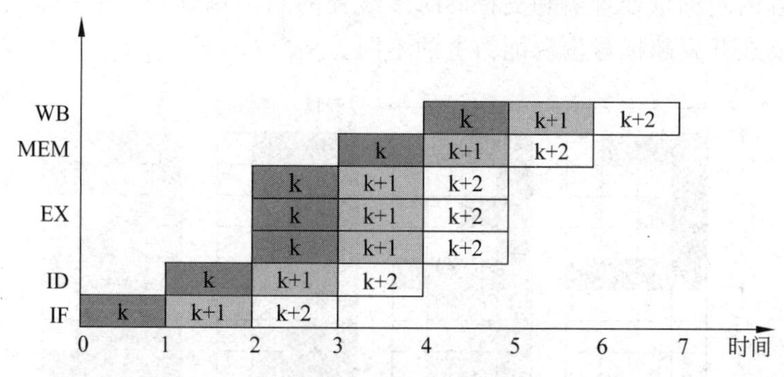

图 11-9 超长指令字处理器执行指令的示意图

调度而显现的。如果通过展开得到的是无转移代码,则可以使用局部调度技术,针对每个单独的基本块进行调度。如果并行度开发要求跨转移调度代码,则需要使用更加复杂的全局调度算法。

11.2.2 支持线程级并行的处理器简介

从 20 世纪 80 年代中期开始的 20 多年中,从时间和空间上挖掘指令级的并行性是处理器设计考虑的首要因素。此后,相继出现了一系列越来越复杂的流水线机制、多发射机制、动态调度和预测机制。尽管单处理器仍在发展,但是开发指令级并行性的空间正在逐渐减少,很难单纯地通过提高主频来提升系统的性能,而且主频的提高同时也带了功耗的提高。对于某些程序来说,开发指令级并行是非常困难的。正是在这样的背景下,各主流处理器厂商纷纷将产品战略从提升芯片时钟频率转向了多线程和多内核处理器。

1. 多线程处理器

多线程处理器通常为每个线程维护独立的处理器状态,包括寄存器与程序计数器 PC 等,能够快速地切换线程上下文。多线程处理器又分为细粒度多线程处理器和粗粒度多线程处理器。细粒度多线程处理器在每个时钟周期都进行线程上下文切换;粗粒度多线程处理器在遇到延迟事件(Cache 缺失或访存事件)时才切换到其他线程,否则一直执行同一个线程的指令。由于多线程处理器在遇到延迟事件时,将线程迅速切换去执行另外一部分程序代码,多线程处理器可有效地减少垂直方向的浪费。

多线程处理器在任何时刻只允许单个线程执行,因此尽管没有浪费指令周期,但多个线程还是可能无法在一个时钟周期内同时使用指令发射槽，水平浪费仍然不可避免。同时多线程(SMT)是多线程的一个改进技术，它使用多发射和动态调度处理器在开发线程级并行的同时开发指令级并行。同时多线程产生的主要原因在于，现代多发射处理器的功能单元中通常含有大量的并行性，而单个线程无法有效地利用这种并行度。同时多线程处理器在超标量处理器上增加了一些硬件，通过从多个活跃线程中动态选择与执行指令流，在一个时钟周期内可发射多个线程的多条指令，能够更好地利用处理器资源，有效降低水平浪费和垂直浪费。

图 11-10 表示了不支持多线程的超标量处理器、支持粗粒度多线程的超标量处理器、支持细粒度多线程的超标量处理器和支持同时多线程的超标量处理器的概念，显示了几种不同结构的处理器在开发超标量资源能力上的不同。

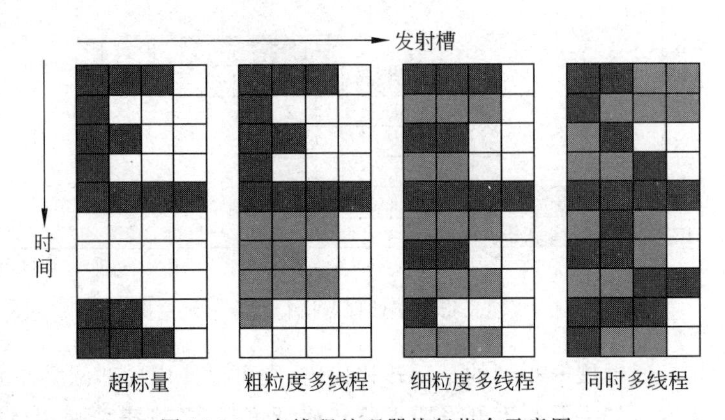

图 11-10　多线程处理器执行指令示意图

在不支持多线程的超标量处理器中，发射槽的利用率受到缺乏指令级并行度的限制，像指令 Cache 缺失这类主要的停顿有可能使整个处理器陷入空闲状态。支持粗粒度的超标量处理器可以在一个线程停顿时，通过切换使另一个线程利用处理器资源，这样做可以部分隐藏长时间停顿。尽管这样可以减少完全空闲的时钟周期数，但是在每个时钟周期内部，指令级并行的限制仍然会引发操作部件空闲。另外，由于新线程的启动需要一定的时间，因此，仍然有可能出现完全空闲的时钟周期。在支持细粒度的超标量处理器中，线程的交替消除了完全空的发射槽，但是由于在给定的时钟周期内只允许一个线程发射指令，因此在指令级并行的限制下，每个时钟周期内部还是会有空闲的发射槽。在同时多线程中，所有的发射槽在一个时钟周期内被多个线程共享，线程级并行和指令级并行被同时开发。理想情况下，发射槽的利用率仅受限于多个线程对资源的需要同可用资源之间的不平衡；实际情况下，还要受线程数量和缓存大小的限制。

2. 多核处理器

CMP 是指在一个芯片上集成多个微处理器核心，每个微处理器核心实质上都是一个相对简单的微处理器，多个微处理器核心可以并行地执行程序代码。具有较高线程级并行性的应用，如商业应用等可以很好地利用这种结构来提高性能。根据芯片上集成的多个微处理器核心是否相同，CMP 可分为同构 CMP 和异构 CMP。同构 CMP 大多数由通用的处理器组成，多个处理器执行相同或者类似的任务。双核 Power5 的系统结构如图 11-11(a)所示，每个核为同时多线程处理器，能够同时执行两个线程。异构 CMP 除含有通用处理器作为控制、通用计算之外，多集成 DSP、ASIC、媒体处理器、VLIW 处理器等针对特定的应用提高计算的性能。图 11-11(b)给出了 Sony、Toshiba 与 IBM(STI 联盟)共同研制的 Cell 处理器的结构示意图。Cell 处理器由一个 Power 处理器核心 PPE(Power Processor Element)和 8 个辅助处理器 SPE(Synergistic Processor Element)构成，属于异构 CMP。Cell 旨在以高效率、低功耗处理下一代宽带多媒体与图形为主要应用领域。

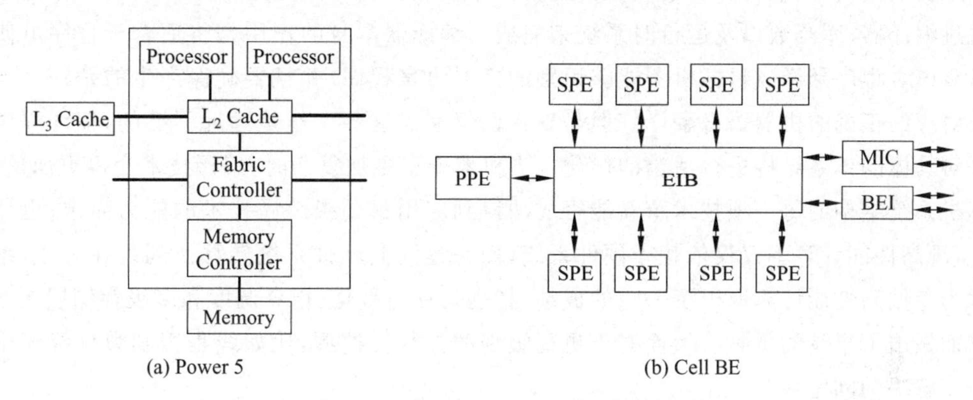

图 11-11 Power5 和 Cell 处理器结构

根据多个处理核心在哪级存储层次上互连，CMP 的结构可分为 3 类：共享一级 Cache 的 CMP，共享二级 Cache 的 CMP 和共享主存的 CMP。通常，CMP 采用共享二级 Cache 的 CMP 结构，即每个处理器核心拥有私有的一级 Cache，且所有处理器核心共享二级 Cache。

由于 CMP 采用了相对简单的微处理器作为处理器核心，CMP 中绝大部分信号局限于处理器核心内，包含极少的全局信号，因此线延迟对其影响比较小；微处理器厂商一般采用现有的成熟单核处理器作为处理器核心，从而可缩短设计和验证周期，节省研发成本；通过动态调节电压/频率、负载优化分布等，可有效降低 CMP 功耗；CMP 采用共享 Cache 或者内存的方式，多线程的通信延迟较低。

多核处理器与同时多线程处理器的区别如图 11-12 所示。从体系结构的角度看，SMT 比 CMP 对处理器资源利用率要高。但是随着 VLSI 工艺技术的发展，晶体管特征尺寸不断缩小，使得晶体管门延迟不断减少，但互连线延迟却不断变大。当芯片的特征尺寸减小到 0.18μm 甚至更小时，线延迟已经超过门延迟，成为限制电路性能提高的主要因素。在这种情况下，由于 CMP 的分布式结构中全局信号较少，与 SMT 的集中式结构相比，在克服线延迟影响方面更具优势。SMT 与 CMP 都是通过利用程序中的线程级并行性来提高程序性能与系统吞吐率。

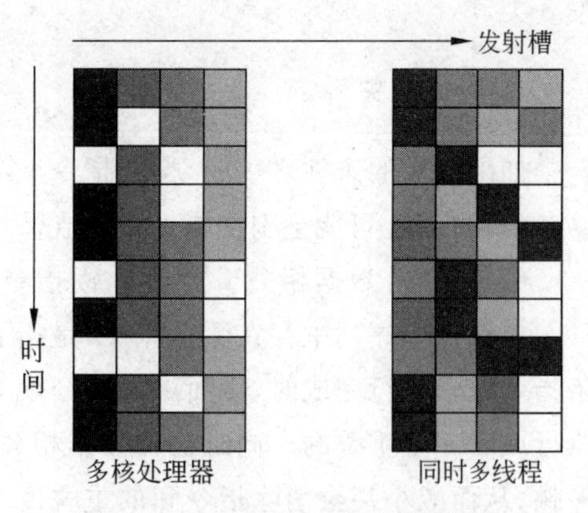

图 11-12 多核处理器与同时多线程处理器的区别

11.2.3 高性能体系结构对编译器的挑战

为了满足应用领域对计算速度不断增长的需求，计算机体系结构变得越来越复杂，对编程也提出了更高的要求。为了尽力从各个处理器中汲取出更高的性能，程序员必须学会如何手工变换代码，以改善多发射处理器上的指令调度。实际上这些手工变换的工作完全可以通过编译器、库函数以及运行时系统来完成。编译器本身的作用是将适合于程序员使用的高级语言程序翻译成目标机器能够识别的机器语言程序，并且要确保产生的是一个与源程序对应的正确的机器语言翻译。但是现在仅仅完成这些工作是远远不够的，编译程序必须针对具体的体系结构进行适当的优化。当机器变得更加复杂时，编译技术变得更加重要。计算机系统结构的每一项技术革新能否成功得到应用都要视编译技术的能力而定；也就是说，实现高性能计算不仅仅依赖于硬件系统，而是逐渐向软件系统转移。到现在为止，编译技术为挖掘高性能计算取得了一定的成绩，特别是在向量化、指令调度和多级存储层次管理等方面做出了卓越的贡献。然而对于更高级别的并行性挖掘，比如线程级和数据级还是一个尚待解决的问题。

11.3 关于并行优化技术

11.3.1 指令相关与指令并行化

在流水线处理器中，关键的性能屏障是存在流水线停顿(Pipeline Stall)。当一组新的输入不能注入流水线时，就发生停顿。这是由于一种称为相关的状态造成的。称两条指令是相关的，是指它们无法并行，并且只能以顺序的方式执行。因此指令之间是否存在相关性是判断指令能否并行执行的关键因素。通常将相关状态分为数据相关、结构相关和控制相关3类。

1. 数据相关

如果下面的条件之一成立，则指令j数据相关于指令i：

(1) 指令j可能会引用指令i的结果。

(2) 指令j数据相关于指令k，而指令k数据相关与指令i。

所谓指令序列中存在数据相关，是指后一条指令需要引用前一条指令的执行结果，前一条指令没有执行完成时，后面一条指令就无法执行。因此两条数据相关的指令是不能同时执行或者完全重叠的。同时执行数据相关的指令会使处理器检测到相关状态，造成处理器停顿，从而减小甚至消除指令间的重叠度。在一个没有内部互锁、依赖编译器调度的处理器中，编译器不能以完全重叠的方式调度存在相关性的指令，因为这样会导致程序的错误执行。调度代码是在不改变相关性的条件下避免错误的首要方法，这种调度可以由编译器在编译阶段完成。在现代的处理器中，利用数据旁路技术可以避免大多数由数据相关引发的流水线停顿。例如：

```
ADD  R1, R2
SUB  R3, R1
```

这样的指令序列中存在数据相关，但是采用旁路技术可以使得加法指令的结果在写回阶段之前被送到减法指令的执行阶段的输入端，而不用等待加法指令回写到寄存器中。采用了数据旁路技术的执行序列如下图 11-13 所示。

但是下面的指令序列：

```
MOV  R1, [R2]
ADD  R3, R1
SUB  R4, R5
```

在图 11-6 的流水线上执行时，必然会引发流水线停顿。因为在存储周期结束前，取数指令的结果是不可能从别的地方获得的。因此，这两条指令的执行会引发流水线一个周期的停顿，如图 11-14 所示。

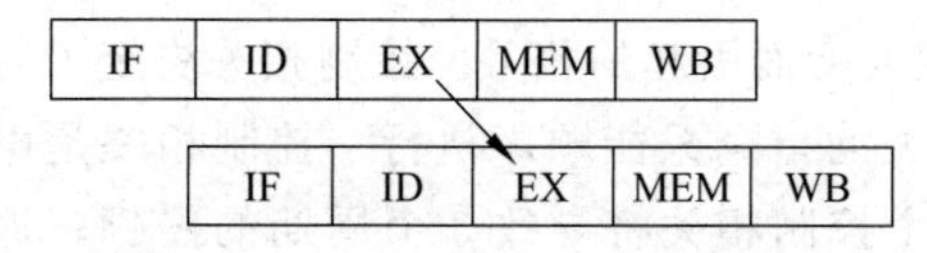

图 11-13 流水线中的数据旁路技术

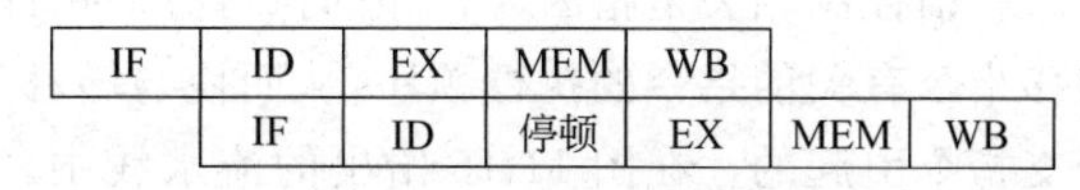

图 11-14 流水线停顿

为了使这两条指令能正确地执行，编译器需要在 MOV 指令和 ADD 指令之间插入一条空操作指令；实际上还可以通过适当地编译器调度消除上面的问题，即将 SUB 指令提前到 ADD 之前执行。因为该指令不需要使用 R1 寄存器中的数据，所以既可以维持指令之间的数据相关，又不会导致流水线的停顿。

对于那些比较复杂的操作部件，通常会占用几个流水级才能完成一次操作，这些功能部件的存在也对编译程序提出了新的要求。编译程序需要对指令进行调度，在可能的情况下自动重排指令的执行顺序，以保证流水线不会出现停顿的情况。假设在一台机器上完成一次浮点加法运算需要两个时钟周期，那么如下的浮点求和表达式顺序计算必然会导致流水线的停顿

$$A+B+C+D$$

在第一个加法操作之后，每个加法将不得不等一个周期，等前一个加法做完，这需要两个停顿。但是如果处理器提供了多个浮点求和操作部件，编译程序可以重组加法操作，比如采用如下的方式

$$(A+B)+(C+D)$$

则能有效地减少流水线的停顿周期。

2. 结构相关

当指令在并行执行过程中，硬件资源满足不了指令并行执行的要求，发生资源冲突时将产生结构相关。在任何时候，一种特定体系结构的实现只有有限的资源，指令的重

叠和并行执行会导致多个指令对同一个资源部件的争用。在超标量处理机中，通常设有多个独立的操作部件。常见的操作部件有定点算术逻辑部件ALU，浮点加法部件。例如一个超标量处理器具有两个加法部件、一个乘法部件和一个存储部件，且单周期内最多可以同时发射4条指令到操作部件进行执行。但是如下的4条指令无法同时被发射到操作部件执行：

```
ADDR0, R1
ADDR2, R3
MULR4, R5
ADDR6, R7
```

尽管这4条指令中不存在数据相关，但是其中有3条指令需要同时使用加法部件，而可用的加法部件只有两个，因此必须有一条加法指令被延迟执行。编译程序也可以通过指令重排的方法解决结构相关的问题。

3. 控制相关

所谓控制相关是指因为程序的执行方向可能被改变而引起的相关。控制相关决定了与转移指令有关的指令的执行顺序，从而使与转移有关的指令只能顺序执行。控制相关是由分支指令引起的。在图11-15给出的流水线中，一个控制相关将导致3个周期的停顿。这是因为是否发生跳转以及跳转的目标地址只有等条件分支指令执行完成之后才能获得。在此之前，流水线必须停顿等待。

IF	ID	EX	MEM	WB	条件分支指令			
	IF	ID	EX	IF	ID	EX	MEM	WB
	停顿	停顿	停顿					

图11-15　条件分支指令引发的流水线停顿

在图11-6给出的5级流水线中，一个条件分支指令将导致3个周期的停顿。如果条件发生，条件分支指令用目标指令的地址更新PC，否则，使用下一条指令的地址更新PC。在分支指令的MEM阶段之前是否分支是不能确定的，如图11-15所示。

如果在没有特殊硬件支持的情况下，编译程序需要在条件分支指令后面插入3条NOP指令，以保证程序的正确执行。通常将分支指令后面需要插入NOP指令的地方称为分支延迟槽。从编译技术的角度，降低流水线分支延迟的方法通常有预测分支失败、预测分支成功和延迟分支技术。以预测分支成功为例，当流水线译码到一条分支指令时，流水线继续取指令，并允许该分支指令后的指令继续在流水线中流动。当流水线确定分支转移成功与否后，如果分支转移成功，流水线必须将在分支指令之后取出的所有指令转化为空操作，并在分支的目标地址处重新取出有效的指令；如果分支转移失败，那么可以将分支指令看做是一条普通指令，流水线正常流动，无须将在分支指令之后取出的所有指令转化为空操作。延迟分支方法的主要思想是选择有效和有用的指令填充延迟槽。以如下的指令序列为例：

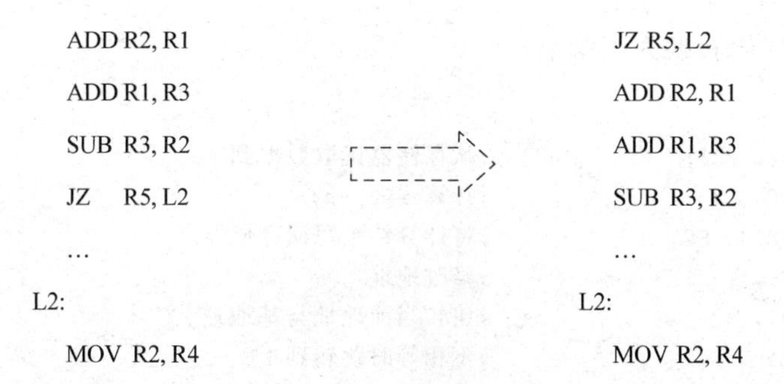

JZ 指令的执行必然造成 3 个周期的流水线停顿，但是如果能选择 3 条有用的指令放到 JZ 指令后面的延迟槽中，则无论分支成功与否，流水线都会执行这些指令，也不会造成流水线停顿。处于分支延迟槽中的指令"掩盖"了流水线原来必须插入的暂停周期。通过上述调整之后，流水线的执行序列如图 11-16 所示。

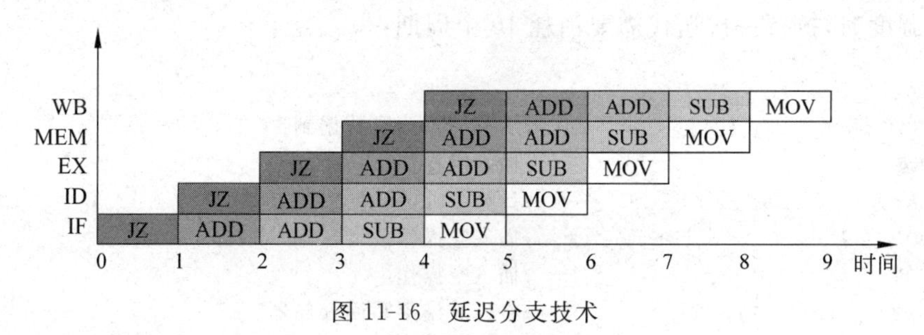

图 11-16　延迟分支技术

调度分支延迟指令填充延迟槽的常用方法有 3 种：

(1) 从前调度，分支必须不依赖于被调度的指令，总是可以有效地提高流水线性能，上面的例子就是采用从前调度的方法。

(2) 从目标处调度，如果分支转移失败，必须保证被调度的指令对程序的执行没有影响，分支转移成功时，可以提高流水线性能，但由于复制指令，可能加大程序存储空间。

(3) 从失败处调度，如果分支转移成功，必须保证被调度的指令对程序的执行没有影响，分支转移失败时，可以提高流水线性能。

11.3.2　循环展开与优化

要保持一条流水线不停顿，就要去发现可以流水重叠的不相关的指令序列，并加以充分利用。为了避免流水线停顿，需事先找出指令代码中的相关指令并将它们分离，使其相隔的时钟周期正好等于原来指令在流水线中执行时的时延。编译器进行这类调度的能力依赖于程序的指令级并行度，也依赖于流水线中功能单元的延迟。本小节中会看到编译器是如何通过循环转换来提高可用的指令级并行度的。以下面的 C 语言代码段为例予以证明，其中数组 a 为浮点型：

```
for (i=1000; i>0; i=i-1)
    a[i]=a[i]+s;
```

观察这个循环可以发现，这个循环中的每次迭代都是独立的，因此这个循环是可以并行的。首先将上述代码转换为汇编语言：

```
    …
L1: FLD     F0, [R1]                ;从存储器读取数据到 F0
    FADD    F0, F2                  ;计算 a[i]+s;
    FST     [R1], F0                ;将计算结果写回存储器
    ADD     R1, #-8                 ;修改地址
    CMP     R1, R2                  ;比较当前地址与基地址
    JNE     L1                      ;不相等时跳转到 L1
L2: …
```

假设 R1 中存放的是数组元素的最高地址，F2 中存放的是标量值 s，寄存器 R2 中存放的是数组的首地址。另外假设浮点数载入和写回需要 2 个时钟周期，浮点加法需要 3 个时钟周期，条件分支指令会导致 3 个周期的流水线停顿，且处理器不支持数据旁路。在没有经过编译器调度时，执行一次迭代需要消耗 10 个周期：

```
    …
L1: FLD         F0, [R1]            ;从存储器读取数据到 F0
    NOP                             ;插入空操作
    FADD        F0, F2              ;计算 a[i]+s;
    NOP                             ;插入空操作
    NOP                             ;插入空操作
    FST         [R1], F0            ;将计算结果写回存储器
    ADD         R1, #-8             ;修改地址
    NOP                             ;插入空操作
    CMP         R1, R2              ;比较当前地址与基地址
    JNE         L1                  ;不相等时跳转到 L1
L2: …
```

在调度之后，可以减少两个周期的停顿，将消耗的时钟周期减少到 8 个：

```
…
L1: FLD       F0, [R1]              ;从存储器读取数据到 F0
    ADD       R1, #-8               ;修改地址
    FADD      F0, F2                ;计算 a[i]+s;
    NOP                             ;插入空操作
    NOP                             ;插入空操作
    FST       [R1+8], F0            ;将计算结果写回存储器
    CMP       R1, R2                ;比较当前地址与基地址
    JNE       L1                    ;不相等时跳转到 L1
L2: …
```

然而完成上述操作之后仍然有 n 个时钟周期的停顿，为消除这 n 个时钟周期的影响，需要在循环体中提高有效操作对转移和开销指令的比重，循环展可以达到这样的目的。展开可以通过多次复制循环体和调整循环终止代码来实现。循环展开能够部分地消除转移，因此来自不同迭代的指令可以被编译程序一起调度，提高了调度的灵活性。但是如果在循环展开的过程中只是简单地复制指令，那么会出现大量的指令操作使用相同的寄存器，编译程序不能进行有效地调度。因此需要为每次迭代分配不同的寄存器，这样做增加了所需的寄存器数目。

在上述循环例子中，循环次数是4的倍数，因此可以将其展开成循环体的4个副本。以下是经过合并ADD指令并消除重复的JNE操作之后的结果：

```
…
L1: FLD     F0, [R1]          ;从存储器读取数据到 F0
    FADD    F0, F2            ;计算 a[i]+s;
    FST     [R1], F0          ;将计算结果写回存储器
    FLD     F4, [R1-8]        ;从存储器读取数据到 F0
    FADD    F4, F2            ;计算 a[i]+s;
    FST     [R1-8], F4        ;将计算结果写回存储器
    FLD     F6, [R1-16]       ;从存储器读取数据到 F0
    FADD    F6, F2            ;计算 a[i]+s;
    FST     [R1-16], F6       ;将计算结果写回存储器
    FLD     F8, [R1-24]       ;从存储器读取数据到 F0
    FADD    F8, F2            ;计算 a[i]+s;
    FST     [R1-24], F8       ;将计算结果写回存储器
    ADD     R1, #-32          ;修改地址
    CMP     R1, R2            ;比较当前地址与基地址
    JNE     L1                ;不相等时跳转到 L1
L2: …
```

经过循环展开处理，同时通过修改存储访问的地址，可以去掉3次转移操作和3次递减R1的操作。在没有调度的情况下，在展开的循环中每一个操作后面都跟随着一个相关的操作，因而会造成停顿。在上述循环的执行过程中，每条从存储器到寄存器的FLD需要1次停顿，每条FADD需要2次停顿，因此该循环的一次执行需要花费28个周期。亦即每4个元素为一组，每组中的任意一个元素平均需要7个时钟周期。

在上面的例子中，以增加代码量为代价，通过循环展开去掉了部分指令，进而提高了性能；但是编译程序通过有效地调度后能使其性能得到进一步的提升。经过编译程序调度之后的代码序列如下所示：

```
…
L1: FLD     F0, [R1]          ;从存储器读取数据到 F0
    NOP
    FLD     F4, [R1-8]        ;从存储器读取数据到 F0
    FADD    F0, F2            ;计算 a[i]+s;
    FST     [R1], F0          ;将计算结果写回存储器
    NOP
    FADD    F4, F2            ;计算 a[i]+s;
    FLD     F6, [R1-16]       ;从存储器读取数据到 F0
    NOP
    FST     [R1-8], F4        ;将计算结果写回存储器
    FADD    F6, F2            ;计算 a[i]+s;
    FLD     F8, [R1-24]       ;从存储器读取数据到 F0
    NOP
    FST     [R1-16], F6       ;将计算结果写回存储器
```

```
       FADD      F8, F2              ;计算 a[i]+s;
       FST       [R1-24], F8         ;将计算结果写回存储器
       ADD       R1, #-32            ;修改地址
       NOP
       CMP       R1, R2              ;比较当前地址与基地址
       JNE       L1                  ;不相等时跳转到 L1
L2: …
```

调度后的循环总的执行时间为 20 个周期，处理每个元素平均需要 5 个时钟周期，比原来减少了两个周期，也少于不展开的情况下进行调度的 8 个时钟周期。与对原始循环进行调度的情况相比，对循环展开后的代码进行调度会获得更显著的性能提升，这是由于循环展开之后可以利用更多的不相关的计算将停顿减至最小。

11.3.3 VLIW 指令调度

使用循环展开技术可以生成无转移的代码序列，以此为基础，编译程序可以使用局部调度技术增强 VLIW 指令。假设有一个 VLIW 处理器，每个时钟周期可以发射两个访问存储器操作、两个浮点操作以及一个定点操作或转移操作。将循环 a[i]=a[i]+s 展开，形成 7 个循环副本。编译程序经过相关性分析并组装生成如表 11-1 所示的超长指令序列。

表 11-1 超长指令字的组装与调度

存储操作 1	存储操作 2	浮点操作 1	浮点操作 2	定点操作/转移
FLD F0,[R1]	FLD F4,[R1−8]			
FLD F6,[R1−16]	FLD F8,[R1−24			
FLD F10,[R1−32]	FLD F12,[R1−40]	FADD F0,F2	FADD F4,F2	
FLD F14,[R1−48]		FADD F6,F2	FADD F8,F2	
		FADD F10,F2	FADD F12, F2	
FST F0, [R1]	FST F4,[R1−8]	FADD F14, F2		ADD R1,# −56
FST F6, [R1+40]	FST F8,[R1+32]			
FST F10,[R1+24]	FST F12,[R1+16]			CMP R1, R2
FST F14,[R1+8]				JNE L1

假设在没有转移延迟的情况下，这段代码需要花费 9 个时钟周期。发射率为 9 个时钟周期发射 23 个操作，即每时钟周期 2.5 个操作，其效率(含有操作的可用插槽所占的百分比)大约为 60%。但是达到这个发射率需要大量的寄存器，其数量远远多于一般情况下所需的寄存器数。

11.4 存储层次及其优化技术

11.4.1 存储层次与 Cache 组织结构

程序的执行速度很大程度上依赖于指令和数据在处理器与存储器之间的传输速度。从理想角度考虑，存储应该是高速、大容量和廉价的，但是这三个又是互相矛盾的，在增加速度和容量的同时会导致成本的增加。计算机的整个存储结构可以看做图 11-17 所示的分层结构，寄存器位于存储层次的顶端，用最小延迟将操作数提供给运算器并存储中间计算结果，与其他存储元件相比，它们的访问速度最快，与处理器速度相匹配。然而由于成本限制，寄存器的数目非常少，通常只有几十到上百个。寄存器下面是多级 Cache 和主存储器，Cache 一般使用 SRAM 实现，而主存储器使用 DRAM 实现。主存容量也比 Cache 容量大得多，但是存取速度较慢，成本较低。此外主存储器下面还可以使用磁盘等辅助存储器。在存储器层次的顶层和底层之间存在数个不同的存储元件，它们的目的就是为了弥补顶层和底层之间的速度差距和空间差距。一般而言，存储器元件距离处理器越近，存取速度越快，构造起来成本越高，因而容量也就越小；存储器元件在层次中距离处理器越远，存取速度越慢，成本较低，能够提供的容量就越大。

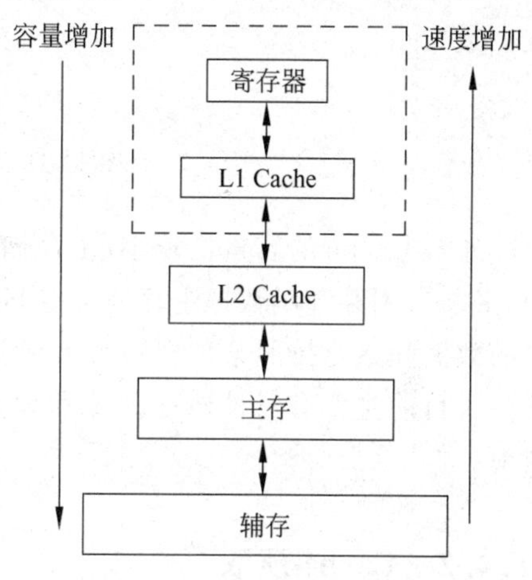

图 11-17 存储器层次结构

大量程序的运行行为分析表明，当处理器从主存中取出指令和数据时，在一个较短的时间间隔内，由程序产生的地址往往局限在主存空间的某个很小的区域内。这种频繁访问局部范围内的存储器地址，而对此范围以外的地址访问甚少的现象称为程序访问的局部性。高速缓冲技术就是利用程序的局部性原理，把程序中正在使用的部分存放在一个高速的容量较小的存储器中，使处理器的访存操作大多数针对 Cache 进行，从而大大提高了程序的执行速度。处理器芯片内一般集成了 1 或 2 个高速缓冲存储器，称为片内 Cache，同时还允许在处理器芯片外扩充高速缓冲存储器，称为片外 Cache。目前，Cache 一般用高速静态存储器(SRAM)实现，存储容量在几 KB 到几 MB 之间。

Cache 与主存储器之间以块为单位进行数据交换。如果主存储器采用并行或低位交叉存取的方式，那么在一个主存周期内可以访问到多个字。在 Cache 存储系统中，把 Cache 和主存储器划分成相同大小的块。因此，主存地址由块号和块内地址部分组成。如图 11-18 所示为简化的一般的 Cache 结构，Cache 中的每一块都有一个地址标志(tag)给出块地址。当处理器要访问 Cache 时，如果 Cache 命中，从 Cache 中取出数据送往处理器；否则产生 Cache 失效信息，并用主存地址访问主存储器。从主存储器中读出一个字送往处理器，同时把包括被访问字在内的一整块都从主存储中读出来，装入到 Cache 中去。这时，如果 Cache

已满，则要采用某种Cache替换算法把不常用的一块调入主存储器中原来存放它的位置，以便腾出空间来存放新调入的块。由于程序具有局部性特点，每次失效时都把一块调入到Cache中，这样能够提高Cache的命中率。

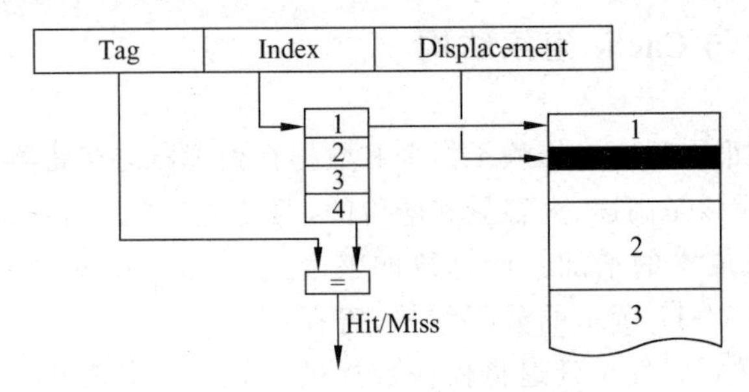

图 11-18　一个简化的Cache示意图

通常Cache的容量比较小，主存储器的容量要比它大得多。为了把信息放入到Cache中，必须应用某种函数把主存地址空间映像到Cache地址空间，具体地说，是把存放在主存中的数据和指令按照某种规则装入到Cache中，并建立主存地址与Cache地址之间的对应关系。目前主要有三种地址映像和地址变换方法，它们是直接映射、组相联映射和全相联映射。

11.4.2　Cache 预取

如果一条取指或者取数操作发生了一级Cache丢失，则需要从下一级存储层次中获取数据，这将导致几个到十几个时钟周期的延迟；如果发生二级Cache的丢失，将会导致100个时钟周期左右的延迟。即使采用各种编译技术对指令序列进行调整和重排，仍然无法降低由于Cache丢失导致的长时间停顿。但是在有些情况下，编译程序可以在许多个时钟周期之前预知对某个数据的使用请求，从而能够提前插入预取指令，提前预取数据到一级Cache中。预取是编译程序根据控制流和数据流分析的结果，给处理器硬件的一种提示信息，提示硬件将某一块数据从主存储器中取到Cache中。如果预取发出的时机恰当，访问数据时就会在Cache中命中，大大减小了从主存储器中调入数据的延迟。不成功的预取可能导致下一次读取数据时仍会发生Cache丢失，但是不影响程序执行的正确性。

只有正确地预测程序行为，才能实现精确的分支预取。分支指令的存在使得程序并非总是按照指令地址的顺序执行，不同的输入数据集又造成程序行为的不确定，因而只能采用一定的策略预测程序行为。

目前有些处理器都提供了某种形式的预取指令，这样编译程序在读取地址A中数据之前插入一条预取地址A的指令，处理器就将相应的数据块从主存储器传送到Cache中。有些处理器并没有提供预取指令，但是它们有一种非阻塞的取数指令。也就是说，当Cache丢失时并不会导致处理器停顿，而是要等到使用该数据时才能停顿(如果取数操作还没有完成)。因此，如果想要预取地址A中的数据，只需要插入一条指令MOV R1，[R2]，并且在后续的指令中不使用R1。当执行到这条指令时，处理器开始将数据填充到Cache中，读取地址A时就不会发生Cache丢失了，并且在预取的过程中并不会影响其他指令的执行。

如果计算按顺序访问数组中的每一个字，那么一般情况下会访问同一 Cache 块中的大多数数据，但是在预取的时候，每个 Cache 块只需要预取一个字就足够了，这是因为 Cache 缓存的是从某一地址开始固定大小的数据块。以如下的代码段为例：

```
for (i=0; i<10; i++)
    for (j=0; j<100; j++)
        X[i][j]=X[i][j]+1;
```

假设目标机提供了预取指令并且每次可以预取一个 Cache 块，一个 Cache 块为 4 个字，另外每次预取需要的时间大约相当于执行内层循环迭代 8 次所花的时间，那么经过编译程序优化后的预取代码如下：

```
for (i=0; i<10; i++)
  {
     for(j=0; j<2; j++)
       prefetch(&X[i, j * 4]);
     for(j=0; j<92; j+=4)
     {
       prefetch(&X[i] [j+8]);
       X[i] [j]=X[i] [j]+1;
       X[i] [j+1]=X[i] [j+1]+1;
       X[i] [j+2]=X[i] [j+2]+1;
       X[i] [j+3]=X[i] [j+3]+1;
     }
     for (j=92; j<100; j++)
     {
       X[i] [j]=X[i] [j]+1;
     }
  }
```

如示将内层循环打开两次，这样可以在访问每个 Cache 块前发出一个数据预取指令。首先使用软件流水的方式完成预取，第一个循环中预取到的就是在前 8 次迭代中用到的数据；第二个循环在执行当前循环时预取 8 次循环之后需要使用的数据；最后一个循环中不需要插入数据预取指令，只是顺序执行剩下的循环迭代，这些循环所使用的数据已经在前面预取完成，并且没有别的数据需要预取。在没有提供预取指令的机器上，可以使用一条 MOV 或者 Load 指令完成同样的功能。

11.4.3 循环交换

通常 Cache 包含许多块，每一块又包含多个字。连续访问同一个数据字仅会导致一次 Cache 丢失。而当一个 Cache 块被调入后，对同一块中的不同数据字的访问不会导致 Cache 丢失，这是因为这些数据字是临近存放的。Cache 正是利用了程序中出现的时间局域性和空间局域性，提高了处理器访问存储器的效率。编译程序可以利用这两种特性，对程序访存的顺序进行调整，以提高 Cache 的命中率，进而提高程序的运行性能。

高效使用 Cache 的最基本的途径是重用 Cache 中的数据，编译程序通过对源程序进行等价变换，以提高程序运行过程中的时间局域性和空间局域性。以循环结构为例，如果循环的若干次连续迭代访问同一个存储字，或者使用同一 Cache 块中相邻的字，那么当这段循环代码在处理器上执行时，Cache 的命中率就会大大提高。但是在嵌套的循环结构中，由于内外层循环对 Cache 的作用相互影响，使得 Cache 的命中率有所降低。例如下面的一段 C 语言程序：

```
for (i=0; i<M+1; i++)
    for (j=0; j<N+1; j++)
        A[j][i]=B[j][i]+C;
```

该程序包含两层循环嵌套，由于 C 语言数组在内存中是按行存放的，因此内层循环的每一次迭代访问的数据分布在整个数组之内，如图 11-19 所示，因此处理器会试图将数组 A 和数组 B 的全部内容放到 Cache 中，如果 Cache 的容量小于数组 A 和数组 B 所占用的存储空间的大小，就会不断出现 Cache 块换入换出的现象，并导致大量的存储访问不能在 Cache 中命中。

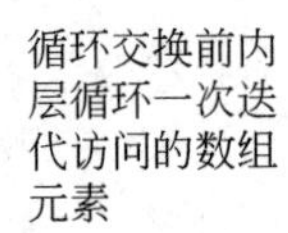

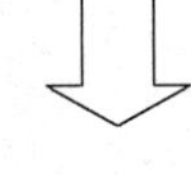

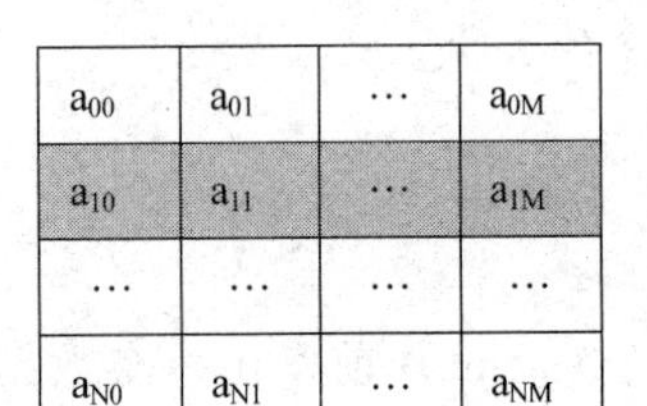

图 11-19　循环交换与 Cache 缓存

在这种情形下，解决的办法就是交换内外循环，将外层循环放至最内层：

```
for (j=0; j<N+1; j++)
    for (i=0; i<M+1; i++)
        A[j][i]=B[j][i]+C;
```

这样就从循环交换前的一次迭代访问数组的一列元素变为访问数组的一行元素。即一次内层循环只需要将数组 A 和数组 B 的一行数据放入 Cache 就可以了，大大减小了出现 Cache 冲突的概率，提高了 Cache 的命中率。

当然为了判断给定的两个循环是否能够合法地交换，必须考察相应计算数据的依赖关系。如果出现以下 3 种情况之一：

(1) 迭代(i,j)计算的值将被迭代(i′,j′)使用(先写后读)。

(2) 迭代(i,j)计算的值在迭代(i′,j′)中重新计算(先写再写)。

(3) 迭代(i,j)中使用的值在(i′,j′)中使用(先读再写)。

则称循环(i′,j′)依赖于循环(i,j),如果交换后的循环改变了迭代的执行次序,且它们之间存在依赖关系,那么就有可能产生错误的结果,因此这种交换是非法的。

11.4.4 循环分块

上面的例子是从空间局域性入手,提高 Cache 的命中率。但是循环交换并不是万能的,有些情况下即使可以实现循环交换,也无法改变 Cache 缺失的情况。循环分块技术是针对 Cache 提出的另一种类型的优化技术,即对计算进行重排,使得计算先对一部分数据进行,当这些计算完成之后,再对下一部分数据进行计算。下面以计算矩阵乘法的 C=AB 的嵌套循环程序为例进行说明。设 C=AB 的程序片段为:

```
for (i=0; i<n; i++)
        for (j=0; j<n; j++)
            for(k=0; k<n; k++)
                C[i] [j]=C[i] [j]+A[i] [k]×B[k] [j];
```

上述矩阵相乘共产生 n^2 个结果,每个结果 C[i] [j]都是通过矩阵 A 的一行与矩阵 B 的一列求内积计算得到的。容易得知,关于矩阵 C 的每个元素的计算都是独立的,元素之间不存在依赖关系。

先来考虑没有经过处理的程序是如何运行的,最内层的循环始终读写的是 C 的同一个元素 C[i] [j],并使用 A 的一行和 B 的一列获得这个元素的值。所以 C[i] [j]可以保存在一个寄存器中,而无需在使用时访问存储器。假设一个 Cache 块能够容纳的数组元素为 p。图 11-20 给出了完成一次外层循环迭代(i=0)过程中矩阵访问的顺序和模式。每次当使用 A 中一行的下一个元素时,都会用到 B 中同一列中的下一个元素。图中假设每个 Cache 块可以容纳 4 个数组元素(p=4),且矩阵的一行总共有 16 个元素(n=16),亦即矩阵的一行需要 4 个 Cache 块才能够实现同时缓存。图 11-20 中的每一个小矩形表示可以缓存在同一个 Cache 块中的 4 个矩阵元素。

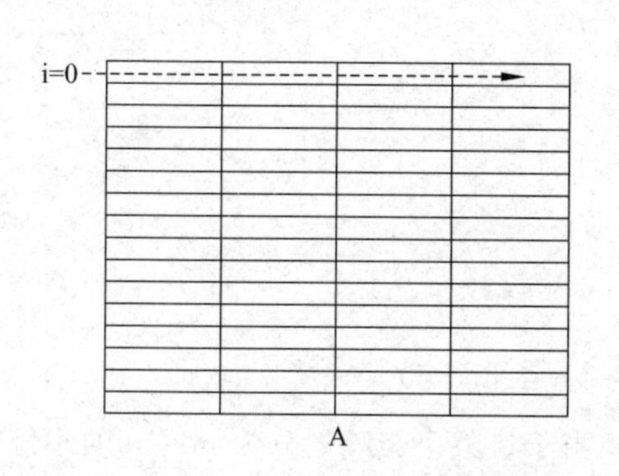

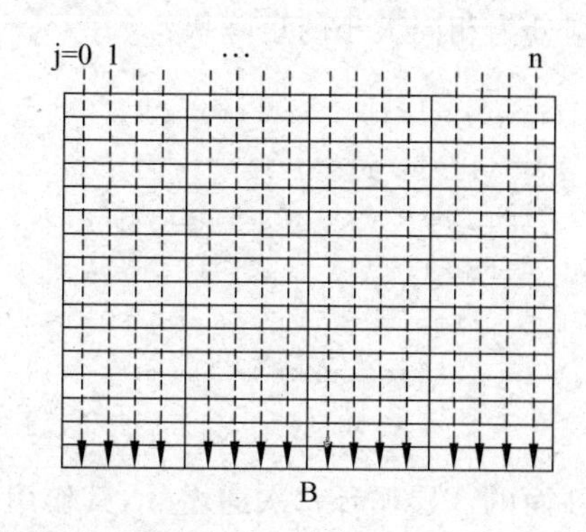

图 11-20 计算矩阵乘法时的存储访问模式

通过观察可以发现，实际运行过程中访问矩阵 A 对 Cache 产生的影响比较小，因为 A 的一行只需要占用 n/p 个 Cache 块；因此对于一个特定的循环变量 i，只会导致 n/p 次 Cache 丢失，整个计算过程中也只有 n^2/p 次 Cache 缺失。然而，当只使用矩阵 A 的一行时，矩阵相乘的计算却需要一行一行地访问矩阵 B 中的所有元素。也就是说当 j=0 时，内层循环需要 Cache 缓存矩阵 B 中第一列的所有元素，但是由于第一列的 n 个元素是分布在 n 个不同的 Cache 块中，因此当 Cache 的容量足够大(或者 n 比较小)并且没有其他程序在使用 Cache 时，当使用矩阵 B 的第二列元素时仍然可以在 Cache 中命中。这种情况会一直保持到 j=p，这个时候我们需要把另外一组数据换入到 Cache 中(图中的第二列矩形框)。这样一来，完成一次外层循环迭代(i=0)会导致 n^2/p 到 n^2 次 Cache 缺失。更糟糕的是，当计算下一个外层循环时，即当 i=1,2,…时，会出现更多的 Cache 缺失。

综上所述可知，如果 Cache 的容量足够大，可以使用 n^2/p 个 Cache 行能够容纳矩阵 B 中的所有元素，那么就不会有更多的 Cache 缺失出现，整个计算过程中对于矩阵 A 和矩阵 B 来说，只会发生 $2n^2/p$ 次 Cache 缺失，A 和 B 各占一半。但是如果 Cache 只有 n 个 Cache 块，那么每执行外层循环迭代，都需要把整个矩阵 B 换入到 Cache 中，如此不断反复，这样总的 Cache 缺失次数将是 $n^2/p+n^3/p$，第一项表示矩阵 A 导致的 Cache 丢失，第二项表示矩阵 B 导致的 Cache 缺失。最糟的情况就是由于 n 比较大，Cache 甚至不能容纳矩阵 Y 中一列的数据，此时总的 Cache 缺失次数为 $n^2/p+n^3$。

当 Cache 容量比较小时，使用循环交换技术并不能改善 Cache 缺失的现象。假设改变计算矩阵 C 的次序，先计算 C 的第一列元素，亦即将第二层循环与最外层循环交换，矩阵 B 的访问会导致较少的 Cachc 缺失发生，但是此时矩阵 A 又成为了之前的矩阵 B，会导致更多的 Cache 缺失。为此，可以使用循环分块技术来改善 Cache 的访问性能。也就是说，不是首先计算矩阵 C 的一行或者一列，而是把比较大的矩阵分割成几个小矩阵，或者称为矩阵块，使得一段时间内的计算都集中在这个矩阵块内进行。一般情况下这些块都是一些方阵，在此，假设这些小矩阵的行数和列数都是 m，且 m 能够整除 n。那么矩阵分割后的结果如图 11-21 所示。

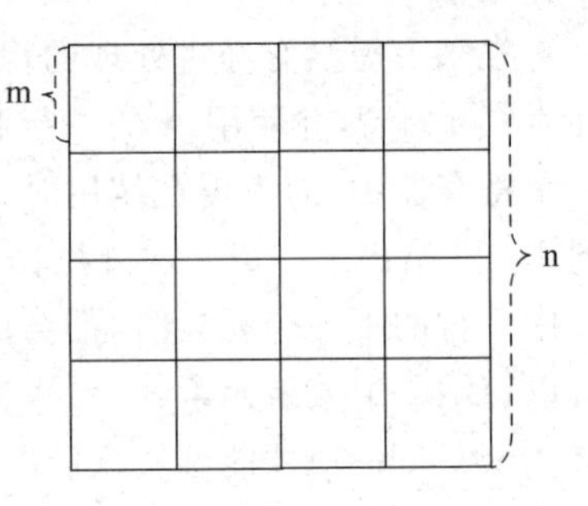

图 11-21　矩阵分块示意图

下面给出分块后的矩阵相乘的算法，其中每一个矩阵都被划分为相同大小的矩阵块：

```
for (ii=0; ii<n; ii= ii+m)
    for (jj=0; jj<n; jj=jj+m)
      for(kk=0; kk<n; kk=kk+m)
        for (i=ii; i<ii+m; i++)
          for (j=jj; j<jj+m; j++)
            for(k=kk; k<kk+m; k++)
              C[i] [j]=C[i] [j]+A[i] [k] × B[k] [j];
```

最外面的 3 层循环每次递增 m，其作用相当于将整个矩阵划分为 m×m 的小矩阵。对于最里面的 3 层循环来说，ii,jj 和 kk 的值都是固定的，因此他们的计算局限在分别以 A[ii][kk]和 B[kk][jj]为左上角的 m×m 块中，计算的结果将累加至左上角为 Z[ii][jj]的

$m \times m$ 矩阵块。如果 m 的值选择的比较合适，那么就能大大地提高 Cache 的命中率，提高程序的执行速度。假设 Cache 正好能够容纳 3 个 $m \times m$ 矩阵块，整个矩阵乘法需要完成 n^3 次"乘法-加法-加法"操作，需要换入一对 $m \times m$ 矩阵块（分别来自矩阵 A 和矩阵 B）的次数为 n^3/m^3；而每次换入一对需要换入一对 $m \times m$ 矩阵块实际会导致 $2m^2/p$ 次 Cache 缺失，因此分块后的矩阵乘法将会产生 $2n^3/(mp)$ 次 Cache 丢失。

与没有分块前的情况相比，假设 $n=16, m=4, p=4$，则没有分块时最坏情况下会导致 $n^2/p+n^3=4160$ 次 Cache 缺失，而分块后则减少为 $2n^3/(mp)=512$ 次。由此可见分块能够极大地提高 Cache 的命中率，进而提高程序的运行速度。

11.5 关于 GLR 分析法

GLR 分析法即通用 LR(generalized LR,GLR)分析法，也称为 Tomita 算法，这是源于由 Tomita 提出了对标准 LR 分析算法的改进而形成了 GLR 分析法。该分析法实际是从确定性的 LR 分析方法扩展而来的一种不确定性的自下而上语法分析算法。GLR 分析法提出后，为了提高算法的性能，研究人员提出了诸多对算法的优化策略，并对算法实施不断改进。为在语言分析器自动生成系统中正确、高效地实现 GLR 算法的实用途径，应用方面也取得进展，自由软件基金会(GNU)近年正式发布的 Bison1.875 版本在原有设计框架下亦增加了对 GLR 分析算法的支持。

GLR 分析算法的诞生是源于标准 LR 分析法存在的不足，如 LR 分析法在分析过程中不允许回溯，且只能分析标准 LR 文法，不能有效处理二义文法，因此难以直接用 LR 分析算法分析自然语言。GLR 分析法针对上述问题对标准 LR 分析法进行了改进，主要体现在：GLR 分析表允许有多重入口；可将线性分析栈改进为图分析栈以处理分析动作的二义性；采用共享子树结构来表示局部分析结果，节省空间开销；通过结点合并，压缩局部二义性。

采用 GLR 分析法与 LR 分析法构造的分析器都是由分析表、分析栈和总控程序 3 部分组成，但是其各部分的内涵和分析特征是有区别的，表 11-2 总结了一个典型的 GLR 分析器与典型的 LR 分析器之间的主要区别。

表 11-2 典型 GLR 分析器与典型 LR 分析器的主要区别

特 征	GLR 分析器	LR 分析器
分析表	LR(0) 分析表允许有冲突	LALR(1)分析表允许有/无冲突
分析栈	图栈	线性结构的栈
语义值	无语义值	在分析栈结点内
解析算法	GLR	LR
输出	解析森林	调用执行动作或分析树
向前搜索	不受限制	受限，只能向前搜索一个字符
二义性的消除	解析器产生、解析时间、解析之后	解析器产生

GLR 算法的基本实现思想是，通过在分析过程中采用穷举方法，对输入语句在所有的可能路径上进行分析，从而实现对语句的识别与翻译。下面举例说明 GLR 分析算法的基

本原理。

注意：分析过程中，GLR 分析器使用多个并行栈用来记录一个输入串的所有可能的最右推导序列。在各栈上，分析器必须同时移进每个位置上的输入符号，保持执行上的同步。GLR 分析算法在同步位置上将这组平行栈的相同状态节点合并，这组合并了相同状态节点的并行分析栈称为图结构栈，简称图栈。

【例 11-3】 设有文法(11.1)，试用 GLR 分析法分析句子“I saw a girl with a telescope”。

(0) $S' \to S$
(1) $S \to NPVP$
(2) $VP \to V$
(3) $VP \to V\ NP$
(4) $VP \to V\ NPNP$ (11.1)
(5) $VP \to VP\ PP$
(6) $NP \to Det\ N$
(7) $NP \to Pron$
(8) $NP \to NP\ PP$
(9) $PP \to Prep\ NP$

其中，句子与文法中的非终结符对应关系如下：

I	saw	a	girl	with	a	telescope
Pron	V	Det	N	Prep	Det	N

图 11-22 所示的句子的分析树说明文法(11.1)是二义文法。

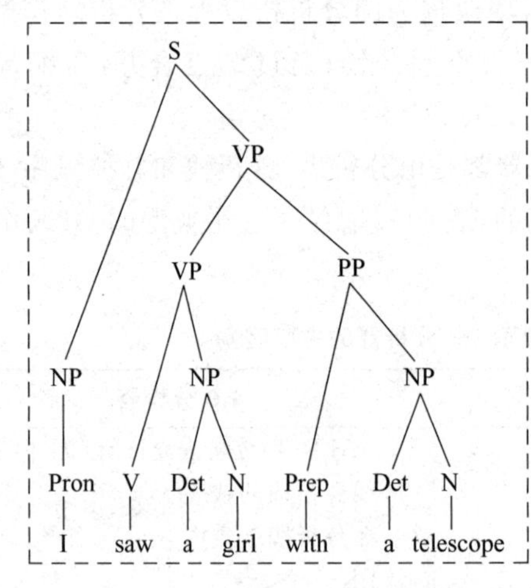

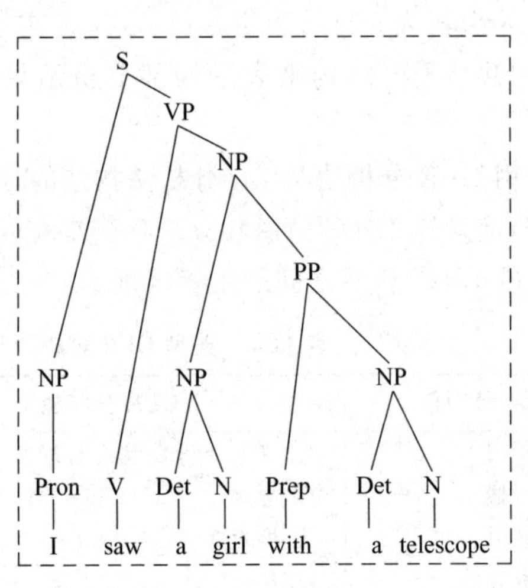

图 11-22 句子“I saw a girl with a telescope”的分析树

设有文法(11.1)的 GLR 分析表如表 11-3 所示。

表 11-3　文法(11.1)的 GLR 分析表

状态	ACTION						GOTO			
	Det	N	Prep	Pron	V	$	NP	PP	S	VP
0	s2			s3			1		4	
1			s8		s6			7		5
2		s10								
3	r7		r7	r7	r7	r7				
4						acc				
5			s8			r1		9		
6	s2		r2	s3		r2	11			
7	r8		r8	r8	r8	r8				
8	s2			s3			13			
9			r5			r5				
10	r6		r6	r6	r6	r6				
11	s2		s8/r3	s3		r3	12	7		
12			s8/r4			r4		7		
13	r9		s8/r9	r9	r9	r9		7		

注：其中“$”为句子的右界符。

对句子“I saw a girl with a telescope”的 GLR 分析过程如下(用图栈形式表示)。

第 1 步：

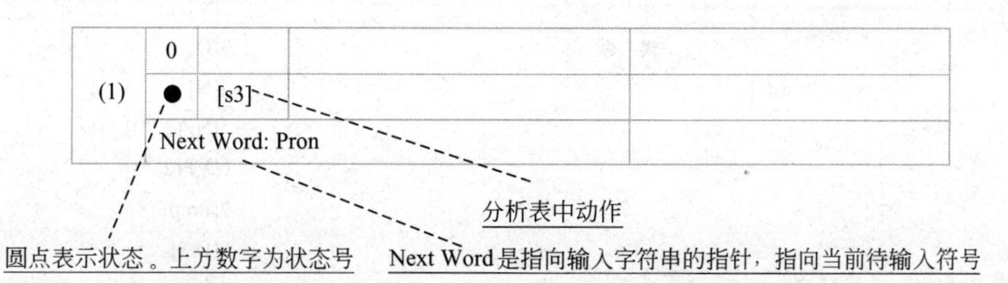

第 2 步：

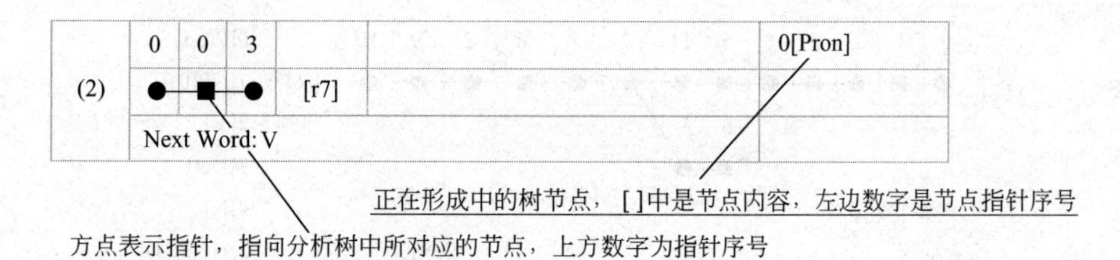

第 3 步：

	0	1	1			0[Pron]
(3)	●	■	●	[s6]		1[NP(0)]
	Next Word: V					

以此类推，当分析至第 8 步时，图栈格局如下：

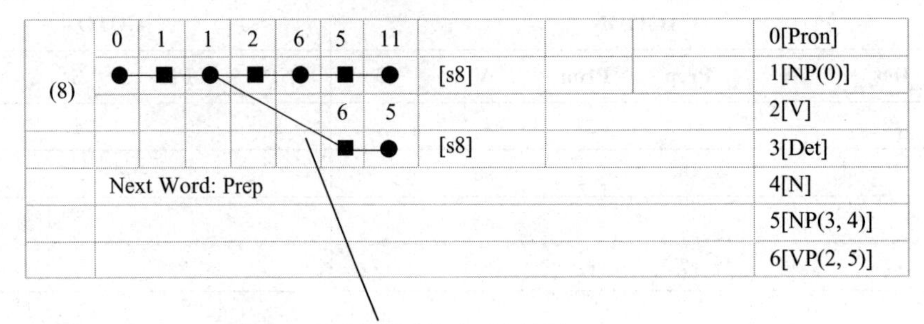

注意： 图分析栈裂变为两个栈顶

第 9 步：

	0	1	1	2	6	5	11	7	8		0[Pron]
(9)	●	■	●	■	●	■	●	■	●	[s2]	1[NP(0)]
						6	5				2[V]
						■	●				3[Det]
	Next Word: Det										4[N]
											5[NP(3, 4)]
											6[VP(2, 5)]
											7[Prep]

第 10 步：

	0	1	1	2	6	5	11	7	8	8	2		0[Pron]
(10)	●	■	●	■	●	■	●	■	●	■	●	[s10]	1[NP(0)]
						6	5						2[V]
						■	●						3[Det]
	Next Word: N												4[N]
													5[NP(3, 4)]
													6[VP(2, 5)]
													7[Prep]
													8[Det]

第 11 步：

	0	1	1	2	6	5	11	7	8	8	2	9	10		0[Pron]
(11)	●	■	●	■	●	■	●	■	●	■	●	■	●	[r6]	1[NP(0)]
						6	5								2[V]
						■	●								3[Det]
	Next Word: $														4[N]
											9[N]				5[NP(3, 4)]
															6[VP(2, 5)]
															7[Prep]
															8[Det]

第 12 步：

	0	1	1	2	6	5	11	7	8	10	13		0[Pron]
(12)												[r9]	1[NP(0)]
						6	5						2[V]
													3[Det]
	Next Word: $												4[N]
												9[N]	5[NP(3, 4)]
												10[NP(8, 9)]	6[VP(2, 5)]
													7[Prep]
													8[Det]

第 13 步：

	0	1	1	2	6	5	11	11	7			0[Pron]
(13)										[r8]		1[NP(0)]
						6	5	11	9			2[V]
										[r5]		3[Det]
	Next Word: $											4[N]
											9[N]	5[NP(3, 4)]
											10[NP(8, 9)]	6[VP(2, 5)]
											11[PP(7, 10)]	7[Prep]
												8[Det]

第 14 步：

	0	1	1	2	6	12	11					0[Pron]
(14)										[r3]		1[NP(0)]
						6	5	11	9			2[V]
										[r5]		3[Det]
	Next Word: $											4[N]
											9[N]	5[NP(3, 4)]
											10[NP(8, 9)]	6[VP(2, 5)]
											11[PP(7, 10)]	7[Prep]
											12[NP(5, 11)]	8[Det]

第 15 步：

	0	1	1	2	6	12	11			0[Pron]
(15)								[r3]		1[NP(0)]
						13	5			2[V]
								[r1]		3[Det]
	Next Word: $									4[N]
									10[NP(8, 9)]	5[NP(3, 4)]
									11[PP(7, 10)]	6[VP(2, 5)]
									12[NP(5, 11)]	7[Prep]
									13[VP(6,11)]	8[Det]
										9[N]

第 16 步：

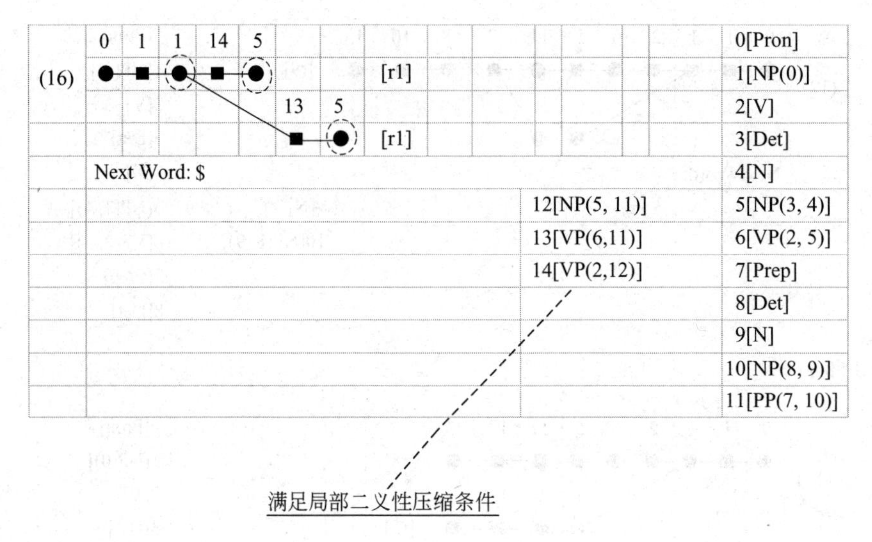

第 17 步：

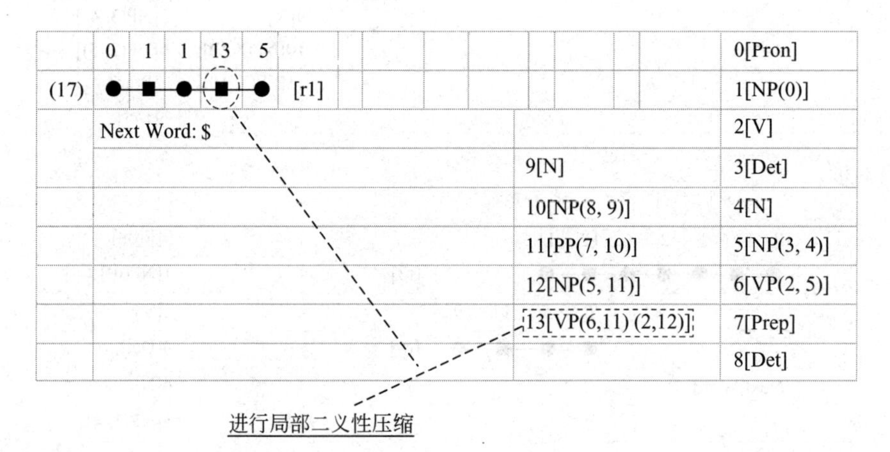

第 18 步：

	0 14 4		0[Pron]
(18)	[acc]		1[NP(0)]
	Next Word: $		2[V]
		9[N]	3[Det]
		10[NP(8, 9)]	4[N]
		11[PP(7, 10)]	5[NP(3, 4)]
		12[NP(5, 11)]	6[VP(2, 5)]
		13[VP(6,11) (2,12)]	7[Prep]
		14[S(1, 13)]	8[Det]

将此 GLR 分析过程按照节点序列反转为 GLR 分析树，如图 11-23 所示。

显然，这种直接的 GLR 分析算法存在明显的性能问题。GLR 算法在最好、最坏和平均情况下的时间复杂度分别为 $O(n)$，$O(2n)$ 和 $O(n3)$，而 LR 分析算法总是具有线性的时间复

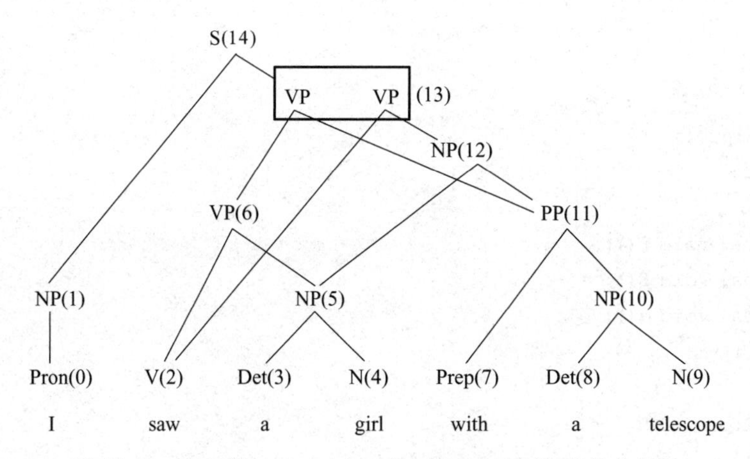

图 11-23　句子"I saw a girl with a telescope"的 GLR 分析树

杂度，其中 n 为输入串长度。另外，作为通用的分析算法缺乏必要的运行时控制机制，以在语法分析时调用语义动作，化解输入串的二义性，执行正确的语义值计算。因此，GLR 分析算法尚需多方面的改进。

习题 11

11-1　设有如下的类层次，其中包含了 5 个方法调用点。请说明哪一个方法调用点调用已知的方法实例，并且说明该方法实例。例如，可以认为实例化方法 X_g 总是调用 Y_f；方法 Z_g 可以调用多个函数 f 的实例。

Class B extends A {method g()=(f()；print("2"))}

Class C extends B {method f()=(g()；print("3"))}

Class D extends C {method g()=(f()；print("4"))}

Class E extends A {method g()=(f()；print("5"))}

Class F extends E {method g()=(f()；print("6"))}

对如下假设进行分析：

(1) 这是一个完整的程序，在这些模块中不再有其他子类。

(2) 这是一个大程序的一部分，其中的每个类都可能有其他的扩展。

(3) 类 C 和类 E 是该模块的局部类，不再有扩展，而其他类可能有扩展。

11-2　应用复制方法改进对练习 11-1 中程序的分析。即，使每一个类都重载函数 f 和 g。例如，在类 B(类 B 不总是重载函数 f)中，建立 A_f 方法的副本，在 D 中建立 C_F 方法的副本。

Class B extends A {…method f()=(print ("1"))}

Class D extends C {…method f()=(g()；print ("3"))}

同样地，增加新的实例 E_f，F_f 和 C_g。下面对 11-1 中的 3 个假设，试说明哪个方法激活已知的静态实例。

11-3　为以下的C++ 语言的类画出对象的存储器框架以及如第 11.3 节所述的虚拟函数表。

```
class A
```

```
{public:
  int a;
};
class B:public A
{public:
  int b;
  virtual void f();
  virtual void f();
  virtual void g();
  void h();
};
class C:public B
{public:
   int c;
   virtual void g();
}
```

11-4 简答题。解释下列名词：

流水线，超标量，VLIW，同时多线程，多核处理器，指令级并行，线程级并行，数据相关，结构相关，控制相关，循环展开，Cache 预取，循环交换，循环分块。

11-5 简答题。简述流水线处理器与超标量处理器的区别。

11-6 简答题。简述粗粒度多线程处理器、细粒度多线程处理器、同时多线程处理器和多核处理器的特点与区别。

11-7 试将如下的代码序列翻译为目标代码，并讨论其在流水线处理器，超标量处理器、超长指令字处理器上运行时，可以采取的优化措施及优化效果。

```
for (i=0; i<n; i++)
    for (j=0; j<n; j++)
        for(k=0; k<n; k++)
            C[i] [j]=C[i] [j]+A[i] [k] × B[k] [j];
```

11-8 假设处理器 Cache 容量较小，对如下的 C 语言代码进行优化，提高循环执行时的 Cache 命中率：

```
int i, j;
for(i=0; i<N; i++)
    for(j=0; j<N; j++)
        A[i][j]=B[j][i]+C;
```

参 考 文 献

[1] Alfred V. Aho,Monica S. Lam,Ravi Sethi,Jeffrey D. Ullman 著.编译原理、技术与工具(第2版).北京:人民邮电出版社,2008.

[2] Alfred V. Aho,Ravi Sethi,Jefffry D Ullman 著.李建中,姜守旭译.编译原理.北京:机械工业出版社,2003.

[3] Andrew W. Appel 著.赵克佳,黄春,沈志宇译.现代编译原理——C语言描述.北京:人民邮电出版社,2006.

[4] Steven S. Muchnick 著.赵克佳,沈志宇译.高级编译器设计与实现.北京:机械工业出版社,2005.

[5] John E Hopcroft,Rajeev Motwani,Jeffrey D Ullman 著.孙家骕等译.自动机理论、语言和计算导论.北京:机械工业出版社,2008.

[6] John L. Hennessy,David A. Patterson 著.白跃彬译.计算机系统结构——量化研究方法(第四版).北京:电子工业出版社,2007.

[7] John Paul Shen,Mikko H. Lipasti 著.张承义,邓宇等译.现代处理器设计——超标量处理器基础.北京:电子工业出版社,2004.

[8] Randy Allen,Ken Kennedy 著.张兆庆,乔如良等译.现代体系结构的优化编译器.北京:机械工业出版社,2004.

[9] Thomas A. Sudkamp 著.孙家骕等译.语言与机器一计算机科学理论导论.北京:机械工业出版社,2008.

[10] 陈意云.编译原理和技术(第2版).合肥:中国科学技术大学出版社,1997.

[11] 陈火旺等.程序设计语言编译原理(第3版).北京:国防工业出版社,2004.

[12] 陈有祺.形式语言与自动机.北京:机械工业出版社,2008.

[13] 何炎祥.编译程序构造.武汉:武汉大学出版社,1988.

[14] 蒋宗礼,姜守旭.形式语言与自动机理论.北京:清华大学出版社,2007.

[15] 郑纬民,汤志忠.计算机系统结构(第2版).北京:清华大学出版社,1998.

[16] McPeak S, Necula G. Elkhound: A GLR parser generator. In: Proc. of the 13th Int'l Conf. on Compiler Construction. Barcelona: Spring-Verlag, 2004. 51-56.

[17] 李虎,金茂忠等.程序设计语言的GLR优化分析 .软件学报.2005. Vol. 16, No. 2. 174-182.

读者意见反馈

亲爱的读者：

感谢您一直以来对清华版计算机教材的支持和爱护。为了今后为您提供更优秀的教材，请您抽出宝贵的时间来填写下面的意见反馈表，以便我们更好地对本教材做进一步改进。同时如果您在使用本教材的过程中遇到了什么问题，或者有什么好的建议，也请您来信告诉我们。

地址：北京市海淀区双清路学研大厦 A 座 602　　计算机与信息分社营销室 收

邮编：100084　　电子邮件：jsjjc@tup.tsinghua.edu.cn

电话：010-62770175-4608/4409　　邮购电话：010-62786544

教材名称：　编译原理

ISBN：978-7-302-19744-7

个人资料

姓名：________________ 年龄：_______ 所在院校/专业：____________________

文化程度：____________ 通信地址：______________________________________

联系电话：____________ 电子信箱：______________________________________

您使用本书是作为：□指定教材 □选用教材 □辅导教材 □自学教材

您对本书封面设计的满意度：

□很满意 □满意 □一般 □不满意　改进建议______________________________

您对本书印刷质量的满意度：

□很满意 □满意 □一般 □不满意　改进建议______________________________

您对本书的总体满意度：

从语言质量角度看 □很满意 □满意 □一般 □不满意

从科技含量角度看 □很满意 □满意 □一般 □不满意

本书最令您满意的是：

□指导明确 □内容充实 □讲解详尽 □实例丰富

您认为本书在哪些地方应进行修改？（可附页）

____

____

您希望本书在哪些方面进行改进？（可附页）

____

____

电子教案支持

敬爱的教师：

为了配合本课程的教学需要，本教材配有配套的电子教案（素材），有需求的教师可以与我们联系，我们将向使用本教材进行教学的教师免费赠送电子教案（素材），希望有助于教学活动的开展。相关信息请拨打电话 010-62776969 或发送电子邮件至 jsjjc@tup.tsinghua.edu.cn 咨询，也可以到清华大学出版社主页（http://www.tup.com.cn 或 http://www.tup.tsinghua.edu.cn）上查询。

读者意见反馈

电子教案支持